MW01164829

LES ENNEMIS DES PHILOSOPHES

Bibliothèque Albin Michel
Idées

Didier Masseau

LES ENNEMIS DES PHILOSOPHES

L'antiphilosophie au temps des Lumières

Albin Michel

22, rue Huyghens, 75014 Paris

www.albin-michel.fr

ISBN : 2-226-11663-X
ISSN : 1158-4572

Avant-propos

Pourquoi les ennemis des Philosophes du XVIIIe siècle ? Par goût du paradoxe, ou désir un peu vain de renouveler l'approche d'un siècle saturé par des flots de critique sur la « philosophie des Lumières » ? On admettra que le vent de l'histoire a définitivement tourné en faveur des Montesquieu, Voltaire, Diderot et Rousseau. Pourquoi, alors, ressusciter d'obscurs abbés s'essoufflant à lutter contre l'immense courant des novateurs ? À l'aune des talents littéraires et de la profondeur philosophique, que pèse un Chaumeix, adversaire acharné de l'*Encyclopédie*, en comparaison de Diderot, ouvert à toutes les aventures intellectuelles du siècle ? N'est-il pas sacrilège d'esquisser un parallèle entre Voltaire, l'apôtre de la tolérance, et tel écrivaillon justifiant pesamment la persécution des protestants ? Dissipons tout malentendu : loin de nous l'idée saugrenue de rectifier le palmarès des gloires consacrées, ou, pis encore, de succomber au révisionnisme ! Notre ambition est autre. Dans une perspective socio-historique, l'étude des adversaires des Philosophes permet d'analyser des milieux intellectuels, des stratégies de carrière, de réfléchir à la formation et à la circulation des idées dans la France de la deuxième moitié du XVIIIe siècle. Pour évoquer ceux qui s'opposent aux Philosophes, on emploie traditionnellement des expressions qui ne sont pas exactement synonymes : l'antiphilosophie, l'apologétique, les anti-Lumières. Ardents polémistes, les antiphilosophes accusent leurs adversaires de monopoliser les devants de la scène culturelle. La critique épouse les querelles traditionnelles qui divisent la République des lettres et relève d'une approche socio-critique des milieux intellectuels et littéraires, mais elle aborde aussi des questions doctrinales. Les Philosophes, déistes ou athées, sont alors soupçonnés de vouloir renverser les autorités religieuses et civiles. L'écrit apologétique, catholique ou protestant, entend défendre, dans un sens plus étroit, la religion chrétienne, attaquée par les Philosophes modernes. Il constitue un retour aux sources de la doctrine, une défense des Églises menacées par des incrédules, une somme des preuves de l'existence de Dieu et un guide pour les fidèles ébranlés par les écrits impies. Quant aux anti-Lumières, elles désigneraient, de manière plus vague et plus problématique, des courants de pensée opposés à l'idée d'un progrès des connaissances. Elles récuseraient la possibilité même d'une autonomie absolue des forces intellectuelles permettant à l'homme de maîtriser la nature et d'améliorer sa condition. Elles impliqueraient, à l'inverse, l'existence d'un ordre imprescriptible, situé en amont plutôt qu'en aval, établi de toute éternité par la puissance souveraine ; vérité que l'homme se doit de retrouver au lieu de se projeter sans cesse, sur un mode aventureux, dans un avenir qu'il tente de construire à sa mesure. Sans faire entièrement nôtres ces définitions provisoires, notons encore que les anti-Lumières défendent une conception du sacré que des Philosophes auraient tendance à récuser, à négliger ou à oublier. Champions de tous les conservatismes, hostiles à plusieurs penseurs du droit naturel, indignés par l'idée même d'un contrat social, les adversaires des Lumières tenteraient de résister aux idées nouvelles. Dans le dernier tiers du siècle, plusieurs courants illuministes, parce qu'ils prétendent retrouver cet ordre immuable, que les Églises officielles et les courants philosophiques du siècle ont occulté, appartiendraient donc, eux aussi, aux anti-Lumières. Sans être erronées, ces définitions simplifient fortement une situation complexe, car la notion même de « Lumières » se pose sans cesse comme une référence problématique, lorsqu'on prétend décrire son envers. Comment définir les anti-Lumières, si les idées de progrès de la connaissance, d'optimisme philosophique, de croyance en l'Histoire, de laïcité et même d'universalité de la raison ne caractérisent ni n'épuisent tout à fait le contenu du mot « Lumières » ? Il ne s'agit évidemment pas de nier leur existence, mais de montrer comment celles-ci se construisent par avancées partielles et discontinues, sans jamais coïncider totalement avec les définitions et les bilans rétrospectifs qu'en donnent les acteurs immergés dans l'Histoire.

Notre propos est de récuser les oppositions tranchées et manichéennes qui hantent encore notre imaginaire lorsqu'on aborde l'histoire des idées et des représentations du XVIIIe siècle. Quelles que soient nos positions idéologiques, politiques ou critiques, convenons que les notions de « Lumières » et d'« anti-Lumières » relèvent d'une construction *a posteriori* profondément influencée par l'actualité dans laquelle elles s'élaborent. L'étude des significations, des usages et des vertus opératoires qu'a revêtus cet outillage théorique, dans la deuxième moitié du XXe siècle, reste à faire. Elle témoignerait, sans doute, d'une influence considérable exercée par les engagements politiques du moment, comme si certains secteurs de la recherche historique étaient, sur ce point, plus sensibles que d'autres.

Reste à expliquer pourquoi l'antiphilosophie, en dépit de plusieurs thèses et ouvrages limités à un champ étroit, n'a pas fait l'objet, depuis l'étude considérable d'Albert Monod, d'un travail d'ensemble[1]. Risquons quelques hypothèses : dans les années 1970-1980, le choix des études dix-huitiémistes était souvent dicté par une position militante. Choisir les « Lumières » comme objet d'étude, c'était tenter de comprendre comment un mouvement intellectuel, érigé en force autonome et ordonnée, concourait, au-delà des inévitables différences entre les acteurs, à produire globalement de l'histoire. La Révolution française demeurait alors la référence obligatoire, mais surtout le point supposé d'aboutissement à partir duquel il fallait penser les mouvements philosophiques du XVIIIe siècle[2]. Quant à l'historiographie d'inspiration marxiste ou marxisante, elle partageait la même obsession d'une synthèse à construire. Les différences idéologiques entre les acteurs s'annulaient durant les étapes décisives d'une critique montante et irré-

1. Albert Monod, *De Pascal à Chateaubriand*, Paris, Alcan, 1916, rééd. Genève, Slatkine, 1970. Cet ouvrage d'une immense érudition étudie surtout la pensée apologétique du XVIIIe siècle.

2. La chimère du finalisme a été définitivement dénoncée dans l'ouvrage fondamental de Roger Chartier : *Les Origines culturelles de la Révolution française*, Paris, Seuil, 1990. Roger Chartier cite à ce propos l'article de Michel Foucault : « Nietzsche, la généalogie et l'histoire », *Hommage à Jean Hyppolite*, Paris, P.U.F., 1971. Voir aussi Jean-Marie Goulemot, « De la polémique sur la Révolution et les Lumières et des dix-huitiémistes », *Dix-huitième siècle*, n° 6, 1974, pp. 235-242.

versible des institutions d'Ancien Régime. Certains penseurs, comme Montesquieu, pouvaient bien lorgner encore vers le passé féodal, l'appareil conceptuel entièrement neuf dont ils usaient brillamment les situait dans la cohorte prometteuse des penseurs œuvrant à la transformation de la société[1]. Une fois posé un modèle théorique, il ne s'agissait plus que de l'appliquer aux heureux élus, quitte à arrondir les angles pour obtenir la synthèse si ardemment souhaitée. Parmi les nombreux exemples de cette doxa critique, isolons celui-ci : « La possibilité d'une transformation de la société, l'avènement d'un monde social rationnel, régi par les valeurs d'une raison entièrement humaine et laïque et par les idéaux de tolérance et de liberté civile et politique, par lesquels assurer, avec l'expansion de l'économie, le bonheur commun de l'humanité : tel fut le rêve, différemment construit selon ses innombrables nuances, du siècle des Lumières[2]. » Dès lors, les anti-Lumières groupaient tous ceux qui n'entraient pas dans le moule. Au lieu de montrer comment les courants intellectuels naissent dans la confrontation, le compromis instable ou le conflit avec l'adversaire, on posait d'emblée l'existence d'un mouvement légitime, aux arêtes tranchées, chargé d'incarner l'Histoire en marche, la seule qui compte, la seule digne d'être examinée, à travers ses échecs et ses réussites. L'approche marxiste privilégiait aussi des esprits qu'elle situait dans les marges des Lumières triomphantes. Meslier, ce petit curé de campagne, qui couvrait des pages, le soir à la chandelle, après s'être acquitté de son sacerdoce, pour réclamer la communauté des biens, devenait un précurseur du « socialisme scientifique ». Dans un tout autre milieu,

1. « Au cours des années quarante, cet ensemble complexe de tendances donnera lieu à des positions de synthèse plus claires et plus riches. C'est l'époque où Buffon donne son système des sciences naturelles et de l'homme, alors que Montesquieu écrit son grand livre, dont le projet politique pouvait bien être tourné au passé, mais l'appareil général était entièrement neuf. Il s'agit de synthèses géniales qui justement, par-delà les propositions politiques, *offraient le levain d'un immense procès à venir.* Il suffit de penser au développement des recherches anthropologiques, économiques et historiques qui se produisit en France dans les années cinquante, de toute évidence sous l'influence de l'*Esprit des lois* » (Furio Diaz, « rapport de synthèse : The Philosophes and the Ancien Régime », *Studies on Voltaire*, n° 190, 1980, p. 301). Citons encore : « On verra que du "conservateur" Voltaire au révolutionnaire Rousseau, du libéral presque anarchiste Diderot au constitutionnaire d'Holbach, finalement l'indication, la proposition est une seule : créer la liberté civile et la participation politique » (*ibid.*, p. 307).

2. *Ibid.*, p. 299.

le baron d'Holbach, ce représentant d'un athéisme radical, annonçait le matérialisme historique. Quant aux Lumières officielles, elles marquaient la montée en puissance de la bourgeoisie, elles incarnaient une vérité qui reléguait les antiphilosophes dans les poubelles de l'Histoire, et réduisait l'antiphilosophie à l'interprétation qu'en donnaient ses adversaires. On interprétait la position des adversaires de la « philosophie » en se fondant sur l'interprétation qu'en donnaient Voltaire ou Diderot !

On dira, à juste titre, que nous forçons le tableau. Les historiens ont abandonné depuis longtemps ce manichéisme ; les mises au point récentes sur le XVIIIe siècle ne cessent de sonner le glas de la défunte critique. Celle-ci, pourtant, a laissé des traces dans notre imaginaire. N'a-t-on pas longtemps assimilé les défenseurs de la religion au vent de la « réaction » et ceux de la « philosophie » à celui du « progrès » ? Nous assimilions trop vite le religieux au politique, alors qu'ils sont souvent disjoints, ou du moins dans une relation instable. Tel apologiste peut se montrer plus critique à l'égard de la monarchie de droit divin que certains Philosophes soucieux de maintenir un pouvoir fort, seul capable d'imposer le règne de la « philosophie » par un despotisme éclairé. Fermement attachés aux principes immuables de l'autorité civile et religieuse, farouches partisans de tous les conservatismes, les adversaires des Philosophes auraient finalement été emportés par le vent de l'Histoire, laissant le champ libre au camp du « progrès ». Nous avons longtemps plaqué sur le passé des concepts anachroniques qui gommaient les aspérités d'une histoire complexe. Bien qu'une telle approche soit désormais abandonnée, elle sécrète encore des résistances plus ou moins inconscientes.

Soyons juste, des critiques ont remis en cause, depuis plusieurs années, cette représentation d'un XVIIIe siècle monolithique. Dès 1972, Roland Mortier insistait sur la diversité des Lumières en montrant qu'elles n'offraient ni dogme ni credo, « mais un certain nombre d'idéaux assez souples pour s'adapter à des éventualités très diverses ». Cette constatation manquait néanmoins d'ancrage historique et elle aurait pu soulever la critique d'Yvon Belaval remarquant dans le numéro 10 de *Dix-huitième siècle* (1978) que l'étude de ce siècle a été « trop souvent vouée aux grands noms et aux grandes généralités ». Commençait également une ère du soupçon : on évoquait les « Lumières impures » ou l'existence d'un éventuel « clair-obscur[1] ». On remettait en cause l'idée, trop facilement admise, d'un optimisme des Lumières. Le renouvellement des sciences de la nature, disait-on, semait le trouble chez les esprits, situés pourtant à l'avant-garde de la recherche scientifique. Charles Bonnet, en découvrant la parthénogenèse des pucerons, et Abraham Trembley, en observant la scissiparité des polypes d'eau, annonçaient l'idée transformiste reprise par Buffon. Or, ces découvertes essentielles et exaltantes ne remettaient pas seulement en cause le dogme chrétien d'une nature à tout jamais fixée dès l'origine, elles ébranlaient aussi l'ordre systématique cartésien et leibnizien. Paul Vernière montrait que des résistances surgissaient chez d'Alembert dont l'axiomatique universelle traduisait un cartésianisme plus affirmé qu'il ne l'avouait[2]. Ajoutons qu'un Voltaire, très proche sur ce point des positions chrétiennes, revendique, lui aussi, l'idée d'une fixité de la nature et, sur le plan strictement religieux, se montre au moins aussi offusqué que les plus fervents apologistes de la religion chrétienne par l'athéisme agressif d'un d'Holbach. Dès le *Traité sur la tolérance* (1763), il s'écriait : « Un athée qui serait raisonneur, violent et puissant, serait un fléau aussi funeste qu'un superstitieux sanguinaire[3]. » En bref, le XVIIIe siècle français perdait de sa belle ordonnance et l'histoire des idées, cette discipline à haut risque, devait renoncer à analyser des « mouvements d'idées » aux frontières étanches.

On peut également poser le problème à l'envers. Au lieu d'exalter le pouvoir émancipateur des « Lumières », on repère ses effets pervers et on dénonce un non-dit moins honorable ; on montre même que le culte d'une raison souveraine a pu mener aux pires oppressions. La critique marxiste qui pavoisait avant l'écroulement des certitudes, signalait, elle aussi, les dangers d'un universalisme de bon aloi. Le discours égalitaire masquait les inégalités effectives, en même temps que le devoir de bienfaisance proclamé haut et fort par les Philosophes dispensait d'entreprendre les transformations nécessaires à la réduction de ces mêmes inégalités. Plus récemment, certains se livrèrent à une critique plus radicale des

1. « Les Lumières : philosophie impure ? », *Revue des sciences humaines*, n° 182, 1981-1982, G. Benrekassa (dir.) ; Roland Mortier, *Clartés et ombres du siècle des Lumières*, Genève, Droz, 1969 ; Paul Vernière, *Lumières ou clair obscur*, Paris, P.U.F., 1987.

2. *Ibid.*, p. 32.

3. Voltaire, *Traité sur la tolérance*, in *L'Affaire Calas*, Paris, Gallimard, folio, 1975, p. 171.

Lumières, parce qu'elles avaient autorisé le massacre des Noirs dans les colonies, contredisant ainsi, de manière flagrante, le principe affiché d'une loi morale universelle[1]. Lorsque la Raison cède devant les besoins du commerce et les nécessités de l'ordre public, on se doit de dénoncer les données fausses du consensus qui fonde l'héritage et la bonne conscience des héritiers. Au-delà des positions morales, légitimes ou illégitimes, ne succombe-t-on pas ici à un autre dogmatisme qui simplifie l'histoire ? On commence par construire un modèle idéal, pour dresser ensuite la liste des fautes et des entorses qui le contredisent ou s'en détournent insidieusement. À ce compte-là, on peut reprocher à Voltaire, ce grand militant de la tolérance religieuse, de contrevenir à l'esprit des « Lumières » parce qu'il ne songe pas à accorder aux protestants, ces rebelles, l'accès à tous les emplois ! La même critique se renouvelle quand il soutient Catherine II en 1768 dans sa lutte contre les indépendantistes polonais, les confédérés de Bar. Ne pouvant admettre que des hommes se réclamant de l'Église catholique puissent lutter pour la liberté, il tient des discours qui cautionnent, de fait, la terrible répression de la souveraine « éclairée » de Russie. Ce jeu vain des erreurs et des contradictions apparentes ou réelles, si nous le poursuivions, ne servirait qu'à démontrer combien l'idée même de Lumières est problématique. Mieux vaut, nous semble-t-il, affirmer d'emblée que cette expression désigne un faisceau d'attitudes multiples, répondant à des logiques différentes, dissimulées parfois sous des mots d'ordre communs. Quant à l'interprétation rétrospective, qui ne cesse de modifier leur image, elle leur confère, dès le XVIIIe siècle, un sens provisoirement unifié, en fonction des luttes du moment.

Est-il besoin de préciser qu'il serait encore plus absurde d'ériger les adversaires des Philosophes en victimes de la pensée dominante ou en martyrs d'une liberté confisquée[2] ? Trop de critiques cèdent

---

1. « Lire les Lumières sans eux (les Noirs écrasés par les Blancs), c'est jouer le jeu des Lumières : c'est limiter la philanthropie universelle à l'Universalité de mon quartier, la raison à l'aire du blancobiblisme, la souveraineté à l'étendue de la paroisse, l'homme accompli à l'accomplissement du propriétaire de chez nous » (Louis Sala Molins, *Les Misères des Lumières : sous la Raison l'outrage*, Paris, A. Laffont, 1992, avant-propos, p. 15).

2. Certains critiques situés très « à droite » vont jusqu'à rendre les Philosophes responsables du discrédit qui pèse sur les couvents, les moines et les vœux monastiques. *La Religieuse* de Diderot, bien qu'elle fût exclusivement accessible aux très rares lecteurs de la

facilement à la pente dangereuse de la réhabilitation, en finissant par prendre en affection leur objet d'étude. Ce qui ne signifie pas que certains penseurs antiphilosophiques ne méritent pas un succès d'estime ! Dans les quinze dernières années l'historiographie des Lumières a subi d'autres infléchissements. La réflexion contemporaine sur la constitution des objets culturels a révélé les faiblesses de l'« histoire des idées ». Chacun sait que celles-ci ne circulent pas dans un milieu transparent, dans un espace ouvert et sans médiation. Nous avons appris à réfléchir aux objets d'étude que nous construisons : les notions d'espace public, et ses compléments inévitables que sont les réseaux d'information, de diffusion du savoir et les modes de réception, ont transformé l'histoire des idées en histoire culturelle. C'est dans cette perspective qu'il faut analyser ce que l'on peut appeler l'antiphilosophie, après avoir précisé, bien sûr, les tendances qui la constituent, les acteurs qu'elles regroupent, les milieux auxquels elle s'adresse, les stratégies qu'elle met en œuvre, le contexte historique immédiat dans lequel elle s'inscrit et les luttes politico-religieuses qui dirigent ses orientations. L'immensité de la tâche est peut-être aussi l'autre obstacle qui a rebuté la critique : des ouvrages colossaux, des polémiques à rebondissements, une foule de libelles anonymes. Une vie d'homme ne suffirait pas à lire cette production immense et il est encore difficile de sélectionner les ouvrages les plus significatifs. Une étude systématique des registres de la Librairie et des bibliothèques privées serait, en outre, indispensable, pour connaître l'accueil qui lui fut réservée. Prétendre à l'exhaustivité frôlerait le ridicule ! Pour tenter d'en savoir davantage, il faudrait multiplier les travaux en équipe.

Les questions que l'on pose au passé ne sont jamais fortuites ni innocentes. Nous l'avons dit, l'historien n'échappe pas aux problèmes de son temps et ceux que nous soulevons ici le montrent clairement. Les antiphilosophes ne reprochent-ils pas à leurs adver-

---

Correspondance littéraire de Grimm, est néanmoins accusée d'être responsable de cette situation délétère ! Voir Jean de Viguerie, *Christianisme et Révolution*, Paris, Nouvelles éditions latines, 1988, p. 21. Quant à l'emploi du mot « philosophisme », même employé entre guillemets pour désigner les fauteurs de trouble, il implique, tout de même fâcheusement, un point de vue orienté : « Si les ordres féminins contemplatifs (le Carmel par exemple) gardent toute leur ferveur, les monastères d'hommes l'ont toute perdue. Le "philosophisme" comme on dit, s'y est infiltré » (*ibid.*, p. 24).

saires de propager une pensée unique, de monopoliser les lieux de pouvoir intellectuel et de procéder à une dangereuse contamination de la littérature par la philosophie ? Les polémiques sur la place de la religion dans la société, la disparition du sacré, la crise des institutions religieuses, la perte des repères moraux, le bouleversement de toute échelle de valeur bruissent également à nos oreilles d'hommes de la fin du XXe siècle. Ne succombons pas, à notre tour, au péché d'anachronisme, après en avoir signalé les dangers. Le contexte religieux, politique, économique a radicalement changé. Les débats soulevés par l'antiphilosophie ne sont évidemment plus les nôtres. Ce qui ne veut pas dire qu'ils ne présentent aucun lien avec nos préoccupations actuelles. Leur connaissance nous permet de mieux comprendre des filiations intellectuelles, qui, par un cheminement complexe, peuvent expliquer des positions religieuses, idéologiques, politiques et même littéraires du XXe siècle finissant, mais il ne s'agit nullement, répétons-le, d'un héritage direct et univoque, pouvant nourrir, sans médiation, une position militante. Recherche froide et désincarnée, diront certains, ou fausse neutralité masquant des choix idéologiques, s'écrieront d'autres ! Nous espérons avoir évité ces deux écueils. S'il n'est pas de lucidité critique sans ardeur intellectuelle, toute démarche réellement historique présuppose aussi un objet construit qui interdit, nous semble-t-il, de transformer son champ d'étude en quête exclusive de matériaux destinés à étayer telle position doctrinale. C'est seulement dans un deuxième temps, et pour ainsi dire extérieurement, qu'il appartient à chacun de choisir son camp, d'affirmer ses convictions, quitte à revenir, avec un œil plus critique, sur les enjeux et les résultats du travail réalisé.

I

Nature et enjeux de l'antiphilosophie

1.
État des lieux

Des positions instables dans un champ conflictuel

Depuis la fin du XVIIe siècle, les ouvrages philosophiques se sont multipliés. Des *Lettres philosophiques* de Voltaire (1734), en passant par l'*Esprit des lois* de Montesquieu (1748) et l'*Histoire naturelle* (1749) de Buffon dont l'édition originale a été épuisée en quelques semaines, c'est un véritable raz de marée qui submerge le marché du livre. Au moment où paraissent les premiers tomes de l'*Encyclopédie*, l'apologétique chrétienne connaît une phase d'inquiétude : les progrès fulgurants de l'imprimerie, le recours à la vente par souscription et à des modes de gestion capitalistes pour un ouvrage que certains estiment contraire à l'orthodoxie chrétienne incitent certains esprits à réagir pour défendre la religion attaquée par des écrivains impies. Un janséniste, l'abbé Gaultier, est un des premiers à évoquer l'idée d'un complot fomenté par les ennemis de la religion, que ceux-ci soient déistes, théistes ou résolument athées[1]. Ce qui inquiète, en effet, les ecclésiastiques attachés à la défense des valeurs chrétiennes, c'est moins le contenu des œuvres diffusées que les ravages qu'elles pourraient causer chez des lecteurs peu préparés ou crédules, prêts à se laisser griser par toutes sortes de nouveautés. Les jeunes gens, les femmes, les gens du

1. L'abbé Jean-Baptiste Gaultier (1685-1755) fut un adversaire acharné des Philosophes. Il est, entre autres, l'auteur d'un essai sur Pope, *Le Poème de Pope, intitulé « Essay sur l'homme convaincu d'impiété »* (1746) et d'un ouvrage célèbre contre Montesquieu, *Les Lettres persanes convaincues d'impiété* (1751).

monde, les esprits frivoles ou superficiels apparaissent alors comme des victimes désignées, immolées sur le temple de la « philosophie moderne », par des écrivains sans scrupule qui n'hésitent pas à mettre dans toutes les mains des écrits qui n'étaient lus autrefois que par des savants et des initiés sachant tirer le bon grain de l'ivraie. Sans nous prononcer définitivement sur la question, tout porte à croire cependant que cette crainte était, pour une large part, fantasmatique. Le XVIIIe siècle est hanté par les effets difficilement appréciables des nouvelles techniques de diffusion du livre et par les pratiques de lecture plus hédonistes qu'elles génèrent en profondeur[1].

Il est bien difficile de définir, une fois pour toutes, l'antiphilosophie[2]. D'abord parce que, nous le verrons, le mouvement, bien qu'il soit fortement religieux et qu'il émane souvent des représentants de l'Église catholique, ne présente pas une réelle unité doctrinale ni stratégique. Les adversaires en présence déplorent, chacun de leur côté, et pour l'intérêt de la cause qu'ils défendent, ce manque d'unité. On sait combien Voltaire n'a cessé, durant sa phase militante, de regretter que les brebis du troupeau des Philosophes ne se rassemblent pas sous la houlette du berger. Contre les « loups » et les « renards » que représentent respectivement à ses yeux les jansénistes et les jésuites, les partisans de la tolérance et de la liberté devraient faire front commun pour résister à l'ennemi qui relève la tête. Pour venir à bout du « fanatisme », hydre monstrueuse et toujours renaissante, et pour gagner la bataille, les Philosophes assimilés à une armée doivent faire taire leurs querelles, se serrer les coudes, user de leur entregent personnel. On retrouve, avec quelques variantes, la même déploration dans le camp adverse. On regrette, cette fois, que les divisions théologiques et politico-religieuses prennent le pas sur la lutte impitoyable que devraient inspirer aux chrétiens fervents les agissements toujours plus audacieux du « parti » de l'impiété moderne. Mais chacune de ces visions, malgré une part de lucidité, se nourrit de fantasmes. Le combat de Philosophes, armés des mêmes certitudes, œuvrant dans la même direction, adoptant la même stratégie, est un vœu pieu.

1. Roger Chartier (sous la dir. de), *Pratiques de la lecture*, Paris, Rivages, 1985.

2. Le mot « antiphilosophie » s'emploie dès le XVIIIe siècle. L'abbé Chaudon écrit un dictionnaire antiphilosophique pour récuser le *Dictionnaire philosophique* de Voltaire.

L'athée d'Holbach méprise souverainement le déisme de Voltaire qu'il considère comme une faiblesse dérisoire, comme un archaïsme résiduel, condamné à être balayé par le vent de l'Histoire. Le patriarche de Ferney porte un regard critique sur l'*Encyclopédie* à laquelle il a pourtant participé, parce que ses collaborateurs ne sont pas tous assez engagés dans le combat philosophique. Il ne manque pas de reprocher à d'Alembert la fadeur ou l'incompétence de certains encyclopédistes. Quant à Rousseau, chacun sait qu'il est rapidement devenu l'ennemi commun des encyclopédistes et du patriarche. On ne trouvera pas non plus de mouvement organisé chez les adversaires des Philosophes. Surgissent des clans, des fronts communs, des alliances tactiques, comme celle qui unit Palissot et Fréron, l'adversaire le plus célèbre de Voltaire, mais aucune doctrine qui puisse les réunir et leur servir de porte-drapeau, même si, en outre, ils affirment tous, haut et fort, leur fidélité à Dieu et à ses commandements. Quoi de commun entre le protestant Formey, un moment hostile à Voltaire, se livrant à une lecture rationaliste et éclairée de la Bible, et les apologistes catholiques attachés à l'exégèse la plus traditionnelle ? Quoi de commun, encore, entre le janséniste Chaumeix, qui s'acharne contre l'*Encyclopédie* en flairant le souffle de l'hérésie dans les articles apparemment les plus anodins, et l'abbé Yvon, lui-même collaborateur du grand dictionnaire, qui tente, dans d'autres ouvrages, de concilier les valeurs chrétiennes avec les acquis de la nouvelle philosophie ?

Les interférences entre les différents mouvements philosophiques et certaines tendances de l'antiphilosophie ajoutent encore à la difficulté. Les frontières entre les camps apparemment opposés sont plus poreuses et plus mouvantes qu'elles ne le paraissent. Le débat sur la providence, qui connaît une flambée après le tremblement de terre de Lisbonne de 1755, provoque de nouvelles alliances. Les déistes peuvent, sur certains points, rejoindre les providentialistes puisque les tenants des deux philosophies perçoivent un ordre dans l'univers, un dessein dont la cause finale échappe à notre esprit borné. Certes, on ne peut nier les différences sensibles qui séparent ces deux positions métaphysiques : d'un côté les chrétiens providentialistes affirment que les événements sont voulus par Dieu et qu'ils finissent toujours par être favorables à l'homme. De l'autre, Voltaire, au contraire, en vient à douter que l'Être suprême veille sur chaque individu et récuse l'idée même de

Providence, mais il est convaincu que le monde n'est pas soumis à une cause aveugle. Or ces deux positions se rejoignent pour dénoncer le finalisme naïvement anthropocentriste de l'abbé Pluche : si les desseins de Dieu sont, en dernière instance, toujours bénéfiques, cela ne signifie pas que la Méditerranée ait été créée pour favoriser la navigation et rapprocher les civilisations !

La situation de Rousseau dans l'Europe intellectuelle, la diversité de l'accueil réservé à sa personne et à son œuvre, complique encore le problème. La publication du *Contrat social* et d'*Émile* en 1762 déclenche les foudres des pouvoirs religieux et laïques. Le philosophe, contre lequel avait été décrété une prise de corps, condamné à l'errance dans les cantons suisses, suscite une avalanche de protestations doctrinales. Certains pasteurs de Genève, dans des tonalités différentes, unissent leur voix à Christophe de Beaumont, l'archevêque de Paris, pour condamner l'impie qui, dans *La Profession de foi du Vicaire savoyard*, ose nier la nécessité de la Révélation. On peut même remonter en amont : dès son entrée fracassante dans la République des lettres, le Philosophe subit le feu roulant des réfutations. Les deux premiers discours font l'objet d'une polémique avec les représentants des pouvoirs religieux. Pourtant les adversaires des Philosophes attribueront, presque toujours, une place à part à Rousseau. Il est vrai que ce marginal de la République des lettres n'a cessé de revendiquer une foi profonde et indéfectible. Ce protestant d'origine qui a renié, plus ou moins sous la contrainte, la religion de ses pères pour se convertir, un moment, au catholicisme, avant de vouloir réintégrer la religion réformée, ce théiste qui abandonne finalement toute Église, pour ne reconnaître qu'un Dieu sensible au cœur, est aussi un lecteur assidu de la Bible dont il vante les mérites exceptionnels. De plus, cet hétérodoxe dénonce, avec la plus grande vigueur, l'athéisme provocateur et desséchant des « philosophes modernes », incapables, selon lui, d'accéder au véritable bonheur et de goûter les délices de la vie spirituelle. Comment les adversaires chrétiens des Philosophes ne percevraient-ils pas en lui un allié objectif ? L'alliance est souvent tactique et stratégique, mais elle peut être aussi doctrinale. On peut relever plusieurs points de contact entre Rousseau et le mouvement antiphilosophique. Encore faudrait-il distinguer les aspects purement littéraires du rousseauisme, fondés essentiellement, nous semble-t-il, sur une nouvelle manière de lire[1], des pratiques culturelles plus étendues que le terme désigne aussi. Cette porosité rend possibles les amalgames, abolit les frontières entre les adversaires et les défenseurs de la philosophie, car la vague sensible atteint presque tous les camps en présence, tandis que les apologistes font flèche de tout bois pour récupérer Rousseau, par l'intermédiaire du rousseauisme !

Cette instabilité se confirme, si on la considère d'un point de vue historique. À mesure que l'on avance dans le temps, les frontières se déplacent, s'abolissent ou se reconstituent selon de nouveaux critères. Si la lutte contre l'*Encyclopédie* orchestrée par le janséniste Chaumeix devient décisive dans les années 1758, après la condamnation de l'ouvrage d'Helvétius, *De l'esprit*, c'est qu'elle attire l'attention des pouvoirs publics sur la recrudescence des écrits antireligieux. Plusieurs fronts se dressent contre les ouvrages « philosophiques », mais, nous le verrons, leurs agissements répondent à des motivations différentes, même si, en outre, il leur arrive de s'unir contre l'ennemi commun. Parmi les réfutateurs de l'athéisme moderne, on peut repérer, dans les années 1750-1760, d'autres familles d'esprits : les bataillons serrés des apologistes intransigeants, jansénistes ou jésuites, catholiques ou protestants, qui partent en guerre contre le dictionnaire, et *De l'esprit* d'Helvétius au nom de la Révélation niée ou occultée par les philosophes modernes. Le débat porte, de manière lancinante, sur l'authenticité des écritures, la véracité des témoignages, la nature de l'âme dont les disciples de Locke contestent l'existence, l'autorité des pouvoirs civils et religieux ébranlés, voire sapés, par des gens de lettres qui n'assignent plus aucune limite à l'esprit critique. Il existe aussi, dès les années 1750-1760, un courant rationaliste, ouvert aux idées nouvelles, acquis à l'esprit scientifique, tourné vers la recherche métaphysique, parfois leibnizien ou wolffien, mais résolument hostile à l'athéisme d'un Diderot ou à celui d'un d'Holbach. Formey ou l'abbé Yvon, bien que collaborateurs de l'*Encyclopédie*, sont aussi des apologistes qui n'hésitent pas à partir en guerre contre les philosophes radicaux : contre Diderot, Formey écrit en 1756 des *Pensées raisonnables opposées aux Pensées philosophiques, avec un essai critique sur le livre intitulé* « Les Mœurs ».

1. Claude Labrosse, *Lire au XVIIIe siècle. La Nouvelle Héloïse et ses lecteurs*, Presses universitaires de Lyon, Éd. du C. N. R.S., 1985.

L'avènement de ce que l'on a appelé les « Lumières assagies » modifie encore les frontières entre la philosophie et le camp adverse. Dans les années 1760 la seconde génération philosophique, celle des Marmontel, des Morellet et des Suard, accède à la reconnaissance et certains d'entre eux deviennent, comme l'a montré Robert Darnton, des philosophes de l'« establishment ». Si les disciples de Voltaire et de Diderot continuent la lutte contre les adversaires dévots de la philosophie parfois même avec un remarquable acharnement, en revanche la notion même de philosophie se dilue et s'affadit à mesure qu'elle envahit le champ culturel. Cette tendance s'accentue dans les années qui précèdent la Révolution. Des Philosophes auparavant rejetés comme les brebis galeuses sont maintenant acceptés, voire récupérés. Il n'en demeure pas moins que des défenseurs farouches des positions les plus traditionnelles campent toujours sur leur position. Mme de Genlis, en adversaire déterminée de l'incrédulité, condamne systématiquement les philosophes de son temps dans *La Religion considérée comme l'unique base du bonheur et de la véritable philosophie* (1787), mais n'en sacrifie pas moins à la mode sentimentale et cite Clarke, qui fut un inspirateur de Voltaire, pour prouver l'ordre admirable de l'univers.

D'autres modes d'approche sont possibles : si l'on prétend étudier l'antiphilosophie dans la durée et la considérer du point de vue des affrontements, on repérera facilement des temps forts, qui coïncident avec les différentes affaires défrayant l'actualité politico-culturelle. Entre 1750 et la Révolution, des scandales éclatent : l'affaire de Prades en 1752. Cet ecclésiastique, collaborateur de l'*Encyclopédie*, est condamné pour une thèse de théologie soutenue en Sorbonne jugée hétérodoxe. Un censeur incompétent ou négligent l'avait, dans un premier temps, approuvée. En 1758, la publication du livre *De l'esprit* suscite un déferlement sans précédent de réfutations, auxquelles succèdent, comme une traînée de poudre, la condamnation systématique de toutes les institutions religieuses et civiles. L'auteur de ce brûlot philosophique, matérialiste et lockien, est un fermier général, très en vue, qui fréquente les plus hautes sphères du pouvoir. Il est de surcroît ami des encyclopédistes et le scandale qui s'ensuit rejaillit évidemment sur l'*Encyclopédie* elle-même qui verra, l'année suivante, son privilège révoqué. Sans entrer dans les détails de cet événement complexe, notons que les réfutations du livre *De l'esprit* se poursuivent durant toute la seconde moitié du siècle. Cet ouvrage emblématique de la lutte antiphilosophique soulève des montagnes d'indignation, stimule la verve d'une foule de polémistes convaincus qu'ils vont confondre à tout jamais l'adversaire et rétablir, au sein de la République des lettres, la vérité blessée par l'imposture d'un système non seulement impie, mais encore monstrueux par ses bévues. Distinguons toutefois les réfutations inscrites dans le long terme et les attaques ponctuelles qui surviennent à chaud, provoquant une effervescence qui rejaillit, par un effet de choc en retour, sur la production culturelle saisie dans sa globalité. La seconde grande affaire coïncide avec la publication d'*Émile* et du *Contrat social* en 1762. Nous retrouvons le même éventail répressif, avec cette fois l'intervention, à quelques mois d'intervalle, des instances françaises et genevoises, condamnant l'ouvrage impie. C'est surtout *Émile* qui provoque nombre de réfutations dans les années 1762-1765. Pris sous le feu croisé de plusieurs pasteurs genevois, comme Jacob Vernes (*Lettre sur le christianisme de Jean-Jacques Rousseau*, 1764), des chrétiens rationalistes et encyclopédistes comme l'abbé Yvon (*Lettre à Monsieur Rousseau pour servir de réponse à sa lettre contre le mandement de M. l'archevêque de Paris*, 1763), ou le protestant Formey (*Émile chrétien consacré à l'utilité publique*, 1764) et les apologistes qui profitent de la situation pour élargir le débat en récusant l'ensemble de « la philosophie moderne » (Bergier, *Le Déisme réfuté par lui-même*, 1765).

En publiant anonymement son *Dictionnaire philosophique* en 1764, Voltaire provoque un troisième scandale : l'année suivante, paraissent déjà deux réfutations[1]. Puis les gros bataillons des défenseurs du christianisme attaqué par l'impie sacrilège, profanateur des textes saints, interviennent en masse. C'est le jésuite Nonnotte qui entend surprendre l'auteur en flagrant délit d'erreur historique (*Les Erreurs de M. de Voltaire*, 1767 [1re éd. 1762]). C'est l'abbé Chaudon qui contre-attaque en écrivant un *Dictionnaire anti-philo-*

1. Abbé Du Bos, *Remarques sur un livre intitulé : Dictionnaire philosophique portatif, par un membre de l'illustre Société d'Angleterre pour l'avancement et la propagation de la doctrine chrétienne*, Lausanne, 1765 et Joly de Fleury, *Réquisitoire au sujet de deux libelles : le Dictionnaire philosophique portatif et les Lettres écrites de la Montagne*, 1765. Beaucoup d'écrits, à l'image du réquisitoire précédent, associent Voltaire et Rousseau pour les confondre dans la même réprobation.

sophique (1767) ou encore l'abbé Paulian, auteur d'un *Dictionnaire philosopho-théologique portatif, contenant l'accord de la véritable philosophie avec la sainte théologie et la réfutation des faux principes établis par les philosophes modernes* (1770). En 1767, c'est un disciple de Voltaire, Marmontel, généralement plus prudent, qui va être à son tour condamné par la Sorbonne et le Parlement pour *Bélisaire*, une œuvre pourtant sans grand relief. La contre-attaque dévote sera ici plus limitée. Il n'en va pas de même pour la dernière grande affaire du siècle, *Le Système de la nature* du baron d'Holbach (1770), œuvre résolument matérialiste et athée qui provoque une nouvelle avalanche de réfutations indignées.

Ce bref relevé de quelques points forts de la lutte antiphilosophique ne rend pas compte, loin de là, de l'ensemble du mouvement. Il se contente de souligner un mode de publication qui crée l'événement éditorial. Les défenseurs du christianisme répliquent au coup par coup, en organisant la lutte contre les œuvres phares. Bien qu'elles possèdent des traits spécifiques, ces affaires offrent des similitudes. Les ouvrages philosophiques qui suscitent une polémique et qui déclenchent une cascade de réfutations sont généralement condamnés dans un premier temps par les pouvoirs en place : instances royales de la Librairie, Parlement, Sorbonne, autorité pontificale, dans certains cas. Ce qui donne à l'œuvre incriminée un parfum de scandale et encourage, par contrecoup, les apologistes à la réfutation en légitimant leur démarche critique. Des mandements épiscopaux s'ajoutent encore à la longue liste des récusations pour jeter cette fois l'anathème.

Résumons-nous : on oppose traditionnellement et peut-être paresseusement la « philosophie » à l'« antiphilosophie » comme si les notions s'opposaient terme à terme. Certes, on trouve bien une position de principe chez les réfutateurs chrétiens qui critiquent tous, sans exception, l'athéisme des philosophes modernes. Mais la notion d'antiphilosophie désigne aussi des options religieuses, métaphysiques, morales, des modes d'existence et, enfin, des choix politiques qui ont varié au cours de l'histoire. Ce sont notre lecture de la Révolution et notre interprétation rétrospective des « Lumières » qui ont créé la fiction de deux mouvements antagonistes, définitivement installés dans leurs options fondamentales. Quand l'abbé Barruel publie les *Mémoires pour servir à l'histoire du jacobinisme* (1797-1799), il rend responsables les Philosophes et les francs-maçons, toutes tendances confondues, des troubles révolutionnaires : l'impiété généralisée, le combat mené contre l'Église et la critique immodérée des institutions, alimentée par la manie des discussions sans fin, l'irresponsabilité de nombreux esprits dévorés par un désir de destruction et habitués à comploter auraient jeté à bas l'Ancien Régime. Cette interprétation fantasmatique, promue à un long avenir chez les partisans de la restauration monarchique, a laissé des traces dans notre imaginaire et a en partie nourri, parfois de manière inconsciente, l'analyse des anti-Lumières. Pour dissiper toute équivoque, une mise au point s'impose.

Les idées d'Augustin Barruel représentent la tendance la plus extrémiste du mouvement hostile à la Révolution. Son cas est intéressant car il a commencé à écrire dans les années 1780 en publiant un roman dirigé contre la philosophie moderne, *Les Helviennes* (1781), et a collaboré à des périodiques antiphilosophiques comme l'*Année littéraire*, alors dirigée par Stanislas Fréron (le fils du célèbre Élie Fréron, l'ennemi de Voltaire) et le *Journal ecclésiastique*. On pourrait donc mesurer ici une éventuelle permanence du mouvement, en comparant les deux périodes. Pourtant, on chercherait en vain dans le médiocre roman du polémiste toute référence à un complot pour discréditer ses adversaires. Les positions politiques de cet ex-jésuite ont varié.

Le problème de la révolution

Gardons-nous d'adopter une attitude finaliste en lisant dans le passé les prémices d'un avenir que nous connaissons déjà. Barruel n'est pas Fréron ; il n'est pas non plus Palissot. La Révolution a déplacé les enjeux en majorant les critères politiques et en modifiant souvent les positions de ceux qui sont devenus, bon gré mal gré, des acteurs de la vie publique ou des victimes éliminées par la tourmente. Il suffit, pour s'en convaincre, de comparer les positions prises, sous la Révolution, par les représentants des deux camps. Parmi ceux qui étaient le plus engagés dans la critique des institutions d'Ancien Régime, et qui prônaient un athéisme sans concession, combien ont adopté les idéaux révolutionnaires dans la phase radicale de la Révolution ? Si l'on excepte Condorcet, qui demeurera, jusqu'à sa fin tragique dans les geôles de la Convention montagnarde, un fervent républicain, combien se trouvèrent rapidement en porte à faux ! La conduite de Raynal est un bon exemple de cette situation. Rappelons les faits : l'*Histoire philosophique et politique des deux Indes*, qu'il écrivit avec Diderot, est perçue par Fréron dans l'*Année littéraire* de 1775 comme un appel à la rébellion et à la violence : « Les hommes y sont puissamment encouragés et excités à s'élever contre tous les Souverains sans distinction [...] tout homme peut, sans crime et par conséquent sans remords, enfoncer le poignard dans le sein de son Roi[1]. » « Lorsque Raynal quitte l'exil provençal que le Parlement de Paris lui avait imposé en 1784, comme condition de son retour en France après l'interdiction de l'*Histoire philosophique et politique des deux Indes* », note Hans-Jürgen Lusebrink, « il remet au Président de l'Assemblée Nationale une *Adresse* dont les députés exigent la lecture immédiate[2] ». Or cette déclaration publique du 31 mai 1791 provoque la stupeur et la consternation des députés révolutionnaires. L'ennemi du despotisme, le chantre irréductible de la liberté des peuples demande, contre toute attente, le renforcement de l'exécutif et par conséquent des prérogatives royales, la diminution du pouvoir des clubs et des sociétés populaires, la restriction du principe électoral et la condamnation de la violence populaire ! Pourtant la proclamation n'était pas si surprenante qu'il y paraissait. Raynal n'avait fait qu'adopter la position de ses amis politiques, les Mirabeau, les Clermont-Tonnerre et les Necker. L'étonnement général provenait de l'immense écart que l'on percevait entre l'effet de lecture de l'*Histoire philosophique et politique des deux Indes* et la position effective d'un homme confronté à la violence de l'histoire immédiate. L'œuvre avait créé un horizon d'attente brusquement et cruellement démenti par l'éclat scandaleux de ce qui était ressenti comme un reniement.

Le cas Morellet est un autre exemple, bien connu des spécialistes. Ce familier du salon de Mme Geoffrin avait obtenu ses lettres de noblesse philosophiques en faisant un séjour forcé à la Bastille à la suite de son intervention, en 1760, contre la pièce des

---

1. Nous suivons ici de près l'article de Hans-Jürgen Lusebrink : « La chute d'un écrivain philosophe, l'abbé Raynal devant les événements révolutionnaires », in *L'Écrivain devant la Révolution*, textes réunis par Jean Sgard, université Stendhal de Grenoble, 1990, pp. 89-100.

2. *Ibid.*, p. 91.

Philosophes qui couvrait de boue Diderot et Rousseau[1]. Or ce bretteur, qui s'illustre dans plusieurs campagnes contre l'adversaire dévot, cet ennemi du « fanatisme » religieux qui publie, pour en dénoncer les turpitudes, un *Manuel des inquisiteurs* (1762), se trouve totalement dépassé par les événements révolutionnaires, qu'il condamne dans leur ensemble. Dans ses *Mémoires*, Morellet critique la tournure que prennent les événements dès 1789 ; il prétend percevoir dès le mois d'avril les signes avant-coureurs de l'anarchie et du chaos et dresse ce tableau apocalyptique de la dynamique révolutionnaire : « Une assemblée convoquée sous le titre d'États généraux, se faisant de son autorité privée assemblée nationale, devenant toute puissante par l'abolition des ordres, abaissant l'autorité royale, envahissant les possessions du clergé, anéantissant les droits anciens de la noblesse, altérant la religion dominante, s'emparant de la personne du roi ; le monarque en fuite ; une Constitution qui ne laisse subsister qu'un simulacre de monarchie ; une seconde assemblée sans autre caractère que celui de la faiblesse des moins mauvais, dominée par les méchants ; ceux-ci parvenant à former une troisième assemblée pire que les premières ; la royauté insultée et avilie, l'habitation du souverain souillée de meurtres, sa déchéance, sa captivité ; le trône enfin renversé, et la France devenue république ; le jugement et la mort du roi sur un échafaud, suivie de celle de son auguste et malheureuse compagne et de sa vertueuse sœur ; les nobles, les prêtres, emprisonnés, massacrés par milliers ; les propriétés partout envahies, les autels profanés, la religion foulée aux pieds : tels sont les faits que rassemble cette époque, où les événements ont été d'un tel poids et se sont pressés en si grand nombre, que l'on croit avoir vécu des années en un mois et des mois en un jour, comme un quart d'heure d'un rêve pénible semble, au réveil, avoir rempli toute la durée d'un longue nuit[2]. » Ce réquisitoire violent et sans concession n'est pas celui d'un antiphilosophe accusant les impies d'avoir enclenché le mécanisme irréversible de la dégradation révolution-

1. Nous n'évoquons pas ici les détails de cet incident connu. Morellet dans *La Vision de Charles Palissot* s'en était pris aux adversaires des Philosophes, en se moquant ouvertement de la princesse de Robecq, qui était la maîtresse de Choiseul. Une telle insolence ne pouvait qu'être fortement sanctionnée.

2. Abbé Morellet, *Mémoires*, éd. Jean-Pierre Guiccardi, Paris, Mercure de France, 1988, pp. 297-298.

naire, mais bien le fait d'un ami de Voltaire et des Philosophes profondément traumatisé par les événements. Il faut bien sûr observer une grande prudence théorique pour analyser la signification idéologique de cette déclaration et d'abord la situer dans le temps de sa rédaction. C'est dans les années 1797-1800, durant cette période encore troublée, succédant à la tourmente révolutionnaire, que Morellet rassemble ses souvenirs. Les spectacles auxquels il a assisté, les dangers qui ont pesé sur lui et peut-être le sentiment d'observer la fin d'un monde expliquent, en partie, le ton et le contenu de cette déclaration. Néanmoins, pourrait-on objecter, la situation de Morellet dans la France d'Ancien Régime était très différente de celle de Raynal. Celui-ci était l'auteur présumé d'un ouvrage clandestin, l'*Histoire philosophique et politique des deux Indes,* précédé dans la France révolutionnaire par sa réputation de radicalisme philosophique, alors que le pétillant abbé Morellet avait su faire montre d'une grande souplesse idéologique. Il n'en demeure pas moins que les attitudes de ces Philosophes témoins des événements révolutionnaires supportent la comparaison. On pourrait multiplier les exemples : Grimm, lorsqu'il dirige la *Correspondance littéraire*, cette feuille manuscrite destinée aux cours européennes, ne manque aucune occasion de flétrir les écrits hostiles aux Philosophes : ou il les passe sous silence, ou il leur dénie systématiquement toute qualité littéraire[1]. Plusieurs années avant les événements révolutionnaires, Grimm avait pris ses distances avec les positions radicales d'un Raynal, lui-même collaborateur de la *Correspondance littéraire*, et les liens d'allégeance qu'il entretenait avec les familles princières européennes ne l'invitaient pas, loin de là, à adopter des positions hostiles au pouvoir monarchique. Dès l'aube de la Révolution, il prend parti, sans hésiter, pour la contre-révolution et demeure fidèle à Catherine II. En 1791, il s'entretient avec les frères de Louis XVI et leur fait parvenir des extraits de lettres de la souveraine de Russie. En octobre de la même année, il aide la comtesse de Bueil, fille de Mme d'Épinay, à émigrer avec sa famille[2]. Quant à Meister, qui

---

1. Voir Jean-Robert Armogathe, « Les apologistes chrétiens dans la *Correspondance littéraire* », in *La Correspondance littéraire de Grimm et de Meister, 1754-1813*, Colloque de Sarrebruck de 1974, Paris, Klincksieck, 1976, pp. 201-206.

2. À propos de la conduite de Grimm pendant la période révolutionnaire, nous nous référons à la thèse de Pascale Pellerin soutenue à l'université de Tours en janvier 1998 :

avait succédé à Grimm à la tête de la *Correspondance littéraire* en 1773, il était l'auteur d'un essai, l'*Origine des principes religieux* (1768), qui attaquait la religion pour la réduire, dans une optique toute voltairienne, à la superstition. Or c'est ce même Meister qui prend ouvertement parti contre la Révolution et va rejoindre les milieux de l'émigration du duché de Saxe-Gotha.

Comment interpréter ces exemples ? Un constat s'impose : le combat antireligieux que mènent certains clans philosophiques durant la deuxième moitié du XVIIIe siècle ne préfigure nullement la position politique que leurs membres vont adopter sous la Révolution. Inversement, plusieurs champions de la lutte antiphilosophique ont choisi parfois de s'engager auprès des forces révolutionnaires. Ce que fit Palissot, avec une grande habileté, lui qui se posait encore en adversaire acharné de Diderot et des milieux encyclopédiques dans les années qui précédèrent la Révolution. Son opportunisme fut largement récompensé puisqu'il devint administrateur de la bibliothèque Mazarine, puis correspondant de l'Institut en 1795 et enfin membre du Conseil des Anciens pour le département des Yvelines. Il entra dans la secte des théophilanthropes, avant de connaître une paisible retraite. Citons encore le cas de Stanislas Fréron. Lorsque son père meurt en 1776, il hérite de la direction du célèbre journal qui s'était spécialisé, on le sait, dans la lutte contre les Philosophes. Or le jeune homme qui a eu pour condisciples au collège Louis-le-Grand, Camille Desmoulins et Robespierre fait paraître dès décembre 1789, sous le pseudonyme de Martel, une feuille incendiaire intitulée *L'Orateur du peuple*, à peine dépassée, nous apprend la *Biographie Michaud*, par *L'Ami du peuple* de Marat ! En juin 1791, au retour de Louis captif après la fuite à Varennes, il en appelle à la mort du roi. Membre de

Lectures et images de Diderot de l'Encyclopédie à la fin de la Révolution, thèse manuscrite, 2 t., 381 p., p. 222. P. Pellerin cite le passage suivant, tiré de la *Correspondance littéraire. Mémoire historique sur l'origine de mon attachement pour l'Impératrice Catherine II* de Grimm : « La révolution française éclata en 1789, et mon bonheur disparut avec celui de la France. L'Impératrice ne fut pas longtemps à démêler l'infernal génie qui présidait à cette révolution [...] et dès l'événement de la nuit du 5 au 6 octobre elle regarda la monarchie française comme perdue. Je l'avais jugée ainsi deux mois plus tôt, sans prévoir les horribles forfaits qui déshonoreraient et ensanglanteraient cette terre de malédiction : son arrêt me paraissait prononcé après cette nuit fatale où un tas d'avocats et de jeunes insensés de la cour, qu'on appelait alors enragés, s'étaient avisés à moitié ivres, d'abolir et de proscrire une foule de droits qui subsistaient depuis des siècles » (*Correspondance littéraire*, t. I, pp. 28-29).

la Commune de Paris, Stanislas Fréron deviendra député à la Convention ! Fait apparemment aussi surprenant, l'archevêque et comte de Vienne, Jean-Georges Lefranc de Pompignan qui avait dénoncé, en 1781, dans un mandement d'une grande violence l'édition de Kehl des œuvres de Voltaire, se plaçait à la tête des députés du clergé qui se réunissaient à ceux du tiers-état, le 22 juin 1789 ! Il faut donc repenser les implications politiques de l'affrontement des Philosophes et de leurs adversaires en ne perdant jamais de vue l'influence exercée par une histoire mouvante.

Les positions des uns et des autres s'expliquent aussi par des rivalités de coteries. Lorsque, dans les années 1760-1770, Voltaire soutient une jeune recrue, fraîchement arrivée de sa province natale, ou un abbé philosophe ayant trahi ses pères, c'est avant tout dans l'espoir de voir grossir les bataillons de la lutte contre l'Infâme. Il en va de même pour Grimm : les foucades qui émaillent la *Correspondance littéraire* et les anathèmes qui y sont lancés répondent d'abord à l'ambition de préserver un clan et de bouter l'ennemi hors les murs. Pourtant, objectera-t-on peut-être, nombreux sont les adversaires des Philosophes à avoir rejoint le camp royaliste sous la Révolution. Sabatier de Castres, qui les avait violemment dénigrés dans *Les Trois Siècles de la littérature française* (1772), affiche en 1789 des idées monarchistes en écrivant dans le *Journal politique* de Rivarol, et sa lutte contre les ennemis d'antan ne faiblit pas, puisqu'il écrit en 1790 une *Lettre à M. le Duc...* pour dénoncer le charlatanisme des Philosophes. Des phénomènes de continuité existent, de toute évidence, mais les prises de position politiques des uns et des autres ne doivent pas être exclusivement et automatiquement déduites de leur attitude antérieure. Loin de nous l'idée de nier l'influence décisive du politique sur les choix des acteurs des deux camps, durant la période antérieure à la Révolution, mais les liens qui unissent le politique et le religieux ne sont jamais définitifs. La Révolution a bouleversé les anciens clivages, et, surtout, les événements vécus à chaud ont provoqué, parmi l'intelligentsia, de nouvelles lignes de fracture qu'il nous faut repenser.

L'événement révolutionnaire comme irruption brutale de la violence contribue à modifier sensiblement les anciennes oppositions. Morellet comme Raynal et certains antiphilosophes ont été frappés par l'accélération de la dynamique révolutionnaire, après les troubles de juillet 1789. L'agitation populaire a provoqué, chez plusieurs d'entre eux, une hantise des foules incontrôlées : « J'avoue que, dès ce moment, je fus saisi de crainte à la vue de cette grande puissance jusque-là désarmée, et qui commençait à sentir sa force et à se mettre en état de l'exercer tout entière[1]. » Il est révélateur qu'un passage de l'Écriture sainte vienne ensuite (ou revienne ?) sous sa plume pour évoquer cette population affamée, hostile et sourdement inquiète. Les membres de cette intelligentsia qui ont écrit leurs œuvres dans les années 1760-1780 vouent un culte à la loi : monarchistes constitutionnels ou, plus rarement, républicains, ils se méfient des sections qu'ils souhaiteraient voir contrôlées et réprimées pour leurs débordements.

Pour certains d'entre eux qui voulaient être conseillers du prince, c'est un rêve qui s'écroule à l'avènement des troubles. L'attitude de Grimm, très attaché à Catherine II, le montre bien. Le protégé de la souveraine poursuit un type de relation désormais impossible dans la France révolutionnaire. Cet européen francophile, cet hôte familier des salons parisiens éprouve inévitablement le sentiment d'une rupture culturelle. Plusieurs essayent de jouer un rôle au sein de l'Assemblée nationale, sans y retrouver leurs repères politiques et en subissant rapidement l'expérience amère de leur impuissance. À mesure que la Révolution se radicalise, ils abandonnent la lutte, cherchent des refuges ou choisissent l'exil avant qu'il ne soit trop tard. Incontestablement la Révolution est perçue comme une rupture violente avec les « Lumières » elles-mêmes par ceux qui connurent leur heure de gloire dans les années précédentes. Comment ces hommes partis de rien qui connurent une ascension foudroyante dans les trente dernières années de l'Ancien Régime auraient-ils pu espérer gagner quelque chose de la Révolution ? Les Marmontel, les Morellet et les Suard avaient été accueillis dans les plus hauts lieux de la culture et de la mondanité parisienne ; ils avaient aussi obtenu les sinécures d'un pouvoir finalement généreux pour ceux qui savaient courber l'échine quand il le fallait. Maîtrisant parfaitement toutes les subtilités du langage « philosophique », ils faisaient bonne figure dans les cercles, alliaient le raffinement de l'esprit au maniement habile des démonstrations les plus abstraites. Morellet est de ceux qui ont ressenti le plus vivement la Révolution comme une rupture, au

1. Morellet, *Mémoires, op. cit*, p. 299.

point de condamner celle-ci au nom des « Lumières » elles-mêmes ! La tolérance si vantée par les Philosophes, le respect d'autrui, la quête désintéressée des idées et même la volonté de rétablir les droits imprescriptibles de la justice individuelle paraissent bafoués par un pouvoir aveugle qui, au nom de l'égalité, s'abandonne à toutes les dérives.

Avant d'interpréter ces exemples d'intellectuels ayant écrit sous l'Ancien Régime et vécu les événements révolutionnaires, trois remarques s'imposent. Il faut distinguer, bien sûr, les discours et les pratiques qui ne coïncident pas toujours. Leur articulation pose des problèmes délicats et peut être une pomme de discorde entre les historiens des idées. Les discours de la philosophie comme ceux de l'antiphilosophie, lorsqu'ils atteignent un haut niveau théorique et qu'ils se maintiennent dans le champ des généralités, ne connaissent pas l'épreuve du réel. Tocqueville a magistralement analysé ce phénomène dans l'*Ancien Régime et la Révolution* : la confrontation du discours politique à une réalité largement imprévisible, qui défie l'analyse, bouleverse les habitudes critiques et semble rendre inopérants les instruments intellectuels que maniait une élite pourtant rompue à la réflexion. Il convient également de mettre en perspective les écrits des témoins de l'histoire en marche. S'agit-il d'une réaction à chaud ou d'une interprétation rétrospective survenue dans le moment d'accalmie qui a succédé à la tourmente, ou, au contraire, d'une analyse distanciée, disposant d'une suffisante sérénité pour prétendre accéder à la réflexion théorique ?

Mais, surtout, l'écart éventuel que les contemporains perçoivent entre les déclarations de l'intellectuel et ses écrits antérieurs provient du fait que celui-ci est tributaire de l'image que les acteurs engagés dans la Révolution possèdent de lui. Raynal, nous l'avons dit, déçoit une grande partie des révolutionnaires, parce que de la lecture de l'*Histoire philosophique et politique des deux Indes* avait surgi le portrait d'un opposant acharné au régime monarchique et d'un ennemi de l'Église. La Révolution est ainsi un test qui bouleverse les réputations en modifiant le palmarès des conduites légitimes et illégitimes, héroïques et infamantes. Toute une relecture du passé, extrêmement fluctuante, épouse les aléas de la conjoncture historique. La glorification des génies promus annonciateurs de la Révolution peut laisser perplexe le lecteur du XXe siècle. Dans *De la souveraineté du peuple*, paru en 1790, Théophile Mandar considère les décrets de l'Assemblée nationale comme « le résultat de tout ce que Needham, Sydney, Locke, Fénelon, Mably, Boulanger et Raynal avaient pensé[1] » ! Un an plus tard, Raynal sera brutalement écarté du champ d'honneur pour céder sa place à un Diderot qui, n'étant plus de ce monde, ne risquait pas de prononcer un discours intempestif.

La Révolution opère donc des rapprochements et dresse de nouvelles frontières idéologiques : par leurs positions politiques, Marmontel, Raynal, Morellet et Suard ne se distinguent guère d'un certain nombre d'antiphilosophes : ils partagent désormais le même goût de l'ordre et désirent que les lois votées soient appliquées ; comme les Mirabeau et les Clermont-Tonnerre, ils s'accommoderaient d'une monarchie constitutionnelle et revendiquent même parfois – c'est le cas de Suard – des convictions religieuses. S'ils se séparent, à droite, des royalistes inconditionnels, le clivage s'opère surtout à gauche, avec les Chamfort, Brissot, Garat et Louvet, ces tard venus dans l'arène politique, qui ont commencé une carrière littéraire à la veille des événements révolutionnaires.

La Révolution bouleverse donc les positions des uns et des autres, quelle que soit leur appartenance originelle : elle efface les frontières politiques et religieuses, et surtout, fait essentiel pour notre propos, elle réinterprète le passé des ennemis des Philosophes en les désignant comme les responsables de la contre-révolution, selon une visée extraordinairement finaliste. Dans une perspective rigoureusement symétrique, les défenseurs de la monarchie, ou les nouveaux conservateurs, chargent de tous les griefs les Philosophes, en les rendant responsables de l'écroulement des institutions, de la violence populaire et de la perte des valeurs religieuses.

La variété des motivations, des stratégies et des finalités que l'on attribue traditionnellement aux acteurs de l'antiphilosophie est une raison supplémentaire d'éviter toute approche univoque et simpliste du phénomène. Certes, le nombre de prêtres qui sonnent la trompette de guerre contre le « parti de l'impiété moderne » est impressionnant, et la masse de leurs réfutations est telle qu'elle risque de lasser les lecteurs les plus courageux. N'oublions pas toutefois que l'autre camp compte aussi de nombreux gens

1. H.-J. Lusebrink, « La chute d'un écrivain philosophe… », art. cité, p. 89.

d'Église, la carrière ecclésiastique étant une source de revenus réguliers pour une partie notable de l'intelligentsia qui ne dispose pas de fortune personnelle. Les Morellet et les Raynal sont aussi des abbés. Le statut d'ecclésiastique ne représente donc pas en soi un élément suffisant pour analyser la position d'un défenseur de la religion. Il faut distinguer ceux que l'institution religieuse a chargés d'une mission, les représentants officiels de l'Église de France (par exemple les évêques auteurs de mandements) et les gens d'Église qui défendent, en leur nom propre, la religion attaquée par les Philosophes. Combien de ces prêtres obscurs, auteurs, parfois, d'un seul écrit, se lancent dans la croisade antiphilosophique, par un pur scrupule de conscience ! On perçoit, à les lire, que l'indignation est le motif principal qui les pousse à écrire. Les préfaces de leurs ouvrages font état de leur modestie : ils osent avouer de faibles talents littéraires, parfois même une connaissance limitée des grands textes philosophiques, mais le désir de réfutation est si intense qu'ils passent outre à ces obstacles. Ces apologistes désintéressés ne doivent pas être confondus avec ceux qui visent la protection d'un Grand, du Dauphin par exemple, protecteur inconditionnel des dévots. Il existe aussi des laïcs parmi les adversaires des Philosophes : le marquis de Caraccioli (1719-1803) est l'auteur de très nombreux traités dans lesquels il défend avec la même flamme que les religieux les intérêts de la foi outragée. On notera que cette position ne l'empêche nullement de rédiger d'autres ouvrages qui sacrifient à l'esprit du siècle. Le même Caraccioli, après avoir inondé le marché d'ouvrages bien pensants dans les années 1760-1770, avoir fourni aux ecclésiastiques de province d'abondants matériaux pour leurs sermons et même en avoir rédigé certains en bonne et due forme, écrit en 1789 une apologie de Necker, *Qui mettez-vous à sa place* (1789) et, selon la *Biographie Michaud*, reçoit de la Convention en 1795 un traitement annuel de 2 000 livres ! L'opportunisme appartient bien sûr à tous les camps.

En dépit de cet éparpillement des positions, on distinguera tout de même trois catégories d'adversaires des Philosophes : la première comprend ceux qui choisissent leur camp pour des raisons purement tactiques ou stratégiques. Ceux-ci n'appartiennent pas tout à fait au mouvement antiphilosophique, et l'on ne peut, en aucun cas, les désigner par le terme « apologistes ». Leur but premier n'est pas de défendre l'orthodoxie religieuse, ni même les institutions mises à mal par des penseurs antireligieux, mais de dénoncer l'hégémonie d'une coterie. Cette position n'exclut pas des oppositions doctrinales, mais l'on a toujours plus ou moins l'impression que celles-ci sont au service des luttes de clan. Cette catégorie regroupe donc tout ceux, laïcs et ecclésiastiques, qui entendent attiser le conflit, et tirer les marrons du feu pour obtenir avantages matériels, sinécures ou gains symboliques. Pour conquérir les académies et, en particulier, l'Académie française, la lutte avec les Philosophes est évidemment sans merci. Le phénomène appartient donc aux traditionnelles querelles de la République des lettres, ce qui n'exclut nullement des alliances tactiques avec les apologistes purs et durs qui entendent lutter exclusivement sur le front religieux.

Un deuxième groupe rassemble les dévots jouissant d'un pouvoir institutionnel et agissant cette fois au nom d'un journal à l'orientation bien marquée. Élie Fréron, le directeur de l'*Année littéraire* n'est pas, au départ, entièrement hostile au mouvement philosophique. Cet écrivain de talent et de grande culture a suivi les mêmes études que son ennemi Voltaire. Il partage la même curiosité pour l'actualité scientifique et littéraire, il se tient au fait des moindres potins du monde culturel, il lit à peu près les mêmes ouvrages, mais l'*Année littéraire* devient rapidement le fer de lance d'une lutte menée contre les Philosophes en général et Voltaire en particulier. Plusieurs écrivains et journalistes que les circonstances conduisent à collaborer à l'*Année littéraire* se retrouvent ensuite de fait dans un état d'opposition avec les Philosophes et notamment avec les encyclopédistes. Isolons, à l'intérieur même de ce groupe hostile aux Philosophes, ceux qui jouissent du soutien exercé par le pouvoir d'État. En publiant un violent pamphlet dans lequel les Philosophes sont assimilés à une peuplade sauvage surnommée les Cacouacs, l'avocat Jacob-Nicolas Moreau rend un service évident au gouvernement à un moment difficile de sa lutte contre le Parlement. La monarchie recrute des intellectuels organiques pour qu'ils défendent sa politique religieuse et renforcent son prestige lorsqu'elle se sent menacée dans ses prérogatives. Si les enjeux séparent des Philosophes ces chantres du régime, plusieurs points les rapprochent de leurs adversaires. Comme Voltaire, Moreau est un bourreau de travail, passionné par la recherche historique et le combat d'idées. Homme de cabinet, il consacre un temps considérable aux travaux intellectuels. S'ils ne fréquentent pas toujours les mêmes cercles, les deux camps adverses partagent le même goût pour la vie citadine, la mondanité, le persiflage et ils aspirent, avec leur méthode propre, à conquérir un pouvoir intellectuel.

Dans la dernière catégorie, on trouve les représentants les plus purs de la tradition dévote. Si toute considération stratégique n'est pas non plus à exclure de leur démarche intellectuelle, les apologistes visent cependant en priorité à défendre la cause de la religion. Certains veulent surtout préserver le public du danger des mauvais livres et n'affichent aucune ambition personnelle. Installés au cœur de l'institution religieuse, ils n'aspirent pas, d'emblée, à une carrière littéraire. Refusant la vie parisienne tournée, selon eux, vers la frivolité, le libertinage et l'irréligion, ils en appellent à des mœurs plus austères et plus conformes aux préceptes de l'Évangile. Tout porte à croire qu'ils observaient pour eux-mêmes les règles de vie qu'ils proposaient dans leurs ouvrages. Mais, ici encore, des distinctions s'imposent : nombre d'entre eux, ecclésiastiques ou laïcs, sont membres de sociétés savantes, écrivent dans la presse nationale et sont très bien informés de la vie culturelle du pays. D'autres publient parallèlement à leurs travaux apologétiques des écrits scientifiques et des œuvres de circonstance sur n'importe quel sujet. Ces pratiques culturelles reflètent parfois des modes de vie susceptibles de réserver des surprises. L'abbé Bergier, apologiste confirmé, champion de la lutte antiphilosophique, fréquente les milieux philosophiques, et, fait encore plus étrange, celui de l'abbé d'Holbach, le pire ennemi du christianisme ! Bergier s'était-il introduit dans l'antre de l'ennemi pour agir en espion ? L'hypothèse a été lancée, mais elle semble peu vraisemblable et, de toute façon, insuffisante. Ce fait nous prouve une fois de plus qu'il faut relativiser les différences qui séparent les Philosophes de leurs adversaires, si l'on considère un mode intellectuel de vie et peut-être même une sorte de sensibilité commune, forgée par des pratiques culturelles exerçant une emprise inconsciente sur les attitudes mentales, toute considération de philosophie et de doctrine mise à part.

Ce classement sommaire n'a pas d'autre ambition que d'éclaircir un peu une situation singulièrement complexe. Il est d'autres cas plus troubles et difficiles à situer. L'abbé Charles-Joseph Trublet (1697-1770) ne compte pas, au début de sa carrière, parmi les ennemis déclarés des Philosophes. Rédacteur au *Journal des savants* en 1736-1737, et censeur royal de 1736 à 1739, Trublet est même sollicité par Voltaire pour faire mieux connaître les *Éléments de la philosophie de Newton* que le philosophe a publiés à Amsterdam. Appelé par celui-ci, avec une pointe de condescendance, « le petit journaliste », Trublet peut donc exercer assez bien le rôle d'agent de liaison pour la propagande philosophique dans sa phase naissante. La situation devient plus difficile lorsque le bon abbé est chargé de la censure de l'*Année littéraire,* le journal de Fréron. Il tente alors d'amortir les coups portés contre les encyclopédistes tout en défendant à la fois le directeur du journal contre les sévérités de Malesherbes, le directeur de la Librairie qui soutient en coulisse les Philosophes lorsque ceux-ci sont trop fortement attaqués par Fréron ! Ses relations avec Voltaire se détériorent en 1758 quand, poussé par les circonstances et les pressions du pouvoir, *Le Journal chrétien* qu'il dirige s'associe à la critique générale des antiphilosophes contre le livre d'Helvétius, *De l'esprit* (1758). À partir de ce revirement qui marque une collusion incontestable avec le parti adverse, Trublet devient la tête de Turc du patriarche de Ferney qui l'attaque dans *Le Pauvre Diable* (1760), sans employer les foudres réservées aux ennemis privilégiés. Le cas est exemplaire d'une querelle qui s'envenime sans que les acteurs n'éprouvent, au départ, l'un pour l'autre des intentions hostiles. D'autres épisodes complexes, dont il serait inutile de faire ici état, obligent Trublet à entrer presque involontairement dans un conflit avec Voltaire, alors que, dans une curieuse lettre, il avoue son horreur des libelles satiriques. Si Trublet passe bel et bien dans le camp des dévots, la défense authentique de la religion joue finalement un rôle secondaire dans cette querelle qui défraye le monde littéraire de l'époque.

Il nous faut faire quelques constats. L'analyse sociologique des gens de lettres sous l'Ancien Régime éclaire d'un jour singulier la lutte antiphilosophique. Les motivations personnelles reposant sur les enjeux de carrière, la lutte pour la conquête des institutions culturelles d'État et les reconnaissances symboliques l'emportent souvent sur les visées idéologiques. C'est sa fonction de censeur royal et surtout l'évolution d'une conjoncture de plus en plus politisée qui finissent par placer Trublet dans une position qui l'écarte finalement des Philosophes jusqu'à provoquer la rupture. On peut facilement faire la même analyse pour les tenants de l'autre camp.

Suard, au fait de sa carrière, académicien embourgeoisé, possesseur d'une maison de campagne, devient censeur des pièces de théâtre de 1774 à 1790 ; c'est alors que cet ami des encyclopédistes, qui reçoit dans son salon l'abbé Raynal, mène campagne contre Beaumarchais dans *Le Journal de Paris* en février 1784 et devient un des censeurs du *Mariage de Figaro*. Cela ne signifie pas, il faut le répéter, que certains acteurs de la lutte antiphilosophique ne soient pas animés par des convictions sincères, mais celles-ci se mêlent souvent, même chez les plus désintéressés, à des vues stratégiques. Enfin, il faut réserver une place à part à ceux qui se tiennent en retrait des pratiques habituelles de la République des lettres ; ils représentent une part très importante des apologistes ; mais, dans ce dernier cas, les divisions internes à l'Église de France alimentent d'autres types de querelles et il n'est pas rare que tel écrit dirigé contre les Philosophes s'en prenne, à travers eux, aux protestants, aux jansénistes ou aux jésuites, tant le champ culturel du XVIIIe siècle est éminemment conflictuel.

À cette variété des acteurs répond une grande diversité des genres : les plus traditionnels d'abord exercent un rôle non négligeable dans la campagne menée contre les Philosophes : pensons aux sermons prononcés par l'évêque lors d'une messe solennelle à la cathédrale du diocèse. Ceux-ci se perpétuent durant les années 1750-1789 en usant d'une rhétorique spécifique, susceptible à son tour d'évoluer en fonction de la conjoncture. Quels événements déclenchent-ils ? Comment mesurer leur influence ? Ne négligeons pas non plus les nombreux mandements ecclésiastiques qui condamnent solennellement les ouvrages impies. L'arsenal complexe des différentes instances de censure, religieuses (Sorbonne, mise à l'Index) et civiles (Parlement, déclaration royale) relève de notre propos, dans la mesure où celles-ci produisent un texte qui condamne la lecture des mauvais livres. Le rituel académique est aussi, à sa manière, un moyen propice de foudroyer l'adversaire : les éloges, et surtout les discours de réception, sont l'occasion pour l'orateur de montrer ses talents. Le jeu des allusions offertes aux auditeurs transformés en initiés, l'art de lancer des banderilles sans franchir le seuil tolérable de la bienséance sont des moyens offerts aux combattants des deux camps. Les adversaires des Philosophes usent aussi largement de tous les autres genres : le lourd traité, œuvre à rallonges épousant les temps forts de l'actualité (*Les Préjugés légitimes contre l'Encyclopédie* de Chaumeix), mais aussi le pamphlet et le libelle. Les autres genres littéraires ne sont pas oubliés : on trouvera des romans, des pièces de théâtre et des poèmes satiriques.

À quel public les écrits antiphilosophiques sont-ils destinés ? La question peut sembler inutile, tant ces ouvrages semblent clairement s'adresser à cette élite, au fond assez restreinte au XVIIIe siècle. Elle mérite pourtant d'être posée car ces textes sont d'un niveau intellectuel fort inégal. Entre les immenses traités métaphysiques exigeant une connaissance étendue de la philosophie classique et les ouvrages de vulgarisation dont le nombre grandit, à mesure que l'on avance dans le siècle, l'écart est considérable. Pour prendre un exemple, *Le Témoignage du sens intime et de l'expérience* que Lelarge de Lignac publie en 1770 offre une difficulté de lecture sans commune mesure avec *L'Irréligion dévoilée* de Boudier de Villemert et *La Religion de l'honnête homme* du marquis de Caraccioli (1766). À ne considérer que les écrits les plus faciles d'accès, il faudrait encore établir des distinctions dans le niveau de vulgarisation des textes. Certains ouvrages antiphilosophiques tentent même d'atteindre un lectorat peu cultivé en usant, nous le verrons, de toutes les formes de simplification. L'antiphilosophie gagne aussi plusieurs secteurs de la littérature enfantine (Mme Leprince de Beaumont) en visant les lecteurs adolescents et même de plus jeunes enfants. Nous retrouvons donc ici, comme dans les autres domaines de la production culturelle, la même hantise pédagogique et le souci commun d'atteindre tous les publics. L'antiphilosophie, comme la philosophie mais aussi le discours scientifique, historique ou géographique, subit le vertige des ressources nouvelles de l'imprimerie et la fébrilité engendrée par l'existence d'un nouveau marché, dont les frontières demeurent, en outre, assez floues. Entre ces deux positions extrêmes que représentent les traités métaphysiques et la littérature vulgarisée, un large éventail d'ouvrages tente, parfois avec frénésie, de s'adapter aux nouvelles modes du jour.

La campagne antiphilosophique se situe dans un espace polémique, chaque opuscule lancé sur le marché du livre appelant des réponses et récusant parfois d'avance les objections supposées. Chacun des camps en présence affûte ses armes, et tombe sur l'adversaire comme l'aigle sur sa proie pour le prendre en flagrant délit d'erreur, de mensonge et, quand l'antiphilosophie s'en mêle, d'hérésie. Le degré d'ardeur polémique des combattants nous fournirait d'autres modes de classement : *Les Préjugés légitimes contre l'Encyclopédie* du bouillonnant Chaumeix révèlent une mise en scène inquisitoriale, attentive aux détails, opposée aux formes de séduction qu'adoptent les nouveaux philosophes. Une masse importante de la production antiphilosophique relève ainsi d'une écriture totalement étrangère à nos conceptions littéraires. Ce qui explique, en partie, l'oubli dans lequel elle est tombée. Son ambition première est de confronter les textes philosophiques à l'Écriture sainte. Le polémiste fait assaut d'érudition, au détriment même de la forme et de la pédagogie propres à une composition attrayante. D'autres s'essayent à l'ironie et tentent d'accabler l'adversaire impie sous les foudres du ridicule. Helvétius, l'auteur célèbre de l'ouvrage intitulé *De l'esprit* (1758), subira fréquemment de tels assauts.

Les derniers, enfin, se montrent plus souples et conciliants, faisant même parfois de larges concessions à l'adversaire, comme si le ton de l'anathème n'était plus de mise, car, ne nous y trompons pas, l'évolution que subit l'apologétique chrétienne n'est pas seulement tactique, elle coïncide aussi avec les mutations profondes du contexte culturel et politique. C'est tout un « horizon d'attente » qui se modifie en profondeur, rendant impossible un certain type de discours. Il est des mots qu'on ne peut plus prononcer à la fin de l'Ancien Régime, alors que les termes clefs du vocabulaire « philosophique » ont perdu la force de contestation qu'ils détenaient primitivement, créant d'étranges phénomènes de contamination réciproque, de brouillage et de récupération parmi les camps en présence. Il nous faudra distinguer, dans cette évolution sémantique, ce qui relève d'une stratégie consciente et ce qui est déterminé par les strates plus profondes de l'inconscient social.

LE PHILOSOPHE : UN PERSONNAGE DISCRÉDITÉ

Au-delà des différences de doctrine ou de stratégie qui peuvent éventuellement séparer les différents acteurs de la lutte antiphilosophique, l'anathème jeté contre le Philosophe les réunit tous. Entendons-nous : il ne s'agit nullement ici de juger ces critiques, ni même d'évaluer, dans la durée, leur pertinence stratégique, mais d'analyser un discours largement polémique, destiné à ébranler un mode de représentation que l'on estime dominant ou en passe de le devenir. Cette approche devra être nuancée, puisque – les analyses précédentes le laissaient pressentir – le couple antithétique « philosophe » / « antiphilosophe » fait lui-même l'objet de variations historiques. Il n'en reste pas moins que l'on peut facilement repérer la présence massive d'un discours contre-offensif, essayant de reconstruire une image du Philosophe pour tenter de la ternir et de la discréditer. À l'origine, un leitmotiv qui surgit comme un fantasme, accompagné du même lot d'images dépréciatives : celui du poison corrupteur de la nouvelle « philosophie ». L'abbé Chaudon justifie sa réfutation du *Dictionnaire philosophique* de Voltaire par la rapidité de la contamination dans toutes les couches de la société : « C'est une coupe dans laquelle tous les âges s'abreuvent du poison de l'impiété[1] ! » Allant plus loin encore, l'auteur d'un *Catéchisme philosophique* évoque les dangers des « poudres corrosives » de la philosophie lorsqu'elle est pratiquée par un esprit dont l'indépendance ne connaît pas de limite. Alors ces mêmes poudres finiraient par « consumer les chairs baveuses d'une plaie, rongeroient la chair vive, carieroient les os, et perceroient jusqu'aux moelles[2] ». Cette image effrayante du corps attaqué et rongé jusque dans ses tréfonds témoigne d'une réelle inquiétude : peur de l'écrit corrupteur, souvenir de passages de l'Ancien Testament, mais elle constitue aussi une sévère mise en garde, révélant le châtiment effrayant qui attend tout lecteur de livres impies !

La campagne dirigée contre les Philosophes met en jeu des discours, des représentations et des pratiques dont il faut saisir les articulations. Les mots « philosophie » et « antiphilosophie » ne désignent pas seulement des systèmes de pensée, mais représentent aussi des idées-forces, possédant des valeurs mythiques fortement

1. Abbé Chaudon, *Dictionnaire antiphilosophique*, Avignon, 1769, Avertissement, p. V.

2. Abbé Flexier de Réval, *Catéchisme philosophique ou Recueil d'observations propres à défendre la religion chrétienne contre ses ennemis*, Paris, 1777, p. 4. Le nom de l'auteur est l'anagramme de Xavier de Feller. Il attribue, paradoxalement, à Bayle ces propos terrifiants contre les ravages causés par la philosophie moderne. Les ouvrages antiphilosophiques ne cessent d'évoquer l'image du poison corrupteur. « Toutes leurs armes consistent en un venin caché sous leur langue » (Jacob-Nicolas Moreau, *Nouveau mémoire pour servir à l'Histoire des Cacouacs*, Paris, 1757, p. 104).

liées au contexte culturel dans lequel elles s'inscrivent. À ce titre, ils renvoient tout à la fois à des conduites intellectuelles, à des choix d'existence, à des manières de percevoir le monde et même à des modes de la sensibilité. Chacun des adversaires s'y entend pour infléchir leur signification dans la direction qui sert ses intérêts propres. Or il est révélateur pour notre propos que Fréron, le directeur de l'*Année littéraire*, en passe de devenir un champion de la lutte antiphilosophique, lance, en 1758-1759, les mots « philosophiste » et « philosophisme ». Tout se passe comme si les mots « philosophe » et « philosophie » étaient près d'acquérir une valeur vaguement positive chez ceux-là mêmes qui n'appartiennent pas à un camp défini. Il s'agit donc pour Fréron et ses consorts de peser sur leurs lecteurs en évitant d'employer un mot aux connotations dangereusement séduisantes[1]. En second lieu, le terme « philosophie » est sur le point de devenir un signe de ralliement, de passer pour l'étendard d'un « parti », voire d'une « secte », que le mot « philosophisme » s'efforce de discréditer en dénonçant les outrances et les manies d'une nouvelle mode intellectuelle. Il va de soi que notre analyse n'implique nullement l'existence réelle d'un « parti de la philosophie », même s'il existe, de toute évidence, différents milieux philosophiques disposant de mots de passe et d'un vocabulaire qui leur appartiennent en propre. Notre propos vise seulement à montrer combien le discours polémique antiphilosophique simplifie une situation, en durcit les traits pour frapper l'imaginaire du lecteur, mais contribue, par là même, à l'objectiver et à créer du sens. Le « philosophisme » désigne alors l'amour exclusif des idées abstraites, le goût immodéré de l'argumentation, de la discussion qui devient une fin en soi, bref ce que nos contemporains appelleront l'intellectualisme desséchant.

Une autre façon de ternir l'image du Philosophe consiste à lui dénier toute cohérence et toute pertinence. Le terme se diluerait dans l'extension infinie de ses usages : « J'entends dire partout, c'est un philosophe. On le dit à la Cour, d'un jeune Seigneur sensé et réfléchi ; à l'Armée d'un officier qui lit ; à l'Académie d'un Récipiendaire sans mérite ; au Palais d'un magistrat incorruptible : dans les ruelles, d'un Financier qui n'a pas de maîtresse : chez

1. En 1766 Fréron franchira une étape supplémentaire dans le dénigrement en usant cette fois du mot « philosophaille ».

Procope d'un bel-esprit, qui tourne en Paradoxe les premières notions ; à l'Antichambre enfin d'un La Fleur babillard qui parle de tout et débite de la Doctrine (!). Qu'est-ce donc qu'un philosophe ? C'est comme le Dieu de l'Académie de B***. Tout ce qu'on veut[1]. » Dans cet ouvrage de grande vulgarisation, l'auteur tourne en dérision des propos à la mode. La multiplicité des acceptions divergentes et contradictoires révèle la frivolité des mœurs contemporaines et tendrait à démontrer que la « philosophie » n'existe pas, puisque sa définition se réduit aux vains bruits d'un discours incohérent et superficiel. Le mot renverrait à l'éthique professionnelle (« un magistrat incorruptible »), à la morale familiale (« un financier sans maîtresse ») et à des pratiques culturelles (le bel esprit fréquentant le lieu sacré : le café Procope). Dans un cas, on invente un mot, le « philosophisme », pour critiquer une conduite outrancière et systématique, dans l'autre, on dénie tout contenu au mot « philosophie » en sanctionnant son usage.

Deux ans avant la Révolution, avec moins d'humour que Sennemaud, Mme de Genlis dénoncera encore l'ambiguïté du mot « philosophe ». Le point de vue est cette fois rétrospectif et plus large. La gouvernante des enfants du duc d'Orléans profite du recul du temps pour récuser une notion fourre-tout qui aurait désigné une multitude de personnes n'ayant entre elles « aucune conformité de principes, de conduite, d'opinions[2] ». On trouverait chez les Philosophes des athées, des déistes et des misanthropes (Rousseau ?). De l'allusion à la sociabilité le discours glisse vers le respect des usages et des marques de distinction. Dans les rangs des Philosophes, on compterait autant de parfaits hommes du monde que de personnages grossiers bravant toutes les bienséances et montrant le plus audacieux mépris pour les mœurs[3]. Mais il est d'autres critères : le Philosophe s'est lui-même défini comme celui qui se livre à l'étude des sciences en général. Plusieurs se proclament chimistes, d'autres géomètres, physiciens ou antiquaires (!). Cette classification est, à son tour, inopérante, parce qu'on trouve

1. Sennemaud, *Pensées philosophiques d'un citoyen de Montmartre*, Paris, 1756, pp. 10-11.

2. Sillery (marquise de), ci-devant comtesse de Genlis, *La Religion considérée comme l'unique base du bonheur et de la véritable philosophie*, Orléans Couret de Villeneuve, Paris, 1787, Paris, Imprimerie Polyptyte, chap. XX, p. 329.

3. *Ibid.*, p. 333.

parmi eux moins de savants que de beaux esprits superficiels et très ignorants. L'érudition dont certains font état ne serait donc qu'une façade, masquant un éclectisme de mauvais aloi. Reconnaîtra-t-on le Philosophe à son esprit critique, à son absence de préjugés ? Le mot ne désignerait alors ni une conduite sociale ni un type de savoir, mais une attitude intellectuelle nouvelle, garantissant des erreurs de la « superstition » et de toute pensée dogmatique transmise par la tradition. Pourtant les philosophes de l'Antiquité, les Pline et les Sénèque, dont les modernes ne cessent de se réclamer, croyaient bel et bien aux présages ! Quant au modèle souvent revendiqué par Voltaire parce qu'il refusait de se soumettre au « fanatisme » des premiers chrétiens, Julien l'Apostat, n'était-il pas avili par les plus abominables superstitions ? Quel étrange paradoxe que de choisir un tel personnage pour symboliser le Philosophe sans préjugés ! Se définira-t-il enfin comme un moraliste, mais les figures tutélaires de la « philosophie » que furent Spinoza, Hobbes et Bayle affichaient les principes les plus immoraux ! La raison elle-même ne constituerait pas un critère décisif, puisque durant cette fin de siècle (l'ouvrage de Mme de Genlis est publié en 1787), il serait permis aux « philosophes » d'ajouter foi à toutes les charlataneries à la mode tout en rejetant les principes saints de l'Évangile !

Au lieu de souligner la médiocrité et la partialité incontestables de cette analyse, on insistera plutôt sur la permanence de certaines critiques du discours antiphilosophique : la fausse érudition, reproche sempiternel des Nonnotte, Chaudon et Paulian, la farouche armada des adversaires de Voltaire, ou encore l'impossibilité de maîtriser un savoir spécialisé. Plus intéressant, nous semble-t-il, est l'élargissement de la définition : à mesure que la figure du Philosophe s'impose dans le champ culturel, on souligne l'ampleur de ses ambitions. Converti à la chimie, cette science à la mode, il s'intéresserait aussi aux antiquités, alors qu'aucune interférence n'était possible, quarante ans auparavant, entre le « philosophe » et l'« antiquaire », figures totalement différentes l'une de l'autre sinon antinomiques. En bref, Mme de Genlis dénonce une notion fourre-tout : la multitude des compétences proclamées finit par les effacer toutes. Ce prétendu homme-orchestre serait un imposteur incapable de jouer convenablement d'un seul instrument.

La même critique vise aussi à opposer à cette image discréditée celle des « vrais philosophes », les amoureux de la sagesse. La stratégie consiste à se référer au sens étymologique du mot : « On ne devrait donner ce nom qu'à des hommes respectables qui étudient la nature avec attention, qui s'occupent avec soin à la recherche de la vérité, et qui ont pour la sagesse l'amour le plus sincère et le plus ardent[1]. » L'abbé Paulian s'en prend ici à l'auteur du *Système de la nature* (attribué à Boulanger avant de l'être à d'Holbach). Le responsable d'un tel brûlot n'est pas digne de porter le nom de « philosophe ». Lorsque les adversaires de la religion se lancent dans des systèmes aussi éloignés de la tradition, à seule fin d'exhiber leur audace intellectuelle, ils discréditent la démarche philosophique en oubliant sa fonction première. Cesser de privilégier l'amour de la sagesse, c'est à la fois rompre les liens qui relient tout penseur à la métaphysique occidentale, ce terreau primitif qui donne accès à la vérité, et rendre suspectes les analyses de la nature.

Au-delà de la querelle de mots, on peut classer les reproches les plus fréquents adressés au Philosophe. C'est d'abord une attitude intellectuelle que leurs adversaires sanctionnent avec sévérité. Pour ce faire, l'abbé Bergier n'hésite pas à appeler Rousseau à la rescousse, en le citant d'abondance, avec un plaisir non dissimulé. Ce frère ennemi, on le sait, a rompu de manière spectaculaire avec les encyclopédistes et l'intelligentsia parisienne[2]. Cette sécession s'accompagne d'un discours violemment critique contre les Philosophes insincères, accusés de servir leurs intérêts personnels avant la cause sacrée de la vérité. Dans *Le Déisme réfuté par lui-même*, Bergier rappelle que Jean-Jacques a dénoncé leur dogmatisme, leur suffisance, leurs misérables querelles internes. En fait, c'est toute une conception de l'intellectuel moderne qui est ici analysée pour être récusée[3]. Le désir de faire valoir leurs talents

---

1. Paulian, *Le Véritable Système de la nature*, 1788, t. II, p. 147.

2. Sur la situation qu'occupe Rousseau dans le champ intellectuel du XVIIIe siècle, on consultera, avec profit, l'ouvrage de Benoît Mély : *Jean-Jacques Rousseau, un intellectuel en rupture*, Paris, Minerve, 1985.

3. On reconnaîtra ici une critique des « intellectuels » destinée à une longue fortune, notamment dans les milieux les plus conservateurs et réactionnaires. Elle nourrira pendant les siècles suivants un discours anti-intellectualiste. Les intellectuels seront accusés d'être coupés de la communauté sociale, de s'isoler dans leur monde et de n'écrire que pour eux-mêmes. La même critique peut se retrouver dans le camp opposé, mais on reproche cette fois

l'emporterait sur l'amour désintéressé de la vérité. Quant aux querelles de personnes et d'écoles, aux divisions des partis et des « sectes », elles constitueraient l'inévitable conséquence d'un milieu vivant en vase clos, soucieux de préserver des rites, de faire valoir des rôles et des postures au sein d'un microcosme culturel transformé en théâtre. Sans retenir tous les aspects de la critique rousseauiste, Bergier isole les arguments qui nourrissent sa thèse. Ainsi, les Philosophes donnent le sentiment de viser à la polémique et de rechercher en priorité le plaisir délicieux de terrasser leurs adversaires !

Intellectuellement malhonnêtes, ils auraient, de surcroît, perverti l'esprit de la République des lettres. Cette accusation qui compte parmi les plus fréquentes se retrouve aussi bien sous la plume d'écrivains laïques, journalistes, libellistes, auteurs dramatiques, que chez des ecclésiastiques, auteurs de mandements contre l'« impiété moderne ». Rappelons que la notion de République des lettres implique une égalité de principe entre les gens de lettres, au-delà des différences sociales ou statutaires qui peuvent en outre les séparer[1]. Peu importe pour notre propos que cette fameuse « République » ait existé ou non : le seul fait qu'on puisse l'invoquer comme un modèle exemplaire et une référence mythique contribue à lui donner un sens. Elle postule, en effet, tout un code de bonne conduite entre les gens de lettres, fondé sur la reconnaissance réciproque et le respect de quelques règles tacites. Les anti-philosophes, comme le font aussi parfois leurs adversaires, exalteront souvent, avec nostalgie, la concorde et la tolérance qui régnaient parmi les gens de lettres des siècles antérieurs. Cette entente relative n'excluait pas, bien sûr, les rivalités doctrinales, mais elle présupposait tout de même l'existence d'un dialogue et un système de complémentarité entre les différents acteurs du champ culturel. L'avènement du « philosophisme » aurait rompu l'équilibre relatif qui régnait entre les membres de la communauté intellectuelle en imposant un nouveau modèle d'homme de lettres. Fermement convaincu de sa supériorité, et ne cessant de le faire

à l'intellectuel de se perdre dans des abstractions réservées à des initiés, au lieu de prendre une part plus directe aux affaires de la cité.

1. Sur la République des lettres, voir notre article in Michel Delon (dir.), *Dictionnaire européen des Lumières*, Paris, P.U.F., 1997. On y trouvera un relevé bibliographique sur la question.

savoir, le Philosophe se signalerait par son intransigeance et son esprit sectaire : « Ils [les philosophes] ont créé une nouvelle littérature, une nouvelle morale, une nouvelle honnêteté, dont ils ont le privilège exclusif. Ils occupent toutes les allées du Parnasse, ils y ont posé des Sentinelles, qui, dès qu'un Auteur se montre, ont ordre de crier Qui vive. S'il ne répond pas à haute voix : Philosophe, on l'arrête, on l'interroge, on s'informe ; et si l'on vient à découvrir qu'il ne reconnaît pas leur Suprématie, qu'il a même osé porter une main profane sur les lauriers qu'ils distribuent, il est trop heureux d'en être quitte pour être jeté du haut en bas d'une montagne. C'est un sot, un ignorant, un cuistre, un rebelle qu'on ne sçaurait trop punir, un insecte qu'il faut écraser[1]. »

Cette dénonciation, en termes guerriers, du pouvoir despotique exercé par les Philosophes mérite qu'on s'y arrête. Elle témoigne d'abord de la situation éminemment conflictuelle qui règne dans la fameuse République. L'adversaire jette l'anathème : il dénonce des luttes d'influence, réglées et organisées par des stratèges sans scrupule, capables de s'infiltrer dans tous les lieux où l'on peut exercer un pouvoir intellectuel. Par le biais des correspondances et en disposant de relais soigneusement choisis, les Philosophes investiraient l'espace culturel européen. Ils s'attribueraient également des monopoles et jouiraient d'une redoutable hégémonie. Cette volonté de domination reposerait sur un plan concerté entre les acteurs de la « secte » pour repousser impitoyablement les gens de lettres non conformes au modèle ou ceux qui n'agitent pas l'encensoir avec assez de vigueur. Les dirigeants du parti disposeraient encore d'une troupe d'émissaires et de satellites zélés, si heureux de compter parmi les élus qu'ils se consacreraient entièrement au culte de leurs protecteurs. « Quelquefois, quand ils ne peuvent mieux faire, ils leur donnent une petite pension sur la cassette philosophique, jusqu'à ce qu'ils leur procurent un établissement avantageux. Ils s'informent avec soin de tous les états lucratifs qui doivent vaquer dans les bonnes maisons de la capitale et des provinces[2]. » Pour excessif que soit ce portrait-charge, il est tout de même un révélateur des pratiques en vigueur dans la fameuse République.

1. Propos attribués à Fréron dans les *Nouvelles ecclésiastiques* du 30 mai 1773, p. 87.
2. *Ibid.*, pp. 87-88.

On peut y repérer la stratégie d'infiltration que mène effectivement Voltaire, et sa propension à favoriser les « frères en philosophie ».

Ces accusations témoignent des luttes de pouvoir entre les différents acteurs du champ culturel, mais les antiphilosophes reprochent aussi à leurs adversaires de construire un modèle d'homme de lettres illégitime et condamnable. En élargissant démesurément le champ de ses compétences, de ses fonctions et de son autorité, le Philosophe s'attribuerait un pouvoir démesuré, qui dépasserait les capacités de l'esprit humain[1]. Les luttes menées contre la religion et la tradition chrétienne témoigneraient du désir frénétique de tout régenter en évoquant les vérités les plus sacrées, sans prendre le temps de les examiner en profondeur. Entendons-nous : la critique n'est pas ici métaphysique ni doctrinale : elle flétrit la figure de l'intellectuel moderne dans sa prétention à embrasser des domaines qu'il ne peut connaître et à construire des systèmes en se fondant sur une information lacunaire ou mal digérée. Peut-on critiquer la théologie, cette discipline aride, sans l'avoir étudiée avec patience et constance ? N'est-il pas abusif de se référer, comme le fait constamment Voltaire, à la physique newtonienne, sans être soi-même un spécialiste ? On perçoit parfois dans la critique antiphilosophique les récriminations de l'érudit défendant la propriété d'un savoir contre les intrusions intempestives de l'intellectuel touche-à-tout. Cette position critique, quand elle provient des défenseurs de la religion, est évidemment intéressée et facilement récusable, puisqu'elle dénie à l'adversaire la possibilité de porter un jugement général sur un sujet dont elle s'attribue le monopole. Mais ce débat fait apparaître un nouveau type de questionnement et une nouvelle voie d'accès à la vérité que les antiphilosophes, apologistes ou non, religieux ou laïcs, tentent de discréditer, avec

1. On a l'impression d'assister, par avance, au récent débat sur les intellectuels, illustré en 1997 par l'affaire Sokal. Accusés par ce physicien d'emprunter aux scientifiques des mots et des concepts qu'ils maîtrisent mal ou qu'ils détournent arbitrairement de leur sens primitif, les intellectuels seraient pris en flagrant délit d'imposture. On sait combien certains ont réagi vertement en accusant le pamphlétaire de réductionnisme et de scientisme. Jacques Bouveresse, à son tour, est entré en lice pour dénoncer la malhonnêteté de certains intellectuels médiatiques. Voir *Prodiges et vertiges de l'analogie, de l'abus des belles-lettres dans la pensée*, Raisons d'agir éditions, 1999. Alors que les antiphilosophes reprochaient à leurs adversaires d'anéantir les belles-lettres par l'abus du langage scientifique, Jacques Bouveresse déplore le recours abusif aux métaphores littéraires dans les discours contemporains à vocation philosophique.

toutes les armes possibles. Ni bel esprit ni érudit, le Philosophe s'érigerait en arbitre du goût littéraire ou artistique. Pensons, en effet, à Diderot qui attribue au Philosophe le monopole de la critique d'art, alors qu'il en écarte les amateurs, soupçonnés d'être corrompus par l'argent et trop sensibles aux effets de mode. Plus encore, il se poserait en juge suprême de tous les talents : « Lorsqu'on prend un ton aussi hardi que le prend M. de Voltaire, et que, n'écoutant que ses propres pensées, on entreprend de réformer les idées de tout le genre humain, de combattre les principes les plus clairs, les notions les plus autorisées, les faits les plus avérés et les mieux constatés ; quand on ose s'ériger en juge souverain de tous les génies, de tous les talens, de tous les ouvrages, de tous les différens genres de sciences, d'arts et de littérature ; il est bien difficile de ne pas tomber dans les contradictions fréquentes et les erreurs les plus sensibles », s'écrie Nonnotte dans *Les Erreurs de Voltaire*[1]. Le jésuite sanctionne ici l'immensité de la tâche entreprise par le Philosophe et sa prétention à l'universel. Une contradiction fondamentale affaiblirait d'emblée la démarche philosophique. Comment oser ébranler des certitudes inscrites dans une tradition immémoriale, récuser ce qu'ont affirmé les plus grands noms de la philosophie antique et classique, sans jamais se départir du ton le plus péremptoire ? Bref, les nouveaux philosophes manqueraient de la modestie exigée par l'ampleur des questions qu'ils soulèvent et sur lesquelles des générations de brillants penseurs ont déjà exercé leurs talents. Constamment accusés d'intolérance, les antiphilosophes retournent l'argument contre leurs adversaires en les accusant d'user de toutes les formes d'intimidation possibles contre leurs lecteurs et leurs détracteurs.

Si l'on se tourne maintenant vers les récepteurs, on constate que les Philosophes bénéficient d'un effet de mode qu'ils exploitent sans vergogne. Cette critique superficielle et facile, dira-t-on peut-être, a pourtant son importance dans la mesure où elle permet de relier deux accusations : la propagation des « poisons » répandus par le « parti de l'impiété moderne » et l'exercice illégitime d'un pouvoir intellectuel. La libre pensée serait devenue un signe de distinction culturelle et sociale, l'apanage des élites et des Grands

1. Nonnotte, *Les Erreurs de Voltaire*, Paris, 1822, t. I, p. XIII.

de ce monde[1] ! Pénétrant les cercles et les salons, elle contaminerait l'esprit de conversation ou, pis encore, lui dicterait ses lois ; et les traités antiphilosophiques de dénoncer le ton désinvolte et ouvertement sacrilège avec lequel il convient de se moquer des choses les plus saintes, dans les salons à la mode. Il ne s'agit plus ici de doctrine, mais d'un nouvel état d'esprit d'autant plus pernicieux qu'il investit les pratiques en modelant les conduites les plus prisées et les plus légitimes.

Au-delà des manœuvres et de la fièvre polémique qui anime les combattants, on entend aussi monter chez les apologistes un cri d'indignation authentique. Qu'ils soient athées, matérialistes ou déistes, les philosophes modernes nient la Révélation, ne lui attribuent aucun rôle dans leur système de pensée, ou lui assignent une place adventice. Comment peut-on récuser ouvertement les vérités les mieux établies et les plus universellement reconnues ? Comment peut-on renoncer aux fondements mêmes de notre culture, à la source profonde de nos valeurs ? Avant même d'entreprendre toute réfutation, les apologistes chrétiens veulent témoigner de leur bouleversement. Pour comprendre ce grand souffle d'indignation, il faut rappeler que le récit biblique propose une conception du temps, attribue une date à la naissance de la terre, donne un sens à l'Histoire et offre une explication du mal. C'est la signification même du destin humain et le sens qu'il conférait à son existence qui semblent ainsi compromis par les écrits philosophiques. Depuis les débuts du christianisme, des esprits impies se sont signalés, des philosophes audacieux ont osé remettre en cause les prescriptions divines. De Spinoza à Bayle et à leurs successeurs, la liste est longue des philosophes accusés d'être antichrétiens. Pourtant, le mouvement apologiste a le sentiment qu'un seuil a été dépassé chez les contemporains, parce que l'impiété se montre à visage découvert, et révèle, sans aucune retenue, les constructions intellectuelles les plus audacieuses et les plus fantasques. Les apologistes reprochent aux nouveaux « philosophes » leur irresponsabilité : peut-on lancer sur le marché des écrits qui tentent d'ébranler

1. « La liberté de créance étant devenue comme une espèce de mode chez les grands, chez les riches, chez les sages et les savants du monde, on la regarde comme un apanage de la grandeur, des richesses, de la prééminence de raison, et de la supériorité qu'on a sur les autres hommes » (Papillon du Rivet, *Fausse philosophie des Incrédules* [1764], Sermon VIII, Éd. Migne, n° 59, 1844, p. 315).

un ordre imprescriptible sans prendre le temps d'examiner les conséquences de tels actes ? Les auteurs de ces écrits devraient au moins réfléchir à ce qui légitime leur discours et autorise le caractère public de leur déclaration. Dans ce domaine, pensent les apologistes, toute précipitation est à exclure. Avant de se retrouver seul contre tous, un Jean-Jacques Rousseau devrait examiner davantage s'il est en droit de rendre publiques son expérience religieuse et ses réflexions personnelles sur l'essence de la divinité. À quel titre, dit Bergier, peut-il se substituer au prêtre et au théologien ? Cet « inspiré », vaticinant comme la pythie sur son trépied, devrait au contraire faire naître la suspicion, et Bergier de reprendre plaisamment contre le philosophe genevois la critique que les quakers d'Angleterre, ces trembleurs fanatiques, inspiraient à Voltaire dans les *Lettres philosophiques*. On trouverait des griefs comparables dirigés cette fois contre Diderot. L'« enthousiasme » du Philosophe-prophète rend suspects et son rapport à la vérité et la valeur publique de ses théories antireligieuses. On ne peut évoquer les plus saintes traditions, en visionnaire et en homme de lettres. La réprobation porterait moins ici sur le contenu du discours antireligieux que sur la manière de le communiquer. Peut-on traiter du sacré, sans observer plus de gravité et de respect que s'il s'agissait d'une théorie économique ou littéraire ? Est-il acceptable de lancer des hypothèses dans des domaines qui engagent les croyances les mieux établies ? Plusieurs attitudes sont ici possibles chez les adversaires des Philosophes, et il faut éviter de les enfermer dans une position de principe, commune et intangible. Un grand nombre refuse, il est vrai, toute critique publique portant sur les fondements essentiels de la religion chrétienne, mais d'autres afficheront des positions plus souples et modérées[1].

1. Le débat porte, de toute évidence, sur la possibilité d'exercer cet esprit de libre examen qui définirait traditionnellement l'esprit des Lumières. Il fait jaillir une foule de questions. S'agit-il d'interdire, dans le domaine des textes sacrés, la critique individuelle ou seulement sa diffusion dans la sphère publique ? L'exégèse biblique soumise au rationalisme est-elle possible, voire souhaitable, quand elle s'adresse à des savants ? Sur ces points cruciaux, toutes les positions sont possibles et l'on ne peut brutalement opposer les Lumières aux anti-Lumières en prenant comme critère le principe de libre examen. Certains apologistes l'accepteront, tandis que des Philosophes comme Voltaire estimeront que l'on doit dissimuler au « peuple » certaines vérités. Malesherbes, qui protège les Philosophes et défend avec conviction le droit à la libre critique, est partisan de la censure quand l'autorité de l'État et les intérêts essentiels de la religion sont bafoués.

Fait plus grave, les Philosophes mènent des attaques continuelles contre la religion, laissant percevoir une volonté de destruction et un scepticisme de mauvais aloi parce qu'il est à la fois systématique et superficiel. Les textes sacrés font l'objet d'une irrévérence et d'un dénigrement qui passent toute mesure. Le temps n'est pas loin où Voltaire accablera de ses sarcasmes les épisodes de l'histoire sainte. Le récit biblique est en passe de devenir, pour des Philosophes sacrilèges, un réservoir de situations cocasses et absurdes, une matière à plaisanteries et à mots d'esprit, destinée à faire valoir leurs talents d'humoriste et d'intellectuel libéré des « préjugés ». À l'égard de la Bible, la position des apologistes est loin d'être unanime. Depuis les travaux de Richard Simon dans le camp catholique et ceux d'Abbadie chez les réformés, l'exégèse biblique a beaucoup progressé[1]. Un grand nombre des défenseurs de la religion ont abandonné toute interprétation littérale du Texte saint. Des débats se poursuivent sur l'auteur du Pentateuque. Faut-il continuer à l'attribuer à Moïse ? Dans l'*Histoire critique du Vieux Testament* (1685), Richard Simon s'efforce de démontrer que le prophète est bien l'auteur des lois et des ordonnances qui figurent dans le Livre saint, mais il admet que des écrivains publics ont rédigé la partie historique. Quant au protestant Jean Leclerc, il pose une autre hypothèse : le Pentateuque serait l'œuvre d'un israélite de bonne foi qui aurait recueilli les écrits de Moïse, mais qui aurait aussi, de son propre cru, ajouté d'autres faits. L'attitude des deux confessions diverge quant aux méthodes d'approche : les apologistes catholiques visent à démontrer le bien-fondé d'une leçon par l'authenticité des Livres saints, alors que les protestants ne cessent de confronter le contenu des textes aux exigences de la conscience. Selon Leclerc, quand la violence d'un épisode biblique contredit la morale, il faut savoir prendre du recul et donner toute sa mesure à l'interprétation symbolique. À propos des prophéties et des miracles, les attitudes divergent encore chez les apologistes d'une même confession. Comment fonder un socle de témoignages irréfutables en les isolant des épisodes douteux ? L'existence historique du Christ représente un autre faisceau de preuves. L'image d'un

1. Voir A. Monod, *De Pascal à Chateaubriand*, *op. cit.* ; Yvon Belaval et Dominique Bourel (sous la dir. de), *Le Siècle des Lumières et la Bible,* Paris, Beauchesne, 1986 ; François Laplanche, *La Bible en France*, Paris, Albin Michel, 1994.

homme-Dieu et l'existence de sa passion montrent la supériorité du christianisme sur les autres religions et en particulier sur le mahométisme, fondé exclusivement sur le témoignage d'un homme, par essence faillible, que les apologistes décrivent volontiers comme un charlatan. Le témoignage des apôtres, la conversion des premiers chrétiens, l'attitude des Pères de l'Église, la conduite exemplaire des martyrs chrétiens reconnue et authentifiée par les historiens païens eux-mêmes sont présentés par certains comme des preuves supplémentaires de la Révélation. Concluons : par-delà leurs divergences doctrinales ou intellectuelles, par-delà même la forme qu'ils entendent donner à leur récusation, les apologistes s'accordent tous pour flétrir l'esprit moderne de contestation et cette impiété insidieuse qui aurait perdu le sens du sacré. La légèreté avec laquelle les Philosophes évoquent les Textes saints et la faiblesse de leur information provoquent une réprobation unanime.

Dernier reproche, qui n'est pas le moins grave, les Philosophes sont accusés de ruiner l'espoir en la vie éternelle qui a permis à des générations d'individus de supporter un sort malheureux. L'accusation dans sa simplicité et sa globalité est évidemment outrancière et même infondée. Est-il besoin de rappeler que, pour Voltaire, toute vérité n'est pas bonne à dire et que le patriarche flétrit tous ceux qui font ouvertement profession d'athéisme. On sait aussi que le même Philosophe considère la divinité comme une garantie sociale, comme une barrière empêchant le peuple de se révolter contre l'ordre existant. Plus profondément, dans la philosophie voltairienne, Dieu représente le fondement essentiel de la morale individuelle et sociale, même si, en outre, il n'est pas celui de la Révélation. Quant aux écrits des athées, ils ne risquent guère de contaminer les malheureux que nous évoquions plus haut, puisqu'ils sont souvent clandestins et de toute façon accessibles seulement à une faible partie des élites. Prenons acte de cette critique, comme d'un cliché de l'apologétique chrétienne, en notant toutefois qu'elle traduit surtout le refus d'accepter la possibilité d'une morale laïque. En sapant les sources authentiquement chrétiennes de la morale, les Philosophes rendraient désormais impossibles le respect d'autrui et toute forme d'obéissance. Dans *Les Lettres persanes convaincues d'impiété* (1751), l'abbé Gaultier dénie aux lois la possibilité de susciter à elles seules un élan d'adhésion qui provoquerait chez les particuliers le désir de les respecter. Plus radicalement, la loi familiale, morale et sociale ne trouve son fondement que dans la transcendance divine qui représente à la fois la garantie de sa permanence et sa finalité. Montesquieu divinise la loi au lieu de réserver à Dieu l'exclusivité d'un tel hommage. Un autre fléau se profile à l'horizon : libéré de la crainte du châtiment final, l'homme n'aurait plus aucune raison de refréner ses désirs les plus fous. Le règne du « tout est permis » menacerait gravement l'ordre public. La propriété privée ne serait plus préservée, les vols, les crimes se répandraient au sein d'une société sans repères. Tels des apprentis sorciers, frôlant toujours la catastrophe, les Philosophes pourraient réveiller les instincts les plus pernicieux, faute de mesurer les conséquences de leurs déclarations. Ce n'est ni la première ni la dernière fois qu'on entendra cette critique dans laquelle se mêle un part de raisonnement authentique, de fantasme et de stratégie. Elle appelle plusieurs remarques.

Les conséquences morales d'un athéisme ouvertement et publiquement déclaré divisent les Philosophes et ne se posent évidemment pas en des termes aussi tranchés. Lorsqu'il émet des hypothèses sur un monde incréé et qu'il envisage l'existence d'un déterminisme implacable, Diderot entend agiter des idées dans le cercle restreint d'une élite préparée à recevoir un tel discours et à en débattre. Il ne se pose nullement la question de leur diffusion parmi des couches plus élargies de la population et il n'est pas sûr qu'il la souhaite. D'autre part, l'inquiétude suscitée par les réactions imprévisibles d'une population faiblement éduquée est le lot commun des élites appartenant aux deux camps. Il serait donc illégitime d'opposer, avec un tel manichéisme, les « pervertisseurs » livrés à une entreprise publique de démoralisation aux gardiens orthodoxes de la morale chrétienne ! On relèvera aussi la présence d'un fantasme : indépendamment même des conditions de son actualisation et de sa diffusion, l'écrit impie est crédité d'un immense pouvoir. Il doit inévitablement se répandre comme une traînée de poudre et finir par provoquer un chaos social.

Les disciples modernes de l'athéisme sont enfin accusés de détruire les fondements de la monarchie et même, plus radicalement, ceux de toute autorité politique. Désacralisé, le pouvoir serait privé du principal élément qui assure sa légitimité, sa cohésion et sa permanence. Toutes les autres formes de légitimation sont en effet susceptibles d'être remises en cause et, de toute façon, ne fournissent jamais une garantie égale à celle que procure la divinité. Ici encore, les Philosophes auraient introduit le ver dans le fruit et rendu possible, à terme, l'écroulement des sociétés. Cette critique schématique et globale ne tient pas compte des positions des uns et des autres. Elle tranche dans le vif, en gommant les aspérités d'une situation complexe. Voltaire a toujours éprouvé une fascination pour le pouvoir royal et les relations que Diderot entretenait avec Catherine II ne montraient pas qu'il voulut renverser l'autorité légitime. On peut même à bon droit prétendre que, Rousseau mis à part, les Philosophes du XVIIIe siècle sont dans leur majorité partisans d'un pouvoir fort, même s'il leur arrive évidemment de critiquer la monarchie de droit divin. Sans aborder ici les multiples aspects du problème, on se contentera de souligner, une fois encore, la présence d'une critique radicale, refusant de considérer les différences individuelles.

La critique métaphysique : le rôle de la raison

Sur le plan métaphysique, les apologistes partagent néanmoins des idées plus profondes. Le débat porte ici sur le rôle et les pouvoirs de la raison individuelle. Tout en reconnaissant l'immensité de ses acquis, et en adoptant une position parfois proche de Descartes[1], l'apologétique marque des réserves sur la fonction qu'il convient de lui attribuer et surtout sur l'étendue des domaines qu'il lui appartient d'explorer. Dans le *Traité de l'existence de Dieu* (1713), Fénelon s'écrie : « À la vérité ma raison est en moi ; car il faut bien que je rentre sans cesse en moi-même pour la trouver : mais la raison supérieure qui me corrige dans le besoin, et que je consulte, n'est point à moi, et elle ne fait point partie de moi-même. Cette règle est parfaite et immuable : je suis changeant et imparfait. Quand je me détrompe, elle ne perd pas sa droiture : quand je me détrompe ce n'est pas elle qui revient au but ; c'est elle qui, sans s'en être jamais écartée, a l'autorité sur moi de m'y rappeler et de m'y faire revenir. C'est un maître intérieur, qui me fait taire, qui me fait parler, qui me fait croire, qui me fait douter, qui me fait avouer mes erreurs ou confirmer mes jugemens : en l'écoutant, je m'ins-

1. La question des liens entre Descartes et l'apologétique sera étudiée plus loin.

truis ; en m'écoutant moi-même je m'égare[1]. » Fénelon pose le principe d'une raison supérieure qui n'appartient pas au sujet et se trouve pourtant en lui. À l'intérieur de moi-même, il existe une voix qui me relie directement à la transcendance divine et qui est sans commune mesure avec la raison individuelle. Cette expérience irréductible à la perception d'un objet que l'on examine de l'extérieur confère à l'introspection une valeur fondatrice dans la quête de la vérité suprême. Que ce phénomène s'appelle la découverte du « sens intime » (Lelarge de Lignac) ou la « conversation avec soi-même[2] », il pose toujours l'existence d'une conscience qui échappe à ses déterminations objectives et dont la démarche propre ne peut être soumise à une analyse rationnelle. Aucun témoin extérieur ne pourra jamais rendre compte de l'expérience singulière à laquelle je me soumets dans ma quête intérieure de la vérité. Pour les apologistes qui se situent dans le sillage de Fénelon, cet *a priori* de toute démarche réflexive rend superficiel et vain le scepticisme des Philosophes. Alors que le doute méthodique, tel qu'il était pratiqué par Descartes, figurait comme une propédeutique indispensable mais provisoire à la quête de la vérité, les doutes d'un Voltaire traduisent les velléités d'un esprit léger qui refuse d'examiner à fond les problèmes fondamentaux de l'existence ; attitude intenable, ajoutent les apologistes, parce qu'elle est permanente et que les hommes ne peuvent vivre longtemps sans certitude.

Quant à la raison individuelle, aucun apologiste ne songe plus à lui assigner un rôle secondaire. Nombreux sont ceux qui pratiquent une science parallèlement à leur œuvre contre l'incrédulité. L'essor des cabinets de physique, la multiplication des travaux académiques ont bouleversé la vie intellectuelle et définitivement établi une attitude ouverte à la recherche scientifique. Il existe, certes, des positions divergentes chez les apologistes quand il s'agit de juger de cet engouement. Certains, nous le verrons, se méfient de l'essor de certaines sciences dont ils ne prévoient pas les retombées techniques et qu'ils attribuent à tort à un effet de mode. D'autres sont encore tentés de considérer la pratique des sciences comme un

1. Fénelon, *Traité de l'existence de Dieu*, texte établi par Jean-Louis Dumas, Éditions universitaires, 1990, p. 58.

2. Lelarge de Lignac, *Le Témoignage du sens intime et de l'expérience opposé à la foi profane et ridicule des fatalistes modernes*, Auxerre, 1760, 3 vol. in-12 ; Caraccioli, *La Conversation avec soi-même*, Liège, 1760.

temps dérobé à la recherche du salut, la seule activité qui devrait intéresser le chrétien. Mais une telle attitude devient relativement rare après 1750 et elle sera vite perçue comme archaïque au sein même des milieux religieux. Quant aux critiques qu'inspirent à certains hommes d'Église les théories d'un Buffon sur l'origine de la terre, elles rejoignent parfois celles d'un Voltaire. Celui-ci n'éprouvait-il pas une invincible répulsion pour tous les systèmes qui ouvraient une perspective transformiste, parce qu'ils contredisaient sa conception d'un monde soumis à des lois fixes, créées une fois pour toutes par un grand géomètre ? Aussi se moquait-il volontiers des géologues qui prouvaient l'évolution du globe par l'existence de fossiles déposés sur les montagnes ; méthode dangereuse et déplaisante parce qu'elle risquait de prouver l'existence du Déluge ! Par une voie certes opposée, sa conclusion rejoignait celle de certains chrétiens et entendait écarter, comme eux, par un trait d'humour les élucubrations d'esprits en délire[1] !

La position des apologistes et celle des Philosophes diffèrent surtout quant aux possibilités offertes par la raison et surtout par la manière de considérer son actualisation. Le problème est complexe et les généralisations hâtives risquent de simplifier une situation mouvante, présentant des *a priori* différents à l'intérieur même des deux camps en présence. Chez les antiphilosophes, la fonction assignée à la raison est loin d'être univoque. Pour certains, la relation que l'homme entretient avec le divin est antérieure à toute démarche rationnelle, alors que d'autres sont disposés à partager avec Voltaire la reconnaissance d'un pouvoir supérieur de la raison. La différence avec les tenants d'une démarche « philosophique » reposerait surtout sur la nature du fondement qui légitime la faculté raisonnante, lui assure la possibilité de s'exercer et lui ouvre un champ de possibles. Alors que pour Voltaire, par exemple, la rationalité trouve en elle-même son propre fondement et revendique

1. « Un seul physicien m'a écrit qu'il a trouvé une écaille d'huître pétrifiée vers le Mont-Cenis. Je dois le croire et je suis très étonné qu'on n'y en ait pas vu des centaines. Les lacs voisins nourrissent de grosses moules dont l'écaille ressemble parfaitement aux huîtres ; on les appelle même petites huîtres dans plus d'un canton. Est-ce d'ailleurs une idée tout à fait romanesque de faire réflexion sur la foule innombrable de pèlerins qui partaient à pied de Saint-Jacques en Galice, et de toutes les provinces pour aller à Rome par le Mont-Cenis, chargés de coquilles à leurs bonnets ? Il en venait de Syrie, d'Égypte, de Grèce, comme de Pologne et d'Autriche » (*Les Singularités de la nature*, 1768, chap. XII « Des coquilles et des systèmes bâtis sur des coquilles », in *Œuvres complètes*, Paris, Garnier, t. 27, pp. 145-146).

hautement son indépendance par rapport à n'importe quel type de croyance, les apologistes, nous l'avons vu, affirment l'existence d'« une raison supérieure » qui l'emporterait en dignité et en pouvoir sur la « raison individuelle[1] ». Plus fortement encore, les apologistes reprochent aux Philosophes de ne pas réfléchir assez aux conditions qui légitiment leur accès à la vérité. Pour Voltaire, comme pour Diderot, le Philosophe se situe d'emblée dans une situation privilégiée pour y parvenir. Cet expert en rationalité s'interroge surtout sur les obstacles que lui opposent des hommes crédules ou de mauvaise foi, l'empêchant de mener à bien une entreprise qui s'impose, par essence, comme « éclairante ». Pour le Philosophe, la difficulté est davantage pédagogique et expérimentale que théorique. Comment convaincre les responsables des institutions ? Comment gagner aux légitimes prétentions de la « raison » une partie de la population encore séduite par les « préjugés » ou dominée par un fond de croyances résiduelles ? Comment faire plier à ses vues les instances du pouvoir ? Si les Philosophes parvenaient à occuper les lieux de décision et à appliquer directement leurs programmes, la société en tirerait des bienfaits immédiats. Quant à l'aspect pédagogique de la question, on sait combien il hante Diderot : c'est moins l'accès personnel à la vérité qui le préoccupe que les multiples possibilités de son incarnation dans une forme adaptée à un public susceptible de comprendre sa pensée.

De son côté et par une voie certes différente, Rousseau témoigne aussi d'un accès direct à la vérité. La conscience, cet « instinct divin », refuse toute médiation pour percevoir le bien et reconnaître la voie glorieuse et lumineuse de la vertu. L'Église, comme tout gardien de la tradition, est en droit d'intervenir pour éclairer un point obscur de l'Écriture sainte, mais elle ne peut en aucun cas modifier la relation première que le sujet individuel entretient avec la vérité. Cette fois, un apologiste comme Bergier ne peut dans un premier temps que souscrire à la démonstration rousseauiste.

1. Dans une perspective voisine, Bergier distingue « raison en général » et « raison en particulier ». La première désigne un principe universel ne pouvant jamais être en désaccord avec la foi. Elle pose l'idée qu'il est plus sûr de croire « à la parole de Dieu qu'à ses propres lumières », la seconde désigne des principes qui peuvent paraître contraires à première vue. Il appartient alors à la raison de distinguer ceux qu'elle doit privilégier. Parmi ceux qui relèvent de la deuxième catégorie, Bergier cite : la divisibilité de la matière. Voir abbé Nicolas-Sylvestre Bergier, *Le Déisme réfuté par lui-même*, Paris, 1765, p. 49.

Montrer les limites de la raison, en fondant la religion naturelle sur le « sentiment intérieur », pourrait passer pour acceptable. La démarche est rationaliste dans ses prémisses, car, dans le cas de Rousseau, c'est la raison elle-même qui établit des bornes à son pouvoir en dénonçant les « égarements » auxquels la condamnent des métaphysiciens téméraires et obscurs, et Bergier de citer Rousseau lui-même : « Vous convenez de la faiblesse de nos lumières, de l'insuffisance de la raison pour nous conduire : *trop souvent, dîtes-vous, la raison nous trompe ; nous n'avons pas trop acquis le droit de la récuser : jamais le jargon de la métaphysique n'a fait découvrir une seule vérité : les objections insolubles sont communes à tous les systèmes*[1]. » Mais c'est dans une perspective rationaliste que Bergier condamne, dans un deuxième temps, la démarche rousseauiste. La raison, dit-il, « peut faire illusion au sentiment intérieur, car vous vous souvenez que c'est toujours *la raison qui sert d'arbitre entre le sentiment intérieur et l'opinion*[2] ». Or, d'après son contradicteur, Rousseau ne maintient pas jusqu'au terme de sa démonstration le principe infrangible d'une raison droite et souveraine. Après avoir reconnu sa fonction première, voici qu'il lui dénie soudain toute omnipotence, lorsqu'il s'agit de persuader un éventuel adversaire de la légitimité du « sens intime[3] ». L'auteur d'*Émile* avoue que trop souvent la raison nous trompe et que « *nous n'avons que trop acquis le droit de la*

1. *Ibid.*, p. 45.

2. *Ibid.*, p. 46, Bergier cite l'*Émile* de Rousseau.

3. Rousseau montre dans *Émile* que le précepteur ne doit pas s'adresser à la raison nue. La mise en scène de tableaux qui marquent d'une empreinte indélébile la mémoire de l'élève est la seule manière d'obtenir de sa part une application de la parole inculquée. Tout discours désincarné, fondé exclusivement sur les principes logiques d'une argumentation rationnelle, est condamné à manquer son objet. Ce principe, qui n'est pas seulement rhétorique, relève d'une herméneutique et d'une sémiologie que Bergier récuse justement au nom d'un rationalisme pur, excluant tout discours s'adressant à la sensibilité lorsqu'il s'agit d'évoquer des vérités fondamentales. Rousseau écrivait : « En négligeant la langue des signes qui parlent à l'imagination l'on a perdu le plus énergique des langages. L'impression de la parole est toujours faible et l'on parle au cœur par les yeux bien mieux que par les oreilles. En voulant tout donner au raisonnement nous avons réduit en mots nos préceptes, nous n'avons rien mis dans les actions. La seule raison n'est point active : elle retient quelquefois, rarement elle excite, et jamais elle n'a rien fait de grand. Toujours raisonner est la manière des petits esprits. Les âmes fortes ont bien un autre langage... » (*Émile*, in *Œuvres complètes*, Gallimard, Bibl. de la Pléiade, 1966, t. IV, p. 645). Voir aussi J.-Cl. Bonnet, « Naissance du Panthéon », *Poétique*, n° 33, février 1978, pp. 46-65.

récuser[1] ». Ce faisant, Rousseau se heurte à une aporie, puisqu'il compromet ou interdit les possibilités mêmes d'un échange intellectuel : c'est un peu comme si deux interlocuteurs devisaient ensemble sans parler la même langue ! En minorant le rôle de la raison au profit d'autres modes de persuasion, il rend suspecte sa propre démonstration : « Car supposant qu'en raisonnant vous m'ayez convaincu, comment sçaurai-je si ce n'est point ma raison abusée qui me fait acquiescer à ce que vous me dîtes ? D'ailleurs, quelles preuves, quelle démonstration pourrez-vous jamais employer plus évidente, que les axiomes que je vous oppose ? Il est tout aussi croyable que vos syllogismes, pour prouver l'existence de Dieu, sont des mensonges, qu'il l'est que mes objections sont des sophismes[2]. » On aura compris qu'un apologiste rationaliste comme Bergier reproche à Rousseau de limiter abusivement le rôle de la raison quand il est question des vérités fondamentales et des liens qui relient le chrétien à ses frères. Le sens intime ne peut, à lui seul, fonder ma relation à la vérité divine. C'est en faisant un usage particulier de la raison que Bergier entend rétablir le rôle des écritures, la fonction de l'Église catholique et le lien du chrétien avec la communauté des fidèles. Les droits imprescriptibles de la conscience sont une machine de guerre légitime contre les abstractions métaphysiques des sceptiques et des athées, mais cette attitude ne suffit pas pour qui veut raisonnablement marquer ses liens originels avec la parole divine et se situer dans une tradition séculaire, dépositaire d'une mémoire porteuse de vérité.

C'est encore en rationaliste convaincu que Paulian vise à récuser *Le Système de la nature* du baron d'Holbach. Le matérialisme est irrecevable, parce que Dieu, quelque grand que soit son pouvoir, n'a pas celui de communiquer la pensée à la matière, et c'est aussi par les seules lumières de la raison que Paulian entend montrer, en cartésien, l'immatérialité de l'âme. On le constate, les apologistes ne visent pas à se réfugier dans une attitude fidéiste. Ils reconnaissent les exigences de la raison, affirment qu'elle peut fort bien se concilier avec la foi, mais ils prétendent limiter les ambitions de la rationalité conquérante en démontrant qu'elle se heurte tôt ou tard à un inconnaissable. C'est sur ce point peut-être que se manifeste le

1. N.-S. Bergier, *Le Déisme réfuté par lui-même*, p. 47.
2. *Ibid.*, p. 48.

mieux le clivage entre les Philosophes déistes ou athées et leurs adversaires. Pour les défenseurs de la religion chrétienne, la raison individuelle doit reconnaître les limites de son pouvoir, même si, dans certains domaines particuliers, elle règne en souveraine légitime.

La critique d'un mode de lecture

Les apologistes s'en prennent enfin aux pratiques de lecture que proposent les ouvrages des nouveaux philosophes. Dans les *Mélanges pour Catherine II*, Diderot définit une nouvelle conception de l'écriture, de la lecture, de la pédagogie, de la mémorisation et de la diffusion du savoir, car ici tout se tient :

> « Ce n'est pas dans l'asile de la contrainte, du respect, de l'ennui, du solennel, du sérieux, que les hommes s'instruisent : les uns n'y vont pas ; les autres s'y endorment. C'est dans le rendez-vous de la liberté, de l'amusement, du plaisir. C'est là qu'ils sont intéressés, qu'ils rient, qu'ils pleurent, qu'ils écoutent, qu'ils retiennent, et de là qu'ils remportent et redisent entre eux dans la société les choses qu'ils ont retenues.
>
> Qui est-ce qui sait un mot des petits papiers philosophiques de Voltaire ? personne ; mais les tirades de *Zaïre*, d'*Alzire*, de *Mahomet*, etc., sont dans la bouche de toutes les conditions, depuis les plus relevées jusqu'aux plus subalternes.
>
> On ne lit pas un sermon. On lit, on relit dix fois, vingt fois une bonne comédie, une bonne tragédie. On la trouve jusque dans le faubourg[1]. »

Au-delà du contenu même de l'œuvre, Diderot évoque tout à la fois une nouvelle écoute et une pédagogie du discours littéraire censée franchir facilement les barrières sociales. Les grands textes de la tradition sacrée ne font plus l'objet d'un devoir de lecture isolé entre tous et privilégié. On accède au savoir par l'amusement et le jeu, et c'est justement cette nouvelle pratique qui passe désormais pour multiplier les conversions, car le plaisir se dit, se partage et se répand en même temps qu'il aide la mémoire à accomplir son œuvre. Dans le *Dictionnaire philosophique*, Voltaire poursuit une

1. Diderot, *Mélanges pour Catherine II*, in *Œuvres*, Paris, Robert Laffont, coll. « Bouquins », t. 3, pp. 266-267.

fin voisine : « J'ai beaucoup retravaillé l'ouvrage en question ; je me dis toujours, il faut toujours qu'on le lise sans dégoût ; c'est par le plaisir qu'on vient à bout des hommes ; répands quelques poignées de sel et d'épines dans le ragoût que tu présentes, mêle le ridicule aux raisons, tâche de faire naître l'indifférence, alors tu obtiendras sûrement la tolérance[1]. » Saupoudrer un écrit de sarcasmes et d'irrévérences est un des meilleurs moyens de désacraliser une tradition et de détruire les antiques hiérarchies. Le recours permanent à l'allusion, au sous-entendu, le maniement habile de l'équivoque, du double jeu, invite à une lecture déliée et nécessairement complice. C'est ce nouveau mode de lecture que voudraient sanctionner les apologistes, car toute œuvre, même profane, devrait garder au moins une trace du discours sacré en exprimant un sens univoque, accueilli avec respect, sinon avec vénération. On perçoit, à travers les critiques inquiètes de certains apologistes, la nostalgie du Livre saint, de l'ouvrage unique, auquel devraient se référer les auteurs qui abordent les grandes questions métaphysiques. C'est toute une herméneutique, antique chasse gardée des clercs et des théologiens, que la désacralisation de la lecture semble avoir à tout jamais détruite. Bien qu'elle appartienne à un lointain passé, cette représentation resurgit comme l'envers des Lumières triomphantes, comme le retour du refoulé, chez certains apologistes radicaux de la fin du XVIIIe siècle. Inversement, la lecture désinvolte, rapide, répétitive, apparaît comme anarchique et incontrôlable, puisqu'elle substitue le principe de plaisir au devoir d'enseignement et d'édification. Dans *De la Recherche de la vérité*, Malebranche avait déjà stigmatisé ce ton désinvolte pour évoquer les grands problèmes de l'existence. Il interprétait cette attitude comme un pouvoir indu que l'auteur exerçait sur le lecteur par l'entreprise de l'imagination, cette puissance trompeuse[2]. La « Vie de Voltaire » de Condorcet,

1. Lettre du 9 janvier 1763 à Moultou, *Correspondance*, Besterman, D. 10897, p. 398.

2. Comme Montaigne donne Malebranche comme exemple d'auteur malhonnête parce que les négligences affectées de son style seraient un moyen déloyal de peser sur l'imagination du lecteur et d'exercer un pouvoir indu de fascination : « Un trait d'histoire ne prouve pas ; un petit conte ne démontre pas » (Malebranche, *De la recherche de la vérité*, Paris, Flammarion, s. d., t. I, p. 318). Il sanctionne ensuite la lecture des *Essais*, parce qu'elle serait fondée exclusivement sur le principe de plaisir : « Il n'est pas seulement dangereux de lire Montaigne pour se divertir, à cause que le plaisir qu'on y prend engage insensiblement dans ses sentiments ; mais encore parce que ce plaisir est plus criminel qu'on ne pense : car il est certain que ce plaisir naît principalement de la concupiscence » (*ibid.*, p. 319).

jointe au soixante-dixième volume de l'édition de Kehl des *Œuvres complètes* du Philosophe, exalte à l'envi cette nouvelle conception de l'écriture et de la lecture. Parce qu'il a réussi à échapper au ton solennel, et qu'il a conféré ses lettres de noblesse au « roman philosophique », Voltaire aurait enfin touché un public non spécialisé. *Candide*, vilipendé par la critique dévote comme frivole, « obscène » et irréligieux, est présenté par Condorcet comme le moyen idéal d'éviter la platitude et l'abstraction[1]. La souplesse et l'habileté de l'artiste permettraient de dépasser l'opposition que les adversaires dévots tentent de maintenir entre la frivolité et le sérieux : « en se servant tour à tour avec adresse du raisonnement, de la plaisanterie, du charme des vers ou des effets de théâtre ; en rendant enfin la raison assez simple pour devenir populaire, assez aimable pour ne pas effrayer la frivolité, assez piquante pour être à la mode[2] », Voltaire effacerait allégrement les anciens clivages et réconcilierait triomphalement la philosophie et la littérature en s'adressant enfin à un public populaire. Cette présentation des œuvres de Voltaire soulève l'indignation et la colère des apologistes radicaux, qui perçoivent là une provocation et un triomphalisme inacceptables. C'est que Condorcet proclame haut et fort les vertus d'une pratique constamment dénoncée par les apologistes.

1. Il parvient à « éviter à la fois ce qui étant commun ne vaut pas la peine d'être répété, et ce qui étant trop abstrait ou trop neuf encore, n'est fait que pour un petit nombre d'esprits. Il faut être philosophe et ne point le paraître » (Condorcet, « Vie de Voltaire », in Voltaire, *Œuvres complètes*, Imprimerie de la société littéraire typographique, 1789 [1790], t. LXX, p. 89).

2. *Ibid.*, p. 20. Cette volonté de toucher un public populaire relève davantage du souhait que de la réalité. Il n'en reste pas moins que l'édition de Kehl, financée par Beaumarchais et dirigée par Condorcet élargit sensiblement l'audience de Voltaire. « … en passant de l'aristocratique in-4° à l'in-8° bourgeois, et même à l'in-12° presque populaire, le "Voltaire" de Kehl gagna de nouveaux lecteurs à la Philosophie. Dans *Le Mariage de Figaro*, ce ne sont pas les privilégiés qui chantent les fameux couplets de la fin : "Et Voltaire est immortel…" ». Les 70 volumes in-8°, les 92 volumes in-12° furent débités en plusieurs livraisons, entre 1785 et 1789 (*Inventaire Voltaire*, A. Magnan, J.-M. Goulemot et D. Masseau [dir.], Paris, Gallimard, 1995, art. « Kehl » d'A. Magnan, p. 780).

2.

Milieux antiphilosophiques, protecteurs et lecteurs

Le XVIIIe siècle a été longtemps perçu exclusivement à travers le triomphe de l'esprit critique, de la mise en cause des antiques « préjugés ». Comme une traînée de poudre, la contestation gagnerait l'ensemble des élites. Aucun domaine de la vie publique, aucune institution n'échapperaient à cette vague de fond. Seuls compteraient les cercles à la mode et les salons philosophiques, propagateurs du nouvel esprit, et il faut reconnaître que les contemporains des Philosophes ont largement contribué à répandre cette image, pour s'en féliciter ou la déplorer. Dès lors, les mouvements intellectuels, les pratiques sociales et culturelles, étrangers à ces modes nouvelles, apparaissent comme secondaires, résiduelles ou négligeables. On les interprétait comme des formes de résistance aux courants porteurs d'avenir, les seuls capables d'incarner l'Histoire en marche. Anticipant sur les analyses de plusieurs historiens contemporains, Daniel Mornet, dans *Les Origines de la Révolution française*, insistait déjà, à juste titre, sur la survivance des traditions dans la France profonde du XVIIIe siècle[1]. Pour éviter les contresens et les vues cavalières, il faut se garder de majorer le rôle des Philosophes, sous prétexte qu'ils possédaient un réel talent, ce qu'on ne saurait évidemment leur refuser. Mais l'histoire culturelle ne doit pas se laisser abuser par les qualités intellectuelles et les réussites esthétiques des gens de lettres qu'elle étudie. Elle vise aussi la nature des milieux d'accueil, leur identité,

1. Daniel Mornet, *Les Origines intellectuelles de la Révolution française*, Paris, La Manufacture, 1989 (1re éd. Armand Colin, 1933).

leurs goûts, et les « pratiques de l'imprimé » que ces conduites induisent[1]. Les idées n'acquièrent force de publicité, ne prennent sens et valeur à une époque donnée qu'à travers le prisme de leur réception[2]. Évaluer la contestation philosophique en supposant d'emblée qu'elle implique une rupture radicale des habitudes culturelles et des modes de pensée des uns et des autres représente une dangereuse pétition de principe. Gardons-nous d'interpréter comme une vérité objective les inquiétudes ou les espoirs des intervenants, quand ils font état de l'« influence » exercée par les écrits philosophiques.

Ne succombons pas non plus au mirage rétrospectif de la renommée. Certains noms de la philosophie, qui ont fini par s'imposer dans le panthéon de la mémoire, ne furent connus d'une large partie du public qu'à la fin du siècle et l'image que les contemporains avaient d'eux ne coïncidait nullement avec celle qui a fini par triompher. Quant à ceux qui accédèrent à la notoriété, ils offrent souvent dans la synchronie ou la diachronie, des images diverses de leur rôle. Mais surtout, la lecture de leurs œuvres ne signifie pas nécessairement que l'on partage toutes leurs idées, ni même que l'on saisisse bien la portée de leur action militante. Si on le compare à nos propres habitudes culturelles d'hommes du XXe siècle, le mode de lecture en vigueur au XVIIIe siècle peut nous sembler parfois étrangement sélectif et partial. Les contemporains eux-mêmes notaient déjà que telle admiratrice de l'idole de Ferney ne percevait nullement en lui le pourfendeur de l'Infâme ! Allons

1. R. Chartier, *Les Origines culturelles de la Révolution française*, *op. cit.* En substituant ce titre à celui proposé par Daniel Mornet, *Les Origines intellectuelles de la Révolution française*, l'historien entendait renouveler la question en adoptant une perspective socioculturelle : « Une telle substitution accroît sans nul doute les possibilités de compréhension. D'une part, elle tient que les institutions culturelles ne sont pas les simples réceptacles (ou repoussoirs) des idées forgées en dehors d'elles – ce qui permet de restituer aux formes de sociabilité, aux supports de la communication ou aux processus d'éducation une dynamique propre, niée par une analyse qui, comme celle de Daniel Mornet, ne les considère que du seul point de vue de l'idéologie qu'elles recueillent ou transforment. D'autre part, l'approche en termes de sociologie culturelle ouvre largement l'éventail des pratiques à prendre en compte : non seulement les pensées claires et élaborées mais aussi les représentations immédiates et incorporées, non seulement les engagements volontaires et raisonnés mais aussi les appartenances automatiques et obligées » (R. Chartier, *Les Origines culturelles, op. cit,* p. 15).

2. « La diffusion des idées ne peut pas être tenue pour une simple imposition : les réceptions sont toujours des appropriations qui transforment, reformulent, excèdent ce qu'elles reçoivent » (*ibid.*, p. 30).

plus loin : la lecture des philosophes déistes ne signifie pas nécessairement, du moins chez certaines catégories de lecteurs, qu'ils abandonnent les pratiques chrétiennes traditionnelles. Les discours philosophiques, en fonction d'une conjoncture instable, font l'objet d'appropriations et d'aménagements divers.

CONDUITES ARISTOCRATIQUES : LE POIDS DES TRADITIONS RELIGIEUSES ET CULTURELLES

Nombreux sont les aristocrates à célébrer dans leurs mémoires la révélation que fut pour eux l'existence des salons philosophiques, l'esprit de conversation et la rencontre des Philosophes. Hors des lieux de pouvoir institutionnel, surgit dans la France des années 1750, un nouvel espace littéraire, bien étudié par Tocqueville, dans lequel les « intellectuels » devenus rois constituent une nouvelle aristocratie étroitement mêlée à l'ancienne. Cette politisation de la vie culturelle est néanmoins travaillée par des tensions et se heurte parfois à des limites. Ajoutons qu'elle n'exclut nullement chez de nombreux aristocrates l'attachement aux devoirs de la religion. Le baron de Frénilly, étudiant à Reims dans les années 1780, évoque ses habitudes de lecture : les ouvrages de droit forment sa bibliothèque officielle. « Ceux-là étaient à moi et honorablement étalés aux regards du public. Les autres constituaient ma bibliothèque privée qui m'étoit fournie par un loueur de livres et qui résidait plus modestement dans mes tiroirs : c'étaient les romans. Je me souviens de la peine que me donna *Paméla* que j'avais derrière mon pupitre, tandis que Domat occupait le devant, et qui retournait dans sa retraite à chaque pas que j'entendais approcher de ma porte. C'est ainsi que je lus Voltaire ; il m'inspira plus d'indignation que d'enthousiasme. Son insolence à l'égard de Racine et sa perfidie envers Corneille, que j'aurais volontiers lus à genoux, en faisaient pour moi un objet d'animadversion particulière et instinctive. J'ignorais pourtant tout le mal qu'il pouvait faire, et, chose étrange, malgré la liberté de tout lire que le mystère me donnait, je n'ai lu à cette époque ni la *Pucelle,* ni aucun de ces ouvrages cyniques où la première jeunesse cherche à la fois la science et le plaisir du mal. Je ne cherchais ni l'une ni l'autre. Je ne sais quelle pudeur timide, secrète, inexpliquée, montait la garde autour de mon innocence[1]. » Il faut, bien sûr, prendre en compte le recul du temps et le point de vue d'un royaliste qui a subi la Révolution. Frénilly, comme beaucoup d'autres, rédige ses mémoires pendant sa vie d'exil entre 1837 et 1848 ; il n'empêche que cette confidence témoigne d'habitudes de lecture largement partagées. Nombre d'aristocrates, toutes tendances confondues, sont fascinés par l'effervescence intellectuelle de leur temps, mais l'intérêt porté à Voltaire, le grand adversaire de la religion catholique, n'ébranle pas toujours leurs convictions religieuses ; il ne modifie pas non plus nécessairement leurs règles de vie :

> « Quelle était ma religion à cette époque ? Je serais bien embarrassé de le dire. Peut-être ne l'aurais-je pas été moins alors, avec cette différence qu'aujourd'hui il me faut des explications et qu'alors je n'en avais pas besoin. J'étais catholique parce que j'étais né tel, sans examen, ni doute ni recherche et comme on serait heureux de l'être toujours. J'aurais pu dire comme Roger, dans l'Arioste :
>
> *Je prends la foi qui me vient de mes pères,*
> *Non en chrétien : hélas ! J'en sais trop peu !*
>
> Je remplissais mes devoirs de religion fidèlement, sans peine, avec joie même. Quant à une conviction intime et raisonnée, on ne me l'avait jamais offerte, jamais demandée[2]. »

On perçoit justement ici le regret de n'avoir pas acquis, dès cet âge, le pouvoir d'accéder au raisonnement, ni donc celui de légitimer ses convictions, preuve s'il en est d'un mode de lecture incapable de repérer l'audace et l'irrévérence de l'œuvre lue. Il est aussi des lecteurs qui renient, dès le XVIIIe siècle, leur adhésion aux modes de pensée de la philosophie moderne et manifestent leur volonté de renouer avec la religion de leurs pères. Besombes de Saint-Geniès publie en 1786 les *Sentiments d'une âme pénitente revenue des erreurs de la philosophie moderne*. Ce conseiller à la Cour des aides de Montauban dédie son ouvrage à Madame Louise, une des filles très dévotes de Louis XV, retirée au Carmel. On peut interpréter ce revirement comme le fruit d'une inquiétude suscitée par le spectacle d'une société en pleine mutation, dans laquelle le mémorialiste ne trouve plus ses repères, ou comme le

1. Baron de Frénilly, *Souvenirs*, publiés par Albert Chuquet, Paris, Plon, 1908, pp. 46-47.
2. *Ibid.*, p. 47.

trouble pressentiment de la violence à venir. D'autres mémoires d'aristocrates, attachés à la Cour, mais qui ont aussi fréquenté les salons philosophiques, témoignent du mépris que leur inspirent les Philosophes. Désirant édifier ses enfants et les écarter à tout jamais des dangereuses sirènes du « philosophisme », le marquis de Saint-Chamans récuse l'arrivisme des d'Alembert et des Diderot. Elle va même jusqu'à suspecter leur savoir en leur opposant des savants véritables, dont les noms, avouons-le, ont sombré dans le plus complet oubli[1] ! De tels propos témoignent d'une volonté de rupture avec l'esprit du temps, sans que leurs auteurs aspirent à une reconnaissance littéraire ou institutionnelle. La rencontre avec les Philosophes et surtout les plus radicaux d'entre eux se déroule parfois dans le malaise ou l'ambiguïté. Bien qu'elle soit acquise à l'idée de tolérance et qu'elle se contente d'une religion très simplifiée, proche d'un déisme sentimental, la baronne d'Oberkirch voit d'un fort mauvais œil l'athée Raynal. On perçoit dans ses propos le désir de marquer ses distances avec un personnage sulfureux, pédant et de mauvaise compagnie :

> « En novembre nous eûmes une visite dont je me serais bien passée, mais que je ne veux point laisser dans l'oubli, puisqu'il s'agit d'un personnage célèbre : c'était l'abbé Raynal. Il arrivait de Genève, où il venait de faire imprimer une nouvelle édition de son *Histoire philoso-*

---

1. « Une des plus grandes grâces que j'aie à rendre à Dieu est de m'avoir fait connoître la mauvaise foi et le charlatanisme de ces impies qui prêchant le bonheur, estoient très malheureux. Plus je les ai vus de près, plus je les ai mépriséz et regardez comme des gens dangereux » (Antoine-Marie-Hippolyte de Saint-Chamans, *Mémoires*, Tulle [1730-1793], 1899). Besenval prétendra avoir écrit en 1784 : « Il y a, je le sais, des choses à réformer ; mais la pire est la licence des philosophes, espèce d'hommes qui, joignant des études sérieuses à des bouffées d'indépendance et de rébellion, apportent dans la société l'abus des connaissances. L'orgueil fait la base de leur caractère, et l'égoïsme est leur maxime fondamentale. Voltaire est leur patriarche et les dédaigne. Ils ont adopté le mépris qu'il affiche de tous les principes ; mais, n'ayant pas sa grâce pour colorer leur doctrine, ils ne sont que des pédants fort dangereux. Ils attaquent la religion, parce qu'elle est un frein, et l'autorité des rois, pour la même raison. Ils prêchent l'égalité des conditions, pour niveler tout ce qui s'élève au-dessus d'eux ; enfin, ils opèrent par leurs écrits ce qu'on faisait, dans les jours d'ignorance, par les conjurations, par le poison et le fer. Les rois s'endorment là-dessus ; l'Église lance des foudres perdues ; le Parlement brûle un livre, pour le multiplier ; l'avenir est menacé des terribles effets de cette insouciance ; elle sera le germe de grands malheurs » (baron de Besenval, *Mémoires sur la Cour de France*, Paris, Mercure de France, 1987, p. 372). Ces propos, présentés comme une digression par le mémorialiste, s'inscrivent dans la pure tradition antiphilosophique.

phique et politique des deux Indes, qui lui a fait sa réputation[1]. C'était un homme d'environ soixante-cinq ans, qui me parut fort laid ; peut-être était-ce un effet de la prévention. Comme cela arrive toujours avec ceux qui me déplaisent, il ne manqua pas de s'accrocher à moi et de m'accabler de dissertations religieuses et politiques, sous prétexte que j'avais l'esprit sérieux et que je savais le comprendre ; tout cela avec l'accent de Pézenas, sa patrie, qu'il conservait dans toute sa pureté. Il était impossible de gasconner d'une façon plus désagréable. Voyant que je ne répondais rien à tous ses paradoxes, il interrompit son discours tout à coup, et me demanda :

– Est-ce que vous n'êtes point philosophe, madame la baronne ?

– Je n'ai point cet honneur, monsieur l'abbé.

– Vous êtes au moins très-convaincue de l'absurdité de certaines doctrines ?

– Monsieur l'abbé, ne discutons pas ensemble, nous ne nous entendrions pas. Grâce à Dieu, je suis bonne protestante, et je ne me mêle point des affaires des athées. Ma conscience me suffit.

– Ah ! si vous êtres protestante, madame, c'est différent, il n'y a rien à faire avec vous.

Il me tourna le dos et ne m'adressa plus la parole : j'y gagnai le repos[2]. »

Qu'elle soit inventée ou réelle, l'anecdote témoigne d'un rejet : l'abbé Raynal, bête noire des apologistes, émet d'odieux paradoxes. La mauvaise réputation que lui vaut un ouvrage scandaleux, l'*Histoire philosophique et politique des deux Indes*, interdit à une jeune femme du monde d'entretenir tout commerce avec lui. Le réflexe social inculqué par l'éducation se mêle aux autres préventions.

Des témoignages font état aussi de milieux aristocratiques profondément attachés au christianisme. Abondent, à la veille de la Révolution, les portraits de personnages, ouverts à toutes les

1. Originaire du Rouergue et élève des jésuites de Pézenas, l'abbé Raynal abandonna le sacerdoce et décida de vivre de sa plume en devenant rédacteur au *Mercure*. Dans l'*Histoire philosophique et politique des deux Indes*, il fait un tableau très critique des établissements de commerce fondés par les Européens dans les Deux-Mondes. Il dénonce violemment la traite des Noirs, le despotisme, et la religion qui légitime atrocités et exactions commises contre des populations innocentes. Une première édition de cet ouvrage avait paru à Nantes, sans nom d'auteur. Celle de Genève de 1780 porte son nom. Diderot, qui y contribua, serait l'auteur des meilleurs passages. Condamné par le Parlement, l'ouvrage fut brûlé par le bourreau le 29 mai 1781. L'auteur se réfugia auprès de Frédéric II et de Catherine II.

2. Baronne d'Oberkirch, *Mémoires sur la cour de Louis XVI et la société française avant 1789*, présentation de Suzanne Burkard, Paris, Mercure de France, 1979, p. 113.

formes modernes de sociabilité, usant avec élégance des saillies de la conversation, tout en pratiquant une dévotion profonde, mais sans ostentation[1]. À cet égard, les récits de mort édifiante constituent un genre littéraire, d'origine fort ancienne, qui perdure jusqu'à la Révolution[2]. Les adversaires des Philosophes en font état, de toute évidence, pour prouver que toute tradition n'a pas disparu, mais l'on trouve aussi de telles références chez des mémorialistes affichant haut et fort leur intérêt pour les courants nouveaux. L'essor de l'esprit critique, la laïcisation montante de pratiques autrefois investies par le sacré, le relatif recul des démonstrations spectaculaires et festives de la foi ne doivent pas nous faire oublier la présence parallèle d'une mort baroque en plein XVIIIe siècle[3]. Si les sermonnaires et les adversaires des Philosophes usent fréquemment de l'image inquiétante du dernier instant pour ébranler l'incrédule, c'est que ces discours pouvaient encore influencer le public. Dans les milieux aristocratiques qui côtoient l'intelligentsia, des formes de dévotion, marquées par le poids des traditions, peuvent donc coexister avec une sensibilité influencée par les retombées d'un discours fondé sur la tolérance et la bienfaisance. Le refus de l'abstraction métaphysique, parce qu'incertaine et dangereuse, s'accompagne souvent, à la veille de la Révolution, d'une reconnaissance des bienfaits de l'« humanité »

1. « 14 février. – Il fit un temps horrible, je restai chez moi matin et soir, excepté pour une visite à madame de Lacroix. C'est une personne honorée et estimée par tout le monde : elle est pieuse et bienfaisante ; elle a des idées religieuses exaltées, bien que loin de toute intolérance. Remplie de l'esprit de Dieu, elle ne songe qu'à convertir et à soulager. Elle obtient même des riches et sans importunité, en faisant le bien plus qu'eux. Elle n'existe vraiment que pour les pauvres. Ce n'est pas ce qu'on appelle une dévote de profession. Quoiqu'elle ne soit plus très-jeune, elle est cependant gaie ; elle aime le monde et parle de tout avec grâce et enjouement. Elle a été fort belle, d'une beauté noble et imposante. Son regard exprime la franchise et une loyauté à toute épreuve. Ses opinions religieuses ont une forme très particulière ; elle n'est cependant ni Mariniste, ni Lavatériste, ni Mesmériste » (*ibid.*, p. 408).

2. Par exemple celles du duc de Penthièvre et de M. de Puisieux rapportées par Mme de Genlis, dans ses *Mémoires*, Paris, Firmin-Didot, 1857, p. 111. « Madame de Custine vécut six ans dans le monde avec la considération personnelle et l'existence d'une femme de quarante ans dont la conduite avait toujours été parfaite. Une fluxion de poitrine termina en cinq jours cette partie si pure et si exemplaire. [...] Je n'oublierai jamais cette mort édifiante. Elle eut toujours toute sa tête et ne s'abusa pas un moment sur son état. Chaque jour je lui faisais tout haut de longues lectures de piété, dans son petit livre de l'Évangile » (Mme de Genlis, *Souvenirs de Félicie*, Paris, Firmin-Didot, 1857, p. 68).

3. Voir Robert Favre, *La Mort dans la littérature française au siècle des Lumières*, Lyon, Presses universitaires de Lyon, 1978, p. 75.

née de la « philosophie » ! « Si une philosophie orgueilleuse s'égarait dans les dangereux labyrinthes de la métaphysique, l'humanité, cette philosophie du cœur, répandait ses dons avec plus d'activité et de discernement : elle s'aidait des progrès des arts pour mieux multiplier ses bienfaits[1]. » L'évocation d'un progrès social, culturel et moral, puisant sa force dans une éducation de la sensibilité, doublée d'une sévère mise en garde contre les dangers de l'intellectualisme est une attitude fréquente chez ceux-là mêmes qui se mêlent à l'intelligentsia.

Les milieux antiphilosophiques et les luttes d'influence

Il est d'autres milieux résolument tournés vers la dévotion, attachés à défendre l'Église attaquée par les Philosophes modernes, à protéger des écrivains qui embrassent leur cause ou des apologistes encore plus engagés dans une entreprise de sauvegarde du christianisme. Il est fort difficile de repérer des réseaux constitués du fait même que ceux-ci, à la différence des cas précédemment étudiés, demeurent parfois étrangers aux cercles à la mode. La situation peut sembler paradoxale : comment récuser cette nouvelle sphère littéraire en train de fabriquer l'opinion, si l'on se tient à l'écart de sa zone d'influence ? Et comment agir dans l'espace public en cours de constitution, si l'on a choisi de dénoncer ceux qui l'investissent en recourant à des formes odieuses de manipulation ? Isolons des figures restées fidèles à un courant religieux ou à une institution, agissant dans l'ombre, et donnant l'impression d'appartenir à une société secrète. Nous manquons d'éléments pour repérer, avec certitude, l'existence de ces conduites et les témoignages sont peu sûrs lorsqu'ils émanent des adversaires des Philosophes. Selon Mme de Genlis, on aurait trouvé à la mort de M. de Puisieux, les marques de son affiliation à l'ordre des jésuites. En 1770, juste avant les cérémonies du mariage du Dauphin, le futur Louis XVI,

1. Gaston de Lévis, *Souvenirs-Portraits*, Paris, Mercure de France, 1993, p. 281. Il faut bien sûr prendre en compte le moment de la rédaction et le contexte politique qui conditionne la publication des Mémoires. L'auteur, un monarchiste libéral qui a toujours refusé de servir le régime impérial, semble, en l'occurrence, les avoir rédigés à la fin de L'Empire.

les affidés, compagnons de lutte de Puisieux, auraient fait serment sur l'Évangile de contribuer de tout leur pouvoir au maintien de la religion[1].

Mais c'est surtout à Versailles que les dévots tentent de s'imposer, en attisant les intrigues et des cabales de cour. Les fonctions de gouverneur ou de sous-gouverneur du Dauphin ou des frères du monarque sont particulièrement convoitées, car elles constituent des positions clefs pour s'immiscer dans les querelles du temps et exercer un rôle politique, par le jeu des influences de toutes sortes. Existe-t-il néanmoins, à la Cour, dans les années 1750, un parti dévot, autrement dit un groupe organisé faisant pression sur les pouvoirs publics, pour discréditer les mouvements philosophiques et empêcher la diffusion de leurs écrits ? On a souvent présenté le Dauphin comme le chef d'orchestre des dévots pressant le roi d'intervenir contre les Philosophes, responsables de la décadence morale du royaume[2]. On a également signalé l'influence exercée par son entourage. La question fait problème, car il est tout un mythe historiographique né du vivant même de ce prince et amplifié à la fin de l'Ancien Régime et durant la Restauration. Les thuriféraires jésuites, comme le père Griffet ou l'abbé Proyart, érigent le Dauphin en défenseur modèle du christianisme, en prince très chrétien qui aurait vainement tenté de s'opposer à un père aux mœurs dissolues, victime de ministres contaminés par les idées nouvelles. Pour les antiphilosophes qui entendront reconstituer l'histoire et montrer que la Révolution s'explique en partie par la décadence morale, née sous le règne de Louis XV, et par la disparition progressive de l'autorité royale, le Dauphin fera figure de

1. Selon le même auteur, les affidés auraient également juré « protéger l'ordre et tous ses membres en particulier, dans toutes les occasions où cette protection serait utile ou réclamée, et ne blesserait ni la morale ni les lois, de dire tous les jours une prière particulière [...], de porter toujours sur la poitrine un scapulaire, marque de l'affiliation, de garder le secret de cette affiliation autorisée par le pape » (Mme de Genlis, *Mémoires, op. cit.*, 1857, p. 111).

2. Du Rozoir, *Le Dauphin, fils de Louis XV et père de Louis XVI*, Paris, 1815. L'auteur affirme qu'on voyait sans cesse le Dauphin presser le roi, le Parlement et le clergé de sévir contre les Philosophes (voir *ibid.*, p. 105). Mais ce témoignage est évidemment suspect. Il s'inscrit en tout cas dans la tentative de réhabilitation de l'Ancien Régime qui triomphe sous la Restauration. On peut estimer toutefois que le Dauphin, élu au Conseil des Dépêches en 1750 et au Conseil d'État en 1757, pouvait faire entendre sa voix. Mais son jeune âge et sa position ne favorisaient guère des interventions contre l'autorité du père.

héros de l'orthodoxie[1]. Sa mort précoce alimentera, sous la Restauration, les thèses providentialistes des adversaires les plus extrémistes de la Révolution : pour se venger d'un peuple corrompu, Dieu rappelle à lui le seul rempart qui aurait pu empêcher le peuple de France de plonger dans l'abîme. Surgit dès lors un discours hagiographique dans lequel l'antiphilosophie projette sur la personne du Prince Très Chrétien sa propre conception du pouvoir d'État, de la religion, et du combat à mener contre les ennemis du trône et de l'autel.

Si l'on revient aux faits, plusieurs certitudes s'imposent : les témoignages concordent sur la culture du Dauphin. L'héritier du trône de France n'a pas été cet esprit bigot qu'une tradition a tenté d'imposer pour récuser la propagande dévote. Esprit cultivé et grand lecteur, il lisait méthodiquement les écrits philosophiques à leur parution et se passionnait pour Pope et Montesquieu[2]. Des lettres font néanmoins état des réactions indignées que lui inspirent *De l'esprit* d'Helvétius et *Émile* de Rousseau[3]. La violence de la condamnation s'inscrit dans le droit fil de la pensée antiphilosophique. Autre signe de cette appartenance, la présence autour de

1. Voir Hours, « Entre tradition et Lumières, l'infortune historiographique d'un prince chrétien : le Dauphin, fils de Louis XV », *Homo religiosus. Autour de Jean Delumeau*, Paris, Fayard, 1997. Contribue à construire le mythe : Griffet, *Mémoires pour servir à l'histoire du Dauphin de France, avec un Traité de la connaissance humaine faite par ses ordres en 1758*, 1777. Dans le même registre hagiographique, voir : abbé Proyart, *Vie du Dauphin,* 1782, et *Louis XVI détrôné avant d'être Roi ou tableau des causes nécessitantes de la Révolution française et de l'ébranlement de tous les trônes*, Londres, 1800.

2. Agnès Joly, « Les livres du Dauphin, fils de Louis XV », *Mélanges Julien Cain*, Paris, 1968, vol. II, pp. 69-79. Voir aussi le témoignage de La Vauguyon, qui fut le gouverneur des enfants du Dauphin : « Bien convaincu de la sublimité de la Religion, il la pratiquait avec exactitude et la soutenoit avec force, mais également incapable de s'abandonner aux préventions dont le fanatisme accable les esprits foibles, ou de permettre les pratiques minutieuses qu'il suggère aux esprits bornés, il n'envisageoit le Christianisme que sous les grands points de vue qu'il présente. Il n'accordoit sa protection aux ministres de l'Église, que parce qu'il voyait en eux, disoit-il, des Ministres de la Charité, occupés tour à tour à nous consoler de nos maux, et à nous guérir de nos foiblesses » (*Portrait de feu Monseigneur le Dauphin*, Paris, 1766, pp. 14-15). « J'ai vu la dauphine assise devant un métier, travaillant au tambour, dans une petite pièce à une seule croisée dont le dauphin faisait sa bibliothèque ; son bureau était couvert des meilleurs livres qui changeaient tous les huit jours » (Dufort de Cheverny, *Mémoires*, éd. J.-P. Guiccardi, Paris, Perrin, 1990, p. 123).

3. « Je ne sçai s'il vous sera tombé entre les mains un livre nouveau de Jean-Jacques intitulé *De l'Éducation*, c'est bien le livre le plus infernal qui ait été fait pour les jeunes gens qui ont quelque teinture de la philosophie » (Lettre du 23 juin 1762 à Monseigneur Nicolaï, citée par Abel Dechêne, *Le Dauphin fils de Louis XV*, Paris, 1931, p. 138).

lui de personnages marqués par l'intransigeance religieuse, comme le comte de Muy ou Mgr de Nicolaï, évêque de Verdun, ou encore Coëtlosquet, évêque de Limoges, précepteur du duc de Bourgogne (le fils du Dauphin). D'abord gouverneur de ce même prince, le duc de La Vauguyon (1706-1772), bête noire des Philosophes et de Diderot en particulier, fut, à la mort du Dauphin, gouverneur des trois autres petits-fils de Louis XV : les futurs Louis XVI, Louis XVIII et Charles X. L'appartenance dévote de tous ces personnages représente, de toute évidence, un puissant ciment et fonde un système d'entraides destiné à assurer la permanence d'une influence exercée sur les princes et le futur souverain[1]. Certains familiers du Dauphin comptent parmi les agents les plus déterminés de la lutte antiphilosophique, comme l'archevêque de Beaumont, auteur de la fameuse lettre adressée à Rousseau pour condamner *Émile*, Jean-François Boyer évêque de Mirepoix (une des têtes de Turc de Voltaire), ou l'abbé de Saint-Cyr, auteur d'un *Catéchisme et décisions de cas de conscience à l'usage des Cacouacs*, violent pamphlet dirigé contre les Philosophes. En 1758, le Dauphin a pour mentor le père Griffet (1698-1771), grand sermonnaire jésuite prêchant à la Cour, menant campagne contre les Philosophes, et il faut noter qu'il aime à consulter un adversaire déclaré de Voltaire, le père Berthier, qu'il choisit comme précepteur-adjoint de ses enfants, en 1762, l'année même de la condamnation de l'ordre des jésuites ! En 1763, Jacob-Nicolas Moreau, le principal responsable de la campagne lancée par le pouvoir contre les Philosophes, surnommés les Cacouacs, aurait rencontré le Dauphin. La présence d'un tel entourage révèle clairement l'existence d'un parti dévot, bien qu'il soit difficile de déterminer l'influence exacte que celui-ci pouvait exercer à la Cour, les témoignages émanant le plus souvent de personnages idéologiquement très marqués. Le Dauphin semble avoir contribué à soutenir Fréron

1. Le tableau sur la mort du Dauphin que La Vauguyon commande au peintre Lagrenée provoque les sarcasmes de Diderot. Selon l'auteur des *Salons*, un bigot, adversaire de la philosophie, ne peut avoir un goût éclairé en matière de peinture : « Revenons au tableau que M. de La Vauguyon se propose de consacrer à la mémoire d'un prince qui lui fut cher, et qui lui permet, en dépit de son père, d'empoisonner le cœur et l'esprit de ses enfants, de bigoterie, de jésuitisme, de fanatisme et d'intolérance. À la bonne heure. Mais de quoi s'avise cette tête d'oison-là, d'imaginer une composition et de vouloir commander à un art qu'il n'entend pas mieux que celui d'instituer un prince ? » (Diderot, *Salon de 1767*, in *Œuvres*, *op. cit.*, t. IV, p. 573).

et à faire de lui le fer de lance de la lutte antiphilosophique. Il aurait également approuvé la pièce satirique des *Philosophes* lancée en 1760 par Palissot contre les encyclopédistes. Il semble en tout cas que les jésuites aient fortement misé sur l'héritier du trône pour restaurer le pouvoir de la religion et promouvoir, au sein du gouvernement, une politique plus sévère à l'encontre des Philosophes. Cette aspiration transparaît dans les *Mémoires pour servir à l'histoire du Dauphin de France, avec un Traité de la connaissance humaine par ses ordres* (1777). Pour apprécier la portée d'un tel écrit, il faut bien sûr considérer le rapport de forces qui prévaut au moment de sa parution. Publié trois ans après l'avènement de Louis XVI, il tente vraisemblablement de rehausser le prestige des jésuites, plongés dans le marasme depuis leur expulsion et le rappel des parlements, bastions des jansénistes.

Si l'on se reporte au contexte des années 1760, le Dauphin, allié de la reine Marie Leszczynska et de la famille royale, présente à Louis XV un mémoire exprimant de vifs griefs contre Choiseul, qu'il accuse d'être un allié des Philosophes et de mener, avec leur complicité, une politique hostile aux jésuites. Ceux que leurs fonctions de conseillers ou de précepteurs des enfants royaux a introduits à la Cour s'opposeraient donc aux manœuvriers représentés par Choiseul et la marquise de Pompadour, favorables aux Philosophes, au point même de les soutenir franchement[1]. En réalité, la situation n'est pas aussi simple. Certes, Choiseul entretient des relations très cordiales avec Voltaire durant l'année 1760 ; moyen peut-être pour l'homme d'État de disposer d'une antenne dans les milieux philosophiques et de contrôler une partie de la sphère naissante de l'opinion publique. En outre, le scepticisme qu'inspirent au ministre les croyances chrétiennes n'est pas sans déplaire au Philosophe qui multiplie les requêtes pour obtenir un soutien de Choiseul dans la campagne qu'il mène en faveur de la tolérance religieuse. Pourtant, au plus fort des querelles soulevées

---

1. « Ce que je sais, ce que je puis attester c'est que le Dauphin regarda toujours le duc de Choiseul comme le ministre le plus dangereux, parce qu'il était sans religion » (Jacob-Nicolas Moreau, *Mes Souvenirs*, Paris, Plon, 1898-1901, t. I, p. 570). Selon Moreau qui rejoint sur ces points l'interprétation rétrospective de l'antiphilosophie, Choiseul aurait armé contre l'autorité royale, les gens de lettres, par lesquels il disposait de l'opinion publique, et les parlements qui devaient être les organes de cette aristocratie dont il comptait être le chef. Les parlements furent toujours le centre de ses intrigues » (voir *ibid.*, p. 572).

par l'*Encyclopédie*, le ministre refuse de choisir ouvertement son camp et soutient *Les Philosophes* de Palissot. Il protège également Fréron qui a été son régent au collège et tente même, entreprise chimérique, de le réconcilier avec Diderot ! C'est également sous ses instances que, quelques années auparavant, le secrétaire de la Maison du roi, Saint-Florentin, avait empêché qu'Helvétius soit nommé censeur par le Parlement. Choiseul se méfie des intellectuels radicaux dans leur contestation et considère d'un assez bon œil la présence d'une force d'appoint susceptible de contrebalancer l'influence grandissante des mouvements philosophiques. La politique qu'il mène en faveur des parlementaires jansénistes participe de ce jeu d'équilibre. Il faut donc récuser l'image d'une entente parfaite entre Choiseul, la Pompadour et Richelieu (autre ministre que les antiphilosophes radicaux ajoutent à la liste de leurs adversaires), complotant pour imposer le « philosophisme ». Restent néanmoins des ententes partielles entre des groupes rivaux et des luttes d'influence menées à la Cour pour jouer d'une force contre l'autre. Les menées hostiles à Choiseul se poursuivent à Versailles, après sa disgrâce en 1770. Mme Adélaïde, une des filles de Louis XV, se félicite ouvertement de la mise à l'écart du ministre, soupçonné d'avoir voulu détruire la religion[1].

Il faut relativiser l'importance de ces intrigues. Elles s'exercent dans un espace fermé, la Cour, dont le cérémonial désuet n'a plus d'attrait pour toute une partie de l'aristocratie qui lui préfère les salons parisiens. C'est même cet isolement grandissant de la société civile et des nouveaux lieux de pouvoir intellectuel qui explique en partie la situation de Versailles. Lorsque l'air se raréfie, les secrets, les cabales et les rumeurs vont bon train. Les faits minuscules de la vie de cour sont amplifiés, la hantise d'une influence exercée sur les personnages royaux peut être interprétée comme l'illusion d'un pouvoir maintenu.

---

1. « Dans une occasion où toute la famille royale se trouvait réunie chez Mesdames, le roi y étant, le hasard fit tomber la conversation sur le duc de Choiseul, et Mme Adélaïde se permit sur le chapitre de cet ancien ministre les propos les plus hasardés [...]. Elle s'avança même jusqu'à dire que l'exil du duc de Choiseul avait sauvé la religion en France, puisqu'il était manifeste que le projet de ce ministre était de la détruire de fond en comble. » (Lettre de Mercy-Argenteau à Marie-Thérèse d'Autriche du 18 mai 1773, *Marie-Antoinette, correspondance secrète entre Marie-Thérèse et le comte de Mercy-Argenteau*, Firmin-Didot, 1874, t. I, p. 451). Il va de soi que de tels propos doivent être interprétés comme une rumeur qui circule parmi les milieux dévots de la Cour, favorables aux jésuites.

Reste que le Dauphin, fils de Louis XV, ses sœurs Louise et Adélaïde, ainsi que plusieurs représentants des grandes familles aristocratiques, protègent et subventionnent des adversaires des Philosophes. Mesdames versent régulièrement au poète Nicolas Gilbert (1711-1771) un mandat de six cents livres. Dès qu'ils apprennent la maladie de leur protégé, les dévots de la Cour lui font allouer par le ministère de la Maison du roi une gratification de cinquante louis. Dans les trois ou quatre dernières années de sa vie, le poète aurait reçu en outre une pension de cent écus sur le *Mercure de France* et une autre de cinq cents livres sur la cassette épiscopale des économats. À l'époque de son décès, il aurait disposé, selon la marquise de Créqui, d'« un revenu bien assuré de deux mille deux cents livres tournois[1] ». La protection réservée à Gilbert fait l'objet d'une polémique entre les dévots et leurs adversaires au XIXe siècle, les seconds répandant l'idée que le roi, les princes et les ministres n'accordaient jamais de récompense ou d'encouragement aux écrivains qui militaient contre le « philosophisme ». Mme de Créquy entend rétablir la vérité en démontrant que cette ingratitude supposée est pure légende. Elle cite à l'appui une lettre de Madame Louise, que celle-ci lui aurait adressée du couvent de Saint-Denis afin qu'elle obtienne, grâce à ses relations, pour ce poète démuni une pension sur la *Gazette de France*[2]. De fait, les dévots et les représentants des figures de proue des mouvements philosophiques se trouvent en position de concurrence pour l'embrigadement et la protection des jeunes recrues, surtout lorsqu'elles sont sans fortune. Il faut éviter à tout prix qu'elles ne tombent dans les mailles du clan adverse. On sait que Voltaire possède l'art de dépister les futurs émules, mais la protection qu'il leur offre est souvent intéressée, car mieux vaut s'assurer le soutien ou du moins la neutralité d'un débutant, même sans talent, que de

1. Marquise de Créquy, *Souvenirs de 1710 à 1802,* Paris, Fournier, 1834, t. IV, p. 266.

2. « Je vous prie, Madame, de vouloir bien accorder votre protection au sieur Gilbert, en le recommandant à Monsieur votre cousin, pour qu'il puisse obtenir la première pension qui viendrait à vaquer sur la *Gazette de France*, ou sur toute autre chose qui soit applicable aux gens de lettres, dans son département. On m'assure que c'est un jeune homme qui, ayant les plus grands talens pour la poésie, les a entièrement consacrés à la défense de la religion ; mais qu'il n'aurait pas de pain, et que non seulement il en trouverait dans le parti opposé, mais qu'il pourrait encore, comme tant d'autres qu'on m'a cités et qui ne le valent pas, y faire une fortune brillante » (Lettre écrite au couvent de Saint-Denis par Louise de France, datée du 15 juin 1775, reproduite dans *ibid.*, p. 266).

le laisser grossir les rangs du parti adverse. La situation est exactement la même chez les dévots, et l'on comprend alors pourquoi les transfuges se livrant au plus offrant sont légion.

Les questions doctrinales suscitent aussi des vocations que les milieux de la Cour s'empressent d'encourager. Il arrive que le candidat soit d'abord soutenu par l'Église : Joseph Cerutti est un jeune jésuite, né à Turin, qui commence à professer à Lyon dans les basses classes. À vingt ans, il remporte le prix d'éloquence de l'Académie française. C'est alors que le père de Menou le fait venir à la maison des Missions de Nancy, dont il est le supérieur, et le charge de rédiger un ouvrage intitulé *Apologie générale de l'Institut et de la doctrine des jésuites* qu'il publie à Nancy, en 1762, l'année même de l'interdiction de l'ordre. L'entreprise représente un coup monté, avec la coopération d'esprits plus expérimentés qui fournissent des matériaux au jeune lutteur, avant de le lancer dans l'arène. La renommée de cette apologie et les succès obtenus le font alors remarquer du Dauphin. Le jeune jésuite est accueilli à Versailles, semble-t-il avec chaleur. C'est alors qu'il reçoit de ce prince une pension de mille écus et que la princesse de Carignan le loge chez elle au Luxembourg tout en pourvoyant à son entretien[1]. Mais voici que l'espoir du clan jésuite succombe aux sirènes du grand monde. Le cas n'est pas isolé : dans les années 1770, l'attrait exercé par les milieux parisiens est tel qu'il l'emporte sur toutes les fidélités ! Cerutti poursuit sa dangereuse mue : comble d'horreur pour les mémorialistes dévots, il adhère en 1789 aux principes de la Révolution, sert Mirabeau comme secrétaire et lance, le 30 septembre 1790, *La Feuille villageoise*. Il meurt à Paris en 1792.

Les proches du souverain soutiennent aussi des journalistes et parmi ceux-ci le célèbre Fréron, un des principaux adversaires de Voltaire. Sans évoquer l'ensemble de la question, rappelons que le responsable de l'*Année littéraire* représente dans les années 1755-1760 une étoile montante de l'opposition antiphilosophique. Fréron connaît les servitudes et les épreuves du métier de journaliste au XVIIIe siècle : la difficulté de trouver un ton assez piquant pour accrocher ses lecteurs et assez bienséant pour ne pas heurter les principes éditoriaux du directeur de la Librairie en matière de censure. Pari impossible à tenir ! Ses critiques acerbes contre les

1. *Ibid.*, p. 90-91.

encyclopédistes, Voltaire, Marmontel, mais aussi contre des gens de lettres de tout bord et même des aristocrates à l'épiderme sensible, lui attirent suspensions, interdictions et emprisonnements. Mais Fréron, dont les qualités littéraires, la finesse et le mordant ne peuvent être contestés, obtient aussi les suffrages des cours françaises et étrangères. Lorsque le journaliste mord la poussière, Malesherbes subit les pressions de puissants intercesseurs. C'est Stanislas, roi de Pologne et duc de Lorraine, dépité d'être privé de son périodique favori ; c'est la comtesse de La Marck tentant, dans une lettre à l'orthographe fantaisiste, d'apitoyer le directeur de la Librairie, en lui rappelant qu'Élie Fréron a une famille à nourrir et que, si les souscriptions ne peuvent plus être honorées, le libraire innocent devra payer les pots cassés[1]. Un réseau puissant s'organise autour de l'*Année littéraire* : Stanislas, le Dauphin, d'Aiguillon le puissant ministre qui succède à Turgot. Tout un système fondé sur l'allégeance, la reconnaissance des services rendus et la rétribution financière met en relation la Cour, l'Académie, les autorités ecclésiastiques et les adversaires potentiels des encyclopédistes.

LES SOCIÉTÉS ANTIPHILOSOPHIQUES

Il faut aussi se tourner vers les salons et les sociétés de pensée. On a traditionnellement attribué aux Philosophes le monopole de ces nouveaux lieux de pouvoir intellectuel. Rien n'égale, il est vrai, en rayonnement le salon de Mme Geoffrin et celui de Mme du Deffand. On peut toutefois se demander si l'antiphilosophie ne disposait pas, elle aussi, de cercles privés et de lieux réservés au

1. « Trouvés bon monsieur, que vos bontés j'implore pour Fréron. Vous venés de suspendre ses feuilles, sans doute il a eu tort puisque vous lavés permis, mais permetés moy de vous dire que ce moment cy, rend cette punition trop fort, cest dans le mois de janvier que çe font les souscriptions, peut estre que cet interdit les dérangera et alors le libraire innoçent payera pour l'auteur coupable, et çe coupable a une femme et des enfans, qui ne vivent que de feuilles, cette nourriture est bien légère pour estre refusée, je vous demande donc avec instance monsieur de finire le jeûne de Fréron, et de le rendre à sa nourriture ordinaire. Vous conserverés une reconnoissance égale aux sentiments d'estime et de considération avec lesquels jay lhonneur destre monsieur, votre très humble et très obéissante servante » (De Noailles comtesse de La Mark, B. N., n. acq. fr, 3531, f. 41, reproduit par Jean Balcou, *Le Dossier Fréron*, Genève, Droz, 1975, p. 156). Cette lettre sans date serait du 15 janvier 1755 environ, selon J. Balcou.

lancement de ses troupes. Dans *Le Neveu de Rameau*, Diderot confie à son personnage le soin de brosser un portrait-charge du financier Bertin et de sa maîtresse la petite Hus, la reine des lieux, que les habitués se doivent d'encenser : « Les bras étendus vers la déesse, chercher son désir dans ses yeux, rester suspendu à sa lèvre, attendre son ordre et partir comme un éclair[1]. » L'actrice inculte et capricieuse ne serait-elle pas l'envers dérisoire des salonnières prestigieuses accueillant l'élite philosophique ? Quant au salon du célèbre financier, il draine la horde au grand complet des adversaires de l'*Encyclopédie* et des Philosophes. En dépit de différences de fortune et de rang, les recrues se ruent avec avidité vers le même râtelier[2]. Mais s'agit-il encore d'un salon ? Diderot ne s'est-il pas complu à inverser le rituel, ou à forcer les traits jusqu'à la caricature pour servir la cause philosophique ? Multipliant les métaphores animales, le neveu du grand Rameau évoque ces carnassiers peuplant la « ménagerie » de leur riche protecteur[3]. L'alacrité, le raffinement intellectuel, l'esprit qui règne dans les cercles philosophiques seraient remplacés par la plaisanterie pesante, le plus odieux cynisme, l'absence totale de verve et la médisance érigée en système. La « pétaudière » des parasites s'opposerait à la fantaisie élégante des esprits œuvrant pour la vérité. Si le statut fictionnel et satirique du *Neveu de Rameau* nous interdit de considérer cette évocation comme un document sur une société littéraire, il n'en demeure pas moins que le salon Bertin a réellement existé et que des témoignages prouvent que le financier soutenait bel et bien des adversaires des Philosophes, comme Stanislas Fréron[4]. Michel Bouret, un autre financier, moqué par Diderot, aurait usé de ses immenses richesses pour entretenir, lui aussi, une armée de parasites. C'est en leur compagnie que ce catholique fervent dégustait,

1. Diderot, *Le Neveu de Rameau*, éd. Jean Fabre, Genève, Librairie Droz, 1963, p. 49.

2. « Qui est-ce qui peut s'assujettir à un rôle pareil, si ce n'est le misérable qui trouve là, deux ou trois fois la semaine, de quoi calmer la tribulation de ses intestins ? Que penser des autres, tels Palissot, le Fréron, les Poinsinets, le Baculard, qui ont quelque chose, et dont les bassesses ne peuvent s'excuser par le borborigme d'une estomac qui souffre ? » (*ibid.*, p. 49).

3. Jean Fabre signale dans son édition du *Neveu de Rameau* que le mot avait été lancé par Mme de Tencin et repris par La Popelinière pour désigner les sociétés littéraires à la solde de puissants protecteurs (voir *ibid.*, n. 195, p. 200).

4. Raoul Arnaud, *Journaliste, sans-culotte et thermidorien, le fils de Fréron* (1754-1802), Paris, Perrin, 1909. En s'appuyant sur des documents appartenant aux Archives nationales, l'auteur montre que Bertin avait pris en affection Stanislas Fréron.

pendant le carême, d'excellents poissons, au dire de Voltaire. La marée fraîche lui parvenait de Dieppe par les relais de poste dont il disposait[1]. Il est probable que d'autres sociétés littéraires s'ouvraient aux adversaires des Philosophes. Nous ne sommes guère informés sur le salon tenu par la princesse de Robecq, la maîtresse de Choiseul, mais à entendre les rumeurs qui circulaient dans les milieux philosophiques, il semble bien que la protectrice de Palissot recrutait dans les milieux antiphilosophiques. En 1779, dans le pavillon de Bellechasse, Mme de Genlis reçoit le samedi à neuf heures. Comme de coutume, on y commente les nouveautés littéraires, mais il est aussi bien venu de se moquer des encyclopédistes. Notons encore que sans être la patronne d'un salon antiphilosophique, la marquise de Créqui avouait hautement des idées religieuses et comptait parmi ses hôtes l'archevêque de Vienne, Jean-Georges Lefranc de Pompignan. Mais la présence d'un adversaire célèbre des Philosophes n'empêchait pas d'Alembert, Rousseau et les Necker de fréquenter son salon !

Quant à Mme de La Ferté-Imbault (1715-1791), la propre fille de Mme Geoffrin, célèbre entre toutes pour avoir reçu chez elle, rue Saint-Honoré, l'élite philosophique et l'aristocratie européennes, elle ferme la porte du temple à d'Alembert et à Marmontel à la mort de sa mère en 1777. Elle refuse d'accueillir désormais le parti de l'« impiété moderne ». Elle avait fondé auparavant, en 1771, l'ordre des Lanturelus qui avait pour mission de brocarder le parlement Maupeou, mis en place par Louis XV pour remplacer les anciens parlementaires, parmi lesquels Mme de La Ferté-Imbault comptait de nombreux amis.

Pour comprendre la position de la fille de Mme Geoffrin, il nous faut évoquer son ascension et esquisser son portrait : Marie-Thérèse Geoffrin profite de l'immense capital de reconnaissance acquis par sa mère, la souveraine de la rue Saint-Honoré, pour pénétrer dans la haute aristocratie. En épousant en février 1732 le marquis de La Ferté-Imbault, fils du comte d'Étampes, elle appar-

1. Pierre Clément et Alfred Lemoine, *M. de Silhouette, Bouret, les derniers fermiers généraux, études sur les financiers du XVIIIe siècle*, Paris, Didier, 1872, p. 171, et Voltaire, *Œuvres complètes*, Beuchot, t. LX, p. 427. Rien n'assure cependant que les parasites qui gravitaient autour de Bouret aient été des adversaires des Philosophes. La visée satirique de Diderot l'emporte sur la fidélité au réel. Quant à Voltaire, il ne précise pas l'orientation philosophique et politique du milieu Bouret.

tient désormais à une grande famille de France. Marie-Thérèse Geoffrin possède tous les atouts : l'immense fortune du père, gagnée dans l'administration des glaces de la Compagnie de Saint-Gobin, des talents cultivés de longue date, entretenus par la lecture des Philosophes, la fréquentation assidue du salon maternel et, enfin, l'anoblissement. Selon les contemporains, la marquise de La Ferté-Imbault offre tous les traits d'une « héritière ». À ce capital de relations, il faut ajouter les qualités de son esprit et le charme de sa personne. À la mort de sa mère en 1777, toutes les conditions sont réunies pour qu'elle devienne, à son tour, l'hôtesse d'un salon philosophique. La situation évolue pourtant dans une direction sensiblement différente et la rivalité entre Mme Geoffrin et sa fille ne relève pas seulement de l'anecdote. La maîtresse de la rue Saint-Honoré exerçait un pouvoir tyrannique sur sa fille, craignant que celle-ci porte ombrage à son rôle de grande prêtresse des conversations. Marie-Thérèse adopte une attitude ambivalente : après le mariage, les deux époux se fixent à l'hôtel de la rue Saint-Honoré, comme si la fille de Mme Geoffrin subissait l'attirance invincible du temple de la mondanité et de la culture, mais, par ailleurs, elle se met à ajouter à la lecture des Philosophes (Fontenelle, Montesquieu, l'abbé de Saint-Pierre) celle des Pères de l'Église et des prédicateurs chrétiens au grand dam de la mère qui, prétend-on, trépigne de rage. Cette rivalité n'est pas seulement un épisode de la vie privée, elle montre aussi combien le pouvoir intellectuel et l'accès à des lieux prestigieux de la culture peuvent être une source de conflits qui dépassent les oppositions idéologiques. Donnons-en pour preuve les lettres que Mme Geoffrin adresse à sa fille quand elle est reçue par Stanislas Poniatowski devenu roi de Pologne et Marie-Thérèse à Schönbrunn, durant l'année 1765. La mère exulte de pouvoir montrer à sa rivale, qui entre-temps est devenue une habituée des cours de Sceaux et de Chantilly, qu'elle connaît aussi la gloire[1]. Mme Geoffrin avait, en effet, de sérieuses raisons de s'inquiéter. Fantasque et spirituelle, la jeune marquise parvient à construire un réseau de relations qui lui ouvre l'accès des milieux aristocratiques en contact avec la Cour. On peut même se

1. Lettre de Varsovie, 24 juin 1766, cité par Constantin Photiadès, *La Reine des Lanturelus, Marie-Thérèse de Geoffrin, marquise de La Ferté-Imbault*, Paris, Plon, 1928, pp. 128-129.

demander si par son entremise certains cercles ne tentent pas d'acquérir une caution culturelle, sans verser pour autant dans ce que les antiphilosophes appellent le « philosophisme » à la mode. En clair, Mme de La Ferté-Imbault posséderait tout l'esprit des salons philosophiques sans en détenir le pouvoir originel de contestation. Courtisée par les Grands, elle est reçue à Chantilly par Louis Joseph de Bourbon, prince de Condé, par le duc de Luynes à Dampierre, enfin par le duc et la duchesse de Chevreuse. Plus tard, elle s'attache également à la seconde femme du duc de Rohan-Chabot. Elle se façonne une réputation de comédienne (elle joue la comédie à Chantilly chez les Condé), mais, surtout, elle révèle des talents d'animatrice lors des fêtes costumées, ce qui finit par lui conférer l'image de marque d'une femme espiègle, imprévisible et quelque peu mystérieuse. C'est à ce titre qu'elle est introduite dans les milieux parlementaires proches de la Cour : celui des Maurepas et des Phélypeaux. À cet égard, les conseils donnés par la comtesse de Pontchartrain sont révélateurs d'une stratégie subtile : pour être acceptée et reconnue dans ces milieux, comble de paradoxe, la candidate doit mettre tout son esprit à montrer qu'elle n'entend aucunement faire valoir des connaissances et des talents intellectuels[1]. Voici donc la fille de Mme Geoffrin prenant bonne note de ces leçons et s'appliquant, du vivant même de sa mère, nous sommes en 1748, à séduire une coterie entièrement rebelle à l'esprit philosophique ! Elle confirme alors sa réputation de femme spirituelle en animant les compagnies de ses bons mots et de sa gaieté. L'étape suivante est décisive : Mme de La Ferté-Imbault parvient cette fois à pénétrer dans le bastion de l'antiphilosophie, le cercle du Dauphin. La comtesse de Marsan, devenue gouvernante des

1. « Elle me dit que la première attention que je devais avoir vis-à-vis de M. et Mme de Maurepas était de ne point paraître fille d'une femme qui rassemblait chez elle toutes les académies, parce que M. de Maurepas n'aimait les jeunes personnes qu'autant qu'elles étaient gaies et naturelles, et que sa femme n'entendait rien à la culture de l'esprit, ne faisait cas que de la connaissance de la Cour et se moquerait de moi si je voulais paraître savante dans la conversation. Ensuite elle me dit que de toute la famille il n'y avait que le gendre, le duc de Nivernais, qui fit cas des instructions de l'esprit, mais qu'il était trop jeune, et moi aussi pour chercher à lui plaire d'une manière qui ferait que, tout le premier, il me donnerait des ridicules. C'est après cette bonne et sage instruction que je pris l'habitude, lorsqu'on me questionnait sur mon éducation distinguée et sur les grands esprits qui avaient voulu y contribuer, de répondre toujours par un coq-à-l'âne qui faisait mourir de rire le monde » (B.N., Manuscrits, N. A. F. 4748, Lettres inédites de Mme de La Ferté-Imbault).

enfants de France, jette son dévolu sur la marquise pour compléter l'éducation des deux jeunes fils du Dauphin, les comtes de Provence et d'Artois, ainsi que celle de leurs sœurs, Clotilde et Élisabeth. Mme de La Ferté-Imbault présente toutes les qualités requises pour accomplir sa tâche. Connaissant les anciens philosophes aussi bien que les modernes, elle est alors chargée d'adapter les extraits que Mme de Marsan a composés sur Cicéron, Plutarque et Montesquieu. La fréquentation des Philosophes dans le salon parisien représente une expérience irremplaçable, une voie d'accès privilégiée au savoir, même une preuve de sérieux, tandis que la dévotion de l'adaptatrice s'offre comme un garde-fou idéologique. Conformément aux principes mêmes de l'apologétique, elle entreprend de remettre au goût du jour la philosophie chrétienne, d'en faire des extraits pour les jeunes élèves de la famille royale et pour les membres de l'aristocratie bien pensante. Élevée au rang d'éducatrice, Mme de La Ferté-Imbault allie donc l'esprit des « Lumières » à une connaissance très vive des usages mondains. Toute une pratique acquise dans le salon maternel trouve ici son accomplissement paradoxal, en même temps que la réputation de la philosophe-éducatrice commence à se répandre à Versailles[1].

C'est en 1771, l'année même où Mme de La Ferté-Imbault se trouve associée à l'éducation des princesses, qu'est fondé autour de sa personne l'ordre des Lanturelus dont les membres étaient reçus après un examen de la maîtresse de maison. Leur première mission sera de brocarder le parlement Maupeou qui vient de remplacer les anciens parlementaires. Les faits parlent d'eux-mêmes : l'élection de la marquise au titre fantaisiste de reine des Lanturelus rend hommage à ses talents de société, mais consacre aussi une carrière menée de main de maître avec la protection de la Cour. Quelle signification donner à cette association ? S'agit-il d'un dévoiement du salon philosophique ou d'une société comparable à celle des Rose-Croix, des Illuminés et des disciples de Mesmer qui, on le sait, pullulent à la fin du XVIIIe siècle ? Sans doute tient-elle un peu des deux, mais les rites qui s'y accomplissent désignent plutôt ce qu'on

1. B. N., Manuscrits N. A. F. 4748, Lettre du 25 mai 1784. Elle écrit dans la même lettre : « Tous les matins je vivais avec mes bons amis dont j'ai toujours préféré, dès ma jeunesse, l'intimité et la conversation à celle des vivants. Et puis étant comme la comtesse de Marsan, indignée contre les mauvais philosophes en les voyant tourner tant de têtes sans remède, j'avais une joie profonde du mal que je leur faisais directement et vertueusement à la Cour. »

a appelé une société badine. La parodie sous forme d'épigrammes, les plaisanteries diverses, les fêtes déguisées constituent le lot habituel des joyeux Lanturelus.

Prolifèrent d'autres sociétés badines comparables à celle des Lanturelus dans les vingt dernières années de l'Ancien Régime : l'Académie des dames et messieurs inventée par le comte de Caylus. On y parodie les académies savantes, tout en pratiquant la bibliophilie. À la quête des idées générales, aux projets d'intérêt public et au sérieux philosophique, on substitue la quête des effets cocasses, le culte de la dérision et un goût prononcé pour l'insolite éditorial. Citons encore l'ordre de la Persévérance, une société philanthropique tournée, cette fois, vers la récompense des belles actions. On y trouve les membres les plus élevés de l'aristocratie, comme la duchesse de Chartres et le comte d'Artois ; des libertins, comme Lauzun, y allient la frivolité et le souci de bienfaisance. La société des Philanthropes exclut, quant à elle, toute discussion politique et religieuse, tout en soumettant les candidats à une sévère sélection sociale et morale : on n'y admet que les personnes de mœurs pures et intègres, jouissant de surcroît d'« un état honorable dans la société ».

Cette énumération appelle un constat. Ces sociétés offrent plusieurs traits communs : la semi-clandestinité, le goût prononcé du secret, la mise en place d'un rituel souvent parodique. Bien que l'orientation idéologique ne soit pas toujours bien marquée, on notera tout de même que le militantisme philosophique y est généralement banni et qu'il est parfois combattu. Tout porte à penser que l'ordre de la Persévérance, où l'on trouve un personnage aussi engagé que Mme de Genlis, auteur d'apologies chrétiennes pour la jeunesse et adversaire résolu des Philosophes, porte l'empreinte de l'antiphilosophie. Quant à l'ordre des Lanturelus, il présente un cérémonial, mi-parodique, mi-nostalgique ; les titres ronflants dont les membres sont affublés miment l'existence d'une société fortement hiérarchisée. Le cardinal de Bernis, ami de longue date de la marquise de La Ferté-Imbault, s'appelle « le grand protecteur », le duc de la Trémoille, « le grand fauconnier », l'ambassadeur d'Espagne, « le grand favori ». Marie-Thérèse de La Ferté-Imbault, enfin, est désignée comme « Sa très extravagante Majesté lanturellienne, fondatrice de l'Ordre et autocrate de toutes les folies » pour laquelle les disciples sont tenus de composer force énigmes, épigrammes et chansons à boire. Tout cela rappelle les jeux littéraires pratiqués dans les anciennes cours, comme celle de Sceaux, chez la duchesse du Maine, sous la Régence, ou plus anciennement dans le salon précieux de Mme de Rambouillet[1].

Arrêtons-nous sur la folie, la déraison et l'extravagance clairement affichées. Elles proclament le refus de l'esprit de sérieux et le désir de rompre avec ces salons où l'on ne cesse de réinventer le monde et la société. Le compte rendu de Meister dans la *Correspondance littéraire* de juin 1779 évoque un climat de fête et de jeu endiablé : « La reine des Lanturelus ayant eu la rougeole et s'en étant bien tirée, ses sujets voulurent célébrer sa convalescence. On lui dit qu'il fallait venir le 19 mai 1779 chez le comte d'Albaret[2]. On feint un enlèvement ; la marquise est emmenée dans une chambre très éclairée, puis, au milieu des acclamations, est placée sur un trône. Des personnages sont déguisés ; le prince Bariatansky en Confucius, le comte d'Albaret en Montaigne, un des auteurs favoris de la reine des lieux ; Stroganoff a choisi de représenter Momus, tandis que le peintre Hubert Robert a revêtu les habits et le masque de Polichinelle. » Après ce charmant spectacle, ajoute, Meister, « le comte d'Albaret et Mlle Le Clerc jouèrent un acte d'opéra-comique qui fut représenté à ravir[3] ». Cette cérémonie est à interpréter. La sagesse y côtoie la folie (Momus), tandis que la bouffonnerie est représentée par le zani napolitain Polichinelle. Ce type de mascarade renoue manifestement avec une tradition propre à la fin du règne de Louis XIV et à la Régence, qui étaient, tout autant que la Renaissance, fascinés par la folie[4].

1. Cette pratique des jeux littéraires coïncide chez la duchesse du Maine avec la première étape de l'histoire de cette société. Plus tardivement, lorsque Voltaire fréquente la cour de Sceaux, le salon de la duchesse connaît une évolution sensible et prend une orientation plus philosophique. Voir, sur ce point, Roger Picard, *Les Salons littéraires et la société française, 1610-1789*, New York, Brentano's, 1943.

2. *Correspondance littéraire*, juin 1779, rééd. Slatkine, p. 258.

3. *Ibid.*, p. 259.

4. Le Régiment de la Calotte, ordre comique et satirique créé en 1702 par François Aymlon qui s'en nomme le généralissime, répand dans le public des « calottes », petits poèmes satiriques inspirés de Momus. C'est aussi à ce même dieu que Watteau peint en arabesque dans « L'Amour au théâtre français ». On a l'impression que la raison et la sagesse n'ont désormais droit de cité qu'à condition d'être contrebalancées par toute une part de déraison, de fantaisie et de non-sens.

D'autres pratiques montrent bien comment la marquise s'applique à reprendre les traditions maternelles pour les dévoyer et finalement en inverser le sens. À la mort de Mme Geoffrin, la marquise de La Ferté-Imbault observe d'abord, avec une parfaite exactitude, toute une part du rituel maternel. Les réunions ont lieu à l'hôtel de la rue Saint-Honoré. Ne modifiant même pas le jour des séances, elle reçoit à dîner le lundi et les Lanturelus tiennent séance le jeudi dans le salon de Mme Geoffrin. Mais le rituel est transformé : chaque convive est désormais tenu d'apporter une œuvre de son cru, soit plaisante, soit plaintive. La littérature l'emporte sur la philosophie, même si par ailleurs on ne manque pas de critiquer, nous l'avons dit, le nouveau parlement.

Les recrues ne représentent pas des gens de lettres éminents, mais côtoient la grande aristocratie européenne, extrêmement flattée d'être accueillie dans ce cercle prestigieux. Catherine II, renseignée par Grimm, s'intéresse de près aux activités des Lanturelus. On y rencontre aussi, d'après Dinaux, l'ambassadeur de Sardaigne, le baron de Blomme et le comte de Spinola[1]. Parmi les Français, on sera peut-être étonné d'y trouver le marquis de Croismare, ami de Diderot, grand protecteur de l'ordre, inventeur de la chanson des Lanturelus, destinée à ridiculiser le gouvernement Maupeou – mais il faut rappeler que le marquis alliait un sens aigu de la convivialité à une fantaisie débridée, tout en étant fort dévot ; on ne pouvait donc rêver meilleur accord entre le personnage et la fonction.

Essayons d'interpréter cette situation et de tirer quelques conclusions sur le rôle de cette société et d'abord sur la provenance des recrues. La société des Lanturelus se ferme résolument aux encyclopédistes, mais elle accueille des personnalités venues d'horizons très divers. En 1786, Mme de Staël justifie sa présence parmi les Lanturelus. La dérision efface les obstacles à une éventuelle réticence idéologique : « Puisque dans sa cour le chevalier du Quiproquo, le marquis du Coq-à-l'âne et le baron de l'Amphigouris sont admis ; je ne vois pas pourquoi je ne me mettrais pas sur les rangs[2]. » Du clan encyclopédique, exception à la règle, un seul

1. Dinaux, *Les Sociétés badines*, Librairie Bachelier, 1867.

2. Archives de la famille d'Étampes, cité par le marquis de Ségur, *Le Royaume de la rue Saint-Honoré*, Paris, Calmann-Lévy, 1897, p. 394.

membre est accepté, le médiocre Thomas, parce que, selon le comte d'Hassouville, il professait au moins « ce déisme attendri qui était au XVIIIe siècle le fond des âmes religieuses ». Un autre argument penchait en faveur de Thomas : ce grand spécialiste des éloges académiques, très apprécié de d'Alembert et des encyclopédistes parce qu'il favorisait à merveille leur stratégie d'infiltration au sein de l'Académie française, avait néanmoins commencé sa carrière par un discours antiphilosophique et anti-voltairien intitulé *Réflexions philosophiques et littéraires sur le poème de la Religion naturelle* (1756). Signalons encore, parmi les transfuges, Melchior Grimm, hôte régulier du salon La Ferté-Imbault. La fréquentation des Lanturelus satisfait sa fonction d'informateur, car il peut faire part à sa correspondante Catherine II des activités du cercle. Cette situation tend à prouver que l'accès à l'information est d'un enjeu tel qu'elle l'emporte parfois sur les positions idéologiques affichées par les membres du groupe et la souveraine du lieu. La société des Lanturelus devient ainsi la plaque tournante d'un réseau de relations mondaines et culturelles sans doute encore plus développées qu'elles ne l'étaient durant l'ère Geoffrin.

Notons encore que plusieurs sociétaires disposent d'entrées dans les deux camps. Burigny dîne le mercredi chez les incrédules. Il semble qu'il en va de même de l'abbé Galiani, véritable coqueluche des salons, qui collectionne les affiliations. Le napolitain ne fréquente-t-il pas aussi le salon de l'athée d'Holbach ? Sa célébrité est fondée sur la parfaite maîtrise des pratiques salonnières : volubilité, causticité, rapidité de la répartie et, atout majeur, un cosmopolitisme dont il ne cesse de jouer. Ce sera au moment de son départ pour l'Italie, qu'il doit regagner la mort dans l'âme, que Grimm, Croismare, Valori et d'Hautefeuille gagnent la société des Lanturelus.

L'existence de transfuges ou de membres appartenant à des coteries affichant, devant le tribunal de l'opinion, des positions différentes, voire opposées, nous invite à relativiser le rôle exercé par l'idéologie comme facteur de cohésion d'un salon. Les pratiques culturelles et les rituels qui distinguent les unes des autres les sociétés de pensée exercent, semble-t-il, un rôle prépondérant. L'ordre des Lanturelus est marqué par un cérémonial envahissant (souvent parodique, il est vrai) et par des jeux d'esprit qui l'emportent sur la circulation des idées abstraites et générales. Les nouvelles recrues doivent surtout montrer leur talent en inventant rites et mots de passe destinés à séduire le groupe, ce qui n'exclut pas, nous l'avons vu, la pensée critique. Il semble bien, répétons-le, que l'ordre des Lanturelus ait été précisément inventé pour brocarder le parlement Maupeou en 1771, mais dans ce domaine l'habileté des joyeux membres se reconnaît à l'humour qu'ils déploient dans leur contestation. À cet égard, les chansons que certains composent sont très appréciées parce qu'elles se répandent très facilement dans le public.

Relativiser l'importance du politique et plus largement de l'idéologie comme éléments unificateurs d'un salon ne signifie évidemment pas qu'il faille nier leur rôle. On peut, sur ce point, relever des seuils de tolérance. Il est révélateur que les Lanturelus refusent de collaborer à une contre-encyclopédie, destinée à défendre la religion et les valeurs chrétiennes comme Mme de La Ferté-Imbault en avait émis le projet. Exaltée par sa réussite et plus radicale que ses partenaires, la souveraine de l'ordre caressait le rêve de devenir un thuriféraire du mouvement apologétique. Plusieurs raisons expliquent le refus des chevaliers de l'ordre. Outre la crainte de se brouiller avec les amis de l'autre bord, les Lanturelus reconnaissent aussi la toute-puissance du mouvement philosophique. Même si l'on s'oppose au « parti de l'impiété moderne », il est des mots qu'on ne peut plus prononcer à la fin du XVIIIe siècle, lorsqu'on prétend appartenir à l'élite intellectuelle et qu'on ne veut pas risquer d'être accablé par le ridicule.

La société présidée par Mme de La Ferté-Imbault tente surtout de pourfendre l'adversaire en usant des armes de la satire : le mot « Lanturelus » aurait un moment désigné les Philosophes, alors que les « Lampons » auraient représenté le parti adverse, boutades lancées pour désamorcer les querelles de clocher du petit monde intellectuel. Or le recours systématique à la dérision, partie prenante d'une attitude aristocratique, désinvolte et hostile à l'esprit de sérieux, assimilé au pesant pédantisme, représente une attitude ambivalente pour le pouvoir en place. Rassurante, dans la mesure où elle évite la contestation directe et où elle ne franchit pas les limites de la bienséance, elle peut aussi, à la longue, se révéler dangereuse si les marques du ridicule altèrent l'image des gouvernants et des institutions. Des gages évidents d'orthodoxie chrétienne auraient incité le nonce du pape à protéger l'ordre des

Lanturelus, mais il est aussi révélateur qu'en 1786 la société ait refusé la candidature des deux frères de Louis XVI, le comte de Provence et le comte d'Artois, comme si elle voulait conserver sa liberté de railler les pouvoirs en place, sans être embarrassée par la présence des plus hautes instances de la royauté. En ce sens les sociétés antiphilosophiques, bien que très proches de la Cour, fidèles à la monarchie et hostiles aux réformes, peuvent présenter, elles aussi, à la fin de l'Ancien Régime, un pouvoir de contestation, d'autant plus pernicieux qu'il est moins visible.

Ces pratiques nous autorisent-elles à assimiler l'ordre des Lanturelus à un salon littéraire ? On répondra d'abord par l'affirmative en considérant la régularité des séances et la périodicité des réceptions qui, dans un premier temps, se tiennent dans l'hôtel même de Mme Geoffrin, rue Saint-Honoré ; l'existence d'affidés devant maîtriser les jeux théâtraux de la mondanité et de la culture, au cours d'une exhibition de soi-même ayant la valeur d'une prestation offerte aux regards du groupe, érigé en témoin et en juge ; la présence, enfin, d'une femme, meneuse de jeu et animatrice culturelle, insufflant son esprit aux membres de la société. Ces traits désignent proprement les sociétés de pensée du XVIIIe siècle, mais il faut ensuite, dans le cas des Lanturelus, relever des infléchissements : il semble que l'esprit festif l'emporte en importance sur celui de la conversation. Le badinage, la parodie, la dérision semblent aussi se substituer à l'échange organisé des idées générales, tandis que les limites respectées de la bienséance demeurent, malgré tout, un gage d'orthodoxie. Relevons encore la présence d'une fermeture relative (le recrutement semble ici plus sélectif, notamment sur le plan social, que dans les sociétés philosophiques de la deuxième moitié du XVIIIe siècle).

Malgré ces différences, l'ordre des Lanturelus présente des liens sensibles avec l'antiphilosophie, bien que les affidés ne fréquentent pas tous cette société pour les mêmes raisons : l'hostilité à l'athéisme moderne et aux Philosophes les plus radicaux représente une composante essentielle du groupe, mais les enjeux idéologiques et politiques n'expliquent pas toutes les réunions. D'autres regroupements s'opèrent, des alliances se nouent, des points de contact s'établissent entre des adversaires authentiques ou prétendus. Les sociétés antiphilosophiques, comme celles de leurs adversaires, représentent des lieux à plusieurs entrées et à plusieurs étages. Celle des Lanturelus possède une voie d'accès aux milieux de la Cour, mais elle recrute aussi sur les marges des cercles philosophiques. Méfions-nous des évocations émanant des Philosophes qui, comme Diderot, ont évidemment intérêt à forcer le tableau : les sociétés antiphilosophiques pratiquent souvent les mêmes rites que leurs adversaires et elles visent tout autant qu'eux à exercer un pouvoir culturel.

Les lecteurs

On ne saurait juger de la littérature antiphilosophique et apologétique sans s'interroger sur sa réception. L'existence d'une presse antiphilosophique tente de s'imposer, parfois avec difficulté. D'abord parce que la concurrence fait rage entre des journaux qui visent à occuper simultanément le même espace, ensuite parce qu'il est difficile de trouver le ton capable de plaire à des lecteurs de plus en plus difficiles. L'on ne saurait nier pourtant qu'il existe un auditoire potentiel pour ce type de journaux. En 1758, l'abbé Joannet, directeur du *Journal chrétien*, entend se spécialiser dans les comptes rendus d'ouvrages de piété, tout en adoptant une visée apologétique. Le périodique donne de larges extraits des défenseurs de la religion et entend combattre les nouveaux philosophes. S'inscrivant clairement dans le sillage de la campagne anti-encyclopédique, le *Journal chrétien* connaît un succès certain dans les années 1758-1760[1]. Comme chez les adversaires de l'autre bord, il ouvre un espace polémique qui stimule l'auditoire : des lecteurs interviennent pour signaler comme hérétique un poème publié et l'auteur se reprend au numéro suivant[2]. Poullain de Sainte-Foix, accusé d'avoir tourné la religion en ridicule dans les *Essais sur Paris*, poursuit en justice le *Journal chrétien* et obtient satisfaction. S'adressant plus particulièrement aux membres du clergé, le *Journal ecclésiastique* (1760-1792) vise à améliorer leurs connaissances en sciences ecclésiastiques. De toute évidence, le périodique occupe un créneau qui répond parfaitement à la demande d'un public attaché à la religion :

---

1. Le *Journal chrétien* est la prolongation sous un nouveau titre des *Lettres sur les ouvrages et Œuvres de Piété* dédiés à la Reine (1754-1758) de l'abbé Joannet. Voir le *Dictionnaire des journaux*, Jean Sgard (dir.), Paris, Universitas, 1991, t. II, p. 626.

2. Il s'agit du poème d'un certain de La Herse sur la création (*ibid.*, n° 627, p. 564).

exégèse, conseils en matière de dévotion et d'éducation s'allient à la réfutation des écrits philosophiques. Approuvé par le pape et par plusieurs archevêques, le journal dépasse les espérances des ses fondateurs, « au point d'exiger dès 1761 une augmentation des tirages et une réimpression partielle[1] ».

Si l'on excepte le *Journal ecclésiastique*, il semble que les périodiques visant à embrasser exclusivement la lutte antiphilosophique se heurtent à des difficultés, après les années 1760. En 1757, le père Hubert Hayer, récollet, et l'avocat Jean Soret fondent *La Religion vengée ou réfutation des auteurs impies*. Le périodique est publié sous les auspices du Dauphin. Ici aucune concession aux modes du jour ; le titre indique clairement une position radicale, mais cet ouvrage d'une grande ambition doctrinale s'éteint en 1763, lorsque la lutte contre les encyclopédistes perd de son actualité. En décembre 1759, Abraham Chaumeix et Pierre-Louis d'Aquin créent *Le Censeur hebdomadaire*, qui a aussi pour vocation de lutter contre l'*Encyclopédie* de Diderot et de dénoncer les écrits impies. Il s'agit de restaurer les règles du bon goût et d'aider les lecteurs vulnérables, en particulier les jeunes gens, à s'orienter dans le maquis des auteurs modernes pour tirer le bon grain de l'ivraie[2]. En face d'un pouvoir intellectuel prétendument illimité et sans caution religieuse (celle de Dieu et de la Révélation), *Le Censeur hebdomadaire* s'affiche comme le gardien d'une tradition métaphysique, culturelle et littéraire : il défend notamment le culte des écrivains du Grand Siècle. Or le journal doit rapidement changer de cap s'il

---

1. *Ibid.*, n° 727, p. 665. Le *Journal ecclésiastique* se trouve en position de rivalité avec le *Journal chrétien*. Un Avertissement des libraires dans le numéro de janvier 1765 consacre finalement sa victoire : « Le sieur Panckoucke, Libraire, d'accord avec le Sieur Barbou, Imprimeur-Libraire, à Paris, est convenu de ne plus imprimer à l'avenir… le *Journal chrétien*, le Public s'étant décidé en faveur du *Journal ecclésiastique*, composé par M. l'abbé Dinouart. Ce journal qui depuis plusieurs années jouit du plus grand succès, mérite à juste titre la préférence. Sa matière est beaucoup plus instructive et plus variée que celle du *Journal chrétien*, et sous le même volume, il contient presque le double. La modicité du prix auquel il est fixé permet aussi plus facilement à Messieurs les Curés et autres Ecclésiastiques d'en faire l'acquisition » (cité dans le *Dictionnaire des journaux*, *op. cit.*, t. II, p. 665).

2. « Le fonds principal de cet Ouvrage périodique sera l'exposition des règles de la littérature. Nous avons pensé qu'il ne suffisait pas de reprendre les Ouvrages qui péchaient par cet endroit ; mais que de plus il fallait faire connaître aux Auteurs que l'on censure, la justice de la critique ; afin de les engager à se corriger » (Abraham Chaumeix, *Le Censeur hebdomadaire*, 1760, Avertissement du tome I, p. 3). Cette volonté de censure vise également l'esprit de doute et d'incrédulité qui « gâte les meilleurs ouvrages » (*ibid.*, p. 4).

ne veut pas être acculé à la faillite. La même année, il admet qu'il a fait fausse route et opère un tournant vertigineux : « L'expérience nous a appris que la première forme de notre *Censeur hebdomadaire*, prise dans toute sa rigueur, ne pouvait plaire généralement. Pour cinq ou six personnes qui se jettent à corps perdu dans les épines de la métaphysique, il y en a mille autres qui aiment mieux cultiver les roses des Beaux-Arts[1]. » Ne voulant pas reconnaître ses faiblesses, d'Aquin qui s'est entre-temps brouillé avec Chaumeix justifie l'abandon de la lutte anti-encyclopédique en prétendant qu'il est désormais inutile de s'évertuer à combattre des gens à terre[2] ! Il continuera certes à dénoncer les impiétés, mais il le fera désormais « avec modération » et sans jamais désigner nommément les auteurs incriminés ! Mais le revirement est également littéraire. Le journal renonce à son premier engagement de ne jamais évoquer ni le théâtre, ni le roman. Nécessité oblige : il faut bien s'adapter, même à contre-cœur, au goût de ce siècle frivole si l'on veut avoir des lecteurs[3] ! Dans un autre contexte, le *Journal de Monsieur*, frère du Roi (1776-1783), a bien du mal à trouver un auditoire. Après avoir acquis le privilège du journal, Gautier d'Agoty cherche à le revendre. Interrompue pendant un an, la publication reparaît en octobre 1778, sous les auspices de Mme la Présidente d'Ormoy, auteur d'œuvres sentimentales pour âmes pieuses et sensibles. Ne réussissant pas à étendre son audience, elle le revend à Royou qui parvient à recueillir trois cents souscripteurs, chiffre très insuffisant pour accéder à la rentabilité. En 1783, le journal meurt d'inanition.

La presse antiphilosophique fait l'objet de rivalités entre des collaborateurs divisés quant à l'orientation à donner au journal. Certains tentent de se doter d'une spécialité, d'autres préfèrent diversifier les centres d'intérêt et se tiennent à l'écoute de toutes les questions du siècle. À mesure que l'on se rapproche de la Révolution, il est toutefois difficile d'avoir suffisamment de sous-

1. *Ibid.*, Avertissement du tome II, p. 3.

2. « Il y a plus : cette guerre déclarée aux Encyclopédistes, vaincus de tous les côtés, sans espoir de rallier jamais leurs forces, a paru inutile à toutes les personnes sensées » (*ibid.*, p. 3). Il semble que Chaumeix, voulant se consacrer à la lutte contre les encyclopédistes, quitte le journal. Une lettre de d'Aquin à Voltaire de juin 1764 fit état de divergences entre les deux hommes. Voir l'article que Christian Albertan consacre au *Censeur hebdomadaire* dans le *Dictionnaire des journaux*, *op. cit.*, t. I, pp. 202-203.

3. Voir le chapitre 1 de la IVe partie : « La conversion au goût du jour », p. 273.

cripteurs si l'on s'en tient exclusivement à des positions radicales. Le parti pris affiché d'une réglementation de la production culturelle *(Le Censeur hebdomadaire)* et d'un retour drastique aux valeurs authentiques de la religion ne fait plus recette. Les gardiens de l'orthodoxie doivent emprunter des chemins plus détournés ou plus amènes pour gagner des lecteurs.

Évaluer avec rigueur la réception des ouvrages antiphilosophiques exigerait une étude fort longue qui dépasserait largement le cadre de cet ouvrage. On peut néanmoins tirer quelques fruits des inventaires de bibliothèques privées, établis après décès. L'analyse présente des manques, puisqu'elle exclut les leçons données par les bibliothèques publiques et les cabinets de lecture qui se multiplient au XVIIIe siècle. Elle ne tient pas compte non plus des ouvrages prêtés et empruntés. De plus, l'interprétation des données chiffrées exige des précautions. Elle ne nous offre qu'une image incertaine des habitudes de lecture, puisque, comme chacun sait, tout livre possédé ne constitue pas la preuve de sa lecture et que certains ouvrages jugés malséants ont pu être écartés par un proche du défunt[1] ! Les catalogues des ventes publiques autorisent cependant un repérage. Un sondage établi par Roger Chartier et Daniel Roche dans cinquante bibliothèques des noblesses parisiennes entre 1750 et 1789 montre une baisse des ouvrages consacrés à la religion (10 % pour 17 % à la fin du XVIIe siècle) et une forte augmentation des belles-lettres. Notre propre sondage porte sur quarante-huit catalogues de bibliothèques parisiennes, établis entre 1750 et 1789. Les traités apologétiques y figurent souvent dans la rubrique « théologie », mais d'autres inventaires prennent soin d'isoler les « théologiens polémiques », ou « controversistes », preuve d'un intérêt particulier pour ce type d'ouvrages. Mentionnons encore une tête de liste intitulée : « traités des conciliateurs ou tolérans » dans un catalogue de 1779, signe d'une évolution reproduite par les libraires. Sur les 986 titres figurant dans la bibliothèque du comte de La Marck (catalogue établi en 1751), 30 sont inscrits sous la rubrique « théologiens polémiques », avec les réponses des récusateurs, preuve, s'il en est, de l'intérêt qu'ins-

1. « La signification du livre possédé reste incertaine : est-il lecture personnelle ou héritage conservé, instrument de travail ou objet jamais ouvert, compagnon d'intimité ou instrument du paraître social ? » (Roger Chartier et Daniel Roche, « Les pratiques urbaines de l'imprimé », *Histoire de l'édition française*, Paris, Promodis, 1984, t. II, p. 403).

pirent parfois les débats d'idées quand ils s'offrent sous la forme d'une joute oratoire entre des adversaires ! Un éclectisme, parfois surprenant, constitue le deuxième enseignement. Un catalogue anonyme de 1783 ne réunit-il pas dans une même rubrique intitulée « sciences et arts » : l'*Histoire du Ciel* de l'abbé Pluche (un classique de l'apologétique fondé sur les merveilles de la nature), les très célèbres et sulfureuses *Liaisons dangereuses* de Laclos, *Félicia* de Nerciat (roman dont la grivoiserie frôle souvent la pornographie), les *Égarements du cœur et de l'esprit* de Crébillon (un classique du roman libertin) et les *Contes* de Voltaire ! Ce n'est pas là un inventaire à la Prévert, mais une partie de la liste des *Livres de la Bibliothèque de M**** dont la vente est annoncée pour le lundi 17 novembre 1783 ! Autre constante à signaler : les ouvrages les plus radicaux de la philosophie moderne côtoient souvent les grands classiques de la pensée apologétique. Un ancien payeur des rentes possède en 1751 une collection de dictionnaires : celui des jésuites de Trévoux se mêle au *Dictionnaire de la Bible* et au *Dictionnaire historique et critique* de Pierre Bayle, bête noire de nombreux apologistes, mais l'on trouve aussi *L'Apocalypse expliquée* de Bossuet (éd. de 1689). Si certains inventaires témoignent d'une orientation plus marquée, la plupart s'ouvrent tout de même, dans des proportions, il est vrai, inégales, à l'ensemble de la production du siècle.

Parmi les œuvres apologétiques, certaines l'emportent de loin : *La Vérité de la religion chrétienne* d'Abbadie arrive en tête, avec 18 mentions, immédiatement suivie par *La Religion chrétienne prouvée par les faits* de Houtteville (14 mentions). Œuvres rituelles publiées à l'époque de Louis XIV ou durant la première moitié du XVIIIe siècle, elles témoignent symboliquement d'un lien entretenu avec la grande tradition. L'ouvrage du huguenot Abbadie – la première édition est de 1684 – connut, sous le Roi-Soleil, un succès considérable, aussi bien chez les protestants que chez les catholiques. Quant au *Spectacle de la nature* de l'abbé Pluche (8 mentions), véritable best-seller qui fonde l'existence de Dieu sur la contemplation des merveilles de la nature, il fut plus lu que l'*Histoire naturelle* de Buffon[1], qui préfigurait, on le sait, l'évolu-

1. Signalons que ce best-seller de l'édition se trouvait dans 206 bibliothèques privées sur 500 à la veille de la Révolution.

tionnisme moderne. Parmi les classiques de la pensée chrétienne, signalons encore l'*Apologétique* de Tertullien (6 mentions), modèle incontestable auquel tous les auteurs d'apologies rendent traditionnellement hommage. Du côté protestant, *De l'incrédulité* de Jean Leclerc, 1714 (6 mentions également), fait également bonne figure. Une place particulière doit être réservée aux *Pensées* de Pascal dont l'omniprésence témoigne d'une lecture assidue durant toute la deuxième moitié du siècle. N'oublions pas les ouvrages étrangers, et surtout de nombreuses traductions anglaises : *Défense de la religion*, traduit par Burnet (3 mentions) ou *Traité de la foi et des devoirs du chrétien* (1 mention), et surtout celles qui tentent de concilier religion chrétienne et idées nouvelles[1]. Parmi les conciliateurs français, on trouve : Yvon, *La Liberté de conscience resserrée dans des bornes légitimes*, 1754 (1 mention), une œuvre dont nous reparlerons. Dans les catalogues de la fin du siècle surgissent les ouvrages de vulgarisation, comme ceux du marquis de Caraccioli, et ceux des adversaires littéraires des Philosophes : *Les Trois Siècles de la littérature française*, 1774, de Sabatier de Castres (3 mentions), et les œuvres de Palissot (5 mentions).

Nous pouvons tirer quelques conclusions de ce rapide bilan : l'ouverture à tous les courants du siècle et aux plus audacieux d'entre eux ne signifie pas un désintérêt pour les ouvrages de la grande tradition apologétique. Certes, sur l'ensemble des catalogues consultés, quatre ne présentent aucun ouvrage de cette catégorie, mais l'on notera que cette absence figure surtout dans des bibliothèques de faible importance ou dans celles qui sont vouées à la bibliophilie[2]. La fréquence des rubriques : « controversistes » ou « théologiens polémiques » jusque dans les années qui précèdent la Révolution atteste clairement l'intérêt suscité par l'apologétique chrétienne, ce que confirme la présence d'orateurs du grand siècle, de sermonnaires modernes et de mandements épiscopaux.

1. Locke, *Le Christianisme raisonnable* (une mention) ; l'*Examen du fondement et de la connexité de la Religion naturelle et de la révélée*, trad. par Sykes (une mention) ; *Les Pensées libres sur la Religion, l'Église et le bonheur de la Nation*, 1722 (une mention).

2. Sur les quatre catalogues ne mentionnant aucun ouvrage apologétique, le premier est celui de M***, avocat au Parlement (1750, B.N.F. cote delta 47728), dont la bibliothèque comporte 192 ouvrages. Le deuxième renvoie à un ensemble de livres rares et précieux de 137 ouvrages, daté de 1780 (B.N.F. cote delta 4502). Cette bibliothèque est tournée vers l'érudition, les deux autres présentent des collections inférieures à 150 volumes.

L'examen des catalogues de bibliothèques privées révèle, en règle générale, un grand éclectisme dans le choix des livres : un souci très grand de coller à l'actualité philosophique, mais aussi celui d'accéder aux polémiques soulevées par les adversaires dévots. La présence quasi rituelle des ouvrages appartenant à la grande tradition apologétique laisse entrevoir des modes de gestion du capital livresque. Aux lectures hédonistes, marquées par la présence de plus en plus envahissante des romans et, plus généralement, de toute la littérature divertissante du siècle, s'ajouteraient des œuvres qui doivent figurer dans la bibliothèque d'un homme de qualité. Les ouvrages qui défendent la religion traduiraient aussi le désir de garder des liens avec la tradition, en ces temps d'incertitude et d'inquiétude. L'examen des sociétés de pensée révèle d'autres ambivalences. Des salons plus ou moins hostiles aux Philosophes partagent avec l'adversaire un rituel fondé sur la conversation, l'exhibition de soi-même, la maîtrise élégante et théâtralisée des usages sociaux. Lieux de pouvoir culturel, les salons parisiens promeuvent les jeunes talents venus de leur province natale, en les mêlant à une élite sociale. Les clans rivaux usent de leur influence pour tenter de faire obtenir à leur candidat un fauteuil d'académicien. Des différences surgissent néanmoins : les sociétés badines, nous l'avons vu, semblent moins ouvertes au débat d'idées et plus sélectives dans le choix des figures de proue : les personnalités aristocratiques y jouent un rôle accru. Des rituels plus festifs, nourris de plaisanteries, de calembours et de portraits-charges tentent de renouer avec la tradition du Grand Siècle ou avec celle d'un Moyen Âge de fantaisie. C'est par l'humour que l'on prétend récuser le prétendu pédantisme des salons philosophiques. La présence dans le groupe de grands aristocrates donne parfois une voie d'accès aux milieux dévots de la Cour et c'est par ce biais que l'on distribue les prébendes et sinécures aux gens de lettres engagés dans la lutte antiphilosophique.

Gardons-nous cependant de percevoir l'existence de deux camps monolithiques, installés dans des positions intangibles. Tout porte à penser que le critère de sélection fondé sur la maîtrise du rituel salonnier l'emporte en importance sur l'appartenance idéologique. Des conduites se façonnent et prennent le masque d'un universel culturel et mondain. « Dans nos brillantes sociétés surtout par un mélange et par un frottement continuels, les empreintes natives de chaque caractère s'effaçaient. Les opinions, les paroles se pliaient sous le niveau de l'usage : langage, conduite, tout était de convention, et si l'intérieur différait, chacun en dehors prenait le même masque, le même ton et la même apparence[1]. » Lorsqu'il brosse ce tableau, le comte de Ségur pense surtout aux salons philosophiques, mais il peut s'appliquer aussi à ceux des autres camps. Cette montée en puissance d'un espace public qu'unifie de plus en plus l'attitude des acteurs occupant le devant de la scène relativise la puissance et l'efficacité des forces restées fidèles à la tradition la plus stricte, car celles-ci sont contraintes d'adopter les conduites de l'adversaire si elles veulent se faire entendre. Mme de Genlis, que son opposition aux Philosophes a placée dans cette situation, porte rétrospectivement un regard très lucide sur cet impérialisme en matière d'usages sociaux[2]. La maîtrise absolue des rites mondains et culturels et la possibilité d'exercer en la matière un rôle d'arbitre contribuent à assurer du même coup aux Philosophes le monopole du jugement littéraire et moral. Ne nous méprenons pas sur cette analyse. Le mot « philosophe » doit être pris ici dans un sens très large. La possibilité d'intégrer cette société qui représente un peu ce que nous appelons, de nos jours, « le Tout-Paris » profite surtout à ceux qui savent manier l'esprit critique à l'égard de toutes les traditions[3]. Les bastions demeurés franchement hostiles aux mouvements philosophiques existent bel et bien, mais ils se trouvent du même coup marginalisés, lorsqu'ils entendent se démarquer radicalement des cercles à la mode. Triomphent chez les lecteurs et même chez certains protecteurs des conduites ambivalentes : hostiles aux Philosophes les plus radicaux, plusieurs Grands entretiennent des liens parfois très étroits avec les milieux

---

1. Comte de Ségur, *Mémoires, souvenirs et anecdotes*, Paris, Firmin-Didot, 1859, p. 62.

2. « Il s'établit dans la société une secte très nombreuse d'hommes et de femmes qui se déclarèrent partisans et dépositaires des anciennes traditions sur le goût, l'étiquette et même la morale, qu'ils se vantaient d'avoir perfectionnée ; ils s'érigèrent en juges suprêmes de toutes les conventions sociales, et s'arrogèrent exclusivement le titre imposant de bonne compagnie » (Mme de Genlis, *Mémoires, op. cit.*, 1857, p. 122).

3. « Un mauvais ton et toute aventure scandaleuse excluaient ou bannissaient de cette société ; mais il ne fallait ni une vie sans tâche, ni un mérite supérieur pour y être admis. On y recevait indistinctement des esprits forts, des dévots, des prudes, des femmes d'une conduite légère. On n'exigeait que deux choses : un bon ton, des manières nobles, et un genre de considération acquis dans le monde, soit par le rang, la naissance, le crédit à la Cour, soit par le faste, les richesses, ou l'esprit et les agréments personnels » (*ibid.*, pp. 122-123).

philosophiques, mais ils n'entendent pas pour autant, dans la pratique, affaiblir le pouvoir de l'Église et peuvent, à l'occasion, faire preuve d'un grand conservatisme sur le plan politique. D'autres, il est vrai, s'enthousiasment pour les réformes prônées par les Philosophes. Dans une phrase saisissante, le comte de Ségur décrit des attitudes contradictoires, parfois sources de confusion chez les acteurs de la lutte antiphilosophique :

> « Excités par les esprits philosophiques, par les discours des parlements, au lieu d'avoir un but certain, des principes assurés, nous voulions à la fois jouir des faveurs de la Cour, des plaisirs de la ville, de l'approbation du clergé, de l'affection populaire, des applaudissements des Philosophes, de la renommée que donnent les succès littéraires, de la faveur des dames et de l'estime des hommes vertueux : de sorte qu'un jeune courtisan français, animé de ce désir de réputation qui sépare du vulgaire les hommes distingués, pensait, parlait et agissait tour à tour comme un habitant d'Athènes, de Rome, de Lutèce, comme un paladin, un croisé, un courtisan, et comme un sectateur de Platon, de Socrate ou d'Épicure. Cette divergence d'idées produisit nécessairement une confusion qui se répandit jusqu'au sein de la Cour. Les tantes du Roi y rappelaient les coutumes pieuses et sévères de la fin de Louis XIV; M. de Maurepas, le mol épicurisme de la Régence ; le comte de Muy, ministre de la Guerre, le courage, la sévérité et la dévotion des anciens preux ; M. de Miromesnil, garde des Sceaux, la dépendance ancienne et presque servile de quelques magistrats sous des règnes absolus[1]. »

Cette confusion qui se répand jusque dans la Cour, bastion de la tradition, sécrète des réactions de défense qui, hormis celles émanant des institutions, demeurent fragiles.

1. Comte de Ségur, *Mémoires*, Paris, Emery, 1824, t. I, pp. 71-72.

II

Les luttes stratégiques

On ne peut étudier l'antiphilosophie sans considérer les rapports de forces qui s'établissent entre les groupes de pression intervenant dans le champ culturel. Si l'on n'est pas soutenu par un protecteur, si l'on n'appartient pas à une coterie, à une chapelle ou à une église, on aura bien du mal à faire entendre sa voix dans la France des années 1750. Or, le pays est déchiré par le violent conflit des jansénistes et des jésuites, tous deux hostiles aux mouvements philosophiques. Entre les deux, le pouvoir civil répond aux coups reçus en passant alternativement du compromis à la répression. L'attitude de certains grands aristocrates réformateurs, comme les Luxembourg, Mme de Boufflers et le prince de Conti, complique encore la situation. Hostiles aux dévots, groupés autour du Dauphin et de la reine Marie Leszczynska, ils soutiennent en 1762 l'auteur d'*Émile,* sans que cette protection soit inconditionnelle. Il faut interpréter ce soutien comme un moyen d'attiser la lutte des parlements et peut-être de tester la force de résistance de l'autorité monarchique ; attitude grosse de conflits avec un protégé récalcitrant et un pouvoir crispé ou irrité. La guerre de Sept Ans qui commence en 1756 contre la Prusse constitue une donnée supplémentaire, dans la mesure où les querelles politico-culturelles peuvent constituer, pour le pouvoir, le moyen de dissimuler la gravité du conflit extérieur. C'est en effet durant cette période que les Philosophes et leurs adversaires, nous le verrons, s'affrontent au théâtre pour le plus grand bonheur du public qui compte les coups. Aux attaques de Fréron dans l'*Année littéraire*, Voltaire répondra par la pièce de *L'Écossaise* (1760) dans laquelle son ennemi mortel est affublé du sobriquet facilement identifiable de Frélon, tandis que quelques jours auparavant, Palissot de Montenoy s'en était pris violemment aux encyclopédistes dans sa comédie des *Philosophes* qu'il avait eu l'audace de représenter à la Comédie-Française. Surgissent des interférences nombreuses entre le conflit extérieur et la campagne antiphilosophique : faisant état de l'amitié de Voltaire et de Frédéric II, Palissot accuse les Philosophes d'être des mauvais patriotes au moment même où le gouvernement affronte durement les armées de Frédéric II. Or c'est durant ces mêmes années que les premiers volumes de l'*Encyclopédie* subissent l'assaut des adversaires dévots. Plusieurs affaires que ceux-ci s'ingénient à monter en épingle viennent compromettre puis suspendre la parution du grand dictionnaire. Les temps forts en sont la condamnation de la thèse de l'abbé de Prades (1752), puis celle d'Helvétius dans *De l'esprit* (1758). En tant que collaborateurs de l'*Encyclopédie*, les deux hommes prêtaient le flanc aux critiques dirigées contre le dictionnaire de Diderot et d'Alembert et offraient à ses détracteurs une occasion bénie pour arracher une interdiction au pouvoir d'État.

La difficulté pour l'historien est de relier les fils d'une situation extrêmement complexe, parce que mouvante et des plus labiles. Les relations qui unissent les différentes composantes du paysage politico-culturel ajoutent encore aux difficultés. Parmi les instances hostiles aux différents milieux philosophiques, on peut isoler les institutions qui disposent d'un pouvoir d'intervention et de censure : la faculté de théologie (la vieille Sorbonne), le Parlement de Paris. Quant à la direction de la Librairie, elle adopte, on le sait, une position fluctuante et nuancée : hostile aux écrits violemment antireligieux et antimonarchistes, elle tolère ou même soutient en sous-main, quand elle est dirigée par Malesherbes (1750-1763), les ouvrages philosophiques. Or ces instances se trouvent souvent en situation de rivalité et de concurrence. Elles tendent, à travers les conflits continuels qui les divisent, à réaffirmer leur pouvoir et à conserver leurs prérogatives, comme l'a bien montré Barbara de Négroni[1]. Quant à la lutte doctrinale dirigée contre les écrits philosophiques, elle devient un enjeu stratégique du combat que se

1. Barbara de Négroni, *Lectures interdites, le travail des censeurs au* XVIII*e siècle*, Paris, Albin Michel, 1995.

livrent le pouvoir d'État, la fraction de l'Église qui le soutient, les jésuites et les différentes instances du jansénisme[1]. Restent les autres formes d'intervention propres à chaque institution : pour le clergé, les actes des assemblées, les mandements épiscopaux et les différents sermons souvent imprimés. Par ces pratiques, l'Église entend bien regagner un terrain qu'elle juge menacé, en mettant en garde les fidèles contre les dangers des écrits impies. Mais ces avertissements épousent, eux aussi, les méandres de la conjoncture. À travers eux, les évêques jansénistes visent à en découdre avec les constitutionnaires et à faire pression sur le pouvoir royal. Les sermonnaires doivent, eux aussi, s'adapter de gré ou de force au sentimentalisme ambiant, s'ils veulent espérer toucher de nouvelles ouailles qu'une théologie traditionnelle ne peut plus guère émouvoir. Des événements essentiels contribuent à modifier la donne : l'attentat manqué de Damiens contre Louis XV le 5 janvier 1757, la condamnation des jésuites en 1762, et la dissolution de l'ordre en 1764. Le premier événement, on le sait, fait le jeu des jansénistes contre les jésuites, accusés d'avoir favorisé, par leurs intrigues continuelles, un climat insurrectionnel extrêmement dangereux pour le pouvoir. À cet égard, l'année 1762 marque bien un tournant de la lutte philosophique. La publication d'*Émile* et du *Contrat social* de Rousseau provoque un nouveau scandale au sein de l'Église et des adversaires de la philosophie. Mais, débarrassés des jésuites, les Philosophes relèvent la tête. En lançant son *Dictionnaire philosophique* en 1764, Voltaire entend bien porter un coup violent à ses adversaires, en se montrant plus offensif que ne l'avaient été jusqu'alors les responsables du grand dictionnaire. La contre-attaque est aussi prompte que vive : des réfutations jaillissent en tirs groupés, la bataille fait rage jusqu'à la publication du *Système de la nature* de d'Holbach (1770) qui fait de nouveau se dresser les étendards de la contre-offensive dévote. La période qui suit est plus incertaine : les écrits antiphilosophiques poursuivent leur marche selon un rythme soutenu, mais de nouvelles alliances surgissent, tandis que de nombreux apologistes se résignent aux concessions et aux accommodements. Le triomphe de la philoso-

1. Sur les différentes tendances à l'intérieur du mouvement janséniste, voir Catherine Maire, *De la cause de Dieu à la cause de la Nation*, Paris, Gallimard, 1998, et Monique Cottret, *Jansénismes et Lumières*, Paris, Albin Michel, 1998.

phie, tout au moins comme discours dominant, son infiltration dans les académies invitent les divers camps en présence à modifier leur stratégie. À la veille de la Révolution, le rapport de forces s'est nettement inversé en faveur des Philosophes, ce qui n'exclut pas des passes d'armes encore très violentes entre les différents clans en présence.

1.

Des débuts de l'*Encyclopédie* à la dissolution de l'ordre des jésuites (1751-1764)

En 1750 la situation est incertaine pour les Philosophes. Voltaire parti en Prusse n'a pas encore conçu le militantisme offensif qui triomphera après 1760 dans sa campagne contre l'Infâme. D'Argenson note dans ses *Mémoires* que « la philosophie conduit à de grands progrès en métaphysique et en religion, et en législation ou gouvernement », mais cet esprit acquis aux idées philosophiques déplore le temps de retard que subit la France encore soumise à des interdits qui portent atteinte à l'essor des idées : « ceux qui écrivent aujourd'hui dans les États du roi de Prusse, font imprimer tout ce qu'ils veulent. Les découvertes en tout genre éclairent le monde, en parvenant aux Français qui sont vifs et pénétrants de leur naturel, et qui vont peut-être plus loin que les autres, quoique avec moins de moyens de communication. Il en résulte que nos savans philosophes de premier ordre voudraient écrire en pleine liberté, ou point, de peur de donner dans les lieux communs ou les capucinades », et d'Argenson de rendre responsables de cette situation les dévots qui font pression sur le gouvernement pour qu'il interdise les écrits philosophiques : « De plus, il est arrivé que le gouvernement, effrayé par les dévots, est devenu plus censeur, plus inquisiteur, plus minutieux sur les matières philosophiques. On ne tolérerait même plus aujourd'hui les ouvrages philosophiques de l'abbé de Condillac, permis il y a quelques années[1]. » Et pourtant, d'Argenson note lui-même que l'on vient d'ôter le privilège des feuilles périodiques à Fréron, parce qu'il maltraitait Voltaire « avec

1. D'Argenson, *Mémoires*, Paris, P. Janet, Bibliothèque elzévirienne, 1858, t. IV, p. 93.

excès[1] ». Malesherbes, le puissant directeur de la Librairie favorable aux Philosophes, tente, en effet, d'empêcher les querelles de personnes, quand celles-ci, devenues injurieuses, débordent le strict domaine littéraire. Assailli de toute part, il subit les continuelles pressions des encyclopédistes pour qu'il agisse avec plus de sévérité contre leurs adversaires et les vifs protestations du camp adverse qui l'accuse de partialité[2]. Dans les années 1750-1764, trois fronts s'opposent aux mouvements philosophiques et aux encyclopédistes : les apologistes dispersés ou regroupés en fractions rivales, en l'occurrence, les jansénistes et les jésuites ; les gens de lettres agissant avec l'approbation, voire la complicité, du pouvoir civil pour opposer des contre-feux aux écrits philosophiques (l'avocat Jacob-Nicolas Moreau, responsable, en 1757, de la campagne des Cacouacs) ; enfin les adversaires littéraires des encyclopédistes (Palissot, Fréron) qui n'appartiennent pas, au départ, à un camp déterminé. S'il n'existe pas d'interférence véritable entre l'action menée par Moreau et les écrits des apologistes, en revanche, Palissot et Fréron adoptent une stratégie qui sert tactiquement les intérêts des dévots. Bien qu'il ne soit pas, à l'origine, hostile à Voltaire, le directeur de l'*Année littéraire* sera conduit à adopter des positions qui l'inscriront définitivement dans le camp antiphilosophique. Palissot, nous le verrons, représente un cas plus trouble. Ses motivations semblent purement intéressées et stratégiques. C'est de longue date qu'il a choisi de porter le fer de la satire contre les encyclopédistes, mais cet écrivain qui tente de s'imposer dans la République des lettres en entretenant le feu de la discorde ménagera toujours le grand Voltaire, parce qu'il admire ses œuvres et qu'il envie sa notoriété. Quand on aspire à la renommée, il faut éviter d'affronter les gloires consacrées !

---

1. *Ibid.*, p. 93.

2. Pierre Grosclaude, *Malesherbes témoin et interprète de son temps*, Paris, Librairie Fischbacher, 1961, 2 vol.

LA PHILOSOPHIE SOUS LE FEU CROISÉ DES JANSÉNISTES ET DES JÉSUITES

Le combat mené par les jansénistes contre leurs adversaires jésuites dépasse de beaucoup en intensité et en gravité les autres querelles. C'est au cœur de ce conflit aux incidences politiques, lourdes de menace pour le pouvoir royal, qu'il convient de replacer, dans un second temps, les luttes antiphilosophiques. Rappelons brièvement quelques faits bien connus des historiens du XVIIIe siècle : l'hostilité des milieux parlementaires à la bulle *Unigenitus* empoisonne la vie politique française depuis la Constitution de 1713[1]. Le pouvoir d'État ne parvient pas à briser l'agitation parlementaire, dans son soutien aux « appelants » hostiles à la bulle, ni à calmer le zèle des évêques constitutionnaires qui entendent faire appliquer à la lettre les fameux décrets, au risque de réveiller les ardeurs combatives des opposants jansénistes. L'impossibilité de trouver un tiers parti assez puissant pour calmer les factions rivales l'oblige à faire des concessions à l'un des deux camps, sans jamais trouver de solution satisfaisante ; engrenage dangereux puisque la politique royale, de plus en plus fragile, hésite entre des mesures répressives qui provoquent une violente résistance parlementaire et des compromis boiteux qui ne règlent rien. Les manœuvres d'avocats comme Louis-Adrien Le Paige, éminence grise des milieux parlementaires, font glisser de plus en plus la lutte doctrinale dans le domaine politique, afin de réveiller et d'utiliser les ardeurs gallicanes de leurs pairs. La publicité faite aux débats, la multiplicité des écrits clandestins présentant le

1. Par la bulle *Unigenitus*, le pape Clément XI condamnait le 8 septembre 1713 les *Réflexions morales* du père Pasquier Quesnel, en incriminant cent une propositions sur la grâce, la charité et la lecture de l'Écriture sainte. Soutenu par Louis XIV, cette mesure entendait mettre fin au jansénisme. Au-delà du débat théologique, la condamnation papale provoquait une profonde scission de l'Église de France. Les « appelants » qui regroupaient les jansénistes refusaient d'accepter l'interdiction du pape et allaient s'opposer aux « constitutionnaires « représentés par les jésuites qui approuvaient la bulle. Cette querelle, obscure pour le lecteur moderne, allait avoir des incidences politiques d'une extrême gravité qui empoisonnèrent la vie publique durant tout le XVIIIe siècle. Les constitutionnaires, demeurés fidèles au pape, représentaient le mouvement ultramontain, tandis que les jansénistes, « appelants », légitimaient leur conduite par un gallicanisme intransigeant, exigeant donc que le pouvoir civil et religieux prenne ses distances à l'égard de Rome.

Parlement comme une victime des ennemis de la royauté et de la nation ne cessent d'envenimer le débat[1].

L'affaire a connu un nouveau rebondissement en 1749, quand l'archevêque de Beaumont a prétendu imposer, contre les opposants jansénistes, la nécessité pour les fidèles de présenter un billet de confession signé par un directeur de conscience partisan de la fameuse bulle. Les récalcitrants devaient être privés des derniers sacrements et ne pouvaient reposer en terre chrétienne. Devant le tollé provoqué par ces mesures, le gouvernement fait machine arrière : l'arrêt du règlement du 18 avril 1752 interdit les refus de sacrements par défaut de billet de confession, mais il reste lettre morte, certains évêques constitutionnaires continuant, avec autant de zèle, à sanctionner les ecclésiastiques soupçonnés de jansénisme. Décidé de frapper un grand coup, le souverain exile le Parlement de mai 1753 à septembre 1754. Le 2 septembre de la même année, il le rappelle sans condition, en tentant seulement d'exiger le silence sur la bulle, mais en laissant, de fait, les parlementaires jansénistes libres de condamner les prélats constitutionnaires, qui continuent, en dépit du règlement précédent, à refuser les sacrements. L'attentat de Damiens du 5 janvier 1757 accentue le coup de barre donné en faveur du Parlement. La tentative d'assassinat du roi fait monter les tensions et contraint Louis XV à se rapprocher, malgré lui, des cours souveraines, comme d'un bouclier contre les dérives et les tentatives de déstabilisation. Le renouvellement de l'édit infligeant la peine de mort aux auteurs et éditeurs d'écrits séditieux, même s'il n'est pas appliqué, est à interpréter comme un signe de raidissement et d'inquiétude de la part du pouvoir. La condamnation des jésuites en 1762 et la suppression de l'ordre en 1764 marquent une incontestable victoire des jansénistes.

Sans prendre en compte les différentes tendances qui déchirent le mouvement, on peut rappeler quelques positions de principe qui unissent les jansénistes contre les jésuites. Sur le plan doctrinal, ceux-ci apparaissent comme des esprits contaminés par les erreurs d'un siècle corrompu, prêts à toutes les compromissions pour s'allier un public frivole et influençable. Ce sont les jésuites qui n'hési-

---

1. Voir Préclin, *Les Jansénistes du XVIIIe siècle et la constitution civile du clergé (1713-1791)*, Librairie universitaire Jacques Gamber, 1929, et C. Maire, *De la cause de Dieu à la cause de la Nation*, *op. cit.*, pp. 396-472.

tent pas à introduire dans les collèges les dangereuses méthodes de l'éducation moderne, et à inculquer à leurs élèves une morale relâchée, à recourir aux séductions mêmes du théâtre pour distraire un jeune public qui a besoin de connaître la contrainte pour apprendre à maîtriser ses mauvais penchants. Au lieu d'être les gardiens vigilants de la morale évangélique, les jésuites, comme le père Berruyer, multiplient les écrits hérétiques, se révélant finalement encore plus dangereux que les « philosophes impies », parce qu'ils se posent en hommes d'Église et qu'ils œuvrent à l'intérieur même de l'institution. De nombreux apologistes de la mouvance janséniste vont jusqu'à accuser les jésuites de se faire les alliés objectifs, voire les complices volontaires des Philosophes. Certes, dans les années 1730-1750, les jansénistes, comme l'a montré Catherine Maire, sont déchirés par des conflits de doctrine : les figuristes extrémistes s'opposent aux modérés, les mélangistes sont en butte aux accusations de tout un courant rationaliste qui va jusqu'à condamner les convulsionnaires de Saint-Médard, comme des imposteurs ou des hystériques[1]. Mais tous s'unissent contre l'ennemi commun, dont le crime est d'avoir renié l'enseignement du Christ et oublié les vérités fondamentales des Écritures. Pendant les années cruciales de la lutte parlementaire, les magistrats acquis à la cause se posent de plus en plus nettement comme les garants des lois fondamentales et des droits de la nation menacés par le complot jésuite.

Pour comprendre la lutte antiphilosophique, menée tambour battant par les jansénistes, dans les années 1750-1762, il faut prendre toute la mesure de ce climat d'âpreté polémique, auquel s'ajoutent l'habitude de la clandestinité, un sens aigu du martyrologe, habilement exploité, et une conception ancienne de l'humilité chrétienne qui, dans ces temps de difficulté matérielle, séduit une part importante du public. Dans le périodique clandestin des jansénistes, les *Nouvelles ecclésiastiques,* la lutte antiphilosophique devient un enjeu majeur du combat mené contre l'adversaire

1. En 1727, des troubles surgirent au cimetière Saint-Médard où avait été enterré le diacre Pâris, un janséniste opposé à la bulle *Unigenitus*. Des miracles se produisirent sur sa tombe. Des fidèles en transe étaient agités de tremblements ou de « convulsions ». De là provient le nom de « convulsionnaires » que leurs adversaires philosophes leur infligèrent pour les discréditer. Le journal janséniste *Nouvelles ecclésiastiques* fit état de miracles provoqués par l'intercession du saint. C'est ainsi que se répandit un jansénisme populaire, qui trouva également des appuis dans les milieux parlementaires.

jésuite. Depuis 1732, Fontaine de La Roche s'est imposé à la tête du journal et est parvenu à faire triompher un point de vue modéré. Hostile au courant convulsionnaire qui fait, selon lui, le jeu des Philosophes, le journaliste n'hésite pas à cibler son tir sur les signataires de la bulle *Unigenitus* et à s'en prendre aux jésuites qu'il accuse de ne pas condamner avec assez de vigueur les écrits impies. Quant à la Sorbonne, elle devient pour les journalistes des *Nouvelles ecclésiastiques* le bastion de l'incompétence, de la mauvaise foi, et du ridicule, dans son incapacité à accomplir sa mission de gardienne de l'orthodoxie chrétienne contre la gangrène des écrits subversifs.

Dans le jeu croisé des différents groupes de pression intervenant dans la lutte antiphilosophique, le périodique janséniste adopte une position de principe qu'il gardera jusqu'à la Révolution, mais qu'il consolide dans les années 1750-1760. Il entend prouver à une partie de plus en plus large de l'opinion qu'il sait mieux que tout autre dépister les hérésies et repérer les écrits impies. Le combat mené contre les incrédules devient ainsi un moyen de prouver aux fidèles, et peut-être aussi aux clans rivaux du mouvement, que les *Nouvelles ecclésiastiques* ne sont pas dupes des stratégies adoptées par l'adversaire pour contourner les censures et atteindre un public crédule. Ce désir d'exhiber les signes irréfutables d'une lecture légitime s'accompagne, de toute évidence, d'une fantasmatique. Les écrits « philosophiques » font d'emblée l'objet d'un soupçon. C'est au gardien du temple qu'il appartient de s'orienter dans le maquis des significations douteuses et de restituer les textes saints altérés par des auteurs experts en l'art de la falsification. Les journalistes des *Nouvelles ecclésiastiques* se tiennent donc à l'affût des publications nouvelles, afin d'exercer, au moment propice, leur sagacité. Plusieurs affaires provoquent leur intervention : le début de la publication de l'*Histoire naturelle* de Buffon en 1749, la polémique avec Montesquieu à propos de l'*Esprit des lois* mis à l'Index par le pape, et par contrecoup la critique des *Lettres persanes*, le scandale de l'affaire de Prades, ce théologien qui avait soutenu en Sorbonne une thèse condamnée ensuite pour hérésie, le scandale de la publication de *De l'esprit* d'Helvétius, les interdictions successives dont fait l'objet l'*Encyclopédie*, la condamnation, enfin, de l'*Émile* en 1762.

Avant d'examiner le détail de ces polémiques, prenons le pouls des combattants. La déclaration liminaire de janvier 1750 rappelle solennellement la priorité de la lutte : « Voilà déjà plus de trente ans que la Constitution *Unigenitus* trouble l'Église et l'État, sans que rien soit capable ni d'abattre le courage de ceux qui réclament contre ce monstrueux Décret, ni de modérer l'emportement de ceux qui veulent à quelque prix que ce soit le faire prévaloir. » Ce combat sans merci mené contre la bulle et leurs défenseurs authentifie la conduite des témoins et des dépositaires de la vérité. Le schisme qui s'est introduit par la cabale et la violence a entraîné toutes les dérives en affaiblissant « presque partout la prédication de la chaire ». L'éducation chrétienne a été, à son tour, corrompue par des catéchismes nouveaux qui ont altéré ses leçons primitives. Le décret est rendu responsable de « tous les ravages de l'irréligion et de l'impiété, qui vont aujourd'hui tête levée, à la Cour, dans la Capitale, dans les Provinces, et jusque dans les campagnes... » De manière obsessionnelle, les *Nouvelles ecclésiastiques* vont enfoncer le clou contre les ennemis de l'extérieur, ceux qui ont introduit le ver dans le fruit en autorisant par leurs compromissions le raz de marée des écrits impies.

Dès lors, le périodique janséniste n'hésite pas à s'en prendre aux puissants, ou aux protégés des pouvoirs en place. Les jésuites du *Journal de Trévoux* ménageraient Buffon parce que l'auteur de l'*Histoire naturelle* est un académicien, que son ouvrage est dédié au roi et qu'il est imprimé au Louvre. Contaminés par l'esprit du siècle, ils s'empresseraient d'applaudir aux marques de respect qu'un bel esprit sait prodiguer à la religion[1]. Avec Montesquieu s'engage une

1. « Ce livre s'annonce avec tous les dehors qui peuvent lui donner de la réputation. Les Journalistes de Trévoux en donnent aussi une haute idée ; et s'ils y font appercevoir quelques tâches, ils se hâtent aussitôt de les effacer. Ils rapprochent avec soin les endroits où l'auteur montre du respect pour les divines Écritures ; et la joie de trouver dans le livre d'un bel esprit des marques de vénération pour la Religion, les porte à lui faire dire ce qu'il ne dit point ; et quelquefois le contraire de ce qu'il dit. Mais il ne faudra pas s'y méprendre. Il y a un langage qu'un Auteur sait emprunter dans le besoin. Un homme en place qui écrit dans un Royaume Catholique a des mesures égales » (*Nouvelles ecclésiastiques*, 6 février 1750, p. 11). Il semble que Berthier, le responsable des *Mémoires de Trévoux*, éprouve aussi une admiration sincère pour la méthode de Buffon, tout en s'opposant à lui quand il affirme que nous pouvons descendre par degrés presque insensibles de la créature la plus parfaite à la matière la plus informe. Sur ce point, voir John Pappas, « Buffon matérialiste ? Les critiques de Berthier, Feller et les *Nouvelles ecclésiastiques* », in *Être matérialiste à l'âge des Lumières. Mélanges offerts à Roland Desné*, Paris, P.U.F., 1999, pp. 233-249.

polémique tout aussi ardente. Dès le 9 octobre 1749, les bouillants jansénistes accusent les jésuites d'avoir réagi avec tiédeur à la parution de l'*Esprit des lois*, dans le *Journal de Trévoux* d'avril 1749. Seuls les appelants à la bulle peuvent se poser en défenseurs de l'orthodoxie bafouée par les esprits forts. L'ouvrage de Montesquieu devient alors le monument exemplaire de la nouvelle philosophie. L'auteur est accusé de porter un masque pour dissimuler son adhésion à la religion naturelle. Estimant avoir été accusé à tort de spinozisme et de hobbisme par les jansénistes, l'auteur contre-attaque dans la *Défense de l'Esprit des lois* où il affirme son respect pour la religion. Les *Nouvelles ecclésiastiques* répliquent alors « quand on veut s'éloigner des Athées, il faut couper tous les chemins qui pourraient les rapprocher de nous[1] ». Et le journaliste d'ajouter que Hobbes rirait d'un tel adversaire et que Spinoza, lui aussi, admettait la Révélation, mais par pure bienséance ! On le voit, la stratégie des défenseurs jansénistes de la religion consiste à harceler l'ennemi, à éviter toute concession et à récuser la défense timide des mauvais gardiens de l'orthodoxie. Quand éclate l'affaire de Prades, le périodique peut s'en donner à cœur joie ! Ce théologien, rappelons-le, avait soutenu, le 18 novembre 1751, une thèse en Sorbonne apparemment conforme à l'orthodoxie[2]. Brillant candidat, Prades avait, comme il se doit, accompli ses études secondaires dans l'illustre collège de Navarre (devenu le lycée Louis-le-Grand), la pépinière de toutes les élites, et une brochure adressée au cardinal de Tencin par les professeurs de Sorbonne pour justifier de leur bonne foi après que le scandale eut éclaté, affirmait : « Jamais candidat ne fut

1. *Nouvelles ecclésiastiques*, 24 avril 1750, p. 65. La polémique avait commencé plus tôt. En octobre 1749, les jansénistes se livraient à une critique systématique de l'*Esprit des lois*. Les jésuites avaient, eux aussi, déjà émis des réserves. « Dès avril 1749, les *Mémoires de Trévoux* critiquent Montesquieu sur la question des suicides en Angleterre, de la polygamie, du célibat, de l'éloge de Julien l'Apostat, et sur d'autres questions diverses… » (M. Cottret, *Jansénismes et Lumières*, *op. cit.*, p. 60). On notera que l'*Esprit des lois* ne sera finalement pas condamné par l'assemblée du clergé qui commence à se réunir le 25 mai 1750, parce que l'Église se préoccupe bien davantage du grave conflit qui l'oppose au pouvoir royal à propos du nouvel impôt que le contrôleur général des finances, Machaut d'Arnouville, tente de lui imposer. La Sorbonne ayant peur d'une rebuffade de l'opinion après le succès européen de l'*Esprit des lois* ne publia jamais le texte de censure. Pour plus de détails, voir *ibid.*, pp. 60-71.

2. Il s'agissait en fait de la quatrième épreuve. Prades avait soutenu, selon la coutume, plusieurs thèses : la tentative, la sorbonnique, la mineure, et la majeure originaire. Sur l'affaire de Prades, on consultera l'article bien informé de John S. Spink paru dans *Dix-huitième siècle*, n° 3, 1971, pp. 145-180.

plus propre à inspirer de la confiance à ses maîtres[1]. » On y avait ensuite relevé des propositions impies : ne mettait-il pas en parallèle les miracles de Jésus-Christ et les guérisons d'Esculape ? D'autres passages sur l'âme, la Révélation et la foi furent à leur tour jugés hérétiques. Or les jansénistes déterrent, une fois de plus, la hache de guerre parce que les docteurs de l'auguste faculté de théologie auraient fait preuve d'une naïveté ou d'un aveuglement des plus inquiétants. Le 27 février 1752, les *Nouvelles ecclésiastiques* se délectent à évoquer les dessous de l'affaire. Elles aiment à citer le nom des trois théologiens qui accordèrent sans difficulté leur approbation : le président Hooke, professeur à la Sorbonne ; le Grand Maître, M. de Langle ; le syndic, l'incomparable Dugard. Puis la thèse est imprimée et distribuée à tous les docteurs « qui s'en rapportèrent sans doute à l'exactitude et à la sagacité des Approbateurs[2]. » Quelques jours plus tard, après l'examen public, des murmures s'élèvent. Le journaliste les interprète comme « le premier cri de la Foi, comme le premier coup de la Tradition contre la Nouveauté selon l'expression de Bossuet[3] ». En fait, deux docteurs, Ribalier et Gaillande, étaient intervenus pour reprocher à Prades d'avoir parlé des Chinois et soutenu que leur nation était antérieure au Déluge. Pour les *Nouvelles ecclésiastiques*, le point est capital, ce serait la réaction spontanée des chrétiens sincères demeurés fidèles à la vérité qui aurait alerté l'opinion. C'est alors que le bruit d'un conflit entre les membres de l'antique institution se répand partout : à la ville, à la Cour, chez les parlementaires et les membres du Clergé. Les milieux philosophiques en font des gorges chaudes et accablent de leurs sarcasmes la Sorbonne déchirée par des querelles d'un autre âge. Les jansénistes jettent de l'huile sur le feu. Depuis que l'abbé Pucelle a donné en 1750 le nom de « carcasse » à la faculté de théologie, les docteurs ne sont plus désignés que par le sobriquet peu amène de « carcassiens ». Les pouvoirs publics s'en émeuvent. Le 17 décembre 1751 les gens du roi défèrent la thèse de Prades au Parlement qui convoque le syndic de la Sorbonne. L'affaire s'aggrave brusquement l'année suivante,

1. *Ibid.*, p. 147. Ce commentaire provient de la *Lettre de six professeurs de Sorbonne au cardinal de Tencin* publiée dans *Lettre de M. l'abbé Hooke, docteur de la maison et société de Sorbonne, professeur en théologie à monseigneur l'archevêque de Paris*, le 23 décembre 1763.

2. *Nouvelles ecclésiastiques*, 22 février 1752, p. 33.

3. *Ibid.*

lorsqu'on se souvient que Prades était également collaborateur de l'*Encyclopédie*, ouvrage qui commence à exhaler une odeur de soufre et dont le deuxième volume vient juste de paraître. Le 27 janvier 1752, la Sorbonne se réunit de nouveau et finit par condamner dix propositions comme hérétiques et contraires aux bonnes mœurs.

Examinons maintenant comment les *Nouvelles ecclésiastiques* rendent compte de l'affaire. Le périodique dénonce d'abord les responsables. Le bénédictin La Taste devenu évêque de Bethléem et le syndic Dugard soutiennent Prades en s'appuyant sur l'autorité d'un mauvais ouvrage hostile aux convulsionnaires[1]. L'impiété se répand donc toujours en ravivant les anciennes querelles et en contestant les figures de proue de la geste janséniste. Le périodique sanctionne ensuite sévèrement l'attitude complaisante des théologiens de la Sorbonne qui, pour ne pas être distancés par la censure du Parlement, sont prêts aux revirements les plus humiliants[2]. Les conflits de pouvoir, les luttes stratégiques l'emporteraient sur les motifs proprement religieux, et les *Nouvelles ecclésiastiques* de critiquer avec indignation les motivations étrangement profanes des théologiens transformés en beaux esprits ! Le syndic Dugard n'avoue-t-il pas devant le Parlement qu'il aurait été séduit, lors d'une première lecture, par un écrit « qui est plutôt un livre qu'une thèse, rédigé dans un style élevé et d'un beau latin ». Ce n'est que lors d'une lecture beaucoup plus réfléchie qu'il aurait constaté la présence d'« expressions trop hardies et peu mesurées[3] ». De plus, dans une thèse impie, condamnée par le Parlement, le théologien n'a-t-il pas encore l'impudence d'avouer avoir été charmé par « de beaux sentiments en faveur de la religion » ! Le périodique accuse donc la faculté de théologie de glisser dangereusement vers l'esprit profane. En témoigne d'abord la cacophonie que provoquent les

---

1. Louis-Bernard de La Taste, évêque *in partibus* de Bethléem avait publié ses *Lettres théologiques aux écrivains défenseurs des convulsions et autres prétendus miracles du tems* en 1740. Selon J. S. Spink (art. cité ci-dessus p. 116, n. 2), Prades aurait suivi de près l'ouvrage de La Taste ainsi que le *Traité dogmatique sur les faux miracles du temps* (1737) de Jean-Baptiste-Noël Le Rouge. Ces deux ouvrages étaient évidemment hostiles à la bulle *Unigenitus*.

2. Nous rejoignons ici le point de vue extrêmement convaincant de Barbara de Négroni sur le conflit qui divise les institutions jouissant d'un droit de censure au XVIIIe siècle : *Lectures interdites, le travail des censeurs au XVIIIe siècle, op. cit.*

3. *Nouvelles ecclésiastiques*, 27 février 1752, p. 34.

discussions sans fin entre des théologiens qui dissimulent leur incompétence en entretenant à dessein les plus basses polémiques : « La Thèse impie et scandaleuse est donc proprement introduite en Sorbonne par onze Docteurs, dont huit donnent leurs suffrages au Bachelier. Ce n'est qu'au bout de plusieurs jours, ce n'est qu'après l'examen et les plaintes du Public, qu'une seule proposition est dénoncée ; il faut que ce même public crie encore plus haut ; il faut que le Parlement menace, pour que toutes les horreurs de la Thèse remuent une Faculté de Théologie si attentive, selon M. l'Archevêque à combattre l'erreur et si accoutumée à en triompher. C'est à cette occasion précisément et dans ces circonstances que M. de Beaumont la couvre d'éloges et qu'il nous la représente comme sachant, non seulement se garantir des pièges de l'erreur, mais enseigner à les découvrir et à les éviter[1]. » On percevra à travers cette dénonciation vengeresse l'appel au public sollicité comme un partenaire complice, seul garant de la vérité contre une institution incapable d'exercer le contrôle dont elle est responsable. Quant au mandement de l'archevêque de Paris condamnant le 29 février 1752 la thèse de l'abbé de Prades, il ne manque pas d'énergie, mais il est présenté, l'on s'en doutait, comme notoirement insuffisant : trop bref, peu explicite, il ne répond pas aux souhaits pédagogiques des vrais chrétiens, entendons les jansénistes : « il n'ajoute ni instruction, ni exhortation à s'instruire, pas même par la lecture des Livres Saints, de l'Évangile du moins et des autres parties de l'Ancien Testament[2] ». Mgr de Beaumont ne sait pas mettre les vérités de la religion à la portée de tout le monde, il est incapable de trouver le langage susceptible de toucher les humbles, de raviver ou de conforter leur foi.

Si le périodique ne cesse de s'en prendre à l'Église officielle, il n'épargne pas non plus le pouvoir civil. Dès le 12 mars 1752, il

---

1. *Ibid.*, 12 mars 1752, p. 43.

2. *Ibid.*, p. 44. En septembre 1752, Mgr de Caylus, évêque d'Auxerre, fait le jeu des jansénistes en condamnant à son tour la thèse de l'abbé de Prades, dans une Instruction pastorale. « Encore convient-il de remarquer que, si Caylus attaque vigoureusement le sensualisme de l'abbé, l'essentiel de sa démonstration porte sur une Sorbonne-croupion. Cette institution, reprise en main et manipulée par les constitutionnaires, a fait, une fois de plus, la preuve de son incapacité à défendre la religion » (M. Cottret, *Jansénismes et Lumières, op. cit.*, p. 74). Diderot, à son tour, trouve fort plaisant que la Sorbonne ait laissé passer une thèse semblable (voir *ibid.*, p. 75).

reproche à la direction de la Librairie, c'est-à-dire à Malesherbes, sa complicité avec les encyclopédistes. Certes, l'arrêt du 2 février 1752 a bien suspendu la diffusion des deux premiers tomes du grand dictionnaire, « mais pourquoi cet Arrêt ne révoque-t-il pas expressément le Privilège accordé à un ouvrage ainsi caractérisé[1] ? » Cette question voile à peine une critique plus insistante. La direction de la Librairie n'est-elle pas à demi complice ? Souligner une mansuétude suspecte, c'est dénoncer une crise de l'autorité royale incapable d'écarter les écrits dirigés contre l'État, la religion et les bonnes mœurs, c'est plus largement encore déplorer une laïcisation de la société et une défaillance des institutions susceptibles de sauvegarder le lien insécable qui unit l'autorité civile et l'Église de France, gardienne des vérités de l'Écriture sainte, fixées par saint Augustin.

Le *Journal de Trévoux*, le périodique ennemi qui reçoit les horions, se présente sous un jour bien différent. Depuis que le père Guillaume-François Berthier en a pris la direction en janvier 1745, le périodique des jésuites s'ouvre de plus en plus aux nouveautés littéraires, artistiques et scientifiques. Il traite aussi de toutes les questions d'actualité qui défrayent la chronique de la République des lettres. Disposant d'un privilège toujours reconduit depuis sa fondation en 1701, aspirant à élargir son audience au-delà des érudits pour toucher un public lettré, il offre tous les traits susceptibles d'irriter son rival clandestin et intransigeant. Berthier qui va devenir une des principales têtes de Turc de Voltaire a commencé par ménager l'auteur des *Lettres philosophiques*, en ne risquant que

1. *Ibid.*, p. 44. Le 17 avril 1758, le périodique dénonce encore une condamnation équivoque : « La continuation de ce recueil est actuellement suspendue. Il est vrai qu'on ne nous dit point si c'est le Ministère public qui a ordonné cette suspension ; si du moins il y a influé ; si l'on a enfin ouvert les yeux sur un scandale qui dure depuis trop longtemps, et dont la cessation paroît intéresser également la Religion et l'État » (voir *ibid.*, p. 65). C'est seulement le 20 mars 1759 que le Conseil du roi révoque le privilège de l'*Encyclopédie*. Les *Nouvelles ecclésiastiques* du 3 avril 1759 retranscrivent le réquisitoire d'Omer Joly de Fleury, en laissant entendre que sa diatribe lui a été soufflée par le janséniste Chaumeix qui, dans *Les Préjugés légitimes contre l'Encyclopédie* (1758), avait montré que tout le venin du livre résidait dans les renvois. Le 8 mars 1759, le Conseil du roi avait révoqué le privilège de l'*Encyclopédie*, mais Malesherbes avait, de son côté, accordé une permission tacite à l'ouvrage, c'est-à-dire la possibilité de continuer la publication, sous condition et sans protection officielle. Les *Nouvelles ecclésiastiques* étaient donc en droit d'accuser les pouvoirs publics d'inconséquence.

des coups mouchetés lorsqu'il ne peut éviter la polémique. L'Avis au lecteur de janvier 1746 n'affiche aucune hostilité contre les Philosophes. Le journal ne renoncera pas à la critique quand il le faudra, mais celle-ci sera « saine, modérée, honnête et instructive ». Cette ouverture sur la modernité n'exclut pas le respect et la défense des valeurs religieuses et l'on sait que les responsables du *Journal de Trévoux* n'hésiteront pas à faire pression sur les pouvoirs publics pour qu'ils suspendent la publication de l'*Encyclopédie*.

On peut néanmoins relever une grande prudence dans l'accueil que le périodique réserve, dans un premier temps, aux écrits philosophiques. En décembre 1746, le *Traité des sensations* de Condillac n'a pas fait l'objet d'une condamnation radicale. Plus prompt que les *Nouvelles ecclésiastiques* à se prononcer sur l'*Esprit des Lois*, le périodique jésuite se livre à une critique en règle de l'ouvrage, dès avril 1749, mais le journaliste rend hommage aux qualités de l'écrivain et à l'étendue de son érudition[1]. Si les critiques fusent, elles demeurent toutefois ponctuelles et ne dénoncent pas, comme le journal janséniste, une entreprise de subversion visant à imposer le triomphe de la religion naturelle. Les attaques sont mouchetées et dispersées, mais elles n'en sont pas moins réelles. Le journal jésuite récuse la conception d'une volonté philosophique s'exerçant en toute liberté, hors des prescriptions divines. Quant à l'idée d'une variabilité des lois engageant le mariage, le divorce ou expliquant la polygamie en vigueur chez certains peuples, elle fait également l'objet de fortes réserves ; ce n'est pas que le journaliste nie complètement l'existence d'une adaptation de la loi aux mœurs d'une nation, mais il refuse de les expliquer par la nécessité et le calcul. La polygamie en vigueur chez certains peuples orientaux n'est pas, comme le prétend Montesquieu, l'objet d'un calcul rationnel, mais bien la conséquence d'une religion fausse faisant la part belle à la sensualité des hommes. Le périodique jésuite ne récuse pas, non plus, la démarche scientifique de Montesquieu. Il le loue même pour l'ampleur de ses connaissances, mais il dénonce ce qu'il appelle un mauvais usage de la rationalité, s'exerçant indûment

1. « En général je puis vous assurer que *L'Esprit des Loix* part d'une plume très légère, et très exercée à écrire ; que l'érudition y est répandue sans affectation et sans pédanterie ; que l'Auteur a une connoissance singulière de l'histoire ancienne et moderne, de la Jurisprudence des Grecs et des Romains, des Asiatiques et des Européens » (*Journal de Trévoux*, avril 1749, rééd. Genève, Slatkine, 1969, p. 185).

dans un domaine qui échappe à sa compétence. De la même façon, il refuse de suivre Montesquieu, lorsque celui-ci dénonce l'autorité de l'Église en matière de mœurs. Le journaliste jésuite ne peut évidemment souscrire à cette mise à distance froide des injonctions religieuses qu'établit l'auteur de l'*Esprit des lois* pour dissiper l'« enthousiasme » et éviter finalement l'intolérance, mais il ne se ferme pas totalement à la rationalité en œuvre chez Montesquieu et surtout n'entend pas tourner le dos à la pensée de son temps. En novembre 1751, à propos de la naissante *Encyclopédie*, on observe même un certain attentisme. Il s'en tient d'abord à une critique littéraire : l'ouvrage n'est-il pas « comme ces Maisons de Grands-Seigneurs, qui s'annoncent par de longues avenues plantées avec art et entretenues avec soin[1]... », mais c'est pour décocher un premier trait : le grand dictionnaire ne répond pas à cet effet d'annonce ; les auteurs ont procédé à des retranchements fâcheux. Les informations sur les rois, les savants et les peuples qui font l'objet des sciences et des beaux-arts sont insuffisantes et le lecteur devrait alors se rabattre sur le dictionnaire de Moréri pour trouver son bien. Au lieu d'exprimer une critique de fond, à la manière des *Nouvelles ecclésiastiques*, le *Journal de Trévoux* préfère manifester des inquiétudes sous la forme d'interrogations qui peuvent, à leur tour, être interprétées par les auteurs de l'*Encyclopédie* comme une mise en garde ou une injonction. L'inquiétude du journaliste porte en priorité sur la permissivité des pouvoirs publics en matière de librairie, sur le droit de contrôle qui incombe à l'Église, et sur la nature du public visé. Faut-il interdire exclusivement les écrits impies qui peuvent corrompre le peuple et tolérer ceux que l'on réserve aux initiés ? Avec perspicacité et habileté, le journal des jésuites met l'accent sur les enjeux essentiels qui vont nourrir les polémiques enflammées des années à venir. Il isole des articles qu'il juge inquiétants, comme « Aius-Locutus ». Les productions de l'Incrédulité ne sont à craindre que pour le peuple et pour la foi des simples. D'où l'on conclut que, pour accorder le respect qui est dû à la croyance d'un peuple et au culte national avec la liberté de penser et la tranquillité publique, il suffirait de défendre tout écrit contre le gouvernement et la religion en langue vulgaire ; de laisser publier ceux qui écriraient dans une langue savante et d'en pour-

1. *Ibid.*, novembre 1751, p. 613.

suivre les seuls traducteurs. Sans dire exactement ce qu'ils pensent de la liberté accordée aux seuls écrits rédigés en latin, le *Journal de Trévoux* dénonce les périls d'une libéralisation de la censure, à un moment crucial de l'histoire éditoriale. Alors que les techniques d'impression sont en progrès et que le marché du livre est en pleine expansion, « il seroit aujourd'hui très-dangereux de produire des livres contraires à la Religion, parce que les exemplaires pourraient se multiplier en très peu de tems, et en mille formes différentes[1] ». D'autre part le journaliste considère comme une tentative de diversion la volonté prétendue des encyclopédistes de préserver le « peuple » des écrits impies. Qu'est-ce que le peuple ? Les gens simples et peu instruits ? « Et à qui, depuis un demi-siècle surtout, les productions de l'incrédulité ont-elles été plus funestes ? Est-ce aux gens de la campagne, aux Manœuvres, aux Artisans, aux Enfans ? etc. Ne voyons-nous pas plutôt les ravages qu'elles (les productions de l'Incrédulité) ont faits et qu'elles font sans cesse dans un monde qui s'estime supérieur[2] ? »

UNE TENTATIVE DE DIVERSION : LA CAMPAGNE CONTRE LES « CACOUACS »

En 1757, les difficultés s'accumulent pour le pouvoir : la misère règne dans les campagnes, la guerre contre la Prusse a débuté l'année précédente sous de fâcheux auspices, l'attentat de Damiens du 5 janvier contre le roi, nous l'avons vu, accroît les tensions et provoque de la part du pouvoir une politique de répression contre les polémistes de tout bord, accusés d'avoir contribué, par la violence de leurs écrits, à la mise en place d'une situation délétère. Les adversaires en présence s'attribuent mutuellement les intentions les plus noires, pendant que circulent des rumeurs alarmantes. En dépit des mesures prises par le pouvoir, la lutte entre les jésuites et les jansénistes ne faiblit pas d'un degré. Quant à la critique des écrits impies, elle fait l'objet d'une stratégie de surenchère idéologique, et de contestation réciproque, par laquelle les adversaires de toute obédience, théologiens constitutionnaires,

1. *Ibid.*, p. 618.
2. *Ibid.*, p. 619.

parlementaires jansénistes, journalistes des *Nouvelles ecclésiastiques*, tentent de poser leurs marques, de gagner du terrain dans l'opinion et de renforcer leur pouvoir, en face d'une autorité hésitante qui ne parvient pas à réagir sur tous les fronts à la fois. C'est dans ce contexte très lourd que l'avocat Jacob-Nicolas Moreau lance un violent pamphlet contre les Philosophes qu'il désigne sous le nom peu aimable de « Cacouacs » (« méchants » en grec). Un avis utile inséré dans le *Mercure de France* d'octobre 1757 annonçait aux lecteurs un événement extraordinaire, voué à défrayer la chronique et à alimenter les conversations de salon : « Vers le quarante-huitième degré de latitude septentrionale, on a découvert nouvellement une Nation de Sauvages, plus féroce et plus redoutable que les Caraïbes ne l'ont jamais été. On les appelle Cacouacs : ils ne portent ni flèches, ni massues : leurs cheveux sont rangés avec art ; leurs vêtements brillans d'or, d'argent et mille couleurs, les rendent semblables aux fleurs les plus éclatantes, ou aux oiseaux les plus richement pannachés *(sic)* : ils semblent n'avoir soin que de se parer, de se parfumer et de plaire : en les voyant, on sent un chant secret qui vous attire vers eux : les grâces dont ils vous comblent, sont le dernier piège qu'ils emploient[1]. »

Il faut tenir cet article comme le point de départ d'une campagne visant à détourner l'attention du public des luttes incessantes que les jansénistes mènent contre les jésuites et plus large-

1. *Premier mémoire sur les Cacouacs*, Avis utile, pp. 103-104 (paru pour la première fois anonymement dans le *Mercure de France*, octobre 1757). L'extrait cité est emprunté à un ouvrage composite portant le titre générique de *Nouveau mémoire pour servir à l'histoire des Cacouacs*, Amsterdam, 1757. Plus généralement, Jacob-Nicolas Moreau allait se lancer dans un immense travail historique et archivistique pour légitimer les droits de la Couronne et asseoir l'autorité royale sur des fondements sûrs qui puissent faire pièce aux arguments des théoriciens parlementaires comme l'ardent Le Paige que des ouvrages récents ont mis sur la sellette. En somme, Moreau se faisait le chantre officiel de la monarchie, en essayant de reconquérir à son profit l'espace public. La lutte antiphilosophique représente un des éléments de son programme d'action. Voir D. Gembicki, « Moreau et son "Mémoire sur les fonctions d'un historiographe de France" », in *Dix-huitième-siècle*, n° 4, 1972 ; *Histoire et politique à la fin de l'Ancien Régime*, Paris, Nizet, 1979. Blandine Kriegel, *L'Histoire à l'âge classique*, Paris, P.U.F. 1988, t. I, pp. 225-280 ; K. M. Baker, *Au tribunal de l'opinion publique*, Paris, Payot, 1993. « Les mystères de l'État, auparavant protégés par le secret du roi, sont désormais portés sur la place publique par les divers partis qui tentent de capter le soutien de l'opinion. Pour Malesherbes, comme à la même époque pour Jacob-Nicolas Moreau, la monarchie elle-même doit entrer dans la lice et mobiliser les ressources de l'imprimé pour reconquérir une opinion séduite par le Parlement » (R. Chartier, *Les Origines culturelles de la Révolution française, op. cit.*, 1990, pp. 59-60).

ment comme une manœuvre de diversion. Jacob-Nicolas Moreau braque un projecteur sur les mouvements philosophiques rendus responsables de tous les maux à l'heure où la monarchie se débat dans de multiples difficultés. Le 28 janvier 1758, d'Alembert annonce à Voltaire, réfugié aux Délices, que de nouvelles atrocités se préparent contre les Philosophes : « Il est très certain que l'on a forcé M. de Malesherbes à laisser imprimer les *Cacouacs* ; il est très certain que la satire plus que violente, insérée contre nous dans les *Affiches de province*, vient des bureaux d'un ministère, aussi cacouac pour le moins que nous, mais qui a cru pouvoir faire sa cour au redoutable protecteur des cacouacs, par un sacrifice *in animi vili.* Jugez à présent, mon illustre et cher maître s'il est possible d'achever dans cette terre de perdition, le monument que nous avions commencé à élever à la gloire des lettres[1]. » Si d'Alembert estime que l'entreprise encyclopédique est menacée, c'est qu'il a perçu dans ce pamphlet le début d'une offensive d'autant plus inquiétante qu'elle révèle cette fois la complicité du pouvoir d'État.

C'est bien en effet une campagne qui commence : le thème amusant des Cacouacs se prête fort bien à toutes les variations possibles, en épousant les fluctuations de la conjoncture politico-culturelle. La critique remarque unanimement l'extrême violence de la première attaque lancée dans le *Mercure de France.* Quelques mois plus tard, le ton se radoucit un peu, dans le *Nouveau mémoire pour servir à l'histoire des Cacouacs*, mais les pointes envoyées n'en sont pas moins perfides. Moreau ajuste son tir, en diversifiant ses critiques et en inventant une nouvelle intrigue. Durant la même année 1758, un nouvel intervenant, l'abbé Odet Giry de Saint-Cyr, sous-précepteur des Enfants de France et confesseur du Dauphin, publie cette fois un *Catéchisme et décisions de cas de conscience à l'usage des Cacouacs* avec un *Discours du patriarche des Cacouacs pour la réception d'un nouveau disciple.* Chacun reconnaît aisément Voltaire lui-même en la personne du « patriarche » ; l'appellation devait lui rester. Il s'agit donc bien de créer un effet « médiatique », en faisant circuler des mots et des images susceptibles de ternir la

1. Voltaire, *Œuvres complètes*, The Voltaire Foundation, D7607. Le 23 janvier 1758 d'Alembert s'était plaint à Malesherbes qu'on ait laissé imprimer un passage des *Cacouacs* sur la géométrie qui le visait directement.

réputation de ces étoiles montantes que représentent les acteurs de la lutte philosophique.

Si la campagne des Cacouacs marque un tournant de la lutte antiphilosophique, c'est que son auteur principal n'est plus un clerc, ni le représentant d'un mouvement religieux, mais un intellectuel vivant dans son siècle, prêt à user de tous les moyens offerts par le pouvoir en place pour faire carrière et s'élever dans la hiérarchie administrative. Or Moreau exploite très habilement la conjoncture. Ce magistrat acquis primitivement au jansénisme, amorce un revirement dès 1755. Dans ses *Lettres du chevalier de *** à Monsieur *** Conseiller au Parlement*[1], il tente de renvoyer dos à dos les constitutionnaires trop zélés et les parlementaires soucieux d'en découdre avec le pouvoir d'État et la hiérarchie ecclésiastique. Pour contester les extrémistes des deux bords, il n'hésite pas à employer un vocabulaire que les Philosophes pourraient revendiquer : les jansénistes extrémistes sont évidemment qualifiés d'« enthousiastes » et les magistrats dont ils voudrait calmer l'ardeur combative deviennent des personnes « éclairées » : « Jusqu'à quand des misérables disputes, que le Souverain veut assoupir, occuperont-elles sérieusement des Évêques respectables, des hommes d'État, des citoyens utiles, des Magistrats intègres et éclairés[2] ? » Dans les querelles qui déchirent le pays, la position de Moreau est tout à fait claire : les partis se déchirent pour une bulle dont le pouvoir ne demande plus désormais à personne l'enregistrement. L'arrêt pontifical visait en 1713 à condamner les écrits du père Pasquier Quesnel. Cette affaire purement théologique appartient au passé et ne doit pas alimenter artificiellement les débats politiques, à partir du moment où le pouvoir désire sincèrement la paix, sans chercher à empiéter sur les prérogatives des uns et des autres. Pour calmer les critiques et surtout les préventions qu'entretient chacun des camps en présence, Moreau rappelle qu'au nom d'un gallicanisme bien

1. *Lettre du chevalier de*** à Monsieur *** Conseiller au Parlement ou réflexions sur l'arrêt du Parlement du 18 mars 1755*. Il s'agissait en fait de soutenir la politique royale en tentant d'apaiser les inquiétudes des parlementaires, après que le Conseil du roi ait cassé l'arrêt du Parlement du 18 mars. Jacob-Nicolas Moreau s'est expliqué sur ses intentions dans ses mémoires : « Je jetais du ridicule à peu près égal et sur le fanatisme auquel le Parlement se livrait contre la constitution et sur celui des théologiens qui s'imaginaient que tout était perdu parce que le Roi ne voulait plus que l'on disputât » (*Mes Souvenirs*, Paris, Plon, 1898, t. 1, p. 50).

2. *Lettres du chevalier de ****..., p. 2.

entendu, le pouvoir royal « foudroie ce système absurde de l'indépendance des Ecclésiastiques dans l'exercice extérieur de leur ministère sacré[1] ». Le souverain n'a-t-il pas, par ailleurs, donné des gages de son autorité en sanctionnant l'archevêque de Paris pour son excès de zèle contre les jansénistes ? L'ardent polémiste achève son libelle par un vibrant appel à la concorde en demandant à chacun de ne jamais franchir les limites de son pouvoir respectif. Que les évêques s'occupent exclusivement de religion et que les magistrats des cours souveraines ne songent qu'à la patrie !

L'intervention de Moreau appelle plusieurs remarques. Notons d'abord l'opportunité d'un écrit qui vient montrer au pouvoir qu'il est capable de le soutenir au moment même où les fronts d'opposition font chorus contre lui. Est également la bienvenue une plume alerte, sachant user pour la bonne cause du vocabulaire à la mode : Moreau oppose les « savants » aux « ignorants », flatte le sens « patriotique » des magistrats, évoque les « fanatiques » et les « enthousiastes » des deux bords.

Une telle position ne pouvait que lui servir pour entreprendre sa campagne contre les Cacouacs. Reconnu comme un soutien par la monarchie, cet intellectuel qui s'est assuré un réseau d'alliés et de protecteurs peut désormais s'essayer dans un registre plus littéraire en dénonçant les Philosophes, véritables ennemis de l'État et de la religion. L'entreprise fut-elle dictée par le pouvoir ? Celui-ci, en tout cas, ne pouvait pas l'ignorer, et l'on peut à bon droit penser qu'il la soutenait en sous-main, Moreau occupant un poste aux Affaires étrangères. Or il est amusant de constater que, dans le *Nouveau mémoire* sur les Cacouacs, le narrateur se présente comme un adepte de la philosophie, conduit dans cette voie illusoire et dangereuse par le pouvoir d'un parfum magique. En somme, le pamphlétaire use, à la manière de Voltaire, de tous les artifices du conte oriental pour discréditer les méthodes des nouveaux philosophes. Un vieillard solennel ouvre plusieurs coffres magiques et se met à souffler de la poudre dans les yeux ébahis du malheureux néophyte, afin qu'il puisse s'élever vers la perfection. On a le sentiment que Moreau use de l'esprit à la mode, celui-là même que pratiquent les nouveaux philosophes, pour montrer, dans un éclat de rire, que la « philosophie » est de la « poudre aux yeux ». La

1. *Ibid.*, p. 6.

procédure est à interpréter, car elle révèle un effet de contamination dont nous reparlerons : pour attaquer avec fruit la philosophie, l'antiphilosophie retourne contre elle les armes de ses adversaires, usant ainsi d'une tactique relativement nouvelle qui inquiète Voltaire et les encyclopédistes. Ne cherchons pas dans ce pamphlet une analyse sérieuse des idées philosophiques. Le genre vise, on le sait, à la caricature grossière, et au montage plus ou moins habile de citations tronquées, mais le résultat peut être efficace. Moreau sanctionne le goût des Philosophes pour le spectacle – nous dirions aujourd'hui pour la « médiatisation » – des usages et des discours. Ils pratiqueraient en virtuoses la jonglerie verbale pour en imposer à un auditoire médusé. Leur art reposerait sur un pouvoir de fascination. Les paillettes qu'ils lancent dans les conversations éblouiraient un moment ; elles feraient surtout une forte impression sur un jeune public à l'affût des nouveautés, sur des femmes frivoles, ravies d'entendre fuser des idées qu'elles ne comprennent pas. Des codes secrets pour initiés seraient à l'œuvre. Le jargon précieux, la quête de la tournure paradoxale, le désir d'obscurité masqueraient le vide de la pensée et constitueraient un effet d'annonce et de reconnaissance. Le jeune initié qui pourrait représenter Moreau lui-même (n'avait-il pas prétendu avoir été contacté par les encyclopédistes pour participer au grand dictionnaire ?) voit sa taille grandir brusquement, tout en prenant conscience de sa propre excellence[1]. Moreau sanctionne ici l'immense prétention intellectuelle qui, selon lui, submergerait ces prétendus philosophes. Une telle critique n'était pas neuve (notons qu'elle ne manquait pas non plus d'avenir !), le tableau du pourfendeur des erreurs du siècle partant en croisade contre les préjugés désignait clairement Voltaire ! Un passage assez bien venu critique également le goût immodéré des Philosophes pour la vertu qui aurait au moins le mérite de tempérer une tendance inquiétante à la mégalomanie. Le jeune initié avoue, après la découverte de son excellence qui l'isole du vulgaire : « Je me fusse cru élevé au-dessus de l'Humanité même, sans le fonds de

1. « Il me sembloit que mon esprit s'étendît en surface à l'infini, et que les objets s'y peignissent avec une rapidité dont j'étois étonné. Je crus que toutes les Sciences venoient s'y ranger dans l'ordre qu'elle devoient tenir entre elles ; à mesure qu'elles se plaçoient mon trouble diminuoit, je me trouvois pénétré de reconnoissance pour la Nature qui m'avoit fait un être beaucoup plus parfait que mes semblables » (*Nouveau mémoire pour servir à l'histoire des Cacouacs, op. cit.*, pp. 60-61).

bonté que je retrouvois dans mon propre cœur, et cette pitié généreuse que je me sentois encore pour le reste du genre humain[1]. »

Pour comprendre les enjeux stratégiques de la campagne contre les Cacouacs, il faut la situer dans les luttes du moment. Ces « méchants » qui ne cessent de parader et de discourir seraient, en fait, des esprits cosmopolites. Exclusivement préoccupés de valeurs prétendument universelles, ils négligeraient les devoirs les plus élémentaires que nous impose la patrie. L'indépendance qu'ils revendiquent les priverait de l'enracinement nécessaire, briserait le lien social et les inciterait à contester toute autorité politique : « Les Cacouacs habitent sous des tentes pour marquer leur indépendance et leur liberté. Aussi ne connaissent-ils point de Gouvernement. L'Anarchie est une de leurs maximes fondamentales car, comme ils sont persuadés que c'est le hazard qui a réuni les individus de l'espèce humaine, destinés d'abord à vivre isolés dans les forêts, ils ne veulent s'écarter que le moins qu'il est possible de cette institution primordiale, si conforme à la Nature de l'homme[2] ». De telles accusations prennent tout leur poids lorsqu'on se souvient que la France vient de procéder à un renversement des alliances et d'engager une guerre meurtrière contre la Prusse et l'Angleterre. Traiter les philosophes d'anarchistes, c'est en effet montrer que les véritables adversaires ne sont ni les théologiens ni les parlementaires, mais les ennemis de l'autorité monarchique. Plus radicalement encore, Moreau crée des amalgames, en multipliant les rapprochements abusifs. Le jeu consiste à saupoudrer le texte d'allusions aux écrits philosophiques. Le lecteur retient des images, mémorise une démonstration élémentaire, apprend, lui aussi, à procéder à des comparaisons fondées ou artificielles. Diderot et Rousseau sont particulièrement visés. L'athéisme et le déterminisme de l'encyclopédiste sont tournés en dérision : une fois supposée l'existence des éléments éternels et du mouvement, le monde est censé tourner tout seul. La nature, la physiologie et le sens moral qui infléchissent les conduites humaines seraient soumis aux mêmes lois : « la circulation du sang dans un ciron, le développement des germes dans une plante, et les remords qui tourmentent le scélérat » auraient

1. *Ibid.*, p. 61.
2. *Ibid.*, pp. 5-6.

exactement la même cause[1] ! L'article « Autorité politique » de l'*Encyclopédie* est relié aux théories exposées par Locke dans le *Traité du gouvernement civil*, et rapproché du *Discours sur l'origine et les fondements de l'inégalité parmi les hommes* de Rousseau. Les deux Philosophes estimeraient que l'autorité royale est usurpée et viseraient donc à ébranler les fondements du pouvoir légitime. Une autre stratégie consiste à repérer dans un ouvrage des germes de subversion, que l'on prétend ensuite retrouver dans d'autres œuvres du même auteur. C'est ainsi que l'*Encyclopédie* est lue à la lumière de l'*Interprétation de la nature* de Diderot ! Le ton solennel dont use le Philosophe dans l'*Interprétation* devient alors l'emblème d'un esprit prophétique que partagent avec lui tous ses confrères en philosophie : chez ces chantres de l'incrédulité moderne, on trouve le même désir insensé d'un savoir total, la même certitude d'être portés par le vent de l'Histoire, et Moreau de citer le *Dictionnaire historique et critique* de Bayle, et l'*Histoire naturelle* de Buffon. Voltaire, quoique moins attaqué, n'est pas non plus épargné. L'ardent pamphlétaire dénonce sa philosophie de l'Histoire (ne prouve-t-il pas que le hasard le plus aveugle conduit tous les événements ?), sa conception d'un homme déterminé par sa nature physiologique, enfin son antichristianisme et son déisme jugés aussi absurdes que l'athéisme de Diderot. Le patriarche des Cacouacs ne se livre-t-il pas à une comparaison insensée entre toutes les fables anciennes et modernes pour discréditer la religion chrétienne ? Quant à sa conception d'un Dieu abstrait qui ne se mêle de rien, elle apparaît contraire au simple bon sens.

L'auteur des *Cacouacs*, on l'aura compris, ne s'embarrasse pas d'arguments philosophiques. Son dessein est de confondre l'adversaire par la gouaille et l'ironie, en transposant les thèses philosophiques dans un registre bouffon. Les allusions transparentes, souvent étayées par des notes en bas de page, représentent les procédures habituelles de l'écriture pamphlétaire, mais Moreau amorce un tournant stratégique : il vise à montrer que les Philosophes constituent un parti organisé, reposant sur des alliances tactiques et une habile répartition des tâches[2]. Les diffé-

1. *Ibid.*, p. 77.

2. « Quoiqu'il en soit, les rolles étaient partagés entre les principaux Cacouacs ; chacun avoit son travail qui lui était assigné, et tous devoient concourir au but général. Le Vulgaire n'était destiné qu'à applaudir, et à débiter les grandes phrases de ses maîtres » (*ibid.*, p. 76).

rences de doctrine ne dissimuleraient que faiblement un projet d'ensemble, extrêmement dangereux parce que subversif. Voulant dominer la République des lettres, ils rêveraient d'une conquête absolue de l'opinion publique, en multipliant leurs satellites à travers l'Europe. Ce pamphlet marque également un tournant parce qu'il rassemble, en quelques pages, les principales critiques des antiphilosophes et qu'il prétend s'adresser à l'ensemble de l'intelligentsia, sans rebuter les cercles mondains par une démonstration savante.

L'OFFENSIVE GÉNÉRALISÉE : LE SCANDALE DE *DE L'ESPRIT* D'HELVÉTIUS

Une autre affaire déchaîne les foudres de la campagne hostile aux Philosophes. Quelques mois après le *Nouveau mémoire* de Jacob-Nicolas Moreau, le 27 juillet 1758, paraît *De l'esprit* d'Helvétius. D'inspiration lockienne et anticartésienne, l'ouvrage attribuait aux sens un rôle exclusif dans la quête de la connaissance, faisait de l'homme un être entièrement déterminé par l'éducation, et tentait de démontrer que les idées, les actions et les vertus elles-mêmes étaient uniquement dictées par l'intérêt. Les précautions d'usage pour aborder la question religieuse ne pouvaient dissimuler que l'auteur niait la Révélation et affichait un athéisme franc et provocateur. Le refus de se prononcer sur l'essence de la matière et sur celle de l'esprit rendait logiquement possible une conception matérialiste de l'univers. De plus, et on ne l'a peut-être pas suffisamment noté, Helvétius donnait une définition encore plus radicale du Philosophe : un être supérieur aux savants enfermés dans une discipline unique, un individu d'exception s'élevant au-dessus de la mêlée, indifférent à toutes les critiques, jouant d'une multitude de registres et de positions pour analyser la comédie humaine : « Un homme devenu presque insensible à l'éloge comme à la satyre des nations, pour briser tous les liens du préjugé, examiner d'un œil tranquille la contrariété des opinions des hommes, passer sans étonnement du sérrail *(sic)* à la chartreuse, contempler avec plaisir l'étendue de la sottise humaine, voir du même œil Alcibiade couper la queue de son chien, et Mahomet s'enfermer dans une caverne, l'un pour se moquer de la légèreté des Athéniens, l'autre pour jouir de l'adoration du monde[1]. »

La publication de l'ouvrage d'Helvétius exacerbe les tensions entre des adversaires eux-mêmes déchirés par des doctrines et des stratégies différentes, révèle sous un jour cru les contradictions du système de la Librairie, partagé entre la tolérance de fait et la répression molle, place dans une relation de concurrence toutes les institutions qui disposent d'un pouvoir de censure[2] et contraint, enfin, les instances dirigeantes, ecclésiastiques et étatiques, à adopter des positions radicales, qu'elles ne souhaitaient pas toujours. Quant aux mouvements antiphilosophiques, ils tirent profit d'une situation éditoriale extrêmement confuse et conflictuelle pour renforcer leur lutte contre les écrits impies et inventer des stratégies plus offensives, notamment contre l'*Encyclopédie*, dont le privilège sera suspendu le 8 mars 1759. Pour *De l'esprit*, rappelons les étapes d'un feuilleton éditorial impliquant toutes les condamnations possibles et plusieurs rétractations de l'auteur. Comme dans l'affaire de Prades nous retrouvons un censeur inattentif, incompétent, débordé ou manipulé, qui accorde un privilège à un ouvrage dont l'aspect hétérodoxe se découvre après publication, à cette réserve près qu'il ne s'agit plus ici d'une thèse de théologie, mais d'un traité de philosophie matérialiste. Le 10 août 1758 un arrêt du Conseil du roi révoque le privilège et ordonne la suppression du livre. Le 22 novembre, un mandement de l'archevêque de Paris, Mgr de Beaumont, jette à son tour l'anathème sur l'ouvrage impie et profite de l'occasion pour condamner solennellement tous les écrits irréligieux. Le 23 janvier 1759, c'est au tour du Parlement d'intervenir, suivi quelques jours plus tard par un bref du pape Clément XIII et enfin, le 11 mai 1759, par la Sorbonne. On notera, avec Barbara de Négroni, une course de vitesse entre les différentes instances de censure. Tandis que les *Nouvelles ecclésiastiques* critiquent tout le monde, le *Journal de*

1. Helvétius, *De l'esprit*, Amsterdam et Leipzig, 1772, t. I, p. 127.

2. Barbara de Négroni, *Lectures interdites...*, *op. cit.*, pp. 201-212. « Les multiples condamnations prononcées contre *De l'esprit* s'expliquent donc par une alliance de tous les pouvoirs contre un livre pernicieux. Christophe de Beaumont, le parlement de Paris, le pape et la Sorbonne ne cherchent pas à renforcer l'efficacité des mesures prises par les services de la Librairie et par le Conseil mais à augmenter leur propre puissance en essayant d'affaiblir les autres détenteurs du droit de censure » (*ibid.*, p. 212).

Trévoux justifie son retard par un commentaire embarrassé, en septembre 1758.

Il faut noter l'intervention en force des institutions qui tentent, dans la précipitation, de faire entendre leur voix pour réaffirmer leur pouvoir face à leurs concurrents, mais visent aussi à occuper l'arène publique pour contrecarrer l'envahissement du discours philosophique qu'ils présentent comme une force pernicieuse et corrosive. À lire ces condamnations, on a le sentiment que chaque instance est acculée à la surenchère répressive, comme si le moindre retard risquait de passer pour un signe de faiblesse et d'inefficacité. L'archevêque de Paris diabolise l'ouvrage d'Helvétius en évoquant « les vapeurs sorties de l'abyme » et les pestilences de la fausse philosophie, dans le sermon qu'il prêche en Périgord le 22 novembre 1758[1]. L'urgence le contraint à renoncer à « un plan d'instruction détaillée » ; mais ce prétendu aveu de faiblesse légitime en fait le lyrisme de l'indignation, et permet d'ériger Helvétius en porte-parole des « nouveaux philosophes », car il ne doute pas que ceux-ci « soient des hommes de génie ; il les défend, il les flatte, les comble d'éloges. Il s'élève avec force contre ceux qui retardent les progrès de la philosophie[2] ». Plus radicalement encore, il est présenté comme le maillon d'une chaîne délétère, comme celui qui sème dans le monde le germe d'une sédition, comme l'apprenti sorcier qui libère les forces du mal, et Beaumont de recourir aux images bibliques comme celle de la plante maudite qui « étouffe d'âge en âge le bon grain semé dans le champ du père de famille[3] ». Enfin, l'archevêque prend prétexte des écrits impies pour sanctionner une dangereuse dégradation des mœurs et dénoncer la

1. « Oui, M. T. C. F. [Mes très Chers Frères], ce sont les noires vapeurs de l'Enfer ; ce sont les œuvres du Prince des ténèbres, et nous avons la douleur d'en voir les traces trop marquées dans un Livre extrêmement répandu parmi les brebis confiées à nos soins » (*Mandement de l'Archevêque de Paris portant condamnation d'un livre qui a pour titre, de l'Esprit*, Paris, C. F. Simon, 1758, p. 4). Après ce violent anathème, l'archevêque s'excuse d'avoir tardé à intervenir : « Le grand éloignement où nous sommes de notre Diocèse ne nous a pas permis d'élever la voix aussitôt que ce pernicieux ouvrage, intitulé *De l'Esprit*, a vu le jour. Nous ne l'avons connu qu'après l'éclat scandaleux qu'il a fait dans la Capitale et dans les principales villes du royaume. Alors nos entrailles pastorales se sont émues, et nous avons désiré les larmes de Jérémie, pour satisfaire à la Majesté divine outragée par un si grand attentat » (*ibid.*, p. 4).

2. *Ibid.*, p. 5.

3. *Ibid.*, p. 26.

rapidité de la contagion. Ce n'est pas seulement l'auteur du livre *De l'esprit* qui encourt le châtiment divin, mais la foule des lecteurs déjà assez corrompus pour oser s'adonner, avec avidité, à une telle lecture ! Seule une société malade, négligeant les devoirs chrétiens les plus élémentaires, a pu permettre une telle situation ! Ce sont les libertins de la capitale, devenue le foyer tout-puissant des opinions perverses, qui ont rendu possible la diffusion des écrits impies. Ainsi l'orateur en vient-il à montrer que l'esprit philosophique est un venin qui se répand partout : « C'est là [à Paris] que règne cette fière et profane philosophie... Elle s'insinue de mille manières différentes ; elle répand son poison dans les livres de Morale, dans les Recherches sur la Nature, dans les Systèmes de Politique, dans les Brochures d'amusement, dans les Relations de Voyage, dans les Pièces de Théâtre. Elle infecte les Sociétés publiques et particulières, la jeunesse et l'âge mûr, l'opulence et la médiocrité. De là comme d'une source aussi abondante, sortent des Ruisseaux empestés, qui se distribuent dans les Villes du Second Ordre, qui pénètrent jusque dans les bourgades, et qui portent la contagion partout[1]. » On retrouvera, dans le mandement de l'évêque de Lodève, Mgr de Fumel, publié la même année, de semblables références bibliques et l'annonce, sur un mode encore plus violent, du règne de Satan[2]. Cette fois, le prédicateur entend trouver dans la Bible l'annonce de la situation actuelle : « Saint Paul dans son épître à Timothée n'annonce-t-il pas le règne de ces hommes superbes, ennemis ou déserteurs de la sainte doctrine[3] ? » Les apôtres savaient confondre la Synagogue de ses erreurs et étaient animés d'une ardeur sacrée quand ils détruisaient le paganisme. Les évêques et leurs fidèles diocésains n'ont-ils pas eux aussi le devoir de contre-attaquer les ennemis de Dieu ? Estimant que, dans ces temps de rébellion ouverte, la simple condamnation est sans portée, l'auteur en vient à prêcher la nécessité d'une véritable croisade antiphilosophique[4]. Dès lors, *De l'esprit*, érigé en parangon de

1. *Ibid.*, p. 24.

2. *Mandement et Instruction pastorale de Mgr l'Évêque de Lodève touchant plusieurs Livres ou Écrits modernes, portant condamnation des dits livres ou écrits*, Montpellier, 1759. L'auteur en est Jean-Henry de Fumel.

3. *Ibid.*, p. 4.

4. Mgr de Lodève déclare que dans les temps de docilité « il nous aurait suffi de proscrire tous ces ouvrages, l'objet des plus justes censures. En les nommant notre Ministère eut

tous les mauvais livres, vient naturellement s'inscrire sur une liste d'écrits à pourfendre : les *Pensées diverses sur la comète* de Bayle ; *La Philosophie du bon sens* de Voltaire, les *Lettres persanes* de Montesquieu, le *Telliamed*, *l'Interprétation de la nature* de Diderot, et, bien sûr, l'*Encyclopédie*. Tous ces ouvrages témoignent de l'impiété de leurs auteurs, mais surtout ils portent atteinte à la morale : Helvétius, notamment, en faisant des passions un guide pour le jugement, érige la volupté en principe de conduite et légitime toutes les formes de débauche ! En égratignant au passage *Les Mœurs* de Toussaint et les écrits du matérialiste La Mettrie, Mgr de Fumel met les fidèles en garde contre le feu du ciel : la galanterie, comme la passion brutale ont toujours attiré un effroyable châtiment : « Il a renversé les fortunes les plus solides, éteint des familles entières, allumé les guerres et les dissensions, les haines et les vengeances[1] », et le prélat de faire surgir la sinistre image des maladies cruelles et honteuses !

Le ton apocalyptique et la volonté extrême de culpabilisation n'étant pas aussi fréquents qu'on pourrait le penser dans les mandements ecclésiastiques dirigés contre la pensée philosophique, on peut interpréter le phénomène comme la tentative de tirer profit d'une situation exemplaire : bien qu'il n'appartienne pas aux écrits les plus radicaux, *De l'esprit* d'Helvétius est néanmoins interprété comme une monstruosité éditoriale. Présenté à la famille royale par l'auteur lui-même, bien accueilli dans un premier temps, cet écrit prouve que l'incrédulité peut s'insinuer jusque dans les bastions apparemment les mieux gardés. Saisissant l'occasion, la hiérarchie ecclésiastique tente manifestement de reprendre du pouvoir sur les fidèles, en entonnant l'antienne, qui lui tient à cœur, de la corruption du siècle, tout en prenant le risque de propager le feu qu'elle désire éteindre. C'est que la censure a souvent un effet publicitaire ! La Harpe se souvient d'avoir vu le nouveau livre, au milieu de la poudre et des toilettes, dans les mains des jeunes femmes[2]. Mais

été rempli. Mais aujourd'hui, une déférence raisonnable à nos conseils ou à nos enseignemens, la soumission et l'obéissance qu'on nous doit dans tout ce qui regarde la foi ou le salut passe pour une faiblesse puérile, ou pour une stupide ignorance » (*ibid.*, p. 6).

1. *Ibid.*, p. 38.

2. L'auteur du *Lycée* ajoute que les lectrices en étaient d'autant plus enchantées qu'« il n'y avait peut-être pas un seul mot de tout ce fatras métaphysique qu'elles fussent à portée d'entendre, excepté celui de sensibilité physique qui faisait passer tout le reste » (La Harpe,

surtout, la surenchère dans la condamnation s'explique par des raisons tactiques. N'oublions pas que Mgr de Beaumont rédige son mandement au château de la Roque en Périgord où il se trouve exilé : la sévérité dont il fait preuve contre les écrits philosophiques peut être perçue comme un gage de loyauté envers le pouvoir royal, mais elle est aussi et surtout un signal destiné à prouver à l'opinion que les jansénistes ne sauraient, comme ils ne cessent de le proclamer, détenir le monopole de la critique antiphilosophique. C'est alors que la querelle entre les deux courants de l'Église de France atteint son degré d'intensité maximal. Les *Nouvelles ecclésiastiques*, l'organe janséniste, passe comme d'habitude au peigne fin le mandement de l'archevêque de Paris, en déplorant que sa condamnation soit par endroits « louche et équivoque[1] ». Certes le prélat a raison d'affirmer, contre les Philosophes, que les lois humaines, la politique et la jurisprudence doivent être soumises à la loi naturelle, c'est-à-dire à la loi divine, mais il se trompe s'il veut dire que « les Décrets et les Règlements de discipline, tout exercice légitime et abusif de l'autorité ecclésiastique dépendent eux aussi de la loi divine ». En effet, pour le périodique janséniste, le pouvoir civil possède un droit de regard légitime sur les règlements extérieurs de l'Église. C'est donc bien au souverain d'intervenir pour décider si les « décrets » et les « jugements » de l'autorité religieuse sont conformes à la saine politique. Lorsqu'il n'en va plus ainsi, l'ombre de la Ligue se profile à l'horizon. Animés par l'esprit gallican, les jansénistes interprètent, une fois de plus, les interventions de l'autorité ecclésiastique comme une manœuvre orchestrée par les jésuites ; comble du paradoxe, les *Nouvelles ecclésiastiques* en viennent même à critiquer le ton trop violent de l'accusation contre *De l'esprit*, qu'elles attribuent à une tactique de diversion ! Cette lecture soupçonneuse et d'emblée malveillante nous rappelle que la lutte contre Helvétius implique des enjeux de pouvoir qui échappent complètement à l'auteur de l'ouvrage incriminé. Il n'est pas jusqu'aux rétractations successives qui ne soient exploitées par les différents adversaires en présence. Alors que les *Nouvelles ecclésiastiques* tournent en dérision une palinodie qu'ils jugent suspecte,

Le Lycée, Didier, 1834, t. IV, p. 885). Barbier affirmait aussi, à propos de l'arrêt du Conseil du 10 août 1758 révoquant le privilège : « Il n'en faut pas davantage pour le faire vendre bien cher, et le faire réimprimer en Hollande », *Mémoires*, t. IV, p. 283.

1. *Nouvelles ecclésiastiques*, 16 janvier 1759, p. 14.

l'archevêque de Paris l'interprète, au contraire, comme le signe du triomphe de l'Église sur les esprits rebelles, comme une garantie pour l'avenir et comme un exemple de contrition publique offert à l'édification des fidèles de son diocèse.

Notre propos n'est pas d'étudier l'intégralité d'une affaire éditoriale qui demeure obscure en dépit des commentaires qu'elle a suscités, mais de montrer qu'elle ouvre un espace polémique dans lequel vont s'engouffrer les ennemis des Philosophes. Le silence de Diderot, de d'Alembert et de Voltaire sur *De l'esprit* ne serait-il pas l'indice d'un profond désaccord stratégique ? Par son radicalisme et le déchaînement de critiques qu'il suscite parmi les organes du pouvoir civil et religieux, Helvétius a ouvert la boîte de Pandore. Les écrits philosophiques sont gravement menacés, car ceux-ci ne sont plus seulement l'objet de manœuvres de diversion. Ils doivent désormais s'attendre à une attaque violente et frontale. En novembre 1758, le janséniste Abraham Chaumeix a déjà entamé l'impression de ses *Préjugés légitimes contre l'Encyclopédie et un essai de réfutation de ce dictionnaire*, lorsqu'il décide d'adjoindre à sa récusation un *Examen critique du livre de l'Esprit*. Il signale dans sa préface qu'il y était d'autant plus aisément déterminé que plusieurs personnes de mérite lui avaient fait observer que « le livre de l'*Esprit*, venant à l'appui des erreurs qu'il avait relevées dans l'*Encyclopédie,* il devait le considérer comme une réponse anticipée à son ouvrage ; qu'en conséquence, s'il voulait que les *Préjugés* fissent tout l'effort qu'il s'en promettait, il fallait détruire ces nouveaux sophismes, qui pourraient toujours en imposer à quelques Lecteurs[1] ».

La manœuvre est habile : il s'agit de profiter de la rumeur publique pour tenter d'ébranler à son tour l'entreprise encyclopédique. L'ouvrage condamné acquiert ainsi une valeur exemplaire et prophétique : son prétendu radicalisme est présenté comme le terme ultime d'un procès de déstabilisation politique et religieuse auquel mèneront tôt ou tard les différents mouvements philosophiques ; plus encore, *De l'esprit* dirait haut et fort ce que Diderot et ses collaborateurs exprimeraient avec de subtiles précautions dans l'*Encyclopédie*. On perçoit aisément les visées de cette stra-

1. A. Chaumeix, *Les Préjugés légitimes et Réfutation de l'Encyclopédie avec un examen critique du livre de L'Esprit*, Paris, Hérissant, 1758, t. I, Avertissement, p. IV.

tégie : soumettre le grand dictionnaire au crible d'une lecture soupçonneuse et pointilleuse, en multipliant les rapprochements avec l'ouvrage incriminé. Dès lors s'engage une extraordinaire course de vitesse afin de profiter au maximum de l'opportunité d'une situation « médiatique », par essence changeante, de devancer les autres apologistes et de créer, à des fins de publicité personnelle, une polémique à rebondissements[1] ! Chaumeix profite encore de la situation pour tenter de proposer une nouvelle charte de la critique. Il conviendrait, selon lui, de distinguer trois cas de figure : lorsqu'un auteur tombe dans quelque erreur avec l'intention d'être utile à ses contemporains, le réfutateur doit faire preuve de modération. On doit ménager encore davantage un auteur qui a été forcé d'écrire « soit par état, soit pour quelqu'autre raison ». Mais lorsqu'un écrivain aussi fortuné qu'Helvétius entreprend, sans aucune obligation, d'ébranler ses lecteurs, à seule fin de se distinguer, la critique peut légitimement rabaisser son orgueil philosophique[2]. Ces distinctions impliquent clairement toute une représentation de l'auteur, de son statut, de sa mission, de ses devoirs à l'égard du public, et de la relation qu'il prétend établir avec la vérité lorsque sont abordées des questions qui intéressent l'autorité politique, la croyance religieuse et les fondements de la vie civile. C'est toute une moralisation de l'écrit public que Chaumeix, comme d'autres apologistes, voudrait imposer après le scandale de *De l'esprit.* L'extrémisme philoso-

1. Les *Nouvelles ecclésiastiques* du 17 décembre 1758 éclairent fort bien l'opération : « On avertit [dans l'Avertissement des *Préjugés légitimes*] que ces 2 volumes seront suivis de *six* autres dont deux paraîtront vers le milieu du mois de novembre 1758 et les quatre derniers dans le courant de janvier 1759. Si l'on tient parole, le 3e et le 4e volume seront publiés avant le présent article » (p. 201).

2. A. Chaumeix, *Les Préjugés légitimes…, op. cit.*, t. I, p. IX. L'auteur prend soin de préciser : « Pendant l'impression de mes *Préjugés légitimes*, il a paru un livre intitulé *De l'Esprit.* Le bruit qui s'en fait dans le monde, à l'occasion de cet ouvrage, m'a porté à l'examiner avec attention. J'ai découvert, en le lisant, qu'il contenait les mêmes principes, que le Dictionnaire que j'avois réfuté ; et que la plus grande différence qu'il pouvait y avoir, à cet égard, entre ces deux livres ; c'est que celui de *l'Esprit* les contient d'une manière encore plus décidée ; et que l'auteur a tiré toutes les conséquences qui résultent de ces principes » (*ibid.*, t. III, p. 1). Cette déclaration est une reprise légèrement modifiée de celle qui figurait dans le tome 1. Les volumes des *Préjugés légitimes* se succèdent selon un rythme effréné. Quinze jours séparent la publication des deux premiers volumes du troisième. Chaumeix est prêt à tous les artifices pour se faire connaître. Il prend soin de préciser qu'il écrit sous son vrai nom, certains ayant cru que l'auteur avait eu recours à un pseudonyme ! (voir *ibid.*, t. III, préface).

phique et les manœuvres des encyclopédistes pour dissimuler l'aspect subversif de leur entreprise exigeraient donc une critique nouvelle, âpre et sans concession, dont l'ouvrage de Chaumeix serait évidemment le fer de lance[1]. Dans les années qui suivent, le bouillant polémiste tente de maintenir la pression : en 1760, il lance un libelle, *Les Philosophes aux abois*[2]. Profitant des obstacles que connaît la publication du grand dictionnaire, il s'adresse aux « Encyclopédistes en corps », en prétendant porter l'hallali contre des ennemis déjà démasqués par le public. Risquant l'ironie, il s'étonne que des grands esprits comme d'Alembert daignent descendre dans l'arène pour défendre plusieurs articles du fameux dictionnaire. Abraham Chaumeix durcit le ton, mais ses invectives n'atteignent pas leur cible. On a le sentiment d'une lutte qu'il porte à un degré d'intensité artificielle, comme si le polémiste voulait, par la magie du verbe, forcer une situation. Certes l'*Encyclopédie* traverse bien la crise la plus grave de son histoire, mais elle n'est aucunement, comme le prétend Chaumeix, l'opprobre du public ! Attaqué par ses adversaires, privé d'un appui souhaitable parmi les antiphilosophes, mais surtout prolixe et sans talent littéraire, l'auteur ne parvient pas à s'imposer dans la République des lettres et finit par choisir l'exil.

Dans les années 1750-1763, d'autres ouvrages paraissent contre l'*Encyclopédie*. Moins polémique et plus profond, le père Hubert Hayer lance de 1757 à 1763 un périodique qu'il intitule *La Religion vengée ou réfutation des auteurs impies* : immense entreprise de réfutation qui compte vingt et un volumes[3] ! Le grand dictionnaire

1. Face à la foule montante des réfutateurs, Chaumeix tente manifestement de sortir de la totale obscurité dans laquelle il est plongé en se taillant la part du lion : « Ce Dictionnaire est enfin parvenu au septième volume, sans que l'on ait vu de critique l'attaquer sérieusement, au moins avec une certaine étendue » (*ibid.*, t. I, p. XVI).

2. A. Chaumeix, *Les Philosophes aux abois*, 1760. Chaumeix publiera encore contre le grand dictionnaire : *La Petite Encyclopédie ou Dictionnaire des Philosophes, ouvrage posthume d'un de ces Messieurs*, Anvers, 1771. Essayant, avec la plus grande maladresse, d'user des armes de l'ironie, il connaîtra un cuisant échec.

3. Parmi les nombreux ouvrages qui paraissent contre l'*Encyclopédie* durant les dix années cruciales (1750-1760), citons Bonhomme, *Réflexions d'un franciscain avec une lettre préliminaire adressée à M...* (Diderot), 1752. L'ouvrage connaît une suite en 1754 : *Réflexions d'un franciscain sur les trois volumes de l'Encyclopédie*, Berlin (rééd. sous le titre *L'Éloge de l'Encyclopédie et des encyclopédistes*, La Haye, 1759) ; Boullier, *Apologie de la métaphysique à l'occasion du Discours préliminaire de l'Encyclopédie, avec les sentiments de M*** sur la critique des Pensées de Pascal par M. de Voltaire*, 1753.

n'est pas seul en cause : l'auteur examine tour à tour la pensée de Bayle, les mystères de la foi dans leur relation à la raison, l'idée de tolérance, *De l'esprit* d'Helvétius, les écrits de Voltaire et, enfin, l'*Encyclopédie*. S'installe ainsi l'idée d'un lien entre les différents écrits philosophiques. Hayer tente de capter à sa source l'irréligion, recherche des filiations, tente de dégager une histoire génétique de la philosophie moderne. Immense entreprise qui voudrait s'imposer en dépassant les polémiques du moment ou plus exactement en les intégrant à un projet de réfutation globale et systématique ! Mais le rythme effréné de publication des écrits philosophiques rend malaisé un projet aussi ambitieux. C'est ce qu'avoue ingénument l'avertissement des *Lettres critiques* de l'abbé Gauchat (1758) : « Nous espérons annoncer à la fin de cette année le nombre précis des volumes, qui doivent composer le recueil de ces lettres critiques : mais de nouveaux ouvrages contre la Religion naissent chaque jour, l'Auteur n'a pu se dispenser de les discuter, les objets étant de plus en plus intéressans[1]. » Comment mettre en œuvre une récusation des écrits impies, à la fois rigoureuse et détaillée, telle semble être l'immense difficulté à laquelle se heurte ce nouveau type d'apologie.

Certains, au contraire, suivent étroitement l'actualité en répliquant au coup par coup à leurs adversaires. Sont particulièrement visés les Philosophes qui tentent dans des examens de prouver leur bonne foi et l'orthodoxie de leur pensée, comme Montesquieu, Buffon ou Helvétius[2]. Cette situation éditoriale excite la verve des polémistes. Le jeu consiste à déjouer les mises au point jugées insincères ou partielles et à confirmer, avec des arguments renforcés, la critique des œuvres incriminées. D'autres écrits appellent des réfutations en série : *Les Mœurs* de Toussaint, *L'Homme machine* de La Mettrie, qui porte à un point extrême le détermi-

1. Gauchat, *Lettres critiques ou analyse et réfutation de divers écrits modernes contre la religion (1753-1763)*, Avis de libraire, 1758, rééd. Genève, Slatkine, 1973, p. 269.

2. Ouvrages contre Montesquieu : J.-B. Gaultier, *Les Lettres persanes convaincues d'impiété*, 1751, et *Réfutation du Celse moderne ou Objections contre le christianisme avec des réponses*, Lunéville et Paris, 1752. Ouvrages contre Buffon : Duhamel, *Lettres d'un philosophe à un docteur en Sorbonne sur les explications de M. de Buffon*, 1751 ; J.-A. Lelarge de Lignac, *Lettres à un Américain sur l'Histoire naturelle et particulière de M. de Buffon*, 1751 ; Contre Helvétius, les écrits pullulent, citons notamment : J.-A. Lelarge de Lignac, *Examen sérieux et comique des discours sur l'Esprit, par l'auteur des Lettres américaines*, 1759.

nisme mécaniste et athée[1], et plusieurs œuvres de Voltaire comme les *Lettres philosophiques*, le *Poème sur la loi naturelle*, l'*Essai sur les mœurs*, mais le mouvement anti-voltairien, bien que solidement implanté, n'a pas encore atteint son degré d'intensité maximal[2]. Certains apologistes construisent leur réfutation autour de notions doctrinales – défense d'un épisode biblique – ou métaphysiques – critique du déisme, du « spinozisme », de l'antiprovidentialisme. Ils tentent aussi, sous un titre générique, de récuser en bloc les partisans de l'incrédulité moderne. Il s'agit souvent de parer au plus pressé pour essayer d'endiguer un discours qui semble toujours plus assuré et conquérant. Cette précipitation un peu brouillonne représente la principale faiblesse des apologistes, même si, comme nous le verrons plus loin, certaines œuvres ne manquent pas de profondeur.

L'OFFENSIVE LITTÉRAIRE DES ADVERSAIRES DES PHILOSOPHES

Nous quittons le terrain des apologistes pour celui des querelles purement littéraires. Le différend religieux ne constitue plus ici la cause profonde du conflit. Force est pourtant d'évoquer cet affrontement parce qu'il interfère, sur plusieurs plans, avec la campagne menée par les apologistes et que la polémique dépasse le domaine des luttes doctrinales pour s'étendre, avec éclat, parmi les milieux mondains de la capitale. C'est parce que les encyclopédistes se trouvent dans une situation de relative faiblesse que certains de leurs adversaires tentent de ternir leur image. À cet égard, la querelle qui oppose les Fréron et les Palissot aux Philosophes, si mesquine et dérisoire qu'elle puisse paraître, implique des enjeux

1. Élie Luzac, *L'homme plus que machine*, 1755, et S. J. Nonnotte, *Examen critique et réfutation du Livre des Mœurs*, 1757.

2. Boullier, *Lettres critiques sur les Lettres philosophiques de M. de Voltaire par rapport à notre âme, à sa spiritualité, et à son immortalité avec la défense des Pensées de Pascal, contre la critique du même M. de Voltaire par* ***, Paris, Duchêne, 1753 (il s'agit d'une réédition : 1re éd. Bibliothèque française, 1735) ; *Critique de l'Histoire universelle de M. de Voltaire au sujet de Mahomet et du mahométisme*, 1755. Voltaire répondit par la *Lettre civile et honnête à l'auteur malhonnête de la Critique de l'Histoire universelle*. Voir aussi Pichon, *La Raison triomphante des nouveautés ou Essai sur les mœurs et l'incrédulité*, Paris, 1756, et Claude-Marie Guyon, *L'Oracle des nouveaux philosophes pour servir de suite et d'éclaircissement aux œuvres de M. de Voltaire*, Berne, 1759.

de la première importance. À travers la représentation de la pièce des *Philosophes* de Palissot qui tente de ridiculiser Rousseau, Diderot, Helvétius et Duclos, et la polémique qui s'ensuit, se joue toute une conception de la liberté de l'écrivain, tandis que la représentation même du Philosophe peut s'en trouver ternie ou, au contraire, grandie par contrecoup. Importe moins finalement le sujet lui-même que le champ de manœuvre offert par la querelle aux belligérants. L'intervention du pouvoir d'État, les alliances tactiques entre les différents acteurs des camps en présence témoignent des luttes menées pour l'obtention d'un pouvoir intellectuel. Or il faut souligner aussi que les adversaires littéraires des Philosophes reprennent à des fins intéressées plusieurs critiques des apologistes, comme la désobéissance civile ou l'incapacité de réaliser cette vertu que chacun prône avec tant d'éclat.

Lorsqu'il prend en 1754 la direction de l'*Année littéraire*, Fréron a contracté de solides protections, celle de la reine, du Dauphin, de Stanislas le roi de Pologne. Il s'attire la bienveillance d'aristocrates comme la comtesse de La Marck. Son champ d'action est européen. Sans être d'emblée hostile aux Philosophes, il entend disposer, en pleine liberté, de la tribune exceptionnelle que lui confère la propriété d'un grand périodique. Aussi ne ménage-t-il pas les Philosophes, quand ceux-ci lui portent ombrage. Ses querelles avec Voltaire sont trop connues pour qu'on les rapporte ici. Rappelons seulement l'existence d'une animosité ancienne et tenace. Fréron fut initié au journalisme par Desfontaines, le grand ennemi de Voltaire. Dans les *Lettres écrites sur quelques écrits de ce temps* (1749), il avait établi le martyrologe des ennemis du Philosophe. Quand il prend la direction de l'*Année littéraire*, l'immense pouvoir journalistique dont il dispose ne peut que déplaire au champion de la philosophie, alors que celui-ci amorce un tournant, par sa croisade pour la tolérance et sa lutte contre l'Infâme. Les coups fusent des deux côtés. En 1757, pendant l'année cruciale, alors que d'Alembert vient de publier l'article « Genève » qui provoque, en décembre, les récriminations des pasteurs genevois et, en janvier 1759, une suspension de l'*Encyclopédie*, Fréron met en cause les talents intellectuels de l'encyclopédiste et l'accuse d'être un touche-à-tout. Dès lors la guerre avec les encyclopédistes et Voltaire ne cessera qu'à la mort du journaliste.

L'entrée en scène de Palissot, autre champion du camp anti-encyclopédiste vient compliquer la situation. Ce polémiste, sans grand talent littéraire, n'est aucunement un ennemi doctrinal. Plusieurs de ses écrits révèlent même des idées voisines de celles de Montesquieu et de Voltaire : il considère, par exemple, les prodiges comme des preuves de la faiblesse de l'esprit humain ; ils doivent, à ce titre, figurer dans les ouvrages historiques pour éclairer les hommes et les empêcher de commettre les mêmes erreurs. N'est-ce pas là une manière toute voltairienne de critiquer miracles et prophéties de la tradition chrétienne ? Comme beaucoup de jeunes écrivains débutant dans le monde des lettres, Palissot voue une grande admiration à Voltaire. En 1755, il n'hésite pas à partir pour Genève afin d'aller faire sa cour au grand homme ! Il séjourne une semaine aux Délices. Mais il décide de sortir de l'ombre en s'en prenant aux encyclopédistes dans des libelles et des pièces de théâtre[1]. Sans rejeter la part de griefs personnels qui alimentent une telle attitude, soulignons plutôt les principes et les conséquences de ce choix stratégique. Toute querelle littéraire entreprise contre Diderot et Helvétius au moment même où ils subissent les attaques redoublées des apologistes et du pouvoir d'État a nécessairement des retombées idéologiques. Qu'il le souhaite ou non, Palissot devient inévitablement l'allié objectif de Fréron, et déplace les frontières qui séparent les camps en présence. Le grand coup porté l'est par une pièce de théâtre, *Les Philosophes*, donnée à la Comédie-Française le 2 mai 1760 et qui suscite un immense scandale. L'avocat Barbier note dans son journal : « Comme cette pièce était connue et qu'elle avait fait du bruit avant d'être représentée, l'empressement et le concours du public ont été jusqu'à l'extrême le jour de la première représentation. On n'a point vu un pareil tumulte : j'y ai assisté aux premières places. Elle a été applaudie et critiquée tout à la fois. Elle a eu jusqu'au 15 de ce mois, sept repré-

1. Charles Palissot de Montenoy (1730-1814) a composé, à l'âge de dix-neuf ans, *Zarès* et *Ninus II* qui n'ont eu aucun succès. En 1755, il donne à Lunéville, à la cour du roi Stanislas, une pièce intitulée *Le Cercle ou les Originaux*, dans laquelle il s'en prend pour la première fois aux Philosophes. Rousseau y est particulièrement visé. Palissot reçoit une demi-condamnation du souverain. Selon son biographe, Delafarge, ce serait par rancune qu'il aurait, par la suite, dirigé sa hargne contre les encyclopédistes, en ménageant Voltaire et d'Alembert. La polémique suscitée par *Les Philosophes* de Palissot ouvre un front de contestation antiphilosophique qu'exploitent parfois avec succès des écrivaillons qui cherchent à se faire un nom et à s'assurer des protecteurs hostiles aux mouvements philosophiques.

sentations. La curiosité et la critique y ont toujours attiré beaucoup de monde, d'autant que cela fait une pièce de parti ; mais, en général, elle est critiquée quant à la pièce et fort condamnée pour la méchanceté[1]. » Il est vrai que l'auteur ne ménageait pas les Philosophes. On y voit les encyclopédistes, dont un certain Dortidius, (anagramme latinisée de Diderot), Valère (Helvétius), Rousseau et Duclos. Le valet Crispin y marche à quatre pattes en prétendant manger une feuille de laitue, afin d'appliquer à la lettre le retour à la nature que prônerait l'immortel auteur du *Discours sur l'origine les fondements de l'inégalité parmi les hommes* ! La tactique du dramaturge est d'essayer, entre autres, de forcer la satire contre Diderot en ménageant Voltaire et en l'isolant des autres Philosophes. Il oppose, ainsi, le pathos de l'auteur du *Père de famille* à la clarté lumineuse de Voltaire dramaturge. Fait plus grave, Palissot présente les encyclopédistes comme des manipulateurs cyniques, cherchant à profiter de l'aveuglement de Cydalise (peut-être Mme Geoffrin) nouvellement convertie à la Philosophie. On aura reconnu la réplique exacte des *Femmes savantes* de Molière, à cette différence près que les pédants de Molière sont les nouveaux philosophes. Valère (Helvétius) est présenté comme « le chef d'un parti florissant » et comme « l'homme du monde qui donne le ton ». Intéressé par les dix mille livres de rente de Rosalie, la fille de Cydalise, il prétend l'arracher à son fiancé légitime, avec la complicité de la mère. Pour parvenir à ses fins, il flatte sans vergogne la vanité de la jeune femme en train de rédiger un ouvrage de philosophie. Cette aimable bouffonnerie présentait les Philosophes comme des êtres cyniques, intrigants, dévorés d'ambition, prêts à violer les lois du royaume pour asseoir leur pouvoir. Reprenant la critique de Moreau dans les *Cacouacs*, Palissot décrivait, en la personne de Carondas, un aigrefin qui justifiait par la morale naturelle reposant sur l'intérêt une tentative de vol à l'encontre de son maître ! La pièce était par ailleurs truffée d'allusions transparentes aux œuvres les plus audacieuses de Diderot, comme l'*Interprétation de la nature*, ou les *Pensées philosophiques*. Quant au grand œuvre, l'*Encyclopédie*, il devenait évidemment le livre de chevet de Cydalise, la pédante !

1. E. J. F. Barbier, *Journal historique et anecdotique du règne de Louis XV*, Paris, Renouard, 1856, t. IV, p. 347.

Cette satire grossière, parfois assez plaisante tout de même, ne prêtait guère à conséquence, mais parvenir à faire jouer une telle pièce dans l'enceinte sacrée de la Comédie-Française, par les comédiens du roi, avait une grande portée symbolique. Elle creusait ainsi le sillon que l'avocat Jacob-Nicolas Moreau avait déjà tracé dans les *Cacouacs*. Plus encore, elle provoquait sciemment un scandale, en offrant à la critique un débat polémique : la comédie, en tant que genre, obéissait à des règles de bienséance étrangères au simple pamphlet : avait-on le droit de désigner aussi clairement des gens de lettres tout de même respectables puisqu'ils avaient reçu la protection sous condition de Malesherbes, le directeur de la Librairie ? On peut se demander si Palissot ne cherchait pas par ce tapage « médiatique » à contrer aussi la tentative de Diderot d'introduire le militantisme philosophique par le biais du drame bourgeois. Il faut rappeler que *Le Fils naturel* et *Le Père de famille* entendaient ébranler le public par le recours à de nouvelles formes de pathétique. À la limite, le discours diderotien visait à se substituer au sermon en abandonnant la rhétorique propre à la tragédie. Le style heurté, le recours à un mimétisme de l'émotion et à une gestualité insistante peuvent faire concurrence au prêche et doter le dramaturge d'un nouveau pouvoir. Or c'est bien le ton d'autorité diderotien que Palissot entend récuser dans *Les Philosophes*. Si Cydalise ignore totalement la philosophie ancienne, elle a lu, en revanche, avec la plus grande attention *Le Fils naturel*[1].

Palissot tente de créer un débat autour de la notion même de République des lettres. Ses règles tacites seraient menacées sur trois fronts par le « clan » encyclopédique et ses affidés. L'appartenance à un mouvement philosophique, sans préjuger des talents littéraires du candidat, serait un gage suffisant pour obtenir la protection des pouvoirs publics : « On imposera silence à quiconque oserait vous contredire, et, comme l'a dit un vrai philosophe, on intéressera les Dieux dans la guerre des rats et des grenouilles. S'il en revient quelque ridicule à la Nation, il se trouvera des plumes toutes prêtes pour répéter en mille manières que l'attention du Gouvernement doit se porter, non pas à faire fleurir les Lettres en général ; ce qui serait trop simple : mais à protéger exclusivement tels ou tels Élus,

1. Nous rejoignons sur ce point les analyses de Pascale Pellerin : *Lectures et Images de Diderot de l'Encyclopédie à la fin de la Révolution*, thèse inédite citée ci-dessus p. 30, n. 2.

telle ou telle Secte, comme si la vérité pouvait en faire, et s'appuyait jamais du manège et de l'intrigue[1]. » Deuxième grief, l'homme de lettres ne vouerait plus au protecteur le respect qu'il lui doit. Aux hommages requis dans les préfaces, les nouveaux auteurs substitueraient « des vérités dures » au nom de l'égalité primitive, et, pour comble du ridicule, les Grands eux-mêmes, par peur de rater un effet de mode, demanderaient à être traitées « comme ces femmes Moscovites qui n'aiment que lorsqu'elles sont battues[2] ». La satire amplifie une tendance manifeste. Les Philosophes, d'Alembert en tête, tentent en effet de modifier le statut de l'« intellectuel » et de valoriser son image publique par un discours nouveau. Contrairement au bel esprit d'antan, le Philosophe posséderait une compétence qui échapperait aux critères d'évaluation d'une opinion superficielle et versatile. La relation privilégiée qu'il entretient avec la vérité doit donc le dispenser des flagorneries traditionnelles. L'épître dédicatoire n'est plus de saison ; le mécénat est également à proscrire, car il invite à protéger les petits talents ! Des spécialistes de la réflexion, estime d'Alembert, ne peuvent gaspiller un temps précieux à des bienséances désuètes. La relation, enfin, que le Philosophe voudrait établir avec le public constitue un troisième front polémique, et Palissot de citer, avec malice, la préface d'un conte de Duclos, *Acajou et Zirphile*, et les *Pensées philosophiques* de Diderot : « On déclara que l'*on estimait très peu le public* ; que l'on n'écrivait plus pour lui, et que *des pensées qui pourraient n'être que mauvaises, si elles ne plaisaient à personne, seraient détestables si elles plaisaient à tout le monde*[3]. » Le polémiste peut alors affirmer, avec une certaine platitude, sa fidélité inconditionnelle à la conception classique de l'écrivain. Les meilleurs livres ne sont-ils pas ceux qui contiennent des vérités universelles et qui plaisent, à la longue, à l'ensemble des honnêtes gens ?

À travers cette querelle littéraire apparemment banale s'affrontent deux conceptions de l'homme de lettres, impliquant un type de

1. Palissot, *Petites lettres sur de grands philosophes*, in *Œuvres*, Liège, 1779, t. II, p. 116.

2. *Ibid.*, p. 103. La critique peut viser Rousseau, mais aussi Duclos qui dans les *Considérations sur les mœurs de ce siècle* (1751) défend la liberté de l'auteur vis-à-vis du protecteur. D'Alembert est peut-être aussi critiqué. Dans son *Essai sur la société des gens de lettres et des Grands* (1753), il affirme, certes, que les Philosophes doivent aux Grands le respect extérieur, mais il estime que le discours préfaciel doit exclure toute forme de flatterie.

3. *Ibid.*, p. 101.

relation avec les institutions, les Grands et le public. Palissot, allié sur ce point avec l'ambitieux Fréron, entend prouver que l'écrivain authentique, homme de goût, issu d'une tradition née du Grand Siècle, est menacé par de nouveaux acteurs, sans foi ni loi, de la vie culturelle. Diderot est principalement visé. Palissot, relayé par Fréron et par des apologistes qui entendent eux aussi exploiter, à leur profit, cette faille prétendue ou réelle, sanctionne les impropriétés du dramaturge, le ton déclamatoire et pédant, la « fureur d'innover » en multipliant des procédés infra-verbaux qui visent à retranscrire l'émotion brute. En formulant ces critiques, Palissot souhaiterait, bien sûr, accentuer le conflit latent qui divise les deux champions de la lutte philosophique, car il sait bien que Voltaire, en classique impénitent, déteste l'esthétique du drame bourgeois. Mais c'est surtout la contamination de la littérature par la « philosophie » que Fréron et ses consorts entendent dénoncer avec éclat. C'est toute une querelle sur le pouvoir des mots qui surgit à cette occasion : « erreur », « fanatisme », « persécution », « genre humain » sont interprétés par les antiphilosophes comme des signes de ralliement et des moyens d'en imposer à un public qui ne doit plus juger des œuvres littéraires qu'en fonction des idées qu'elles véhiculent et du « parti » dont elles émanent. Le discours philosophique appauvrirait la création littéraire en effaçant les genres et les subtilités de la langue, pour dominer la République des lettres. À cette critique s'ajoutent celle des pratiques éditoriales (la propension de Diderot à choisir l'écrit clandestin et anonyme), l'élitisme de chapelle, le népotisme et la tendance à dénigrer tout écrit pour peu qu'il soit né hors du sérail.

La pièce des *Philosophes* de Palissot ouvre, d'autre part, un front de contestation, dans lequel s'engouffrent des polygraphes, qui entendent poursuivre la polémique pour s'assurer des protecteurs dans les milieux hostiles aux mouvements philosophiques. La stratégie de Poinsinet est très représentative de cette attitude. Le 14 juillet 1760, il fait représenter au Théâtre italien *Le Petit Philosophe* : pièce ambiguë qui se présente comme une parodie de celle de Palissot, mais qui s'inscrit tout de même dans la contestation antiphilosophique[1]. Quelques années plus tard, *Le Cercle*

1. Poinsinet, *Le Petit Philosophe, comédie en un acte en vers libres représentée pour la première fois par les Comédiens Italiens ordinaires du Roi, le 14 juillet 1760*, Paris, Prault, 1760.

connaît un immense succès à la Comédie-Française. En 1764, quelques jours après une première représentation à la Cour, devant Louis XV et la reine Marie Leszczynska, Poinsinet est récompensé par la commande d'un divertissement pour les Enfants de France. Installé à Chantilly en 1767, il dirige les spectacles et les divertissements de Condé. Le succès est continu et il accomplit désormais des travaux honorablement rétribués. La lutte antiphilosophique, dans les années 1760, est donc capable de s'attirer les suffrages d'une bonne partie de l'opinion et de répondre parfaitement à une stratégie de carrière.

La réplique des Philosophes est digne d'intérêt dans la mesure où elle éclaire des enjeux réels d'une lutte pour le pouvoir intellectuel. En 1760, un libelle anonyme, *Les Qu'est-ce*[1], s'en prend aux *Philosophes* de Palissot, en montrant que ce type de critique perpétue justement une tradition polémique, que les Philosophes se sont efforcé de dépasser. C'est le « bel esprit » frivole qui ose persifler les rois, les ministres et les magistrats et manifester sa hargne contre le savoir authentique ! L'auteur des *Qu'est-ce* tente ainsi de retourner contre Palissot son propre argument. Les hardiesses de la pièce des *Philosophes* prouvent un irrespect insupportable contre les hommes de talent qui font honneur à leur siècle. Bien loin de vouloir passer pour subversifs, ou même audacieux dans leurs critiques, les « savants » œuvrent sereinement pour la vérité. Si l'Église s'est soulevée contre eux, elle ne visait que quelques-uns et les fautes commises (celles d'Helvétius par exemple !) sont facilement réparables. Avec l'esprit de charité qui l'anime, l'institution chrétienne n'est-elle pas disposée à attendre « avec patience le retour de ses enfans égarés[2] » ? Quant à l'autorité civile, elle a pour les Philosophes des ménagements qui devraient servir de règles à ces boutefeux que sont les ennemis de la philosophie. Palissot n'attaque-t-il pas des gens de lettres pensionnés par l'État ? On peut repérer dans cet écrit les marques de la stratégie voltairienne. En 1760, Voltaire prétend montrer qu'il respecte les autorités et que ce sont les polémistes du camp adverse qui créent

1. L'ouvrage est souvent attribué à Morellet. Voltaire répond aussi aux attaques par une multitude de pamphlets cinglants portant un titre monosyllabique. Aux *Quand* écrits en prose succèdent en 1760 des *Que*, des *Qui,* des *Quoi,* des *Oui*, des *Non*, en vers. Il s'en prend surtout aux attaques de Jean-Jacques Lefranc de Pompignan que nous examinerons plus loin.

2. *Les Qu'est-ce*, 1760, p. 15.

le scandale, en transgressant les règles tacites de la République des lettres. Les attaques personnelles, la violence verbale dans ce haut lieu de la culture qu'est la Comédie-Française ne créent-elles pas un dangereux précédent qui devrait alerter les autorités civiles ? Ce discours s'adresse autant à l'opinion qu'aux pouvoirs publics. Voltaire et ses disciples entendent clairement montrer qu'ils ne sont nullement les ennemis de l'État et des institutions, comme le prétendent leurs adversaires, mais qu'ils affichent, au contraire, un esprit de conciliation et une souplesse qui font cruellement défaut à ces adversaires. Sur le plan moral, enfin, les Philosophes sont irréprochables, alors que les Palissot et les apologistes comme Chaumeix – Voltaire et Morellet font l'amalgame – représentent des gens de basse extraction qui ne connaissent d'autres armes que le scandale pour accéder à la notoriété[1].

L'AFFAIRE LEFRANC DE POMPIGNAN

Un événement politico-littéraire mérite d'être isolé, parce qu'il marque un nouveau tournant de la lutte antiphilosophique. Pour la première fois, une entreprise lancée contre les Philosophes dans l'enceinte de l'Académie française subit un cuisant échec et se retourne même contre son auteur. Erreur stratégique, mauvaise appréciation des rapports de forces, toujours est-il que Jean-Jacques Lefranc de Pompignan avait voulu transformer son

1. Plusieurs réactions de la critique montrent que la querelle qui s'organise autour de la pièce des *Philosophes* porte bien sur les limites de la tolérance lorsqu'il s'agit d'une satire, et plus généralement sur la notion même d'espace public. Chacun des adversaires en présence accuse l'autre d'outrepasser les droits de la critique légitime, en prenant pour référence les principes mêmes affichés par Malesherbes en matière de censure : « Le sujet de cette pièce porte, disent les ennemis de la philosophie, directement sur le bien public, sur les intérêts de l'espèce humaine en général et sur ceux du gouvernement. Le poète, continuent-ils, ne s'est proposé d'autre but que celui de décrier les dangereux principes de quelques philosophes, et de prévenir les conséquences funestes qu'entraîneraient les maximes corrompues de ces Messieurs, si leurs erreurs étaient accréditées. La vérité de ces observations fût-elle démontrée, il n'en est pas moins vrai, répondent les Philosophes, que Mr. Palissot a violé le droit des gens, qu'il a blessé les bonnes mœurs et qu'enfin il a fait un outrage à la plus respectable des sciences humaines. Quand même, ajoute-t-on, les sentimens des auteurs seraient répréhensibles, Mr Palissot devrait sçavoir que ce n'est point à la comédie de parler de ces mystères, que la morale est seule en droit de combattre et de détruire par la force ses raisonnemens, le scandale et la licence des dangereuses opinions » (D. Coste, *Le Philosophe ami de tout le monde*, À Sophopolis, 1760, pp. 15-17).

discours de réception en violente diatribe contre ses adversaires. L'incident a lieu le 10 mars 1760, moins de deux mois avant la première des *Philosophes*. Mesurons bien la différence avec le coup monté par Palissot. Le dramaturge use d'une stratégie d'émergence en créant un scandale à la Comédie-Française, Lefranc de Pompignan, possède, au contraire, un solide capital social et des succès littéraires qui peuvent lui donner l'impression de se trouver en position de force. Sa charge contre les Philosophes peut être interprétée comme une manœuvre risquée mais susceptible de réussir, dans un contexte très conflictuel.

Retraçons brièvement les étapes d'une carrière significative des ennemis littéraires des Philosophes. Natif de Montauban, ce fils de notable (son père est président de la Cour des aides de la ville) vient à Paris pour y faire des études à l'incontournable collège Louis-le-Grand. Fin connaisseur de la littérature classique, Lefranc mène ensuite de front une carrière d'avocat et d'écrivain. Il s'illustre dans tous les genres : tragédie, poésie galante et sacrée. Étranger aux mouvements philosophiques, il n'adopte pas pour autant, les positions idéologiques de leurs adversaires. La plupart de ses centres d'intérêt ne l'éloignent nullement du grand Voltaire. En homme de son temps, Lefranc s'intéresse à l'histoire, à l'archéologie et même à l'agriculture. Comme les Philosophes, il s'ouvre aux sciences. Sur le plan idéologique, il rejette les excès des jansénistes comme ceux des jésuites. À son palmarès, retenons un opuscule, *Sur l'intérêt public* (1737), qui s'en prend à la politique fiscale du pouvoir royal et lui vaut d'être exilé, une *Prière universelle de Pope* (1740) où il affiche un franc déisme, ce qui provoque une suspension provisoire de ses fonctions judiciaires, une *Lettre au Chevalier sur les misères du peuple* (1756), dans laquelle il poursuit sa critique de la politique royale, tout en rendant un chaleureux hommage aux Philosophes ! Que faut-il de plus pour obtenir un brevet de bonne conduite philosophique ? Entre-temps, Lefranc de Pompignan s'est lié avec Voltaire, même si, par ailleurs, de sourdes rivalités littéraires mènent les deux écrivains au bord de la brouille[1]. Mais Lefranc entend s'illustrer parallèlement dans le genre de la poésie sacrée, pour laquelle il présente d'indéniables talents. On aurait tort d'inter-

1. Voir Théodore E. D. Braun, *Un ennemi de Voltaire : Le Franc de Pompignan*, Paris, Minard, coll. « Lettres modernes », 1972.

prêter ce double choix comme une conduite atypique. Il nous prouve simplement que les options littéraires peuvent l'emporter sur des choix idéologiques et que les partis pris « philosophiques » n'excluent nullement chez certains gens de lettres un attachement sincère ou de façade à un christianisme traditionnel. Néanmoins, Lefranc de Pompignan, par pur opportunisme, amorce un revirement idéologique. Dans l'espoir peut-être de séduire des protecteurs dévots, alors même que les encyclopédistes se trouvent dans une situation fragile, le discours préliminaire de ses poésies sacrées dénonce brusquement l'omnipotence des Philosophes. Comme Moreau, Palissot et Fréron, Lefranc critique l'impérialisme du discours philosophique, et, en accord sur ce point avec les apologistes, l'irrévérence du nouveau clan pour les textes sacrés. Puis, grisé par son élection à l'Académie, il tente un grand coup contre ses adversaires. Reprenant la distinction entre l'homme de lettres et le philosophe, Lefranc de Pompignan fait du premier un savant instruit (concession faite à la définition donnée par d'Alembert), mais il ajoute qu'il doit être rendu meilleur par ses livres. Quant au Philosophe, il lui faut, bien sûr, allier sagesse antique, souci de la vertu et fidélité au christianisme. Rien d'original dans ce rappel, mais Lefranc entend se montrer plus pugnace : il rappelle l'esprit qui a animé Richelieu, le fondateur de l'Académie, pour démontrer que les Philosophes ne cessent de le trahir ! Les divisions intestines, les querelles continuelles, et, de surcroît, le refus de reconnaître les privilèges de la naissance (coup de patte à d'Alembert) déshonorent le lieu consacré aux immortels. Les écrits frivoles et licencieux, les libelles scandaleux altèrent encore sa vocation primitive (Voltaire devait sentir ses oreilles bourdonner). L'Académie est aussi présentée comme le bastion du bon goût, mis à mal par de prétendus scientifiques, profitant de cette nouvelle fonction pour saccager la langue ! Lefranc ose s'ériger en philosophe du langage : les grands géomètres comme Maupertuis (l'ennemi de Voltaire, dont il devait faire l'éloge) savaient allier la profondeur de la pensée à la clarté du discours, contrairement aux nouveaux philosophes qui usent d'un ton prophétique et recourent à des amphigouris insupportables. Lefranc de Pompignan rappelle aussi que la vocation de l'Académie, proclamée par Louis XIV et Séguier, est de faire triompher le prestige de la France en Europe et dans le monde. L'amour du « genre humain » doit fédérer les peuples européens, pour la gloire du monarque. La fidélité au classicisme, sur le plan littéraire, va donc de pair avec le respect d'une politique de grandeur que les Philosophes, ennemis du trône et de l'autel, foulent aux pieds. Pour tenter d'imposer ce point de vue partial et forcé, Lefranc reprend l'argument de l'écart entre l'humanité proclamée par les Philosophes et la conduite réelle qu'il mène dans la vie privée. Il vise aussi à alerter l'opinion sur une modération de façade qui dissimule un carriérisme effréné, une soif des honneurs et des distinctions. Enfin l'ardent orateur dénonce aussi les principes antichrétiens, en invoquant le désespoir que connaissent souvent les incrédules, lorsqu'ils rendent les derniers soupirs.

Par ce discours Lefranc espérait s'attribuer la protection de la reine et obtenir un poste de sous-gouverneur du Dauphin, mais l'échec fut total. C'est que l'académicien n'avait pas respecté suffisamment les bienséances. Les remerciements qu'exigeait son élection étaient inexistants. La violence de son discours transgressait les règles de l'Académie : les attaques à fleuret moucheté étaient seules tolérées, encore fallait-il qu'elles offrent à la sagacité et à l'amusement des auditeurs un jeu savant d'allusions. En outrepassant cette règle, Lefranc de Pompignan s'exposait à la réprobation générale. De plus, il n'avait pas acquis assez de reconnaissance pour s'en prendre à des personnages qui avaient à leur actif plusieurs œuvres importantes, quelles que fussent les critiques qu'elles pouvaient soulever. Mais surtout, il dénonçait un pouvoir prétendument hégémonique ou sur le point de le devenir, en tentant d'instituer, à son tour, un autre pouvoir également excessif. La réplique de Voltaire fut foudroyante : un flot de libelles s'abattit sur le malheureux qui, en voulant s'enferrer, précipita sa ruine. Comme l'écrivit Grimm dans la *Correspondance littéraire*, rien n'éloignait plus de la place de sous-gouverneur que d'être « le plastron de cinquante plaisanteries amères[1] ». Plus profondément encore, l'échec de Lefranc à l'Académie figure un peu comme une ligne de crête instituant la fin d'une étape : le mouvement philosophique marque incontestablement un point. L'erreur stratégique de Lefranc de Pompignan a contribué à favoriser l'implantation des Philosophes au sein de l'Académie.

1. Grimm, *Correspondance littéraire* du 15 mai 1760, p. 237.

Le discours antiphilosophique, qu'il émane des apologistes ou des adversaires littéraires des Philosophes, pose le problème de l'espace public, du degré d'intervention des autorités civiles et religieuses, des liens que les écrivains philosophes ou beaux esprits doivent établir avec les protecteurs, les lecteurs et, plus largement, la société civile. En dénonçant l'hégémonie grandissante des Philosophes, leurs adversaires prétendent moraliser la vie culturelle en préservant une pluralité idéologique et littéraire. Un tel discours, on s'en doute, est loin d'être désintéressé. Par opportunisme, les Palissot et les Lefranc de Pompignan visent, en fait, à tirer profit d'une situation mouvante pour asseoir ou consolider leur pouvoir. En choisissant de mener campagne contre les Philosophes, ils optent pour une conduite qui tient un peu du pari ou plus exactement d'une évaluation calculée, mais risquée, de la situation. Les apologistes, comme Chaumeix et les journalistes jansénistes ou jésuites, sont davantage animés par des convictions sincèrement religieuses, mais leur stratégie rejoint celle des adversaires littéraires des Philosophes. Poser le problème du licite et de l'illicite, du tolérable et de l'interdit dans le domaine éditorial, c'est vouloir montrer à l'opinion que l'on détient le monopole de la vigilance et de la moralité dans le temps même où surgit une crise des valeurs que les autorités ne parviendraient à surmonter ni par les discours ni par les actes. Or l'idée qui affleure, cette fois comme fantasme et non plus seulement comme matériau alimentant une stratégie, est celle du pouvoir immense que détiendrait l'écrit sur les esprits. Comment évaluer, à cet égard, celui des ouvrages impies, alors qu'ils visent une élite de plus en plus large ? Peut-on accepter que les nouveaux philosophes repoussent toujours plus loin les bornes de l'audace publiquement affichée, que des esprits fantasques en viennent même à ne donner aucun frein à leurs rêves les plus fous ? Autrefois les philosophes authentiques pouvaient bien se fourvoyer, mais ils étaient au moins animés par le désir sincère d'accéder à la vérité et ils ne livraient pas au public le produit de leur veille sans avoir réfléchi à la légitimité d'un tel échange.

Cette volonté apparente de moraliser la vie culturelle ne doit pas nous faire oublier que les adversaires en présence usent rigoureusement des mêmes méthodes pour faire pression sur le pouvoir d'État. Les antiphilosophes, qu'ils soient des adversaires littéraires ou des apologistes mobilisés par des divergences doctrinales, tendent pour la plupart à imposer l'idée d'un parti de la philosophie moderne, ennemi du trône et de l'autel, animé par une fièvre de destruction et un désir violent d'hégémonie. On relèvera certes des différences de doctrine, et l'on soulignera même, avec une certaine jubilation, les divisions qui déchirent les prétendus philosophes, mais c'est pour ajouter immédiatement que des ramifications plus ou moins occultes relient entre eux les différents acteurs du « parti de l'impiété moderne ». L'idée d'un complot, si elle n'apparaît pas vraiment – Barruel n'est pas encore entré en scène – est du moins sous-jacente. Quant aux Philosophes, lorsqu'ils interviennent pour se défendre des attaques subies, ils retournent l'argument contre leurs adversaires : les Fréron et les Palissot, comme les Chaumeix ou autres Lefranc de Pompignan seraient, aux dires de Voltaire et de Morellet, les ennemis de l'ordre et de la moralité publique, puisqu'ils bafouent les règles tacites de la République des lettres en s'en prenant nommément à des personnes privées, en persécutant la recherche désintéressée du savoir, et en semant le germe de la discorde par des discours provocateurs ! Même réciprocité dans les pressions exercées sur le responsable de la Librairie. Malesherbes se plaint de Fréron qui lui reproche, peut-être avec raison, de protéger, sans le dire, les encyclopédistes, mais il fait également état des jérémiades continuelles de d'Alembert et de Marmontel, déplorant la trop grande mansuétude du directeur à l'égard des ennemis de la philosophie[1].

Dans ce climat de grande âpreté polémique, l'attitude de Malesherbes, directeur de la Librairie entre 1750 et 1763, est pour le moins, délicate. Il entend admettre, au nom de la liberté, la critique littéraire à condition qu'elle ne soit pas dirigée contre les

1. Voir les lettres de d'Alembert à Malesherbes du 25 juin 1757 et du 23 janvier 1758. Dans la première, d'Alembert se plaint que Fréron ait traité l'*Encyclopédie* d'ouvrage scandaleux et, dans la seconde, il regrette que le directeur de la Librairie tolère un passage des *Cacouacs* qui, sous couvert d'évoquer la géométrie, le critique ouvertement, lui, d'Alembert. Voir Pierre Grosclaude, *Malesherbes témoin et interprète de son temps*, *op. cit.*, p. 148. Le responsable de l'*Année littéraire*, victime d'une suspension de ses feuilles, proteste auprès de Malesherbes : « J'ose réclamer votre équité, Monsieur, par rapport à l'article qui regarde l'Académie. Vous m'avez promis des critiques littéraires. Y en a-t'il une seule dans cette feuille qui ne le soit pas ? Y a-t-il quelque personnalité contre l'Académie en corps ou contre quelques-uns de ses membres en particulier ? Je n'ai rien dit que de juste, que de sensé, que de mûrement réfléchi ; et je dirois encore demain, si vous me rendiez la liberté de ma plume. » (Lettre sans date [entre le 11 et le 14 janvier 1755, selon Jean Balcou], in J. Balcou, *Le Dossier Fréron*, *op. cit.*, p. 154).

personnes privées et qu'elle respecte une bienséance minimale. Mais comment déterminer le seuil du tolérable ? Dès que le pouvoir de terrasser l'adversaire leur est retiré, les adversaires en présence placent Malesherbes devant ses responsabilités en prétendant qu'il ne respecte pas ses propres principes. Lorsque le directeur de la Librairie suspend l'*Année littéraire*, en 1752, parce que Fréron a brossé un portrait vraiment trop acide de Voltaire, celui-ci remercie Malesherbes d'avoir mis fin « à cette licence qui déshonorait la littérature française, si respectable d'ailleurs et si respectée dans l'Europe[1] », mais Malesherbes reprochera aussi souvent à Voltaire de vouloir indûment la tête de ses adversaires ! Les questions religieuses et doctrinales posent des problèmes encore plus épineux quand elles sont abordées par un journal à vocation littéraire. Lorsque l'*Année littéraire* s'avise, en 1756, de critiquer l'*Encyclopédie* comme un ouvrage scandaleux, elle outrepasse sa fonction, car elle tend à s'attribuer un pouvoir indu en émettant sur la place publique un jugement qui relève exclusivement des juridictions légales. Ne risque-t-elle pas d'ajouter au scandale, en témoignant des écarts entre les interdictions théoriques et les pratiques éditoriales ? Aussi Malesherbes tance-t-il vertement, l'abbé Trublet, le très piteux censeur qui a laissé imprimer en toute bonne foi, pourtant, le passage incriminé :

> « Vous conviendrés sûrement que la distinction que j'admets entre les critiques personnelles et celles qui n'ont pour objet que la partie littéraire, n'est ny frivole, ny arbitraire, ni difficile à saisir.
>
> L'arrêt du Conseil contre l'*Encyclopédie* ne me paroît du tout propre à justifier Fréron. Le Conseil est fait pour qualifier et punir les ouvrages scandaleux et on permet à Fréron de critiquer les ouvrages mal écrits ou mal composés, et par la même raison qu'il ny a point d'arrêt du Conseil ny du Parlement qui condamne un livre comme plat, comme diffus, comme mal raisonné, il ne doit point y avoir de journal littéraire qui accuse les auteurs d'impiété et de scandale[2]. »

Malesherbes entend se réserver le monopole d'un espace d'intervention, mais comment y parvenir ? Lorsqu'il suspend l'*Année littéraire*, de puissants protecteurs interviennent pour que le jeune journaliste leur soit au plus vite rendu. C'est la comtesse de La

1. Lettre de Voltaire à Malesherbes, Potsdam, 13 juin 1752, *ibid.*, p. 38.
2. Lettre de Malesherbes à Trublet, sans date [30 juin 1756], *ibid.*, p. 174.

Marck rappelant au directeur de la Librairie, dans une lettre à l'orthographe très approximative, que Fréron a femme et enfants « qui ne vivent que de feuilles » ; c'est Stanislas, roi de Pologne et duc de Lorraine, très peiné de ne plus pouvoir lire le périodique qu'il affectionne ! Malesherbes refuse de se laisser fléchir, mais sa position est tout de même difficile[1].

1. Lettre de Mme de La Marck à Malesherbes [vers le 15 janvier 1755], *ibid.*, p. 156. Malesherbes répond ainsi à l'intercesseur : « Fréron est bien heureux Madame, d'avoir une protection aussi puissante que la votre et s'il la doit à ses feuilles il doit se trouver bien dédommagé des nombreux ennemis que les mêmes feuilles lui ont suscités. Vous conviendrés cependant qu'il a souvent besoin de correction, et qu'il n'en craindroit aucune si quand il a fait des fautes vous lui permettiés de recourir à vos bontés. Je crois que dans cette occasion cy pour son propre intérêt et pour l'empêcher de se mettre dans le cas d'une suppression totale il est bon qu'il souffre pendant quelque tems la médiocre punition qui luy est infligée et qu'il en doive la fin aux mesures qu'il proposera luy même de prendre pour se contenir par la suite » (Lettre de Malesherbes à Mme de La Marck, *ibid.*, p. 156).

2.

Évolution du conflit : le retournement des forces en présence (1764-1789)

La condamnation de l'ordre des jésuites puis leur expulsion modifient les données du conflit, bien que les jansénistes des *Nouvelles ecclésiastiques* continuent à attribuer à leurs adversaires traditionnels tous les maux dont souffre le pays et, en particulier, la montée en puissance de l'incrédulité. Les années 1762-1770 sont marquées par une deuxième offensive des apologistes, à la suite de la publication du *Contrat social* et d'*Émile* de Rousseau (1762) puis du *Dictionnaire philosophique* de Voltaire (1764). *Le Système de la nature* du baron d'Holbach (1770) déclenche encore une nouvelle vague de protestations indignées et un nombre considérable de réfutations. Les années 1760 marquent aussi un tournant de l'apologétique : on a l'impression que les bataillons serrés des récusateurs ont pris conscience des progrès inexorables des écrits philosophiques et surtout de l'influence incontestable qu'ils exercent sur le public. La situation exige donc qu'ils cherchent, bon gré mal gré, à s'adapter au nouvel esprit du siècle. Les institutions culturelles font également l'objet de luttes âpres et serrées : l'Académie française est devenue un lieu d'affrontement et de rivalité entre les adversaires des deux bords et nous verrons que, par un jeu de bascule, la situation se retourne au profit des Philosophes dans les années 1762-1770.

La situation après l'expulsion des jésuites

Le départ des membres de l'illustre Compagnie modifie le rapport de forces. Le système éducatif connaît une crise sans précédent : des enseignants qui jouissaient d'un grand prestige sont dispersés. Des prédicateurs, défenseurs zélés du christianisme contre l'impiété moderne, ne peuvent plus exercer leur mission. Bien loin de gagner en unité, la critique apologétique est toujours aussi divisée et les jansénistes extrémistes profitent du vent porteur pour accuser les apologistes jésuites de jeter du lest et de céder sur les dogmes fondamentaux du christianisme[1]. D'Alembert et Voltaire s'efforcent de prendre toute la mesure de la situation afin d'adapter leur stratégie à la nouvelle donne, mais leur point de vue diverge. Le premier se montre nettement plus optimiste que le second. Il prétend que la crainte suscitée par « la canaille janséniste n'a pas lieu d'être » parce que le radicalisme doctrinal et les positions extrémistes ont considérablement perdu en influence dans le nouveau contexte politico-culturel. La souplesse des jésuites, leur sens de l'adaptation, l'habileté avec laquelle ils savaient s'insinuer dans les milieux de la Cour et comprendre la psychologie des femmes âgées devenues dévotes faisaient d'eux des adversaires bien plus redoutables pour les Philosophes que les jansénistes. Fort de cette conviction, d'Alembert en vient à prédire, en des termes guerriers, la victoire prochaine des Philosophes : « Le plus difficile sera fait quand la philosophie sera délivrée des grands grenadiers du fanatisme et de l'intolérance ; les autres ne sont que des cosaques et des pandoures qui ne tiendront pas contre nos troupes réglées[2]. » Voltaire, toujours inquiet, considère la situation d'un œil plus pessimiste. Plein de mépris pour cette France incapable d'accéder à l'esprit de tolérance, il en vient à regretter les jésuites, car leurs querelles permanentes avec les jansénistes entretenaient, du moins, une diversion favorable à la lutte philosophique : « Je souhaite de

1. Quatre apologistes jésuites : Delamare, Floris, Paulian et Nonnotte sont accusés par Guidi dans *Lettres d'un théologien à M*** où l'on examine la doctrine de quelques écrivains modernes contre les incrédules* (1776) de céder sur le dogme du péché originel et de refuser l'idée de la damnation des païens.

2. Lettre à Voltaire du 2 mars 1764. Les métaphores militaires sont significatives d'un imaginaire de la conquête du champ culturel, dominé par des forces plus ou moins hostiles (les différents camps religieux) ou attentistes (les pouvoirs civils). Voltaire, quant à lui, portait, le mois d'avant, un jugement moins optimiste sur la situation : « Vous avez bien raison de rire ; mais vous ne rirez pas longtemps, et vous verrez les fanatiques maîtres du champ de bataille. [...] Les Jésuites étaient nécessaires, ils faisaient diversion ; on se moquait d'eux, et on va être écrasé par des pédants qui n'inspireront que l'indignation » (Lettre du 14 avril 1764, *Correspondance*, Besterman, D. 11822).

tout mon cœur qu'il reste des jésuites en France : tant qu'il y en aura, les jansénistes et eux s'égorgeront : les moutons comme vous savez respirent un peu quand les loups et les renards se déchirent[1]. »

C'est alors que d'Alembert tente une manœuvre de conciliation en lançant anonymement un libelle intitulé *Sur la destruction des jésuites en France* (1765) qu'il dédie à M***, Conseiller au Parlement de *****. Il s'agit d'une main tendue aux parlementaires modérés, dont il vante le « patriotisme vraiment philosophique ». Le magistrat qui a décrété l'interdiction de l'ordre des jésuites est félicité d'avoir banni du territoire français une société ultramontaine, qui entretenait des liens condamnables avec « une autre patrie et un autre souverain[2] ». Faisant état de sa modération, il entend démontrer au pouvoir d'État que les Philosophes se situent au-dessus des partis et des basses querelles qui respirent le « fanatisme ». Ils auraient même, dans cette affaire, un rôle à jouer. N'est-ce pas à eux qu'il incombe de tirer la leçon de l'expulsion, en faisant connaître à la postérité « comment les passions et la haine ont servi sans le savoir, la raison et la justice, dans cette catastrophe inattendue[3] ». En bref, d'Alembert propose de se faire le chantre de la politique royale dans les cercles français et européens ! Notons la présence d'une stratégie reposant sur l'exploitation des virtualités positives de l'expression « philosophe » et sur l'amalgame, en passe de s'instaurer auprès d'une partie des élites, entre « philosophie » et « patriotisme ». Ce faisant, le stratège pousse plus loin la manœuvre en essayant d'inciter le pouvoir à parachever son œuvre de salubrité publique : intervenir désormais contre cet autre extrémisme, ennemi de l'État, que représentent les éléments les plus violents du jansénisme contestataire. Le libelliste pense évidemment aux adversaires de l'*Encyclopédie* et en particulier au sinistre Chaumeix qu'il présente comme un perturbateur de la société civile. D'Alembert justifie encore sa politique de la main tendue par d'autres arguments : les jésuites ont certes montré la supériorité de leurs talents sur les autres ordres en fait de sciences et de Lumières, et il est vrai aussi qu'ils disposaient de beaucoup de temps pour se

---

1. Lettre du 16 juillet 1764, *ibid.*, p. 25. C'est à Marmontel que Voltaire fera plus tard la fameuse déclaration : « On nous a délivrés des renards et on nous a confiés aux loups » (Lettre du 7 août 1767, *ibid.*).

2. D'Alembert, *Sur la destruction des jésuites en France*, édition de 1767, p. 3.

3. *Ibid.*, p. 12.

livrer à l'étude, mais les dévots manquent de cette aménité que l'on acquiert au contact du monde. Seuls des esprits ouverts au dialogue, en l'occurrence les Philosophes, savent concilier le talent intellectuel et le goût littéraire. Quant aux athées, ils ne sauraient inquiéter les pouvoirs publics, dans la mesure où ils s'abstiennent de « dogmatiser » et savent fort bien se taire, quand la situation l'exige. À l'inverse, les convulsionnaires excités par la clandestinité à laquelle ils sont condamnés ne connaissent que l'anathème et l'imprécation. Manière aussi de faire d'une pierre deux coups : la levée de la censure neutraliserait la violence des jansénistes qui n'aurait plus lieu d'être et faciliterait la diffusion des Philosophes modérés, alliés du pouvoir. Quant aux autres ils s'en tiendraient à une neutralité de bon aloi et sans conséquence.

Un tel libelle fait du bruit et suscite, bien sûr, force répliques indignées dans le camp adverse[1]. Les *Nouvelles ecclésiastiques* du 12 décembre 1765 ne tardent pas à dénoncer la manœuvre avec leur violence habituelle. On concédera tout de même aux jansénistes que d'Alembert terminait son discours sur un ton assez éloigné de la tolérance « philosophique ». Certes, l'ancien responsable de l'*Encyclopédie* proposait d'autoriser la diffusion des *Nouvelles ecclésiastiques*, mais il ajoutait qu'il fallait « ordonner aux convulsionnaires (sous peine de fouet) de représenter leurs farces dégoûtantes, non dans un galetas, mais à la foire, pour de l'argent, entre les danseurs de corde et les joueurs de gobelets qui les feront bientôt tomber[2] ». En somme les convulsionnaires devraient être condamnés à faire la preuve en public de leur histrionisme et de leur charlatanisme. De son côté, le journal janséniste critique, non

1. Par exemple : *Lettre à un ami sur un Écrit intitulé : Sur la destruction des Jésuites en France* (attribué par Barbier à l'abbé Louis Guidi), 1765.

2. *Sur la destruction des jésuites en France*, *op. cit.*, p. 260. Diderot, comme d'Alembert, plaide pour la tolérance, en arguant du fait que la répression contre les convulsionnaires coûte cher sans mettre fin aux extravagances des fanatiques de cette secte. Dans *Jansénismes et Lumières*, Monique Cottret attire justement l'attention, à ce propos, sur un passage des *Mélanges pour Catherine II* de Diderot (*Œuvres*, *op. cit.*, t. III, p. 264) : « Et puis quatre-vingt mille lettres de cachet décernées sous la seule administration du cardinal de Fleury ; quatre-vingt mille bons citoyens ou jetés dans des prisons ou fugitifs dans des contrées éloignées, ou relégués au loin dans des chaumières, tous heureux de souffrir pour la bonne cause, mais tous morts pour l'État à qui cette persécution coûte des sommes immenses. La seule persécution des *Nouvelles ecclésiastiques* a dissipé des millions. Qu'on eût permis la libre impression de ce libelle maussade, si couru dans les commencements et personne n'aurait daigné le lire. »

sans pertinence, le recours aux mots étendards que les Philosophes prononcent, par tactique, pour étouffer dans l'œuf toute forme de contestation. La modération revendiquée servirait à crier au « fanatisme » aussitôt qu'un adversaire lève le nez ! Elle dissimulerait encore un nouveau désir de puissance et d'hégémonie. D'Alembert entendrait régner non seulement sur l'ensemble des activités culturelles, mais encore sur tous les secteurs de la vie religieuse. Ne prétend-il pas relever le clergé prétendument tombé dans un état de langueur ? Et le journaliste de railler : « C'est un philosophe encyclopédiste qui parle et qui veut faire voir que son esprit renferme toutes les sciences : un nouveau Don Quichotte, qui s'escrimant à droite et à gauche, frappe sur tout ce qu'il rencontre, et dispense le mérite, ou l'ôte à son gré dans tous les états et tous les genres, le civil, l'Ecclésiastique, le littéraire, le Séculier et le Régulier, le théologien même[1]... »

La critique qui se poursuit sans relâche jusqu'à la Révolution dans les *Nouvelles ecclésiastiques* ne brille pas par son originalité. Ce sont les mêmes griefs assenés avec une régularité obsessionnelle et lassante : l'ère de la décadence générale est advenue. Le pouvoir décoche ses traits contre une « secte chimérique » au lieu de s'en prendre à ses véritables adversaires, les Philosophes. Les *Nouvelles ecclésiastiques* tentent aussi de se distinguer des autres apologistes, en radicalisant leurs positions : ce ne sont pas tant les connaissances acquises que les passions d'intelligence avec la fausse philosophie qu'il faut rendre responsables de la corruption de l'homme. Sans pratiquer l'art de la nuance, le bouillant journaliste en vient à confondre, dans le même opprobre, l'ensemble des agents corrupteurs : « En moins de 18 mois nous venons de voir condamner à la Tournelle deux jeunes filles pour avoir volé et assassiné sur les grands chemins, 5 maris pour avoir assassiné leurs femmes, un fils pour avoir égorgé son père, un autre pour avoir assassiné sa mère. Voilà où nous ont conduits les jésuites, leur doctrine, le Formulaire, la Bulle et la philosophie moderne (!)[2]. » Les apologistes jugés trop laxistes ne sont pas épargnés. Qu'ils soient d'obédience jésuite ou indépendants d'esprit, on les soupçonne toujours de succomber aux sirènes du molinisme ! L'abbé Bergier est accusé d'hérésie

1. *Nouvelles ecclésiastiques*, 12 décembre 1765, p. 201.
2. *Ibid.*, 19 mars 1768, p. 47.

pour ses thèses sur les enfants morts sans baptême et sur le salut accordé aux infidèles, bien qu'il refuse catégoriquement d'être récupéré par les jésuites. Pour ne pas prêter le flan à l'adversaire déiste ou par conviction sincère, l'apologiste affirme en effet qu'aucune interprétation de l'Écriture ne permet de soutenir que les enfants non baptisés sont voués à la damnation[1] !

La seconde offensive des apologistes

Il faut bien sûr relativiser l'importance de ces querelles. Elles ne concernent guère un public ayant accédé récemment à la lecture. Très réceptif aux modes nouvelles, il ne s'intéresse guère aux débats théologiques, même s'il reste sincèrement religieux. Reste tout de même que ces querelles divisent et donc affaiblissent le combat mené par les apologistes. Si le radicalisme affiché par certains jansénistes n'est plus de saison dans le dernier tiers du XVIIIe siècle, si les positions critiques adoptées par les journalistes des *Nouvelles ecclésiastiques* marquent un incontestable épuisement, il est d'autres combattants philosophiquement mieux armés qui ont repris la lutte. D'Alembert a sans doute raison de mépriser « les cosaques » et « les pandoures » du combat antiphilosophique, mais plus dangereux sont ceux qu'il appelle « les grands grenadiers du fanatisme ». En effet *Émile* de Rousseau (1762) et plus encore le

1. « Je suis entre deux feux. Les philosophes d'un côté, les Jansénistes de l'autre, commencent à décocher contre moi des lettres et des brochures, et vraisemblablement cela continuera… la bombe que les Jansénistes tenaient en réserve depuis quatre ans vient d'éclater dans une lettre de 150 pages, et l'explosion est violente. Je suis un hérétique damné avec tous les jésuites de l'univers, avec la Sorbonne, avec Tournély, avec Collet, qui vient de mourir, avec tous les séminaires de France, qu'ils ont infectés du molinisme » (Bergier, *Correspondance avec l'abbé Trouillet*, Lyon, Centre André Latreille, 1987, lettre du 30 octobre 1770, p. 65). La « bombe » évoquée désigne la *Lettre à M. Bergier, Docteur en théologie et Principal du Collège de Besançon, sur son ouvrage intitulé : Le Déisme réfuté par lui-même*, 1770, in-12, publiée sans indication de lieu et dont l'auteur est l'avocat janséniste André Blonde (1734-1794). Les *Nouvelles ecclésiastiques* se font évidemment un plaisir d'orchestrer la polémique et de reprocher à Bergier d'adopter une méthode qui l'incite à multiplier les concessions à l'adversaire : « L'intérêt même de la cause qu'il défend avec tant d'avantage, à beaucoup d'égards, exigeoit qu'on fît voir que si de temps en temps il donne prise sur lui et favorise indirectement le système irréligieux de ceux qu'il combat : c'est qu'alors il abandonne l'ancienne et indéfectible Tradition de l'Église, pour suivre les opinions nouvelles qu'elle réprouve » (*Nouvelles ecclésiastiques*, 22 décembre 1770, p. 198).

Dictionnaire philosophique de Voltaire (1764) déclenchent une vague de réfutations sans précédent. Alors que le *Discours sur les sciences et les arts* et le *Discours sur l'origine et les fondements de l'Inégalité parmi les hommes* avaient provoqué une intense polémique avec les pasteurs genevois, la publication du *Contrat social* et d'*Émile*, dans un contexte idéologique survolté, suscite un phénomène de surenchère répressive entre les diverses institutions disposant d'un pouvoir de censure, et stimule la fièvre contestatrice des apologistes. Une partie d'*Émile*, surtout *La Profession de foi du Vicaire savoyard*, provoque une vague de réfutations, dès la parution en 1762. Certains s'en prennent à l'ouvrage tout entier et tentent d'inverser les principes éducatifs de Rousseau par le titre évocateur d'*Anti-Émile*[1]. Il s'agit en somme d'opposer à l'œuvre incriminée un contre-modèle en gardant les effets « médiatiques de l'intitulé primitif ». Le mandement de l'archevêque de Beaumont portant condamnation de l'ouvrage ajoute encore à la polémique en instaurant un cycle sans fin de réfutations et de contre-réfutations, car Rousseau récuse la légitimité de l'intervention de l'archevêque dans une lettre publique, avant d'être à son tour attaqué pour cette riposte[2] ! Le débat se prolonge encore dans divers mandements ecclésiastiques et dans des sermons qui profitent de la controverse pour réaffirmer le rôle et la fonction de l'Église, tout en incitant les fidèles à la piété. De plus grande ampleur, l'œuvre de l'abbé Bergier, *Le Déisme réfuté par lui-même ou Examen en forme de lettres des principes d'incrédulité répandus dans les divers écrits de M. Rousseau* (1765) marque un tournant de l'apologétique. Prenant du recul, il ne publie sa réponse que trois ans après l'*Émile*. Cet apologiste écrit une œuvre profonde qui prétend dépasser la polémique du moment. Surgit de toute évidence une étoile montante de l'apologétique chrétienne.

Le *Dictionnaire philosophique* (1764) offre une situation fort différente. Pour frapper un grand coup, Voltaire avait décidé d'in-

---

1. Abbé C***, *Anti-Émile ou précis simple d'une éducation solide*, 1762 ; Père André, *Réfutation du nouvel ouvrage de J.-J. Rousseau intitulé « Émile ou de l'Éducation »* ; et l'année suivante, Formey, *Anti-Émile* ; ou encore Gerdil, *Réflexions sur la théorie et la pratique de l'éducation contre les principes de M. Rousseau*, 1763, réédité sous le titre *Anti-Émile*, 1765.

2. Par exemple Déforis, *Préservatif pour les fidèles contre les sophistes et les impiétés des incrédules... suivi d'une Réponse à la lettre de J.-J. Rousseau à M. de Beaumont*, Paris, Desaint, 1764.

verser la politique éditoriale de l'*Encyclopédie*. Alors que les responsables du grand dictionnaire avaient choisi la caution du pouvoir légal, il optait, quant à lui, pour la clandestinité et l'anonymat ; au format in-folio il substituait une forme facilement maniable (son dictionnaire est qualifié de portatif). Ces changements lui permettaient d'adopter un ton nettement offensif, fondé sur le trait d'esprit et la raillerie cinglante. Ce fut une bombe qui réussit au-delà des espérances et laissa en état de choc une grande partie du public chrétien, ce qui explique la promptitude de la riposte des apologistes. Relevons trois types de réactions : le cri d'indignation qui surgit spontanément mais demeure inscrit dans des œuvres manuscrites la contestation religieuse profitant des circonstances pour envoyer des piques à l'ennemi doctrinal, protestant ou catholique, accusé d'être responsable de la situation ; les ouvrages d'envergure, enfin, qui entendent recourir à une argumentation serrée et qui visent souvent à reconstituer, à la faveur de la polémique, un véritable corps de doctrine.

Plusieurs principes guident la conduite des apologistes antivoltairiens ; d'abord démasquer un auteur qui revêt le voile odieux de l'anonymat pour couvrir ses vilenies : « il emprunte tant de noms, il se montre sous tant de formes, Juif, Chrétien, Aumonier, Rabbin, Bachelier, Docteur, oncle, neveu, etc. qu'on peut aisément s'y tromper[1] ». C'est toute une pratique éditoriale que Guénée condamne, pour en dénoncer les effets pervers : risque d'abuser le lecteur peu averti, d'exciter une curiosité malsaine, possibilité aussi, à la faveur de la dissimulation, d'abandonner toute contrainte et d'exprimer les foucades les plus illégitimes. L'anonymat permet également à Voltaire de fuir ses responsabilités : le refus de reconnaître la paternité du *Dictionnaire philosophique* l'autorise à se dérober, quand il le souhaite, aux polémiques désirées par ses adversaires. Les préfaces de ces nouveaux écrits révèlent, enfin, une véritable hantise pédagogique : désir d'une parfaite clarté, pour atteindre immédiatement à la fois les gens simples et ceux du monde. Ne travaillez que « pour le commun des Lecteurs, qui demandent un préservatif prompt contre la religion de l'impiété »,

1. Abbé Antoine Guénée, *Lettres de quelques juifs portugais et allemands à M. de Voltaire*, Paris, 1772 (3e éd.), t. I, p. 63, n. 1.

proclame l'abbé Chaudon dans la préface de son *Dictionnaire antiphilosophique*[1].

Après le tir groupé des grandes œuvres philosophiques, l'Église et les responsables de la réaction dévote sont à la recherche de talents intellectuels capables d'engager la riposte. L'abbé Nicolas-Sylvestre Bergier (1718-1790) constitue une excellente recrue. Sa carrière illustre de manière exemplaire les rouages de la vie intellectuelle au XVIIIe siècle : s'y mêlent les divisions internes de l'Église de France, tout un système de protection et d'allégeance et des affrontements idéologiques qui n'excluent pas d'étranges phénomènes de coexistence. Au collège puis au séminaire de Besançon, et dans sa cure de Flangebouche, durant les longs mois d'hiver, Bergier se grise d'études, toutefois des cahiers nous révèlent que ses veilles ne sont pas seulement consacrées aux ouvrages de théologie, mais que, comme Voltaire, il annote soigneusement les livres interdits pour lesquels il semble éprouver une sorte de prédilection. C'est évidemment pour une tout autre cause. L'abbé cultive manifestement dans l'ombre des talents de théologien, de dialecticien et déjà d'apologiste, en prenant toute la mesure de l'adversaire à combattre, avant de tenter sa chance pendant dix ans aux concours lancés par la récente Académie de Besançon. Des succès flatteurs : médaille d'or pour l'éloquence et la dissertation en 1753 et prix d'Histoire lui assurent rapidement une reconnaissance locale. En 1763, il fait imprimer à Besançon un ouvrage intitulé : *Comment les mœurs donnent de l'éclat au talent*, dans lequel il esquisse, sans le nommer, un portrait de Voltaire. La rencontre avec Mgr de Beaumont le célèbre archevêque de Paris, alors en lutte avec Rousseau, mais aussi inquiété pour sa politique favorable aux jésuites, constitue la seconde étape, cette fois décisive, de la carrière de Bergier. Hostile aux apologistes augustiniens, essentiellement les jansénistes, mais aussi à tous ceux qui défendent une pastorale trop lourde, Bergier trouve en la personne de Beaumont une complicité intellectuelle. Il semble que l'abbé ait envoyé au prélat un manuscrit qui pouvait tenir lieu de réponse à la lettre impertinente que Jean-Jacques Rousseau avait adressée à l'archevêque pour récuser le célèbre mandement dirigé contre l'*Émile*. Ce ballon d'essai lui permet ainsi de montrer aux représentants de l'autorité ecclésias-

1. *Dictionnaire antiphilosophique*, éd. de 1769, préface, pp. XV-XVI.

tique que ses talents d'intellectuel et de polémiste peuvent servir la lutte antiphilosophique. Mais c'est en 1765 que Bergier commence véritablement sa carrière d'apologiste, en publiant son *Déisme réfuté par lui-même ou Examen en forme de lettres des principes d'incrédulité répandus dans les divers écrits de M. Rousseau*. Le succès est immédiat : cinq éditions en trois ans, suivies bientôt de traductions italiennes et allemandes. On a l'impression qu'une mécanique est enclenchée et que Bergier est en somme voué à poursuivre de grandes manœuvres contre l'ensemble des mouvements philosophiques. *La Certitude des preuves du christianisme, ou Réfutation de l'Examen critique des apologistes* est dirigée contre Fréret (en réalité Lévesque de Burigny). Voltaire qui s'y trouve maltraité décide de poursuivre la polémique dans un écrit intitulé *Conseils raisonnables à M. Bergier pour la défense du christianisme*, publié anonymement en 1768. Cette stratégie porte ses fruits. L'avocat général Séguier le sollicite pour qu'il réfute *Le Système de la nature* de d'Holbach, entreprise qui inquiète l'apologiste, comme s'il était pris d'un instant de doute devant la difficulté de la tâche. Mais son destin est scellé. On se dispute ses services. En juin 1770, à l'Assemblée générale du clergé, l'archevêque de Toulouse, Loménie de Brienne, ne tarit pas d'éloges sur ses écrits apologétiques, et sollicite son concours pour la rédaction de son *Avis aux fidèles sur les dangers de l'incrédulité*. Or cet avis signé des évêques de La Roche Aymon et Brienne, qui apparaît comme un chef-d'œuvre de l'apologétique chrétienne, semble en fait rédigé par Bergier. Déjà remarqué par le Grand Dauphin, et soutenu par le clan dévot de Versailles, félicité par le pape, voici que ce modeste abbé devient chanoine de Notre-Dame de Paris. Après la parution de son *Examen critique ou Réfutation du Système de la nature* (1770), récompensé par un bénéfice ecclésiastique de 20 000 livres et une pension royale de 2 400 livres, il abandonne son canonicat pour se consacrer exclusivement à la défense de la religion. Doté d'un logement à Versailles, confesseur de Mesdames, les filles du roi, puis des comtesses d'Artois et de Provence, il peut se lancer dans de grandes entreprises éditoriales : en 1788-1790, Bergier participe, pour la partie théologique, à la *Nouvelle encyclopédie* de Panckoucke qui continuera à être largement publiée au XIXe siècle.

L'examen de cette carrière nous invite à réviser les jugements hâtifs qu'a pu inspirer le mouvement apologiste. La très riche correspondance que Bergier, devenu parisien, entretient avec son ami et confrère l'abbé Trouillet, curé d'Ornans, dans les années 1770, nous révèle un lecteur souvent fasciné par les ouvrages qu'il est chargé de réfuter : « Si vous me demandez mon avis [dit-il à propos du *Système de la nature* de d'Holbach], je vous répondrai que c'est le livre le plus hardi et le plus terrible qui ait été fait depuis la création du monde[1]. » Si Bergier rend hommage à la subtilité de sa démonstration et à la grandeur de son art – « Il y a des tirades d'apostrophes dignes de Démosthène » –, c'est qu'il aime à reconnaître les mérites de l'adversaire, si dangereux soit-il, et à critiquer les ouvrages apologétiques, lorsque ceux-ci présentent des faiblesses littéraires ou philosophiques. Cette impartialité est à interpréter : Bergier, comme les Philosophes est un grand amateur de livres et, comme Voltaire, un lecteur et un épistolier infatigables. Fait plus surprenant, ce religieux, défenseur attitré de l'orthodoxie, succombe aussi au péché bibliophilique. Ne confie-t-il pas à son ami combien il aime caresser les belles reliures. Collectionneur et « bibliomane », il ne cesse d'acheter et de revendre des livres qui ne présentent pas tous, on s'en doute, la plus parfaite orthodoxie[2]. Autre point à réexaminer, à la lumière de la carrière de Bergier : les relations que les apologistes entretiennent avec le camp adverse. Grâce à son frère cadet Claude-François (1721-1784), avocat mécréant, prodigue et amateur de parties fines, l'abbé Bergier est introduit dans les milieux philosophiques de la capitale et même dans le salon du baron d'Holbach, l'adversaire à censurer, le chantre de l'athéisme radical. Plusieurs missives de la correspondance entretenue avec l'abbé Trouillet font même état de relations assidues avec les membres de la fameuse coterie holbachique. Fait plus étrange, Bergier fait lire à d'Holbach et à Diderot une première version incomplète de sa récusation avant de la

---

1. Bergier ajoute : « On peut le réfuter sans doute, puisqu'il n'est question que de démontrer que le mouvement n'est pas essentiel à la matière... mais le faire avec autant d'art qu'il a mis dans son livre, avec autant de netteté et sur un ton aussi imposant qu'il le fait, voila ce que je soutiens très difficile et que je regarde comme une entreprise très hasardeuse » (Bergier, *Correspondance avec l'abbé Trouillet*, *op. cit.*, lettre du 5 février 1770, p. 49).

2. « J'ai vendu mon maître comme Judas, j'entends le *Dictionnaire celtique* du professeur [J.-B. Bullet] qui ne servait à rien ; 40 livres que j'en ai tirés m'ont servi à payer en partie celui de Bayle [il s'agit du *Dictionnaire historique et critique* dans l'édition de 1702] que j'ai racheté avec un beau Cicéron de Robert Estienne en deux volumes in-folio, et qui ne m'a coûté que quinze livres » (*ibid.*, p. 56).

confier au commanditaire : « Je demanderai la permission de dédier au clergé la réfutation du *Système de la nature* ; j'en suis aux deux tiers. Diderot et d'Holbach ont vu le premier cahier et le plus essentiel. Ils ont répondu que cet ouvrage serait regardé comme victorieux dans mon parti, mais que je n'entendais pas leur langage, et qu'il n'y a pas cinquante personnes à Paris qui soient en état de l'entendre… D'Alembert le lira lorsque tout sera mis au net[1]. » On a parfois interprété la liaison de Bergier et du baron d'Holbach comme une nécessité stratégique : l'apologiste s'introduirait dans le repaire du loup pour mieux le trahir ensuite[2]. Si cette hypothèse n'est pas totalement à écarter, elle n'explique guère la collaboration étroite qui s'établit entre les deux adversaires doctrinaux. La déclaration de Bergier nous révèle plutôt que certains apologistes comme leurs adversaires ont recours aux mêmes pratiques culturelles et scripturaires. Avant sa mise en circuit, avant qu'il ne serve les desseins de l'Église, l'écrit est soumis au jugement d'intellectuels animés par la même passion du débat. Il existe bel et bien une forme de reconnaissance qui transcende les clivages opérés par les institutions politiques ou religieuses. Il arrive aussi que sa fonction de censeur conduise Bergier à rencontrer les Philosophes de l'« establishment » pour approuver au moins leurs travaux historiques[3]. Quant à son anti-jansénisme, il lui inspire des remaniements qui ont un peu l'allure d'un coup porté par les Philosophes[4]. Il perfectionne enfin une nouvelle méthode critique qui entend mettre les déistes en contradiction avec eux-mêmes, tout en exploi-

1. *Ibid.*, lettre du 6 juin 1770, p. 55.

2. C'est du moins ce que laisse entendre le prince Eugène de Wurtemberg, dévot déclaré, avec lequel Bergier entretient une correspondance assidue : « Je pense comme vous, Monsieur, que votre liaison avec le baron d'Holbach peut être très utile… vous aurez moins de peine à le confondre » (Bergier, *Œuvres complètes,* Petit-Montrouge, Migne, 1855, t. VIII, p. 1576). Il est d'autres preuves d'étroites relations entre Bergier et le milieu encyclopédiste. Diderot n'écrit-il pas à son frère, abbé : « Vous connoissez apparemment l'abbé Bergier, le grand réfutateur des Celses modernes, Eh bien, je vis d'amitié avec lui… » (*Correspondance*, éd. Roth, t. X, p. 62).

3. Abandonnant son rôle d'apologiste pour celui de censeur et de lecteur bienveillant, Bergier approuve pleinement la traduction que donne Suard de l'*Histoire du règne de Charles Quint* par Roberston, en 1771. Voir la *Correspondance avec l'abbé Trouillet*, *op. cit.*, lettre du 4 mars 1771, p. 77.

4. « Je finis mes corrections pour la troisième édition de la *Certitude* ; j'y ai mis sur les miracles de Pâris des remarques un peu plus fortes que celles des éditions précédentes » (*ibid.*, p. 77).

tant ce qu'ils ont écrit de meilleur, et l'apologiste de reconnaître qu'il « leur échappe de temps en temps des choses dont on peut faire bon usage[1] ».

Si Bergier illustre parfaitement l'exemple d'une carrière réussie, on peut évoquer, à titre de comparaison, un autre apologiste, pourtant grand métaphysicien, qui ne parvient pas à sortir de l'ombre, Joseph-Adrien Lelarge de Lignac. Né au commencement du XVIIIe siècle à Poitiers où il fit ses études, il entre à l'Oratoire en 1732, puis enseigne la théologie aux séminaires de Mâcon et du Mans, avant d'être supérieur à Nantes. Il quitte la congrégation et, en 1752, fait un voyage en Italie dans l'intention d'étudier les phénomènes du Vésuve. Accueilli par le pape à Rome, il s'arrête au retour à Turin où il rencontre le cardinal Gerdil, un autre métaphysicien, grand apologiste malebranchiste. Il meurt à Paris en 1762. Si plusieurs ouvrages de Lelarge, comme *Le Témoignage du sens intime et de l'expérience opposé à la foi profane et ridicule des fatalistes modernes* (1760) et surtout les *Éléments de métaphysique tirés de l'expérience*, n'obtiennent pas de son vivant les suffrages du public, et tombent ensuite dans un oubli quasi total, c'est qu'il fait peu de concession aux modes éditoriales du moment et qu'il n'est soutenu par aucun protecteur. Refusant les dialogues enlevés comme le font couramment ses adversaires, écartant les traits d'esprit et les simplifications qui font mouche, il maintient l'ancienne forme du traité systématique, et en appelle à un effort intellectuel que refusent les élites étrangères aux cercles restreints des théologiens[2]. Notons, pour finir, qu'à la différence de Bergier, Lelarge de Lignac ne fréquente pas les lieux d'ostentation et de pouvoir intellectuels. L'auteur de l'*Examen du matérialisme ou Réfutation du Système de la nature* (1771) attend un effet publicitaire de la promptitude de la réponse, tout en poursuivant une suite logique plus approfondie et échelonnée dans le temps : « Il est de mon

1. *Ibid.*, lettre du 8 mai 1775, p. 116.

2. Lelarge de Lignac s'essayera pourtant au persiflage dans quelques écrits comme l'*Examen sérieux et comique des discours sur l'Esprit*, 1759. Ce sont surtout les *Éléments de métaphysique tirés de l'expérience* qui subissent un cuisant échec. L'auteur en convient dans l'introduction du *Témoignage du sens intime* : « Peut-être fallait-il trop d'étude et d'application » pour percer les difficultés de l'ouvrage, avoue-t-il. C'est pourquoi il reprend à peu près les mêmes idées dans l'ouvrage suivant, mais en adoptant cette fois un titre apologétique qui entend donner plus de mordant à sa thèse.

intérêt de tirer de mes matériaux tout le parti possible et de m'en servir dans la suite pour donner un traité suivi et complet sur la religion », confie-t-il à Trouillet[1].

La comparaison entre Bergier et Lelarge de Lignac révèle clairement la nature des obstacles auxquels se heurtent les apologistes. La multiplication des écrits philosophiques les expose à des choix stratégiques, difficilement conciliables. À trop multiplier les ouvrages antiphilosophiques, on risque de laisser croire que le mal est fait et que les rebelles ont gagné la partie. La violence des diatribes présente aussi des effets pervers qui menacent à leur tour le succès du projet. Outre qu'elle peut inciter, au même titre que la censure, à lire les ouvrages condamnés, l'interdiction violente et la mise en garde sans nuances peuvent à la longue lasser un public, habitué à la lecture d'œuvres plus légères, au charme incontestable. Aussi les nouveaux apologistes en appellent-ils à une stratégie plus subtile, sachant reconnaître les mérites littéraires de l'adversaire pour mieux dénoncer ensuite ses erreurs philosophiques. Bergier, Paulian et Guénée partagent ce point de vue. Mais demeure un autre écueil, plus redoutable : comment concilier l'urgence de la riposte et la volonté d'édifier un rempart solide contre l'impiété moderne ? Comment entretenir la fièvre polémique, se maintenir sur les devants de la scène éditoriale pour imposer son image, tout en présentant des contre-feux inscrits dans le temps long de l'Histoire ? Les nouveaux apologistes sont partagés entre une volonté de réédification du christianisme, intégrant parfois les apports de la critique moderne, et la nécessité de colmater des brèches, au coup par coup, en recourant aux moyens du bord. Cette difficile gestion du temps offre des aspects pathétiques. Elle est, en tout cas, une des pierres d'achoppement à laquelle se heurte le mouvement apologétique postérieur à l'*Émile* et au *Dictionnaire philosophique*.

1. Bergier, *Correspondance avec l'abbé Trouillet, op. cit.*, lettre du 27 août 1770, p. 63. L'ouvrage mentionné est le *Traité historique et dogmatique de la vraie religion* qui sera publié en 1780.

L'ACADÉMIE FRANÇAISE : UN LIEU D'AFFRONTEMENT

Parmi les institutions culturelles, l'Académie française représente un lieu d'opposition entre les défenseurs du christianisme et les différents mouvements philosophiques. Bien que constamment décriée, l'illustre maison fondée par Richelieu demeure une place forte convoitée, et donc un objet de grandes manœuvres stratégiques et d'intrigues tortueuses. Voltaire, après s'être souvent moqué de l'Académie et avoir subi deux échecs, y est finalement accepté en 1746. Le patriarche est doublement intéressé par l'institution : d'abord parce qu'elle représente un des nobles fleurons du Grand Siècle, ensuite parce qu'elle constitue incontestablement un lieu de pouvoir intellectuel, dans lequel l'exilé de Ferney peut agir par l'intermédiaire des satellites dévoués. Dans le camp opposé, la lutte est tout aussi vive, car chacun des adversaires en présence a compris que le rituel académique fondé sur une théâtralité du discours et une représentation majorée de l'homme de lettres offrait des enjeux considérables pour qui voulait dominer le champ culturel, ou tout au moins renforcer son image de marque, car ici les conduites symboliques comptent autant, sinon plus, que les pratiques. Voltaire le sait mieux que personne. Et pourtant l'Académie française essuie toutes les critiques possibles : on lui reproche son formalisme vide, sa propension à l'autocélébration, la froide éloquence des allocutions prononcées devant un aréopage somnolant ou réellement endormi ! On accuse les illustres membres d'assister aux séances avec l'unique dessein de toucher des jetons de présence. Plus grave, l'Académie aurait renié l'esprit que son fondateur avait voulu lui conférer : l'alliance originelle des talents et de la naissance ne serait plus respectée. Les divisions internes, les querelles de personnes, de sordides luttes d'influence contrediraient l'idéal égalitaire de la trop fameuse République des lettres[1]. Il n'empêche que ce spectacle que l'on présente comme

1. On se reportera, par exemple, aux *Lettres persanes* de Montesquieu : « Ceux qui le composent [le tribunal que constitue l'Académie française] n'ont d'autre fonction que de jaser sans cesse ; l'éloge va se placer comme de lui-même dans leur babil éternel, et, sitôt qu'ils sont initiés dans ses mystères, la fureur du panégyrique vient les saisir et ne les quitte

dérisoire remplit bel et bien les colonnes des chroniqueurs et prouve ainsi qu'il continue à éveiller la curiosité du public. Ce que les adversaires en présence qui l'ont parfaitement compris savent exploiter avec plus ou moins d'habileté.

Durant la première moitié du siècle, l'Académie est dominée par les gens de condition. La présence de grands noms de l'aristocratie, de dignitaires du pouvoir et de prélats contrebalance largement celle des gens de lettres recrutés exclusivement pour leurs talents personnels. D'Olivet, le chantre de l'illustre institution, auteur d'une célèbre *Histoire de l'Académie française* (1729) qui prolonge celle de Pellisson, idolâtre Cicéron et se pose en admirateur inconditionnel du Grand Siècle. Son but est d'encourager les talents respectueux de l'esprit monarchique et des valeurs religieuses. À l'Académie, on est donc ostensiblement chrétien, le plus souvent ultramontain et docile aux jésuites. C'est après une campagne et une élection difficiles que Montesquieu est définitivement élu en 1727, malgré les *Lettres persanes* et, dans un premier temps, l'hostilité de Fleury. D'autres esprits indépendants parviennent, non sans mal, à entrer à l'Académie. En 1747, un an après de l'élection de Voltaire, Duclos représente à la fois l'esprit Régence et une ouverture vers la philosophie. Son morceau de réception fait retentir pour la première fois dans l'enceinte de la prestigieuse institution la voix d'un réformateur. L'orateur ose affirmer que l'Académie doit respecter l'égalité et la liberté. Il s'agit en fait de promouvoir une nouvelle conception de l'homme de lettres, en majorant le talent, pour autant qu'il soit respectueux de l'autorité, des Grands et des règles établies par l'institution. La manœuvre est habile et lourde de conséquences : elle réussit à faire entériner par l'Académie une situation sur le point de se généraliser dans le monde extra-académique. Le cas d'Alembert mérite d'être examiné

plus » (lettre LXXIII). Pendant tout le siècle, les témoignages pullulent sur la décadence de l'Académie : « L'Académie n'est plus composée que de Grands, de Prélats ; à peine compterait-on huit hommes de lettres ; il est temps qu'elle reprenne son ancienne splendeur » (Mettra, *Correspondance secrète…*, *op. cit.*, 1787, t. XVII, p. 204). Citons encore : « Les quarante Lumières de l'État, ces brillans Soutiens de l'Europe littéraire, ces éternels Panégyristes de leurs propres talens, enfin tous ces divins génies qui composent l'Académie françoise, sans en excepter ceux qui n'ont jamais enfanter d'autres ouvrages que leur Discours de réception, ceux mêmes qui ont fait faire leur discours par d'autres, seront réputés Maîtres en littérature » (Dupont Du Tertre, *Projet utile pour le progrès de la littérature*, 1757, p. 10).

parce qu'il révèle un autre infléchissement. Le coresponsable de l'*Encyclopédie* est élu en 1754, en dépit de l'hostilité des dévots et de celle d'adversaires personnels. On peut se demander si son passé d'honnête homme malheureux n'a pas contribué à faire frémir la veine sensible de certains électeurs. D'Alembert ne peut-il pas être perçu comme un génie précoce, d'extraction modeste, faisant preuve d'une persévérance digne d'être récompensée ? En soutenant son protégé, Mme du Deffand donnera le coup de pouce décisif. Mais la partie n'est pas gagnée pour les Philosophes : la reine s'entoure, elle aussi, de gens de lettres qui influencent l'Académie en favorisant les dévots.

En 1760, l'institution connaît de grandes tensions. La présence de hauts dignitaires et de prélats conservateurs, hostiles aux idées nouvelles, est pour le pouvoir royal une indispensable garantie d'orthodoxie. L'Académie est un lieu de prestige, dont la magnificence illustre, depuis l'origine, la grandeur du règne. Mais l'institution doit nécessairement s'ouvrir aux représentants modérés de la pensée moderne, si elle ne veut pas mourir de sclérose, ni dépérir sous l'avalanche des critiques légitimes, car le pouvoir royal a également besoin d'intellectuels prestigieux pour illustrer sa grandeur en France et en Europe. Ces exigences contradictoires expliquent la présence d'une situation incertaine, faite de tensions entre des mouvements contraires qui tentent, pour s'imposer, d'exploiter à leur profit la conjoncture. Parmi les Philosophes recrutés, Montesquieu et Duclos remplissent plusieurs conditions. En plus de ses immenses talents intellectuels, le baron de La Brède possède le prestige du nom. Quant à Duclos, qui a succédé au marquis de Mirabaud au poste de secrétaire perpétuel en 1755, il est introduit dans les milieux de la Cour, manifeste tous les talents du bel esprit, tout en se montrant favorable aux courants philosophiques. D'Alembert, quant à lui, ne possède pas le passé sulfureux de Diderot et sait, quand il le faut, courber l'échine et manifester une souplesse idéologique de bon aloi.

Néanmoins la résistance s'organise. Des apologistes signalent le danger pour l'Académie française et les autres académies du royaume d'être investies par l'esprit philosophique. Plusieurs rappellent les principes qui animèrent Richelieu, le père fondateur : il combla de faveurs des savants et des gens de lettres qui unirent leurs talents pour affermir l'autorité du roi. Mais si ces conditions ne sont plus réunies, il vaut mieux préférer des esprits orthodoxes, des pèlerins du régime et des institutions à des écrivains, des poètes « qui n'offriraient pour tout mérite que de l'esprit et des écrits[1] ». Quelques académiciens commirent bien par le passé des ouvrages scandaleux, mais ils le firent toujours dans le secret. La publicité des débats et le prestige de l'institution imposent aux académiciens d'avoir des mœurs irréprochables. La Fontaine, rappelle le père de Valois, n'a pu être élu qu'à condition de s'amender, car l'Académie doit viser tout entière à la défense des valeurs chrétiennes : « Orateurs sacrés, religieux historiens, savants controversistes, pieux écrivains, qui font servir les lettres à la propagation du vrai culte, ministres des autels qui ne recherchent pas seulement cette immortalité passagère que dispense l'esprit des lettres[2]. »

Dans l'autre camp, d'Alembert en tête, se met en place une subtile offensive. Plusieurs discours préparent le terrain. L'encyclopédiste prône une alliance entre la religion et la philosophie, tout en essayant d'imposer l'idée que tout homme de lettres est nécessairement philosophe. Quant à Duclos, sous prétexte de relever le prestige défaillant de l'institution en favorisant les talents, il choisit évidemment ses exemples parmi les représentants des mouvements philosophiques. Se joue ici une étape décisive de la lutte : moment incertain où tout peut basculer au profit de l'un ou l'autre camp, si l'un des adversaires attente maladroitement à la bienséance académique, en forçant le ton et en révélant de manière ostensible que sa position est dictée par un groupe de pression[3]. L'enjeu est de taille : il s'agit rien de moins que de déplacer insensiblement les instances de légitimation du savoir et du talent au sein même de l'institution qui représente le symbole de l'orthodoxie. Or la grande force de d'Alembert est d'utiliser les séances académiques comme une tribune publicitaire au profit des mouvements philosophiques, en sachant exploiter cette caisse de résonance que représentent les chroniques et les comptes-rendus journalistiques, à l'affût des nouvelles de l'assemblée. Plus fortement encore, le discours académique, et tout particulièrement l'éloge, tend à

1. Père de Valois, *La Religion dans les académies littéraires*, Nantes, 1766, p. 44.

2. *Ibid.*, pp. 50-51.

3. On a vu que Lefranc de Pompignan, faute de respecter les bienséances académiques, n'avait pas réussi à imposer sa charge contre Voltaire en 1760.

devenir le substitut laïque du sermon chrétien. L'écrivain dont on fait le panégyrique devient un grand homme qui a œuvré pour l'« humanité », dont le destin exemplaire est présenté aux académiciens appelés à devenir les fidèles de ce nouveau culte et, par-delà l'illustre assemblée, à tous les gens de lettres contraints de reconnaître la réussite exemplaire d'un de leurs pairs. Duclos est à l'origine de cette nouvelle mesure, qui allait orienter le destin de l'Académie dans une direction favorable aux voltairiens et aux encyclopédistes. C'est en 1755 qu'il fait substituer l'éloge des grands hommes au perpétuel éloge de Louis XIV pour les concours d'éloquence. Avant même de devenir académicien lui-même, le jeune Thomas se spécialise dans ce genre littéraire[1]. On a l'impression qu'il perfectionne un procédé pouvant ensuite servir à toutes fins utiles. La stratégie est discursive : elle consiste à choisir des sujets d'éloquence acceptables par l'ensemble des académiciens, de s'en tenir, dans un premier temps, à des considérations élevées et libérales, puis de gauchir le ton en tentant des idées plus audacieuses. De cette façon, le talent et la quête désintéressée de la vérité semblent dépendre naturellement et exclusivement des représentants de la philosophie. Voltaire se félicite d'une manœuvre qui, en dépit de quelques échecs, connaît tout de même un franc succès. Quant à d'Alembert, il poursuit, sans relâche, sa stratégie d'intervention systématique. Dans ses discours, il vante les mérites de l'homme de lettres citoyen, fait l'apologie de la liberté de pensée et dresse finalement un portrait moral du Philosophe, nouveau héraut du savoir. Le temps n'est pas loin où le savant sera promu homme de génie, véritable saint laïque offert au culte d'une foule définitivement acquise à la grandeur de la philosophie.

Les adversaires des Philosophes ont fort bien perçu l'immense danger que représentait pour eux cette nouvelle tactique. Palissot

1. Le piquant est que Thomas avait consacré son premier discours, *Réflexions philosophiques et littéraires sur le poème « La Religion naturelle »*, Paris, 1756, à la réfutation apologétique d'un écrit de Voltaire. Il est vrai que, contrairement aux adversaires purs et durs des Philosophes, le jeune rhéteur prenait tout de même des précautions pour ménager Voltaire. N'écrivait-il pas dans la préface : « L'Auteur du léger ouvrage que l'on présente au Public, n'est ni théologien, ni critique : c'est un homme de lettres, qui expose son jugement sur un ouvrage de littérature, sans flatterie, ainsi que sans aigreur : c'est un chrétien qui défend sa religion avec zèle, mais sans fanatisme. En combattant un grand génie, il rend hommage à ses talens... » (p. I) ? Il s'assurait ainsi la possibilité d'un revirement futur. Celui-ci eut bien lieu et Thomas devint même un des principaux auxiliaires des encyclopédistes.

dénonce l'habitude d'user d'un « ton d'autorité et de décision, qui jusqu'à présent n'avait appartenu qu'à la Chaire[1] ». Les apologistes s'inquiètent, à juste titre, de la multiplication des discours et des éloges académiques, alors même que le sermon chrétien traverse une crise. On peut en effet observer une rivalité entre les ecclésiastiques qui entendent rester fidèles à la tradition et ceux qui veulent s'adapter au siècle. Pour les premiers, la théologie, l'histoire de l'Église, les citations des livres sacrés et des Pères de l'Église constituent les seules références dignes de figurer dans un sermon chrétien. Pour les seconds, au contraire, l'orateur doit émouvoir les fidèles en faisant vibrer, si besoin est, la corde sensible et en usant même des subtilités du bel esprit[2]. Cette opposition, au sein même de l'Église, sur la nature, la fonction et la mission même du sermon est un signe de faiblesse que les Philosophes, d'Alembert en tête, exploitent fort bien, pour se moquer des froides, stériles et archaïques déclamations des sermonnaires. En somme, les orateurs chrétiens se heurtent au dilemme suivant : maintenir la tradition théologique, fondée sur le respect des écritures et la volonté d'instruire les fidèles, au risque de ne plus être entendus, ou s'adapter au siècle en étant alors menacés d'être contaminés et finalement dépassés par l'éloquence profane. La situation est d'autant plus périlleuse que les prélats qui accèdent aux honneurs académiques sont eux-mêmes tentés d'abandonner l'éloquence de la chaire au profit de ce nouveau discours qui les valorise en les dotant d'un label d'honorabilité intellectuelle. Ce que remarque, pour s'en indigner, l'abbé Chaudon : « Nos jeunes orateurs veulent être des académiciens, au lieu d'être des apôtres. Ils ne prêchent pas pour convertir ; ils ne parlent que pour se prêcher eux-mêmes. » En bref, l'éloquence trouve en elle-même sa propre légitimité et les auditeurs « vont au sermon comme à la comédie[3] ».

1. Palissot, *Petites lettres sur de grands philosophes*, *op. cit.*, t. II, p. 100.

2. Cette divergence de vue sur la nature du sermon oppose l'abbé de La Tour du Pin, partisan de l'éloquence traditionnelle, et l'abbé de Boismont, soucieux de faire évoluer l'éloquence de la chaire pour l'adapter à l'esprit du siècle. L'abbé de La Tour du Pin défend ainsi sa position : « Il faut éviter… ces idées subtiles, ces pensées délicates qui échappent à l'attention de l'auditeur ; il faut instruire, c'est là l'essentiel… Fuyons le bel esprit, c'est la contagion de notre siècle » (Discours de réception à l'Académie royale de Nancy, cité par A. Bernard, *Le Sermon au* XVIII*e siècle [1715-1789]*, Paris, 1903, p. 341).

3. Abbé Chaudon, *L'Homme du monde éclairé*, Paris, 1774, p. 146.

Les apologistes publient alors plusieurs opuscules pour tenter de réglementer l'éloquence académique et plus généralement les discours profanes. Les sujets de concours doivent, prétendent-ils, être choisis avec le plus grand soin, pour écarter ceux qui méprisent la religion et qui choisissent l'athéisme afin de se faire un nom dans la République des lettres[1]. Ils dénoncent l'éloge académique comme un inquiétant transfert du sacré vers les vertus laïques et comme un substitut de la prière. Ils souhaiteraient qu'à l'éloge des vertus civiles et morales on ajoute l'admiration pour la fidélité chrétienne, « si celui qu'on regrette et celui qui lui succède sont des hommes supérieurs à la philosophie, par une manière de penser et d'agir au-dessus de la nature[2] ». Le père de Valois en vient même à prôner une persuasion douce et discrète qui ne pourrait faire oublier les valeurs divines. Mais comment user modérément du pouvoir de séduction du verbe dans un lieu qui lui est entièrement consacré et qui exploite précisément toutes ses ressources ? C'est bien ici l'organisation matérielle de l'institution – la mise en scène d'une parole destinée à séduire des auditeurs étrangers à l'Académie, mais admis à assister aux séances – qui fait évoluer les discours. Tout compromis avec les tenants de l'orthodoxie religieuse se révèle, dès lors, impossible. Le discours profane triomphe à l'Académie française, comme il triomphe depuis longtemps dans toutes les sociétés de pensée et dans les académies du royaume. C'est alors qu'il tend à être confisqué par les tenants de la pensée philosophique. Il est révélateur que d'Alembert tente de supprimer la nécessité de soumettre les discours académiques à l'examen de deux docteurs en théologie. Sans obtenir une autorisation officielle, il incite cependant les académiciens à violer l'interdiction, et contribue, par la même occasion, à sa propre publicité[3].

Avant d'étudier la stratégie d'infiltration des Philosophes, examinons les forces en présence durant l'année 1750 : les défenseurs de la religion disposent d'un bataillon de choc. Richelieu, petit-neveu du cardinal, est un digne représentant de ces grands

1. Père de Valois, *La Religion dans les académies littéraires*, *op. cit.*, p. 60 (*Recueil de dissertations littéraires*, Nantes, Veuve Marie, 1766).

2. *Ibid.*, p. 61-62.

3. En 1768, Duclos fit accepter par la Compagnie l'éloge de Molière pour le concours d'éloquence de 1769, et cette décision eut pour conséquence la suppression du visa des théologiens.

aristocrates élus sur le seul prestige de leur nom. Connaissant à peine l'orthographe, il demande à Fontenelle ou à Campistron de rédiger ses discours. Ce libertin effréné que la vieillesse a rendu protecteur des dévots se pose à l'Académie comme le chef du parti religieux et adversaire résolu des Philosophes. Il parvient à faire élire des dignitaires comme le maréchal de Belle-Isle ou des prélats comme Roquelaure, dépourvu de tout titre littéraire, mais évêque de Senlis et aumônier du roi. Languet de Gergy, autre prélat, aumônier de la Dauphine, et Jean-François Boyer, précepteur du Dauphin, s'efforcent d'interdire aux Philosophes l'accès à l'illustre assemblée. Se dessine donc clairement un front constitué de membres du haut clergé, introduits à la Cour et se situant dans l'entourage du Dauphin, protecteur attitré des apologistes. En 1757, dans un moment de grande tension, l'année même de l'attentat de Damiens, Antoine Séguier, le célèbre avocat général au Parlement de Paris, vient grossir les rangs des adversaires des Philosophes. Parmi les quarante immortels, on compte, en l'année 1750, une douzaine de membres résolument engagés dans le mouvement religieux hostile aux encyclopédistes ou se situant dans la mouvance dévote. Une deuxième catégorie, idéologiquement moins marquée, regroupe les érudits (l'abbé Salier, Hardion) et des dramaturges (Crébillon père, Marivaux, Nivelle de La Chaussée). On compte aussi dans ce groupe certains que l'on nomme les « académiciens de boudoir », comme le comte de Bissy protégé par Mme de Luxembourg. Quant aux Philosophes, ils sont au nombre de cinq : Montesquieu, Mairan, Maupertuis, Voltaire et Duclos. Ce tableau doit être interprété comme un simple indicateur de tendances, car les positions des uns et des autres ne sont pas figées et évoluent en fonction des aléas de la conjoncture, tandis que des alliances tactiques ne cessent de modifier les rapports de forces. Le groupe du centre peut fort bien soutenir des candidats de l'un ou l'autre bord et les rivalités personnelles l'emportent souvent sur les conflits idéologiques. À considérer les années suivantes, on observe une évolution sensible en faveur des Philosophes. Entre 1760 et 1770 sont élus La Condamine, Watelet, Saurin, Louis de Rohan, Marmontel (1763), puis Thomas (1766), Condillac (1768), Saint-Lambert (1770), Loménie de Brienne (1770), tous favorables aux Philosophes. Les dévots groupés autour de l'abbé d'Olivet tentent de contrer cette stratégie d'infiltration en faisant élire Coëtlosquet, évêque de Toulouse, et l'abbé Batteux, mais rien n'arrête l'ascension des Philosophes qui obtiennent la majorité dans toutes les élections entre 1764 et 1770. Certes la victoire n'est pas absolue et les défenseurs de la religion sont encore en mesure d'embarrasser leurs adversaires. L'éloge que fait Thomas de Marc Aurèle, le 25 août 1770, est interprété comme une réplique au réquisitoire prononcé par l'avocat général Séguier contre *Le Système de la nature* de d'Holbach. L'académicien est convoqué chez le chancelier et menacé d'être embastillé, tandis que l'on notifie à Duclos d'imprimer l'Éloge de Marc Aurèle et un autre discours de Thomas. Mais lorsque d'Alembert succède à Duclos en 1772 au poste de secrétaire perpétuel de l'Académie, on peut estimer, à bon droit, que les Philosophes ont remporté une victoire définitive.

Plusieurs causes expliquent la défaite du clan dévot. Duclos et d'Alembert ont su pratiquer avec une grande habileté l'art du consensus et présenter comme une attaque contre l'esprit même de l'Académie toute critique dirigée contre les encyclopédistes ou leurs affidés. La manœuvre consiste à élargir le plus possible la signification des discours académiques, pour que des membres venus d'horizon divers puissent trouver en eux des motifs d'adhésion. Par le biais de la romanité (Marc Aurèle), l'orateur réveille chez ses auditeurs des souvenirs scolaires, qu'il exploite ensuite et qu'il infléchit dans la direction souhaitée. En prononçant un éloge de Descartes, Thomas aborde un sujet qui peut séduire aussi bien les apologistes rationalistes que les partisans de la « nouvelle philosophie ». En 1755, l'abbé Antoine Guénard n'avait-il pas déjà remporté le prix d'éloquence en défendant la mémoire de l'illustre philosophe exilé à Amsterdam ? Ce jeune et brillant jésuite converti au cartésianisme définissait l'esprit philosophique en conciliant l'indépendance de la raison et le respect de la foi dans l'ordre des vérité surnaturelles. Il prônait l'esprit d'induction, la nécessaire indépendance intellectuelle, en récusant l'aristotélisme poussiéreux. Il s'en prenait, en outre, dans la plus pure tradition apologétique, à cette raison ivre d'orgueil qui voudrait maîtriser le mystère de l'infini. Récupéré et peut-être manipulé par les encyclopédistes, Thomas reprend l'éloge de Descartes, mais il supprime toute référence à la foi et met désormais l'accent sur la méthode expérimentale du philosophe. Avec plus d'audace encore, dans son éloge du Dauphin, il montre que ce prince se jetait dans l'étude de Pascal, de

Malebranche, mais qu'il suivait « pas à pas dans Locke la marche et le développement de l'esprit humain[1] ». Voici donc ce farouche adversaire des encyclopédistes, la plus haute figure du clan dévot, recherchant avec application la vérité chez le précurseur anglais de la nouvelle philosophie !

Un autre moyen de gagner des esprits à la cause philosophique est de légitimer par la moralité la qualité même de grand homme. Ceux qui ont eu la chance d'obtenir cette reconnaissance se sont sacrifiés pour le bien de l'humanité. Descartes a choisi l'exil pour rechercher librement la vérité. Triomphe l'idée que la quête désintéressée du savoir ne peut s'exercer sans embûches. L'Histoire est peuplée de sages persécutés et il est facile ensuite de démasquer ceux qui s'en prennent aux dignes héritiers des grands philosophes.

Dans cette course au pouvoir, ne négligeons pas enfin les alliances littéraires et les complicités de tous ordres. On se tromperait à percevoir au sein de l'Académie des partis figés dans leurs positions, recrutant une armée de prosélytes animés par les mêmes idées-forces. Voltaire n'hésite pas à louer, quand il le faut, les mérites littéraires de l'abbé d'Olivet, même si celui-ci représente un adversaire religieux. Bien que son protecteur et ami Richelieu ait déserté pour passer dans le camp dévot, le patriarche n'entend nullement rompre avec lui. En 1760, l'abbé Arnaud écrivait dans le journal de Fréron, mais l'amitié de Suard le lance dans de nouvelles directions favorables aux Philosophes. Les luttes d'influence et les intérêts personnels viennent souvent endiguer les manœuvres des groupes. Quant aux positions idéologiques des uns et des autres, elles s'expriment parfois de manière indirecte et voilée. N'oublions pas non plus la présence objective des talents, qui a pu favoriser l'entrée en masse des Philosophes.

1. Thomas, *Éloge du Dauphin*, in *Œuvres diverses*, Lyon, 1771, t. 2, pp. 13-14. On pourrait multiplier les exemples d'altération des faits ou de mise en scène du discours destinés à montrer que la conduite du Dauphin et celle des Philosophes sont tout à fait conciliables : sa conception de la souveraineté était appuyée sur la loi et il se tenait aussi loin de l'anarchie que du despotisme. Il aima et respecta ce grand homme que fut Montesquieu « lors même qu'il ne pensait pas comme lui » (*ibid.*, p. 26), et encore : « il ne pouvait confondre avec la Religion cette superstition qui la déshonore » (*ibid.*, p. 81).

Le sermon chrétien : une tentative de mise en garde et de reconquête des fidèles

L'Église s'inquiète des progrès réels ou imaginaires que feraient les écrits irréligieux auprès de la population chrétienne. Elle se sent également menacée dans ses prérogatives traditionnelles. L'éloquence académique notamment est perçue par certains prélats comme une rivale insupportable du sermon chrétien : c'est toute la rhétorique catholique, en tant que pratique séculaire, qui semble ainsi ébranlée dans ses fondements et ses finalités. Les éloges académiques, les discours et les célébrations profanes, les panégyriques exaltant la mémoire des grands hommes tendent à imposer une nouvelle segmentation du temps qui finit par concurrencer les rythmes imposés par le calendrier chrétien. Rappelons qu'il existe toute une tradition de la prédication particulièrement implantée dans certaines églises comme Notre-Dame de Paris, Saint-Merry ou Saint-Roch. Le sermon prononcé à Versailles en présence du roi et des courtisans constitue également un événement attendu qui attire une nombreuse assistance et suscite force commentaires sur les talents de l'orateur. Les sermonnaires ne manquent pas d'user de la possibilité qui leur est offerte pour dénoncer les progrès de l'incrédulité et la décadence des mœurs. Les sermons des orateurs les plus prestigieux sont ensuite imprimés et vendus.

Cette situation explique en partie pourquoi les évêques, lors des cérémonies du Jubilé, ou des prêtres, à l'occasion de l'avent ou du carême, tendent à rappeler leur mission en foudroyant l'impiété moderne. Les pères jésuites Papillon du Rivet ou Griffet se font une spécialité du discours apologétique et jouissent d'une grande réputation. La prédication est un art qui tire une partie de ses effets de la solennité du lieu et de celle du moment. Les auditeurs doivent se trouver eux-mêmes dans un recueillement favorable pour ouvrir leur âme à la parole sacrée. Traditionnellement l'orateur rappelle les vérités du dogme, foudroie les adversaires du christianisme et vise à fortifier le sens communautaire des fidèles pour qu'ils partagent la même ferveur et la même certitude, le paradoxe étant que le sermonnaire se distingue par ses dons d'orateur tout en appelant à un effacement des différences individuelles et en œuvrant pour la vérité universelle. Papillon du Rivet use de fulgurantes images lors d'un sermon prononcé pour le deuxième dimanche du carême. Il oppose la lumière du martyr de la croix aux blasphèmes des imposteurs modernes qui s'acharnent à flétrir l'innocence du Christ. Le fils de Dieu « communique à toute sa personne une clarté plus brillante que la lumière du soleil ; au lieu de sang, de cette poussière, de ces blessures profondes dont il sera défiguré, il répand sur ces habits une blancheur qui efface celle de la neige [...] au lieu de ces blasphèmes, ouvrages de la haine et de l'imposture intéressées à flétrir son innocence, Moïse et les prophètes dans la personne d'Élie, rendent à sa divinité le plus glorieux témoignage[1] ». Le rappel des signes éclatants de la divinité du Christ s'accompagne d'un discours fondateur imprégné de références bibliques qui entend conjurer par l'anathème la présence scandaleuse et incompréhensible de l'incrédulité moderne. Refusant « les raisonnements épineux d'une controverse fatigante[2] », l'orateur découvre, dans une optique pascalienne, les véritables sources de cet état d'esprit qui sont, selon lui, l'intérêt d'orgueil, les passions basses et la corruption déguisée. Certains flétrissent la décadence générale, terme ultime de la disparition progressive et régulière des plus antiques vertus et en viennent tout naturellement à évoquer l'Apocalypse : « Les jours s'obscurcissent par les nuages du péché, par les ténèbres du mensonge et de l'erreur. *Dies mali sunt*[3]. » C'est alors tout l'esprit du XVIIIe siècle qui est rendu responsable de cet état de fait. Certains orateurs n'hésitent pas à exalter le Grand Siècle pour mieux critiquer Louis XV, dont les mœurs relâchées représentent un bien mauvais exemple. Ces discours radicaux tentent aussi de trouver dans la Bible l'annonce de la situation présente : les défenseurs de la religion attaquée de toute part, ne sont que les échos des prophètes de la loi ancienne qui « dans les jours de nuage et de prévarication furent le soutien de la religion

---

1. Papillon du Rivet, *Sermons*, 1764, rééd. Migne, n° 59, 1844, p. 1253. Ce jésuite (1717-1782) est un cartésien qui prétend trouver en morale l'image des tourbillons physiques de Descartes. Auteur de quelques comédies, jouées au collège Louis-le-Grand de 1745 à 1748, il est un des proches du célèbre père Porée, professeur de rhétorique qui a formé une grande partie de l'élite parisienne.

2. *Ibid.*, p. 1254.

3. Soanen, « Sermon sur les scandales du siècle », in *Sermons sur différents sujets prêchés devant le Roi*, Lyon, 1757, p. 493.

chancelante ; les Isaïe, les Jérémie, ces hommes que l'Écriture appelle les hommes du Dieu des armées[1] ».

On peut toutefois se demander si ce discours radical n'est pas celui de la dernière chance. L'extrême culpabilisation des fidèles, le refus du compromis et de l'acceptation peuvent être aussi perçus comme une réaction contre les apologistes conciliants qui tentent de pactiser avec l'esprit du siècle. Il n'est pas sûr non plus que le sermon sur le scandale atteigne son objet et ébranle les consciences. La suppression de l'ordre des jésuites en 1764 a dispersé les prédicateurs, affaibli certaines congrégations et fait baisser le niveau d'instruction religieuse. Le sermonnaire qui perpétue les foudres d'un discours vengeur et radical a du mal à convaincre son auditoire, à la fin de l'Ancien Régime ; ce qui nous vaut ce tableau plaisant de Louis-Sébastien Mercier : « C'est un fanatique bourru, qui se déchaîne, écume et se transporte contre ce qu'il appelle la *philosophie* et les *philosophes*. Il veut pénétrer son auditoire de sa pieuse rage ; il tonne devant des jansénistes qui sont accourus en foule, et devant quelques hommes de lettres qui sont venus aussi, mais pour rire tout bas des contorsions et du style de l'énergumène[2]. » Mais surtout la diatribe, sans concession, contre les Philosophes semble démentie par les pratiques d'un siècle qui a érigé l'aménité et la douceur en vertu suprême, et le chroniqueur de poursuivre : « Tout sermonneur, en descendant de chaire, obtient une collation ; il est en nage, il faut qu'il change de chemise. Le bedeau lui apporte du vin et du sucre ; et cette bouche qui vient de foudroyer l'auditoire, d'annoncer le terrible Jugement dernier, l'anathème épouvantable de la damnation éternelle, radoucit sa voix tonnante, et dit aux dames : Prenez ce macaron, mangez ce massepin, partageons, de grâce, ce biscuit. » Selon Louis-Sébastien Mercier qui n'a guère d'affection, il est vrai, pour la dévotion, la dénonciation violente de l'impiété moderne surgit comme un rituel ou une performance sportive, appelant reconnaissance et récompense : « Les dames prévoyantes lui défendent de parler. On compare les travaux apostoliques aux travaux de la guerre ; l'éloquence de la chaire a ses

1. Anne-Joseph-Claude Frey de Neuville, *Sermon sur le scandale*, Migne, 1854 (1re éd. 1777), t. 57, p. 402. Il s'agit du frère de Charles de Neuville, célèbre prédicateur dont les sermons attirent de nombreux auditeurs.

2. Louis-Sébastien Mercier, *Tableau de Paris*, Paris, Mercure de France, 1994, t. II, p. 165.

martyrs. On complimente l'orateur ; c'est le moment de son triomphe. Il avale les louanges et les sucreries. Tous les abbés de la paroisse le félicitent d'avoir terrassé la philosophie moderne, et il est encore humble d'un pareil succès[1]. »

Mais surtout l'esprit moderne pénètre jusque chez les apologistes eux-mêmes. Le discours fondé sur des références théologiques ne pourrait plus séduire la majorité de l'auditoire. Serait-il même véritablement compris ? Nous assistons ici à une mutation fondamentale que nous avons déjà observée dans d'autres domaines. Pour avoir la chance d'atteindre leur auditoire, les sermonnaires sont contraints à multiplier les concessions. Ils doivent, par nécessité, s'adapter au public qu'ils aspirent à convaincre et donc adopter, à leur tour, certaines pratiques de l'adversaire. Le père Charles de Neuville, tout en partant en guerre contre les Philosophes incrédules, montre que les vertus naturelles constituent le plus solide appui contre la sanction divine qui attend les esprits rebelles. Dans une optique très proche du pari pascalien, le célèbre orateur jésuite affirme que les hommes ont intérêt à choisir l'amour de Dieu. Quant au sentiment d'humanité, il devient la pierre d'achoppement qui permet de concilier le discours chrétien et le devoir laïque de bienfaisance. Loin d'être le monopole des Philosophes à la mode, la quête du bonheur terrestre devient même une voie d'accès privilégiée à la félicité éternelle. En adoptant cette attitude, l'être humain échappe au trouble des désirs et à l'inquiétude des passions pour parvenir enfin à cette paix intérieure qui constitue la meilleure propédeutique à la vie chrétienne. Préfigurant le *Génie du christianisme* de Chateaubriand et l'*Espoir en Dieu* de Musset, l'abbé Clément en appelle à un Dieu refuge permettant aux beaux esprits sceptiques, aux libertins et aux incrédules par principe d'oublier la voie trompeuse et sans issue dans laquelle ils se sont fourvoyés : « Où irai-je enfin pour rassurer ma raison étonnée et consoler mon cœur alarmé ? Église de Jésus-Christ, vous m'ouvrez votre sein. Ah ! Je m'y retirerai avec la simplicité d'un enfant, j'irai me jeter et trembler entre ses bras. Avec bonté, elle essuiera mes larmes et calmera du moins l'excès de mes frayeurs[2]. » Effusion

1. *Ibid.*, pp. 165-166.

2. Abbé Clément, *Sermons sur la prédestination*, cité par A. Bernard, *Le Sermon au XVIIIe siècle (1715-1789), op. cit.*, p. 258.

sensible, âme retrouvant, après un moment d'égarement, le giron de l'Église maternelle, on le perçoit aisément, le sermon est, de toute évidence envahi, lui aussi, par le raz de marée du sentimentalisme ambiant. Mais, surtout, le sermon chrétien, comme les discours profanes, s'empare des questions d'actualité. Au nom de la charité publique, on évoque le mauvais état d'un hôpital, d'une prison ou d'un hospice pour enfants trouvés. On a l'impression que certains prédicateurs ne veulent pas se laisser distancer sur ce terrain par le discours philanthropique des Philosophes, « ces hommes présomptueux et passionnés qui ont le privilège exclusif de la doctrine des mœurs[1] ».

Certains sermonnaires en viennent à faire de plus amples concessions à l'adversaire et même à admettre un consensus idéologique pour mieux récuser, sur des bases nouvelles, l'incrédulité moderne : « Vous avez contribué à purger la terre de la superstition et du fanatisme, à éteindre le feu des bûchers, à ridiculiser ces vaines disputes qui déshonoraient l'éternelle vérité dont le secret est impénétrable à nos faibles yeux[2]. » Par conviction et par stratégie, un grand nombre d'orateurs chrétiens de la fin du siècle entendent montrer leur ouverture d'esprit. Entendons-nous : le maniement du vocabulaire philosophique est à la fois un jeu tactique et une quasi-nécessité, lorsqu'on aborde certains sujets. Reconnaître les acquis de la philosophie : le combat contre l'intolérance et les débats théologiques devient le moyen de récuser l'intolérance des Philosophes en matière religieuse : « Nous sommes assez religieux pour vous en remercier (d'avoir éliminer la superstition et les querelles byzantines) au nom de la Religion même ; mais pourquoi provoquer la désertion de ces temples, de ce culte, de ces loix marquées par le caractère divin[3] ? » Les questions d'actualité incitent tout naturellement les sermonnaires à prendre des positions dans des domaines qui appartiennent traditionnellement au discours philosophique : la construction d'un hôpital pour ecclé-

1. Abbé de Boismont, *Sermon pour l'Assemblée extraordinaire de la charité qui s'est tenue à Paris, à l'occasion d'une Maison royale de santé, en faveur des ecclésiastiques et des militaires malades*, 1782, p. 30. Ce sermon a été prononcé dans l'Église des religieux de la Charité le 13 mars 1782. D'autres religieux comme l'abbé de Besplas et l'évêque de Senez demandent également au roi, dans leurs sermons, la création d'hospices.

2. *Ibid.*, p. 34.

3. *Ibid.*

siastiques et militaires malades conduit l'abbé de Boismont à procéder à une défense de la patrie qui ne doit pas être le monopole des seules républiques et à rétablir la confiance de l'État.

À la veille de la Révolution des orateurs chrétiens prétendent concurrencer l'adversaire philosophe sur son propre terrain. La difficulté consiste à se montrer résolument moderne tout en récusant les facilités d'un vocabulaire dont le sens s'est émoussé, sous l'accumulation de ses acceptions et de ses emplois multiples. Tout en prêchant un discours égalitaire, plusieurs sermonnaires de la fin de l'Ancien Régime dénoncent ces images abstraites que recouvrent les mots-fétiches d'« humanité », de « liberté » et d'« égalité ». Ces principes transformés en éléments d'un système n'auraient qu'une vertu déclamatoire. C'est ici que les apologistes entendent, après les concessions nécessaires, se distinguer de leurs rivaux : les philosophes laïques se contentent de déclamer, alors que les esprits religieux agissent. Mais, surtout, la religion offrirait de fait un pouvoir mobilisateur bien supérieur à celui que détient l'abstraction philosophique. Plus douce, plus sensible au cœur, elle anéantit l'égoïsme social que dissimulent souvent les mots d'ordre de la philosophie. Partageant l'engouement général pour les discours régénérateurs, certains orateurs chrétiens entendent raffermir le lien social, rétablir la confiance dans les institutions, et réveiller la vertu des « patriotes » en montrant que toutes ces valeurs sont prônées par l'Église et qu'elles trouvent leur origine dans le message du Christ.

D'autres encore plus engagés sur les questions de l'actualité brûlante tentent même de tirer des effets publicitaires d'une audace calculée, moyen d'obtenir un avancement dans la hiérarchie ecclésiastique, épousant ainsi, à l'occasion d'une mission religieuse, les conduites en vigueur dans la société civile[1] ! C'est que le sermon

---

1. « M. l'abbé Mauri, ecclésiastique hardi, intriguant, avide de parvenir... profite de l'honneur qu'il a de prêcher devant le Roi pour se signaler : il n'est point rebuté des dégoûts qu'il a reçus en diverses occasions pour avoir voulu faire parler de lui... Il a pris la méthode pour se distinguer de les semer [les sermons] de traits historiques analogues à ce qui se passe aujourd'hui, ou même de les enrichir tout simplement des anecdotes du jour » (Bachaumont, *Mémoires secrets pour servir à l'Histoire de la République des lettres en France depuis 1772 jusqu'à nos jours*, Londres, 14 mars 1781, 1782, t. XVII, p. 94). Le chroniqueur qui n'est donc pas dupe dénonce fort bien la manœuvre et constate que l'abbé Maury aspire à devenir évêque en souhaitant pour cela entrer à l'Académie, mais il ajoute qu'« on lui a fait observer qu'on voyait fréquemment des évêques devenir académiciens, mais qu'il n'y avait point d'académicien devenu évêque ».

prononcé à Versailles devant le roi et toute la Cour jouit d'un grand retentissement et sollicite les talents de l'orateur aux dépens même du contenu du discours. La stratégie est triple : il s'agit de risquer une critique politique en saupoudrant le sermon de quelques mots philosophiques. Dans son sermon sur l'aumône, prononcé durant la quinzaine de Pâques de 1778, l'abbé Maury fait appel au souverain « législateur » pour qu'il réforme l'administration publique en faveur des prisonniers, des malades et des indigents. Se dessine en filigrane la critique, très à la mode, de l'institution pénitentiaire ou hospitalière comme lieu insalubre, générateur de miasmes. La référence au sens de la justice peut être interprétée comme un appel au monarque « éclairé », capable d'entreprendre de grandes réformes et au souverain chrétien animé par le grand vent de commisération qui traverse le pays : « Non, Sire, il n'est pas impossible de permettre à l'homme captif de respirer du moins un air salubre dans les prisons. Il n'est pas impossible d'ouvrir un asyle aux malheureux dans les hôpitaux, sans les y accumuler dans des lits de douleur. [...] Il n'est pas impossible enfin de faire cesser les ravages de la mendicité, sans y substituer les horreurs du plus effrayant esclavage[1]... » La deuxième visée de l'orateur est de provoquer l'émotion et l'attendrissement de l'auditoire en jouant sur la reconnaissance d'une audace calculée qui consiste à faire pression sur la « sensibilité » du roi dans un haut lieu de pouvoir, soumis à de fortes contraintes. L'abbé Maury aspire enfin à communiquer à la foule des auditeurs le sentiment d'une régénération obtenue par l'acte charitable : la nation et le roi doivent se sentir réconciliés, unis par le désir de mettre en œuvre un projet d'envergure qui améliorera la société et sera compté plus tard au bénéfice de Louis XVI, le jeune et nouveau souverain. C'est entre ces trois pôles que constituent l'orateur, le public et le représentant suprême de l'autorité que doit passer un courant permettant à la société tout entière de se projeter dans un avenir glorieux, à tout jamais délivré des tensions et des conflits qui la déchirent.

On aura compris qu'à la veille de la Révolution plusieurs sermonnaires s'enferment dans un discours moral, voire philosophique, qui s'éloigne de plus en plus de la doctrine spécifiquement chrétienne. À un des aumôniers du roi qui complimentait l'abbé

1. Mettra, *Correspondance secrète..., op. cit.*, t. VI, pp. 230-231.

Maury sur les beautés de son discours et sur le succès qu'il en avait tiré, mais qui ajoutait qu'il aurait dû tonner contre ces Philosophes ennemis du trône et de l'autel, l'orateur aurait répondu : « Vous oubliez, Monsieur l'Abbé, [...] que je prêchois sur la charité[1]. » Le sermon chrétien est en crise : les sermonnaires sont eux-mêmes divisés : les plus radicaux tentent par l'imprécation de maintenir la référence biblique et d'en imposer en annonçant l'Apocalypse. Quant aux modernistes, il leur arrive de succomber au discours triomphant sur la vertu, la sensibilité et la bienfaisance dont les frontières avec la charité demeurent ténues. Certains ont même recours à des arguments que ne renieraient pas les partisans de la religion naturelle[2], ce qui crée une situation extrêmement instable et parfois confuse. Précisons pour finir que dans les années 1778 la vente des sermons ne semble plus faire recette[3] et qu'il est de bon ton de se moquer de la platitude ou de la maladresse des orateurs.

La résistance antiphilosophique à la veille de la Révolution

À l'avènement de Louis XVI, l'esprit philosophique s'insinue partout : il triomphe à l'Académie, dans de nombreux salons, et contamine même parfois les discours chrétiens. Dans sa chronique du 29 juillet 1775, Mettra s'écrie : « Les Encyclopédistes en ce moment tiennent le haut bout : ils ont les honneurs littéraires, les

1. L'anecdote est rapportée par Mettra (*ibid.*, p. 182). Les mémorialistes dénoncent tous l'arrivisme forcené du personnage : « L'abbé Maury avait à choisir entre un fauteuil ou un évêché, sans mériter ni l'un ni l'autre ; il préféra à l'évêché qui ne le mènerait à rien le fauteuil qui le mènerait à tout » (baron de Frénilly, *Souvenirs, op. cit.*, p. 26).

2. Dans la *Correspondance littéraire* d'août 1766, Grimm constatait déjà : « Le Père Élisée, carme déchaussé, est aujourd'hui de tous les prédicateurs de Paris celui qui a le plus de vogue et de célébrité. Ses sermons sont plutôt des discours moraux que chrétiens ; j'en ai entendu où il n'y avait que du déisme tout pur, qu'on écoutait avec une grande componction, et qu'on aurait certainement trouvés remplis d'hérésies si un philosophe s'en fût déclaré l'auteur » (p. 92).

3. « Il y a trente ans que cet Orateur [l'abbé Poule] fendoit les flots d'auditeurs pour aller à sa chaire. Je doute fort que les acheteurs aujourd'hui aient des flots à fendre pour aller chez le Libraire », écrit Mettra, le 9 août 1778 (*Correspondance secrète…, op. cit.*, t. VI, p. 357). Les commentateurs signalent la décadence dans laquelle serait tombée l'éloquence de la chaire sans que l'éloquence profane, ajoutent-ils, n'ait davantage réussi en voulant l'imiter.

pensions, l'avantage d'approcher les personnes en place. Il est rare que l'orgueil et quelquefois l'impudence ne suivent pas le succès. Ces Messieurs se plaisent à s'encenser eux-mêmes et à mortifier ceux qui ne sont pas sous leurs drapeaux[1]. » Ces critiques acerbes visent la deuxième génération des Philosophes, celle des Marmontel, des Morellet et des Suard que Robert Darnton dans des travaux désormais classiques appellent « les philosophes de l'establishment ». Cumulant les sinécures : gratifications, pensions, directions de journaux à monopole, ces champions de l'arrivisme sont parvenus à occuper les lieux du pouvoir intellectuel, en pactisant avec un pouvoir d'État disposé à les protéger pour peu qu'ils renoncent au militantisme offensif de leurs aînés et qu'ils sachent faire preuve d'un modérantisme de bon aloi. Ce qui ne signifie pas que ces intellectuels choyés et assoiffés d'honneur aient renoncé à en découdre avec les dévots les plus intransigeants. On notera au passage que la nomination de Turgot au poste de surintendant des finances en 1774 n'avait fait que renforcer l'espoir des Philosophes, et de Voltaire en particulier, de triompher de leurs adversaires. Voici donc enfin un intellectuel au pouvoir, favorable à l'esprit de réforme, permettant tous les espoirs.

Est-ce à dire que cette situation ne rencontre aucune contestation ? Il existe plusieurs fronts d'opposition. Le premier se situe à l'intérieur de la République des lettres. Il comprend des écrivains obscurs, parfois issus des bas-fonds, et qui, après avoir tenté vainement de grossir les rangs de l'élite philosophique, gagnent ceux du parti opposé. Avant de devenir un adversaire inconditionnel de Voltaire, l'abbé Antoine Sabatier, dit Sabatier de Castres (1742-1817), reçoit d'Helvétius, un des Philosophes les plus radicaux, une pension annuelle de 1 200 francs ! Parti de Castres, sa ville natale, pour conquérir les salons parisiens, le jeune abbé lance sur le marché d'incroyables panégyriques à la gloire du roi Voltaire, tout en lui apportant un témoignage utile en faveur de Sirven. Il tente aussi sa chance auprès de d'Alembert. Peine perdue, les deux princes du monde des lettres refusent d'admettre comme un des leurs un « gueux », un « vagabond », qui déshonore l'image de l'homme de lettres « philosophe ». Voyant les portes se fermer derrière lui, Sabatier de Castres passe brusquement dans l'autre

1. *Ibid.*, t. II, p. 98.

camp en publiant un *Tableau philosophique de l'esprit de M. de Voltaire* (1771), puis *Les Trois Siècles de littérature française* (1772). Dans ces ouvrages, il s'en prend au patriarche de Ferney alors au fait de sa gloire. Mais la satire n'est pas seulement littéraire, le pamphlétaire entend aussi dénoncer une réputation fondée sur la violation des principes les plus respectables. Par-delà Voltaire, Sabatier de Castres critique l'ensemble des mouvements philosophiques auxquels il prête le dessein de renverser le trône et l'autel. Le poète Clément, cet autre ennemi de Voltaire qui l'appelle l'« Inclément », se trouve dans une situation voisine. Venu de son Dijonnais natal pour faire carrière à Paris, il commence par encenser le souverain de Ferney, étape obligatoire d'une stratégie d'émergence. Ces flagorneries lui valent une recommandation auprès de La Harpe qui encourage sa vocation d'homme de lettres. Ses tragédies subissant de cuisants échecs à la Comédie-Française, Clément choisit la satire, genre qui convenait mieux à ses talents. Mais il se met à attaquer les poètes modernes, y compris Voltaire, en les accusant d'avoir renié le goût classique et d'exercer une influence pernicieuse sur l'esprit et les mœurs du temps. Même conduite chez le poète Gilbert qui publie en 1775 un poème satirique, *Le Dix-huitième Siècle*, contre la nouvelle génération des Philosophes. Il se moque, non sans talent, de l'éloquence guindée de Thomas, le spécialiste des éloges et des falbalas académiques. Il dénonce la course effrénée aux honneurs, la quête des sinécures, et l'antidévotion systématique, devenue, selon lui, le complément indispensable de la panoplie du parfait Philosophe, tel ce jeune abbé de cour qui :

> « Dans un cercle brillant de nymphes fortunées...
> Mêle aux tendres propos des blasphèmes charmants[1]. »

Ces opportunistes cherchent évidemment des appuis auprès des clans dévots et des journalistes opposés aux Philosophes. Gilbert fait la connaissance d'Élie Fréron, le directeur célèbre de l'*Année littéraire* est recommandé à Mgr de Beaumont, le champion de la lutte contre les incrédules et à Madame, Louise de France, fille de

1. *Le Dix-huitième Siècle*, satire dédiée à Fréron. Le texte est intégralement reproduit dans *ibid.*, t. II, p. 84. Gilbert ajoute que l'abbé philosophe, figure de proue des lieux à la mode : « Traite la piété d'aveugle fanatisme / Et donne, en se jouant, des leçons d'Athéisme » (*ibid.*, p. 90).

Louis XV et dévote ardente, ce qui lui vaut une pension de Vergennes, le ministre des Affaires étrangères. Sabatier de Castres est également soutenu par Élie Fréron qui le lance sur la voie de la notoriété, ce qui lui permet de devenir précepteur des enfants du protecteur-ministre en 1777[1]. Essayons de définir ce nouveau front : ces antiphilosophes alliés aux dévots dénoncent une mode intellectuelle, insidieuse et envahissante. Leur condamnation des écrits impies s'allie toujours à une critique des institutions culturelles, dominées, selon eux, par une seule coterie. Ils dénoncent, avec virulence, le cérémonial académique, en affichant parfois des revendications égalitaires. Pour Linguet, le bouillant avocat, responsable du *Journal de politique et de littérature*, l'institution académique est désormais réservée à une seconde génération de Philosophes nantis, endormis sur leurs lauriers, soucieux de perpétuer un cérémonial pontifiant et dérisoire. La prétendue « philosophie » serait devenue une rente à gérer et un moyen de sélection, tandis que la fonction d'académicien « offrirait plutôt un titre de découragement pour ceux qui n'y parviennent pas [à l'Académie] que d'émulation pour ceux qui y sont décorés[2] ». Bien loin de soutenir les progrès de l'esprit, comme ne cessent de le proclamer

1. « Si persécuté par les Encyclopédistes pour son *Dictionnaire des trois siècles*, [Sabatier de Castres] vient d'être nommé instituteur des Enfans de M. de Vergennes et il doit vraisemblablement cette place à la réputation que lui a valu son livre dans le parti adverse », Bachaumont, *Mémoires secrets…, op. cit.*, 20 janvier 1776, t. IX, p. 29. Le chroniqueur ajoute que Vergennes est un sage, « mais de l'ancienne espèce », c'est-à-dire : « religieux, ennemi des dogmes de la philosophie moderne ».

2. *Journal de politique et de littérature*, avril 1776, p. 464. N'étant jamais parvenu à entrer à l'Académie en raison du puissant barrage que lui opposent les encyclopédistes, Linguet se venge par des portraits-charges d'une extrême violence contre d'Alembert, devenu le Tartuffe moderne, grand expert en théâtralité académique : « M. d'Alembert lit d'un ton si clair, il met tant de minauderies dans son débit, il a des repos si artistement ménagés, il a l'attention de décocher toujours de petits traits si adroits, si piquants, sur la religion et ses ministres, enfin il a si grand soin que la salle soit toujours suffisamment garnie d'applaudisseurs, qu'il peut toujours compter sur cette fumée » (*Annales politiques, civiles et littéraires du XVIIIe siècle*, Genève, Slatkine, reprints, 1970-1971, vol. II, cité par Daniel Baruch, *Linguet ou l'Irrécupérable*, Paris, Éditions François Bourin, 1991, p. 96). Selon Bachaumont, Linguet a mis tous ses efforts à se concilier les dévots et y est fort bien parvenu, car l'archevêque de Beaumont, exilé à Conflans, ne jurerait que par lui : « M. Linguet cherche aujourd'hui à opposer aux corps de toute espèce qu'il s'est aliénés en les injuriant, celui des Dévots et des Prêtres » (*Mémoires secrets…, op. cit.*, 8 avril 1778, t. XI, p. 185). Le même journaliste ajoute : « On trouve la feuille de ce journaliste sur la cheminée du Prélat [Mgr. de Beaumont], à côté de son bréviaire » (*ibid.*, p. 186).

haut et fort les potentats de la « philosophie », les institutions culturelles favoriseraient, au contraire, l'esprit de corps, sans servir l'intérêt de la nation[1]. Se situant volontairement à contre-courant et refusant les demi-mesures, Linguet en vient à soutenir l'instruction pastorale de Mgr l'archevêque de Lyon accusant l'incrédulité moderne d'être responsable de la décadence générale. Signalons ici une collusion entre l'antiphilosophie littéraire et les lignes de défense apologétiques.

S'il existe des milieux dévots qui soutiennent ouvertement les apologistes, il est aussi des cas de protection qui répondent à d'autres motifs. Sans marquer, dans la pratique, aucun signe particulier de dévotion, le comte de Provence, frère de Louis XVI et futur Louis XVIII, affiche des prétentions littéraires. Il subventionne l'ancienne salle Nicollet qui devient le Théâtre de Monsieur et protège une société de joueurs d'échecs. C'est dire que ses goûts sont éclectiques et que la protection qu'il accorde à un périodique antiphilosophique, le *Journal de Monsieur,* ne signifie nullement un engagement sincère dans les rangs apologistes. Ce choix ne répondrait-il pas au désir d'associer son nom à un monarchisme autoritaire et traditionnel, dont la stricte orthodoxie religieuse serait un complément indispensable ? Reste que ce journal dirigé par la Présidente d'Ormoy représente une source de revenus pour ses principaux collaborateurs, les abbés Royou et Grosier. Parce qu'il a su rédiger une critique de l'*Éloge de Milord Maréchal* attribué au

1. Sur l'affaire Sokal, voir p. 50, n. 1. Linguet prétend que la réputation de d'Alembert repose sur une imposture. Comme certains de nos intellectuels contemporains, le chef du clan encyclopédique saurait mieux que tout faire valoir son image publique : « Quand on rapprochera un jour ses titres de sa réputation, et son existence de ses droits réels ; quand on songera que c'est en vertu de sa prétendue supériorité en géométrie qu'il est parvenu à dominer dans la littérature, et en usurpant une renommée d'homme de lettres qu'il en a imposé aux mathématiciens, que personne n'a jamais rien lu des cinq volumes fabriqués par lui sous le nom de *Mélanges littéraires*, et que les vrais géomètres sont tout étonnés de l'entendre, sans leur participation, se mettre à leur tête, quoiqu'ils n'osent s'en plaindre, qu'après avoir fait de l'*Encyclopédie* son piédestal, et s'être présenté sur cette base à l'adoration des peuples, il a eu l'art de s'en détacher à propos de sorte qu'en conservant la considération que lui avait donnée cette entreprise il n'en n'a point partagé le désastre, qu'ayant toujours été le persécuteur le plus implacable, le despote le plus impérieux, l'ennemi le plus vindicatif, il a su se faire, hors de Paris du moins, une réputation de douceur, de complaisance et de modération, comme avec un style bas, des traductions ridicules, et un pédantisme insupportable, il est parvenu à passer pour un esprit agréable, d'un goût sûr et délicat... » (cité par D. Baruch, *Linguet ou l'Irrécupérable, op. cit.*, pp. 96-97).

mécréant d'Alembert, l'abbé Royou reçoit la croix de Saint-Lazare[1]. D'autres protecteurs exercent un jeu plus trouble. Le duc de Richelieu (1696-1788), petit-neveu du cardinal, libertin notoire dont les frasques scandaleuses défrayent la chronique, ami de Voltaire, protège parfois le camp adverse, par pur caprice ou même pour des motifs idéologiques. En 1770, il soutient une pièce attribuée à Palissot intitulée *Le Satirique*. Voltaire s'en offusque et lui adresse une lettre dans laquelle il critique ces lubies de grand seigneur, mais Richelieu n'avait jamais dissimulé son antipathie à l'égard des encyclopédistes et de d'Alembert, en particulier[2]. L'année suivante, à l'Académie lors d'un renouvellement de siège, le maréchal intrigue pour faire élire un candidat étranger aux mouvements philosophiques, parce que Gaillard, le favori des Philosophes, avait osé, dans son discours de réception, juger sévèrement la politique de l'aïeul, le Cardinal, dont la mémoire était si chère au petit-neveu[3]. Mais si le duc de Richelieu parvient à faire élire Roquelaure, évêque de Senlis, contre Tressan, le candidat des Philosophes, c'est surtout parce que la religion représente à ses yeux une institution nécessaire à la police du royaume, car, bien que libre penseur et même particulièrement débauché dans ses vieux jours, ce grand seigneur est totalement conservateur en politique et en religion. Les relations assidues que certains Grands entretiennent avec tel représentant des mouvements philosophiques ne les empêchent nullement de passer d'un camp à l'autre, au gré de leurs humeurs. Il suffit, pour changer de cap, qu'ils aient l'impression de se sentir blessés ou contrariés dans leur désir. On

---

1. « Royou a fait une grande sensation dans le parti des dévots par sa critique de l'Éloge de Milord Maréchal, dont on sait que M. d'Alembert est l'auteur » (Bachaumont, *Mémoires secrets, op. cit.*, 24 août 1779).

2. « On dit que vous protégez prodigieusement une nouvelle pièce de Palissot, intitulée *Le Satirique* : c'est un beau grenier à tracasseries. Je vois que vous faites la guerre aux philosophes, en ne pouvant plus la faire aux Anglais et aux Allemands ; cela vous amuse, et c'est toujours beaucoup. Puissiez-vous vous amuser pendant tout le siècle où nous sommes ! Vous en avez fait l'ornement, et vous en ferez la satire mieux que personne » (Lettre du 25 juin 1770, Paris, Garnier, 1882, vol. 47, pp. 119-120).

3. Gaillard ayant prôné, dans son discours, la liberté littéraire défendue par les rois depuis Charlemagne, avait osé critiqué le despotisme de Richelieu. L'auditoire avait interprété l'envolée comme une critique voilée de la politique de Maupeou que Richelieu avait soutenu. Voir François Albert-Buisson, *Les Quarante au temps des Lumières*, Paris, Arthème-Fayard, 1960, pp. 54-55 ; Paul d'Estrée, *La Vieillesse de Richelieu*, Paris, Émile-Paul, 1921, p. 44 et suiv.

peut estimer surtout que leur attitude ne répond pas aux logiques suivies par les membres de l'intelligentsia. Les deux groupes adoptent les mêmes modes de sociabilité et leurs destins se croisent de plus en plus à mesure que l'on se rapproche de la Révolution, mais loin s'en faut qu'ils campent sur les mêmes positions quand la relation au pouvoir est réellement en jeu. La divergence se creuse encore lorsqu'il est question de la place de la religion dans la société. Durant les moments les plus fiévreux de l'affaire Calas, le duc de Richelieu se laisse un moment gagné par Voltaire dans sa lutte pour la tolérance, mais cette convergence de vues ne signifie nullement qu'il partage l'anticléricalisme de son protégé. Une telle situation, on ne l'a pas suffisamment souligné, est lourde de malentendus.

Un autre front qui entretient des liens parfois étroits avec les apologistes les plus bellicistes est constitué par les responsables de l'institution religieuse. Le clergé de France organise tous les cinq ans des séances solennelles, dont le compte rendu est ensuite publié dans un Avertissement. Celui-ci sanctionne régulièrement les Philosophes modernes, dresse la liste des livres condamnés dont la lecture est interdite et tente de rappeler la doctrine de l'Église en évoquant les fondements du christianisme. Entreprise rituelle qui sonne comme un rappel et qui répond à une exigence fondatrice en ces temps d'incertitude. L'assemblée a aussi pour but de compter les troupes, de réconforter les combattants, de distribuer des pensions à ceux qui se sont distingués dans le livre chrétien. Or, en 1775, comme en 1770, l'archevêque de Toulouse, Loménie de Brienne (il s'agit du futur ministre de Louis XVI), établit un rapport alarmant contre les mauvais livres. Mais l'on peut se demander si ce prélat moderniste, fort lié avec Morellet et d'Alembert, ne joue pas à cette occasion un double jeu. Il faut rappeler le contexte politique. En 1775, Turgot est au pouvoir. Sa politique libérale, en matière de commerce des blés, provoque des émotions populaires. Dans sa *Diatribe à l'auteur des Éphémérides* (1775), Voltaire accuse la superstition et même certains membres de l'Église d'avoir fomenté des troubles[1]. L'assemblée du clergé

1. La brusque levée des règlements sur le commerce des blés et une mauvaise récolte font flamber le prix du pain. Des émeutes éclatent dans la région parisienne que Turgot, sans état d'âme, fait réprimer. Voltaire vole au secours du ministre-Philosophe en tentant d'alerter

s'en émeut ; il est décidé, après délibération, de présenter de manière publique et éclatante des remontrances au roi sur l'étendue des ravages provoqués par l'incrédulité et de dresser une liste des ouvrages considérés comme les fers de lance de l'offensive philosophique. L'assemblée de 1775 entend bien faire appel à Louis XVI, nouveau monarque, pour que celui-ci fasse pression sur la direction de la Librairie, afin qu'elle se montre plus sévère en matière de censure. Est également émis le projet de fonder une société d'apologistes, qui uniraient leurs talents pour contrer l'offensive philosophique. Ce bataillon serait constitué de Bergier, Pey, Gérard, Guénée, Du Voisin, Martin et Floris. Quant à l'abbé de Courcy, il recevrait la somme de 6 000 livres pour continuer son travail sur les anciens apologistes de la religion. Mais cette contre-offensive n'entraîne pas le soutien de l'autorité civile qui ne souffre pas qu'on lui dicte sa loi en matière de censure[1].

---

l'opinion dans la *Diatribe à l'auteur des Éphémérides*. Il prétend prouver que ces troubles ont été provoqués par des prêtres fanatisés alliés aux parlementaires, mais ce soutien intempestif gêne le ministre plutôt qu'il ne le sert. Turgot fait interdire la *Diatribe* le 19 août 1775 (voir René Pomeau, *Voltaire et son temps*, Oxford, Voltaire Foundation, 1994, t. V : « On a voulu l'enterrer », pp. 113-115 ; *Inventaire Voltaire, op. cit.,* art. Turgot). On assiste alors à une réconciliation, il est vrai éphémère, de l'Église et du Parlement, contre la politique de Turgot, et La Harpe, cet ami de Voltaire, qui avait donné dans le *Mercure* du mois d'août un compte rendu fort élogieux de la *Diatribe* voit son article « supprimé ». « Le censeur coupable de l'avoir accepté est révoqué. Le parlement de son côté sur réquisitoire de Séguier, condamne au feu le texte de Voltaire » (R. Pomeau, *Voltaire et son temps, op. cit.*, p. 115).

1. Par l'intermédiaire de Malesherbes, le roi communique la réponse suivante aux remontrances de l'Assemblée de 1775 : « Je n'omettrai rien de ce qui est en mon pouvoir, pour arrêter les progrès de la licence et de l'impiété : il y a déjà un grand nombre de Loix sur la Librairie, et je ne crois pas que le meilleur moyen d'en assurer l'exécution, soit de les multiplier ; cependant je vais faire examiner s'il est possible d'en ajouter de nouvelles » (*Collection des Procès-verbaux des Assemblées générales du clergé de France*, t. VIII, IIe partie, Paris, 1778, p. 2228). Cette réponse plutôt sèche d'un pouvoir jaloux de ses prérogatives entraîne, de la part de l'assemblée du clergé, de nouvelles demandes plus précises et plus insistantes. Elle rappelle à la direction de la Librairie que certains des anciens règlements ne sont pas appliqués. Il avait été convenu : 1) d'obliger les auteurs à mettre leurs noms à la tête des ouvrages ; 2) de prescrire l'usage des permissions tacites (autorisation d'imprimer, sans privilège royal) ; 3) de rendre les censeurs responsables de ce qui est contraire à la religion, dans les livres mêmes qui lui sont étrangers ; 4) d'éloigner par des visites exactes les productions impies qui arrivent de l'étranger. Sur ces nouvelles instances, le roi répond qu'il fera exécuter avec soin les règlements anciens de la Librairie et il ajoute : « Les mesures proposées par l'Assemblée ont été discutées. À la réserve des permissions tacites, qu'on croit indispensables, mais qui seront assujetties à des règles aussi sévères que les permissions publiques, les précautions indiquées ont été accueillies, et il y a lieu d'espérer qu'elles seront mises en usage » (*ibid.*, t. VIII, p. 2230). La même assemblée du clergé condamne *in globo* :

Les mandements des évêques et les instructions pastorales continuent également à pleuvoir pour empêcher les brebis de s'égarer dans les mauvais chemins de la philosophie. Les plus radicaux d'entre eux s'en prennent à l'esprit du temps et témoignent parfois d'une peur de l'irréversible. Pour Mgr de Beaumont, l'archevêque de Paris, l'esprit d'indépendance et l'impiété célébrés par les Philosophes modernes sont présentés comme la cause principale de tous les malheurs du temps, les catastrophes naturelles, mais aussi les séditions populaires : les troubles frumentaires provoqués par la montée du prix du pain sont décrits comme « un brigandage inouï » que l'incrédulité a rendu possible[1]. Dans les dernières années de l'Ancien Régime, des mandements incriminent la presse et la plupart des modes de communication rendus responsables de la corruption des mœurs. « Autrefois, proclame l'archevêque de Lyon, l'impiété était réservée à un petit nombre d'hommes licencieux. Aujourd'hui l'irréligion est la plaie de tous les états, de tous les sexes, de tous les âges : elle marche la tête levée ; elle empoisonne toutes les sciences, jusqu'à celles qui sont les plus étrangères. La Presse infidèle trompe tous les jours la vigilance des magistrats. » Le déluge d'écrits frivoles qui attaquent la religion depuis quarante ans est en train de corrompre insensiblement « toute la masse de la société[2] ». Les évêques embouchent également la trompette de guerre quand paraissent les écrits philosophiques les plus radicaux : en 1770, *Le Système de la nature* de d'Holbach et l'*Histoire philosophique et politique des établissements et du commerce des Européens dans les deux Indes* de Thomas Raynal. Dans ce brûlot, violemment anticlérical, l'auteur critique

---

Le Christianisme dévoilé ; *L'Antiquité dévoilée par ses usages* ; *Le Sermon des Cinquante* ; *L'Examen important,* attribué à Lord Bolingbroke ; *La Contagion sacrée* ; *L'Examen critique des anciens et nouveaux apologistes du christianisme* ; *La Lettre de Trasybule à Leucippe* ; *Le Système de la nature* ; *Les Questions sur l'Encyclopédie* ; *De l'homme* ; *L'histoire critique de la vie de Jésus-Christ* ; *Le Bon sens* ; *L'Histoire philosophique et politique des établissemens européens et du commerce dans les deux Indes.*

1. « Si des maximes perverses ont réduit vos esprits, reconnaissez votre erreur ; si l'on vous a aigris par des murmures, soulevés par des discours séditieux ; si l'on vous a trompés par des artifices, frémissez à la vue des tristes effets qui pourraient résulter d'une si dangereuse fermentation » (Christophe de Beaumont, *Lettre pastorale* du 18 mai 1775, pp. 5-6).

2. Antoine de Malvin de Montazet, archevêque de Lyon, *Instruction pastorale sur les sources de l'incrédulité et les fondemens de la religion*, donné à Paris le 1er février 1776, pp. 4-5.

l'action missionnaire des religieux partis évangéliser les peuples lointains et s'en prend également à l'autorité royale. La radicalisation des thèses défendues dans ces ouvrages devient utile dans la mesure où elle permet au réfutateur de sanctionner une fureur qui fait éclater les preuves de son outrance. À propos du *Système de la nature*, l'archevêque de Sens s'écrie que l'auteur « enhardi par l'impunité et ayant perdu toute pudeur, arrache tous les voiles, même transparens, sous lesquels l'Incrédulité s'était jusqu'ici cachée[1] ». Mais c'est surtout l'apothéose de Voltaire fêté à Paris en 1778 comme un demi-dieu et la publication de ses œuvres complètes, annoncées quelques années plus tard à grand renfort de publicité, qui réveillent la colère des dévots les plus déterminés. Toute une partie du clergé s'insurge autant contre l'événement éditorial consacrant officiellement « le Coryphée des Incrédules » que contre le pouvoir civil qui autorise une telle entreprise. Dans le *Journal de Monsieur*, un des périodiques les plus fermement engagés dans la croisade antiphilosophique, le rédacteur s'en prend au prospectus emphatique annonçant une édition des œuvres de Voltaire. Sa critique s'établit sur plusieurs fronts. L'événement est d'autant plus scandaleux qu'il s'agit d'une édition de luxe : les fameux caractères Baskerville confèrent à l'ouvrage un grand prestige, tout en lui offrant la promesse de résister au temps. Inscrire l'œuvre impie, au même titre que Racine, Boileau ou Corneille, dans « la postérité la plus reculée », bouleverse l'échelle des valeurs littéraires, rompt avec les traditions culturelles les mieux établies et acquiert, en cette fin de siècle hantée par la mémoire et la préservation des monuments de l'esprit humain, une signification hautement symbolique. Voici que les progrès techniques d'une époque spirituellement décadente sont mis publiquement au service de l'incrédulité et de l'insolence éhontée ! De plus, la masse des écrits voltairiens va se répandre comme un torrent dans l'espace européen, ravageant et entraînant « tout ce qui se rencontrera sur son passage[2] ». Le dernier grief porte sur l'attitude complaisante du souverain qui oublie l'esprit même du régime monarchique, puisqu'il tolère l'élévation d'« un monument honteux », alors qu'à l'exemple de ses

---

1. *Instruction pastorale* de son éminence Mgr le cardinal de Luynes, archevêque de Sens, Paris, 1771, p. 23.

2. *Journal de Monsieur*, 1781, t. I, pp. 344-345.

ancêtres il devrait regarder « comme le plus glorieux de ces titres celui de protecteur de cette Religion divine[1] ». Ce constat doit être interprété comme un reproche adressé à Louis XVI et l'auteur de l'article n'en finit pas de fulminer contre des mots sacrilèges qui violent l'esprit même de la monarchie. D'autres prélats, comme Mgr de Feller, dénoncent, eux aussi, les odieuses connivences entre certains chrétiens modernistes et les Philosophes.

Les difficultés et la stratégie hésitante des instances dévotes à la veille de la Révolution

En fait, les instances dévotes se trouvent dans une position plus délicate que ne laisseraient supposer ces rodomontades et les critiques fondées ou illégitimes. Le clergé est lui-même divisé sur les stratégies à d'adopter pour endiguer le déferlement des écrits impies. À lire attentivement les mandements épiscopaux, on relèverait de sensibles variations de ton. Le cardinal de Rohan, évêque et prince de Strasbourg, est jugé trop modéré par les dévots les plus zélés, parce qu'il n'ose nommer ni l'ouvrage, ni l'auteur, lorsqu'il dénonce le 21 octobre 1781 la fameuse édition de Kehl des œuvres de Voltaire. Inversement, les académiciens, partisans du Philosophe, reprochent au cardinal de s'en prendre à un confrère académicien[2] ! Mais, comble du paradoxe, certaines assemblées quinquenales du clergé de France donnent elles aussi parfois l'impression de faire preuve de modération. Celle de 1770 ne renonce-t-elle pas au titre de « Lettre pastorale antiphilosophique » parce qu'elle le juge trop offensif ou trop ridicule[3] ? Quant au pouvoir civil, il hésite entre la répression et une tolérance de plus en plus grande pour les ouvrages prétendument ou réellement subversifs. Prenons quelques exemples qui illustrent cette situation délétère pour les partisans de la répression radicale. Le clergé et le pouvoir civil condamnent bien l'*Histoire philosophique et politique des établissements et du commerce des Européens dans les deux Indes* de Raynal, mais, lorsqu'en septembre 1775 le clergé, qui a établi

1. *Ibid.*, p. 342.
2. Bachaumont, *Mémoires secrets…*, *op. cit.*, 21 janvier 1782, p. 55.
3. *Ibid.*, 28 août 1770, p. 211.

une commission pour examiner les ouvrages susceptibles de scandaliser les fidèles, demande au pouvoir civil d'agir contre La Harpe, le suppôt du « parti voltairien », le gouvernement marque des réserves et se montre jaloux de ses prérogatives[1]. D'autres exemples illustrent l'attitude louvoyante, voire la décomposition des instances juridiques, civiles et religieuses, ayant pour mission de condamner les écrits impies, dans les vingt années précédant la Révolution. Après la parution de *La Philosophie de la nature* de Delisle de Sales, l'auteur, les deux censeurs négligents qui ont donné le permis d'imprimer, l'éditeur et les libraires font l'objet d'un procès intenté par le Châtelet, le tribunal civil traitant des affaires de Librairie. Mais les « gros bonnets de cette juridiction », dit Mettra, persuadés que l'affaire traînerait en longueur et qu'elle n'aboutirait pas, ont négligé d'assister aux séances. Or tout juge qui a manqué à une seule vacation est exclu du jugement et perd sa voix. Le résultat est que l'affaire aurait été abandonnée à de jeunes cerveaux « fanatiques » soucieux de montrer leur zèle en condamnant l'auteur au bannissement perpétuel, ce qui crée un effet publicitaire qui augmente immédiatement le prix de vente de l'ouvrage[2] ! L'anecdote est à interpréter comme un symptôme de l'arbitraire qui règne dans ce type de juridiction. Le récit qu'en donne Mettra révèle aussi que toute une partie de l'opinion estime qu'un tel verdict est inefficace, archaïque ou absurde. La Sorbonne est également discréditée et l'on se moque des anathèmes qu'elle prononce en vain contre des ouvrages que tout le monde s'empresse de lire.

En 1781, l'annonce de la publication par Beaumarchais des œuvres complètes de Voltaire, dite « édition de Kehl », illustre bien les tensions qui opposent le pouvoir monarchique aux représentants les plus déterminés de l'Église de France. Mgr de Machaut, évêque d'Amiens, tente d'ameuter une partie de l'opinion en publiant un mandement dans le *Journal de Monsieur*, fidèle, nous

---

1. S'il se résigne à « supprimer » l'article de La Harpe, paru dans le *Mercure de France* d'août 1775, le pouvoir civil entend rester maître de ses prérogatives en remettant vertement l'assemblée du clergé à sa place. Le ton manifeste une certaine irritation : « Messieurs, je soutiendrai toujours la Religion dans mon Royaume, mais vous ne devez pas laisser tout faire à l'autorité, vos exemples sont le véritable appui de la Religion, et votre conduite, vos mœurs et vos vertus sont les armes les plus efficaces pour combattre ceux qui osent vouloir l'attaquer » (cité par Mettra, *Correspondance secrète, op. cit.,* t. II, p. 174).

2. *Ibid.*, t. 4, pp. 272-273.

l'avons vu, au clan dévot. Jean-Georges Lefranc de Pompignan, devenu évêque du Puy, lance un autre mandement dans lequel il se livre à un parallèle entre Voltaire et Rousseau. Profitant de ce vent de contestation, la Sorbonne entre en lice, à son tour, et fait part au garde des Sceaux de son indignation. Comment accepter « l'introduction *méditée* en France de ces œuvres de ténèbres et de scandale » ? C'est bien en effet la police civile qui est ici incriminée. La direction de la Librairie est accusée par les représentants les plus radicaux du pouvoir religieux de faillir à sa mission de protection des bonnes mœurs. La politique des éloges et des concours destinés à récompenser de jeunes émules du grand Voltaire est également perçue comme une provocation et comme une insulte faite à l'esprit public. La réponse du pouvoir civil ne se fait pas attendre : Mgr de Machaut est sommé de modérer son zèle antiphilosophique, tandis que la Sorbonne, vertement et ironiquement tancée, est invitée à ne pas outrepasser ses fonctions[1]. D'autres exemples témoignent d'une situation paradoxale. Certains apologistes trop zélés finissent par embarrasser le pouvoir. Des prêtres obscurs, perpétuant sans doute une attitude de contestation janséniste (l'un d'entre eux fait la satire de l'ancien parlement Maupeou), clament en chaire leur fidélité à la royauté, tout en manifestant un esprit de liberté et d'égalité, menacés par les partisans du despotisme, ce qui

1. « M. l'Évêque d'Amiens avoit adressé son Mandement aux auteurs du *Journal de Monsieur*, qui se sont déjà signalés par une dénonciation vigoureuse au Parlement de la nouvelle édition de Voltaire, et ceux-ci étaient sur le point d'en donner l'extrait, lorsque le Prélat leur a écrit pour suspendre cette levée de bouclier. Il paraît qu'on a engagé M. de Machault à modérer son zèle antiphilosophique et il retire le plus qu'il peut les exemplaires de sa diatribe courte, fougueuse, mais mal écrite. Elle devient rare de plus en plus. L'esprit minutieux de ce Prélat, l'avait déjà porté à menacer son imprimeur à Amiens de le destituer, parce qu'il avoit fait courir des avis où il annonçait des nouvelles éditions de Voltaire et de Rousseau. Il a fallu que cet imprimeur renonçât au commerce de ces ouvrages, ou ne le fit que clandestinement » (Bachaumont, *Mémoires secrets…, op. cit.*, 27 avril 1781, t. XVII, p. 141). Le même chroniqueur nous apprend, par la suite, que l'évêque d'Amiens est parvenu cependant à publier son mandement dans les *Affiches de province*. Il ajoute que le prélat a eu la chance de tomber sur un censeur très religieux, M. de Sancy, « qui n'a pas craint de se mettre à dos le parti encyclopédique » (*ibid.*, 8 mai 1781, p. 160). D'autres oppositions, souvent violentes tentèrent de contrecarrer la publication de l'édition de Kehl des œuvres de Voltaire. Aux mandements épiscopaux (il y en eut au moins cinq), il faut ajouter le pamphlet de Duval d'Éprémesnil qui tenta de solliciter l'intervention du parlement de Paris. Voir R. Pomeau, *Voltaire et son temps, op. cit.*, t. V, p. 351. Voir aussi Gilles Barber, « The Financial History of the Kehl Voltaire », *The Age of the Enlightenment, Edinburgh*, Londres, 1967.

déplaît fortement à toute une partie de l'Église. Surgit, à l'inverse, une autre figure incriminée par des pamphlets, celle de l'évêque philosophe « nouveau genre d'épiscopat qui embrasse le régime économique et politique d'un diocèse, et qui fait qualifier celui qui l'exerce d'évêque administrateur... sorte de métis, moitié sacré, moitié profane, qui sous la livrée sainte exerce un apostolat philosophique[1] ». On murmure donc contre les évêques contaminés par l'esprit philosophique, quand ils ne sont pas franchement libertins ou athées. Fait plus surprenant, c'est l'archevêque de Toulouse, Mgr Loménie de Brienne, le futur ministre réformateur et membre en 1786 de l'assemblée des notables, qui se pose en pourfendeur des écrits impies à l'assemblée du clergé de 1770. Or ce même prélat, bientôt auteur d'un projet de réforme « philosophique » destiné à regrouper les ordres monastiques et à obliger les moines à adopter des occupations utiles pour la société, est en passe, murmure-t-on, de devenir en 1781 le successeur de l'archevêque de Beaumont, l'ennemi irréconciliable des Philosophes ! Ce qui fait dire à certains que « si de grands talens et beaucoup d'esprit étoient des titres suffisans, on aurait pu mettre M. d'Alembert lui-même tout aussi bien que son ami M. de Brienne[2] » ! Le comble est que les mandements épiscopaux sont parfois eux aussi gagnés par l'esprit philosophique, à la grande satisfaction des d'Alembert et des Condorcet, et à la grande fureur des religieux intransigeants[3] !

Ce nouvel état d'esprit oblige les dévots à se regrouper et à user des nouvelles formes d'intervention publique. Plusieurs périodiques sont aux mains de rédacteurs plus ou moins déterminés et offensifs : le *Journal ecclésiastique* (1760-1792)[4], le *Journal de*

1. *Lettres secrettes sur l'état actuel de la religion et du clergé de France*, cité dans Mettra, *Correspondance secrète..., op. cit.*, t. XIII, p. 366. Voir aussi Bachaumont, *Mémoires secrets..., op. cit.*, 3 novembre 1782, t. XXI, p. 167.

2. Mettra, *Correspondance secrète, op. cit.*, t. XII, p. 236. En fait, le roi est intervenu pour faire nommer à sa place M. de Juigné, évêque de Châlons-sur-Marne, parent du ministre Vergennes et prélat fort pieux.

3. « M. de Themines, évêque de Blois s'étoit fait remarquer par des mandemens en style philosophique. Le Clergé en avoit été scandalisé et avoit demandé une réparation » (*ibid.*, t. IX, p. 429).

4. Le *Journal ecclésiastique*, fondé en 1760 par l'abbé Joseph-Antoine-Toussaint Dinouart, s'adresse au départ aux ecclésiastiques. Il vise à améliorer leur formation théologique et à leur proposer des sermons. Toutefois, à partir de 1765, il étend ses ambitions à un public profane et subit une évolution significative. Outre la large place offerte aux écrits

Monsieur (1776-1783). D'autres périodiques relèvent plutôt de la contestation littéraire des mouvements philosophiques : le *Journal de politique et de littérature* (1774-1778) que l'éditeur Panckoucke a confié au bouillonnant Linguet, le *Journal français* (1777-1778) de Palissot et Clément, l'*Année littéraire* dirigée par la veuve d'Élie Fréron et son beau-fils Stanislas, qui ont pris le relais du père de 1776 à 1790, mais ces journaux ne sont pas, loin s'en faut, à l'abri d'une interdiction. Plusieurs arrêts témoignent des pressions qu'exercent les encyclopédistes sur le pouvoir dans les années 1780. Il est fait défense à Dame Fréron de « rien laisser insérer dans son Journal contre l'Académie ou contre aucun de ses membres[1] ». Linguet est également inquiété parce qu'il ose s'en prendre aux dignitaires de l'Académie. Ses attaques contre La Harpe, les salons philosophiques et le pouvoir indu des coteries à la mode lui valent une intervention, en 1776, du Garde des Sceaux Miromesnil qui oblige l'éditeur Panckoucke à renoncer à ses services ! Autre signe des temps, il est fort malaisé de procéder à la nécrologie des apologistes dans certains journaux à la veille de la Révolution : le premier en date des quotidiens français, *Le Journal de Paris*, se voit interdire un article sur le décès de l'abbé François, parce que Voltaire y est traité trop durement[2]. L'annonce de la mort de cet adversaire du grand homme devra finalement paraître dans le *Journal de Monsieur*, entièrement attaché aux défenseurs de la religion.

Les pressions exercées par les encyclopédistes, le triomphe d'une sensibilité vertueuse tournée vers les actions philanthropiques, les remous qui affectent l'Église, affaiblissent l'aile la plus radicale des défenseurs de la religion. Pourtant, il existe bel et bien, à la veille de la Révolution, des instances dévotes soutenues par de puissants protecteurs, capables de faire entendre leur voix, et de lancer dans l'arène publique des écrivains qui ne sont pas toujours sans talent. L'Église de France tente plusieurs fois de reprendre en main la situation en réaffirmant une doctrine qui unit les fidèles autour de leurs pasteurs. À cet égard, les avertissements successifs

---

apologétiques, le journal adopte les formes narratives des périodiques profanes : appel au lecteur, mise en scène d'anecdotes édifiantes. Signalons encore le grand succès de ce périodique qui continue à être publié sous la Révolution. Le ton diffère en fonction des responsables qui prennent la relève : l'abbé Montmigon en 1786 et Barruel en janvier 1788.

1. Bachaumont, *Mémoires secrets…, op. cit.*, t. XVIII, 24 octobre 1781, p. 93.

2. *Ibid.*, 25 avril 1782, t. XX, p. 203.

des assemblées du clergé s'adressent aussi bien à tous les chrétiens qu'aux ecclésiastiques ébranlés par le sentiment d'une dérive doctrinale. L'opposition janséniste à l'intérieur de l'Église est décrite par Mettra en 1780 comme un feu caché sous la cendre qui peut encore se réveiller pour rappeler à leurs devoirs les prélats contaminés par les idées nouvelles[1]. De nouveaux clivages surgissent ainsi à l'intérieur même des institutions religieuses. L'Église est partagée entre, d'une part, les prélats académiciens, poussés vers le vent des réformes, conduits bon gré mal gré à pactiser avec les Philosophes ou même à les soutenir par adhésion au culte du grand homme, et, d'autre part, les religieux soucieux de préserver la tradition, déterminés à en découdre avec ceux qu'ils accusent de saper la morale chrétienne en cédant sur tous les fronts. Quant au pouvoir civil, il adopte une politique fluctuante : voulant parer au plus pressé, il cherche à éviter les débordements scandaleux des extrémistes des deux bords, tente d'endiguer les effets pernicieux d'une critique généralisée et les dérives spectaculaires qui suscitent des polémiques à rebondissements. Quand les pressions sont trop fortes, il use de compromis. Sous celle des dévots, il accepte de condamner les écrits philosophiques trop virulents. Mais l'histoire des différentes instances répressives révèle des malentendus et des conflits durant la deuxième moitié du XVIIIe siècle. Outre la lutte entre les jansénistes et les jésuites, outre les conflits de juridiction étudiés par Barbara de Négroni, existe aussi un différend sur la notion d'intolérance civile. Les autorités religieuses reprochent souvent au pouvoir civil de faillir à sa mission répressive, alors que celui-ci n'entend pas qu'on empiète sur ses prérogatives, tout en prétendant offrir une image publique de libéralisme. Il est au fond une bienséance critique tout à fait tolérable et en passe même de se banaliser. C'est alors que les condamnations de la faculté de théologie à l'encontre des mauvais livres mettent dans l'embarras le pouvoir d'État en révélant à l'opinion une image de sa faiblesse et de son incompétence. La publicité donnée aux séances de la Sorbonne, désormais discréditée, l'attentisme des tribunaux civils,

1. Mettra, *Correspondance secrète…, op. cit.*, t. X, p. 10. Le chroniqueur cite à l'appui un écrit sanglant intitulé : *Requête des fidèles à nos Seigneurs les Archevêques, Évêques, etc. composant l'assemblée du Clergé.* L'abbé Maury trace également un tableau sévère des devoirs imposés aux prélats, à l'occasion de l'assemblée du clergé (voir *ibid.*, t. 2, p. 180).

les manœuvres de la cour voguant d'une instance à l'autre permettent aux Philosophes d'ameuter, entre-temps, l'opinion européenne, de tester leur influence et de profiter des effets pervers provoqués par les maladresses des organes de censure. Dans une période d'hésitation du pouvoir civil, les mécanismes institutionnels de contrôle sont aussi à la merci des positions individuelles : il y a des gardes des Sceaux et des censeurs libéraux, alors que d'autres séduits par les pressions dévotes se montrent plus répressifs.

Qu'ils soient plutôt favorables aux mouvements philosophiques comme Bachaumont ou qu'ils adoptent une position plus neutre comme Mettra, les chroniqueurs refusent le plus souvent le radicalisme dévot qu'ils assimilent au « fanatisme », tout en se méfiant de l'athéisme virulent qu'ils jugent provocateur et excessif. Pour Mettra, les ouvrages dirigés contre les mœurs représentent la catégorie la plus dangereuse, car les livres hostiles à la religion, entendons ceux qui se situent à une certaine hauteur philosophique, ne sont pas à la portée de tout le monde, et les ouvrages qui s'en prennent au gouvernement ne peuvent atteindre qu'un public déjà à moitié convaincu. En revanche, les ouvrages « obscènes » risquent d'enflammer l'imagination des jeunes gens, dans cet âge vulnérable où l'imagination est excitée par le moindre objet. Cette réflexion sur les pouvoirs respectifs des écrits dangereux coïncide avec l'avènement d'une morale qui, sans être ouvertement laïque, s'affranchit de plus en plus des impératifs religieux et plus particulièrement des dogmes qui la fondaient et lui donnaient sens : « Depuis que la Philosophie moderne nous a donné le triste spectacle des progrès de l'incrédulité, on désiroit que des livres à la portée de tout le monde répandissent cette vérité, que l'homme qui a eu le malheur de secouer le joug de la religion n'est pas dispensé pour cela d'être vertueux ; que l'amour de soi, l'intérêt personnel nous dictent également les principes de la plus saine morale[1]... » S'installe ainsi un large consensus autour du terme « philosophe », alors même que son acception s'élargit : on célèbre sa sagesse, sa sérénité, sa modération et son esprit de tolérance dans des pièces en vers ou dans des écrits en prose. Parfois, pour s'en moquer, on constate que

1. *Ibid.*, t. XVII, p. 29. Ce point de vue, ajoute le chroniqueur, est l'objet d'un ouvrage nouveau intitulé : *Catéchisme de morale, spécialement à l'usage de la jeunesse, contenant les devoirs de l'homme, du citoyen, de quelque religion et de quelque nation qu'il soit.*

chacun dans les cercles, les coteries et les académies se pique d'être Philosophe, véritable torrent qui désigne une attitude intellectuelle fondée sur le raisonnement abstrait, le goût prononcé pour la discussion sans qu'il soit absolument nécessaire de préciser son objet ! Il s'agit bien d'une parade, impliquant une mise en scène du sujet et une esthétisation du discours offerte à des pairs qui authentifient cette conduite en lui prêtant attention. Le chroniqueur Mettra, qui dénonce souvent la partialité des encyclopédistes et l'esprit de parti qui déchire la République des lettres, porte néanmoins au crédit du siècle les progrès apportés par l'« esprit philosophique » qui a incontestablement fait reculer la « superstition » et la « barbarie », ce qui le conduit à dénoncer fortement comme un archaïsme odieux et absurde les pratiques de quelques convulsionnaires faisant retentir de leurs cris aigus les voûtes de l'église de la Sainte-Chapelle. Il ne s'agit pas ici d'étudier un système de pensée, mais de définir, dans une optique plus large, des attitudes mentales et des seuils de tolérance idéologiques. Or les manifestations spectaculaires des adeptes du jansénisme convulsionnaire sont maintenant perçues comme inconvenantes et marginales par un chroniqueur qu'on ne peut soupçonner de partialité puisqu'il n'appartient ni au mouvement philosophique ni au camp adverse. Ajoutons que l'Église de France est elle-même en crise. Plusieurs ordres se plaignent du manque de vocations, ce qui fait baisser, de manière inquiétante, le nombre de moines. Au nom de l'« humanité » et des idées modernes, certains réclament un règlement moins austère. Sous la poussée des récriminations, le vent des réformes a soufflé : chez les dominicains, les vœux se prononcent désormais à vingt ans. Certains religieux voudraient revenir à l'ancienne constitution qui les faisait proclamer à quinze ou seize ans, seul moyen, selon eux, de retrouver les effectifs d'antan. L'image dont jouit le clergé auprès des élites est contrastée. On se réjouit qu'il soit devenu plus tolérant et charitable, plus soucieux du bien public, plus « patriote » et, depuis l'expulsion des jésuites, moins soucieux de contrôler les affaires civiles. Mais ces progrès sont contrebalancés par des mœurs plus relâchées. Les chroniqueurs se plaignent de rencontrer des ecclésiastiques dans des lieux publics : salles de spectacle, cafés à la mode, jardins fréquentés par des femmes légères, quand ce ne sont pas des « nymphes » en faction à l'affût du client ! Même si l'image coïncide rarement avec la réalité, il reste que le moine surpris en galante compagnie, conspué par une foule de badauds, est devenu un lieu commun du roman et du compte rendu journalistique. Entendons-nous : tout porte à estimer que la majeure partie du clergé de France demeure fort pieux et accomplit parfaitement son devoir pastoral. La plupart des historiens contemporains soulignent le haut degré d'instruction des évêques et la vaste culture de nombreux d'entre eux. Les évêques « administrateurs », acquis aux idées philosophiques, comme Loménie de Brienne, sont loin de représenter la majorité, mais, étant ceux dont on parle dans les cercles à la mode, ils contribuent plus que les autres à façonner une image publique.

III

Le discours apologétique

Préambule

Nous avons évoqué des stratégies et des discours qui tentent d'infléchir l'opinion en simplifiant volontairement les positions doctrinales de l'adversaire. La guerre des pamphlets et des libelles fait rage. S'installe un climat conflictuel, parfois venimeux, que certains chroniqueurs dénoncent rituellement en sachant fort bien que leurs plaintes demeureront sans effet. Plus largement, c'est toute une pratique de l'écriture fondée sur l'échelonnement dans le temps d'attaques, de réfutations et de contre-réfutations qui se généralise depuis la publication de l'*Encyclopédie* et celle des écrits philosophiques radicaux. Il nous faut maintenant isoler la littérature apologétique, en la distinguant des autres formes de lutte antiphilosophique. Même si certains apologistes, nous l'avons vu, ne manquent pas d'intervenir dans les conflits qui divisent la République des lettres, et de conclure des alliances avec les ennemis littéraires des philosophes, il n'en demeure pas moins qu'ils présentent des positions doctrinales qui leur appartiennent en propre. Leur fidélité à l'orthodoxie chrétienne, et, pour certains, leur méconnaissance volontaire ou involontaire des pratiques mondaines et littéraires de la République des lettres, les isolent encore plus de ce nouveau monde qu'ils dénoncent avec violence. Soulignons d'emblée le dilemme auquel se heurte alors la littérature apologétique, surtout dans la deuxième partie du siècle, et qui constitue sa principale et fondamentale faiblesse : user de ce ton de légèreté qui a fait le succès de ses adversaires, recourir aux formes et aux genres à la mode que sont les dictionnaires, les dialogues, les romans, au risque de perdre son âme, ou demeurer fidèle au sérieux philosophique et à un mode de démonstration léguée par la tradition universitaire et théologique, au risque de rétrécir considérablement son audience. Cette situation divise profondément les apologistes : bien qu'étant de plus en plus nombreux, après 1750, à choisir l'adaptation au siècle, des irréductibles s'obstineront à écrire de lourds traités bien indigestes pour le lecteur moderne, comme ils l'ont sans doute été aussi pour les contemporains. Mais nous verrons que les pesanteurs formelles et l'absence de style n'excluent pas nécessairement la profondeur de la pensée et qu'elles ne sont pas toujours imputables à la volonté de s'arc-bouter sur des positions défensives.

Quoi qu'il en soit, Albert Monod compte près de 950 ouvrages apologétiques publiés de 1670 à 1807 et quelque 750 autres ouvrages entre 1715 et 1789 ! Production immense, continue, obstinée dont les historiens, semble-t-il, n'ont pas encore pris toute la mesure. Alors même que Voltaire inonde le marché de ses attaques contre l'Église et que, dans les années 1760-1778, il poursuit son combat célèbre contre « l'Infâme », des religieux, mais aussi des laïcs, continuent obstinément à démontrer l'existence de Dieu et la supériorité de la religion chrétienne. L'entreprise est extraordinairement récurrente : elle se donne comme une accumulation de preuves destinées à dissiper les doutes éventuels du sceptique, à terrasser l'athée impénitent et à raffermir le chrétien dans sa foi quand celle-ci risque d'être ébranlée par l'accroissement des livres impies, la multiplicité des écrits contradictoires et les divisions qui déchirent l'Église. On distinguera les apologies reposant sur une démonstration purement rationnelle de l'existence de Dieu et celles qui en appellent au « cœur » pour faire sentir au lecteur de bonne volonté la présence divine en lui et autour de lui. D'autres s'appuient encore sur l'histoire du christianisme et font état des preuves historiques de la Révélation. Certaines, enfin, cumulent toutes les voies possibles, sans craindre apparemment de lasser le lecteur en lui assenant une somme d'arguments quasi inépuisables.

Ce fait culturel est à interpréter indépendamment même de la question, il est vrai fondamentale, de sa réception. Il témoigne d'emblée d'une indignation et d'une inquiétude qui prennent, le long du siècle, des formes diverses en même temps qu'il nous oblige à repenser l'histoire des idées en faisant jouer entre elles des forces contradictoires, en montrant que la vie intellectuelle repose sur des tensions et non pas seulement sur l'avènement d'une *épistémè* massive et monolithique, car la récurrence que nous signalions n'exclut pas des prises de position diverses, témoignant aussi d'un constant dialogue avec les adversaires et d'un intérêt évident des apologistes pour toutes les questions débattues durant le siècle. La relative fixité de la forme n'implique donc pas une fermeture de principe aux nouvelles problématiques.

1.

L'apologétique avant 1760

Tradition et renouvellement

Pour beaucoup d'apologistes qui publient dans les années 1680-1730, l'aveuglement des incrédules est présenté comme un fait surprenant, tant les preuves de l'existence de Dieu sont criantes. Dans un premier temps, il n'est nul besoin de recourir à une démonstration philosophique ou théologique, puisque tout homme de bonne foi doit lire dans les merveilles de la nature la présence du divin. La simplicité de la démonstration renvoie à la clarté du message de Dieu. Dans le sillage de Pascal, on imputera aux passions et aux mauvaises dispositions intérieures de l'incrédule le refus de contempler au fond de lui-même les signes manifestes de la présence de Dieu. « Ceux qui sont disposés à vivre comme l'Évangile le prescrit se persuadent aisément qu'il est véritable[1] ». Les apologies de la fin du XVIIe siècle attribuent surtout à un mode de vie la tiédeur ou l'indifférence du « libertin de cœur » tout en soutenant que l'athéisme raisonné et réellement assumé se rencontre plus rarement qu'on ne le croit. Le protestant Jean Leclerc distingue parmi les esprits enclins à l'incrédulité, les mondains superficiels et frivoles, qui refusent la lecture, estimant à tort que la maîtrise parfaite du jeu social vaut comme une raison de vivre : « C'est un homme qui se dit en soi-même : tout ce que cette religion enseigne est faux, parce qu'il est contraire à l'état où je me trouve. Je suis trop honnête homme, pour mériter qu'on me

1. Jean Le Clerc, *De l'incrédulité*, Amsterdam, 1696.

regarde comme un homme perdu ; et c'est ce qu'il faudrait croire si la Religion chrétienne était véritable[1]. » Quant aux libertins d'« esprit », qui prétendent, eux aussi, appliquer la morale toute profane de l'« honnêteté », ils prennent insensiblement l'habitude d'un détachement à l'égard du sacré et des pratiques religieuses. L'esprit de conversation glorifié par les manuels de savoir-vivre mènerait donc aux propos les plus libres, à la raillerie des choses saintes et finirait par passer pour une désinvolture de bon aloi dans les salons et les cercles à la mode[2]. Plusieurs apologistes catholiques de cette fin du XVIIe siècle mettent davantage l'accent sur le rôle excessif que certains attribuent aux lumières naturelles. L'esprit de libre examen, pris dans son sens le plus étendu et sans aucune entrave, est présenté comme le désir condamnable de refuser toute forme d'humilité : « Comme la foy est une vertu qui demande des soumissions aveugles et qui règne impérieusement sur les esprits, l'homme qui naturellement est ennemi de la dépendance, et qui regarde la raison comme le plus noble caractère de sa grandeur, a beaucoup de peine à renoncer à ses propres lumières, et à subir un joug qui le met, à ce qu'il s'imagine au rang des esclaves et des animaux sans raison[3]. » Le père Crasset ne manque pas alors de polémiquer avec « les Ennemis de l'Église » accusés de mal concevoir les relations de la foi et de la raison individuelle. Les luthériens et les calvinistes favorisent dangereusement l'incrédulité en faisant la part trop belle à l'esprit critique et au jugement personnel dans la lecture de la Bible. Quant aux sociniens[4], ils sont accusés d'interpréter l'Écriture sainte avec encore plus de liberté, rejoignant ainsi les incrédules modernes qui placent la raison au-dessus de la foi[5]. Pour ces apologistes purs et durs de la tradition catholique, la raison est certes fortifiée, épurée et élevée par la foi, mais celle-ci

1. *Ibid.*, p. 13.

2. « Selon le style du siècle, qu'est-ce que d'être honnête homme ou que d'être galant homme ? Ce n'est pas comme vous le savez être un homme de bien, mais c'est être impie dans le raisonnement, c'est être railleur dans la conversation, c'est être libertin dans la vie… et souvent c'est être sans Dieu et sans religion » (Spanheim, *L'Athée convaincu en quatre sermons*, Leyde, 1676 ; il s'agit d'un pasteur ; voir A. Monod, *De Pascal à Chateaubriand, op. cit.*, p 62).

3. R. P. Crasset, *La Foy victorieuse de l'infidélité et du libertinage*, 1693, pp. 1-2.

4. Lelio Socini (1525-1562), réformateur siennois, fonda le socinianisme. Cette doctrine nie la Trinité et la divinité du Christ.

5. R. P. Crasset, *op. cit.*

demeure souveraine et première. Elle invite à croire à toutes les vérités révélées, car « refuser sa créance à une seule, c'est la [la foi] refuser toute[1] ».

Pourtant la raison a tôt fait de reprendre ses droits dans la littérature apologétique. Sans passer en revue l'interminable suite des écrits apologétiques publiés durant la première moitié du siècle, repérons des constantes et des évolutions. D'abord, le choc en retour des grands systèmes métaphysiques du XVIIe siècle et du début du siècle suivant, ceux de Descartes, Spinoza, Malebranche et Leibniz qui offrent une explication globale du monde en démontrant rationnellement l'existence de Dieu. Immenses cathédrales bâties par des penseurs qui maîtrisent tous les savoirs et toutes les disciplines, et qui tentent de résoudre les problèmes de la connaissance, du mal et de la liberté. Les relations qu'entretiennent les apologistes avec les grands penseurs de la métaphysique occidentale sont complexes et tumultueuses. Si la *théodicée* de Leibniz, nous le verrons, peut servir d'alliée contre le scepticisme critique d'un Pierre Bayle, il arrive aussi qu'elle soit rejetée parce qu'elle aboutirait, en dépit des allégations de son auteur, à un déterminisme implacable qui exclurait le libre arbitre et par conséquent le péché. Spinoza présente, lui aussi, comme l'a montré Paul Vernière[2], une immense fortune au XVIIIe siècle : parfois approuvé parfois récusé par Voltaire, souvent associé au déterminisme de Diderot, il est interprété par les apologistes comme un système athée, contradictoire, monstrueux, et responsable des errances de la philosophie moderne. Quant au cartésianisme et à sa variante le malebranchisme, ils jouent un rôle immense dans la pensée apologétique, en fournissant un éventail d'arguments destinés à récuser la nouvelle philosophie, celle de Locke et des penseurs expérimentaux, accusés de répandre le « matérialisme » et l'athéisme. On peut interpréter le cartésianisme du XVIIIe siècle comme un phénomène de résistance qui prend toute son ampleur au moment de l'effervescence encyclopédique dans les années 1760, mais aussi comme une résurgence de la réflexion métaphysique.

1. *Ibid.*, p. 26.

2. Paul Vernière, *Spinoza ou la pensée française avant la Révolution,* Paris, P.U.F., 1954.

LES APOLOGISTES ET LE LEIBNIZIANISME

Leibniz nous intéresse au premier chef, parce qu'il représente la dernière tentative pour dépasser les clivages religieux, réconcilier la croyance en Dieu et les acquis du rationalisme, en intégrant dans un système unitaire les acquis de la science moderne et les preuves de l'existence de Dieu. Les *Essais de théodicée* (1710)[1] représentent, à ce titre, la plus grande entreprise de rationalisation visant à concilier l'ordre divin, la bonté de Dieu et l'existence du mal. Cet ouvrage monumental, ce défi lancé aux possibilités intellectuelles de l'homme – l'auteur prétend embrasser à lui seul le champ des savoirs pour parvenir définitivement à la vérité –, fascine autant les apologistes que Voltaire et les déistes, tout au moins dans un premier temps. Signalons encore que Leibniz, en relation épistolaire avec Antoine Arnaud, Malebranche et Bossuet, caressera un moment l'ambition de rallier catholiques et protestants et d'aplanir les tensions qui divisent le monde philosophique. Il y parviendra en 1671, sur le problème de la transsubstantiation ! En ce sens Leibniz renoue avec le désir fédérateur qui hante la République des lettres, mais son échec fait aussi de lui le dernier représentant d'un rêve qui s'écroule. Son entreprise témoigne d'autres hantises : les explications chrétiennes de la nature ne parviennent plus à s'harmoniser avec les découvertes des différentes disciplines « scientifiques », alors même que la « science » n'a pas encore acquis son autonomie par rapport à la « religion ». La connaissance de plus en plus grande du mahométisme, de l'hindouisme et du confucianisme, rend difficilement acceptable le dogme chrétien de la damnation des peuples infidèles qui n'ont pas connu la Révélation. Plus généralement, les mentalités amorcent une évolution : la doctrine chrétienne du salut répond mal à la nouvelle exigence de bonheur, tandis que l'explication chrétienne du mal ne suffit plus à faire accepter la douleur physique et la souffrance morale. Les *Essais de théodicée* constituent, en un sens, une apologie, puisque l'auteur défend Dieu contre ceux qui mettent en cause son infinie bonté et sa toute-puis-

1. Le titre complet est : *Essais de théodicée sur la bonté de Dieu, la liberté de l'homme, et l'origine du mal*, 1710. Le néologisme « théodicée » a été formé par Leibniz en 1696, par association des termes grecs signifiant « Dieu » et « juste ».

sance. L'originalité de la démarche leibnizienne consiste à articuler, avec la plus grande rigueur, une logique, une physique et une morale. Il existe dans l'entendement de Dieu une infinité de possibles, parmi lesquels le Créateur est entièrement libre de choisir un système et de le traduire dans l'ordre des faits. Si la réalisation du projet divin n'offre aucun caractère de nécessité, en revanche le choix de ce monde-ci répond à « une raison suffisante ». Étant donné qu'il n'y a pas d'effet sans cause et que Dieu est, par définition, infiniment sage et bon, il a nécessairement opté pour le meilleur des mondes possibles. Dès lors, le mal métaphysique, le mal moral (le péché) et le mal physique (la souffrance) trouvent une justification. Ce monde-ci est nécessairement imparfait, puisque Dieu détient le monopole de la perfection. De plus le tout-puissant veut antécédemment le bien et conséquemment le meilleur et ne veut point de manière absolue le mal physique. Ceux-ci ne sauraient être que des moyens propres à une fin, c'est-à-dire que les maux apparents ou réels visent à empêcher de plus grand maux ou à obtenir de plus grands biens. La difficulté sera bien sûr de concilier cette conception de l'ordre divin avec le libre arbitre. Leibniz tente d'y parvenir en réaffirmant que la volonté de Dieu ne peut tendre qu'au bien général, mais que la créature apporte d'elle-même une limitation à cette tendance.

On sait que la pensée de Leibniz pénètre en France par l'intermédiaire de son disciple, l'allemand Wolff, mais se heurte à l'opposition des philosophes français en dépit d'une forte propagande huguenote. À l'exception de Mme du Châtelet, ceux-ci sont davantage séduits par le newtonisme qui présente une conception plus empirique de la science. En revanche, dans les *Mémoires de Trévoux*, le père Tournemine, alors directeur du périodique jésuite, et futur professeur de Voltaire, se montre favorable à Leibniz en 1713. Plusieurs apologistes prennent le relais pour récuser la philosophie de Bayle. Si celui-ci a droit à quelques ménagements, parce qu'il maintient intacte la croyance en Dieu, on lui reproche néanmoins de multiplier les doutes et de laisser derrière lui un champ de ruines. Il est vrai que l'auteur du *Dictionnaire historique et critique* récuse l'authenticité des témoignages en les passant au crible d'une analyse impitoyable. Pierre Bayle étend considérablement le pouvoir critique de la raison lorsqu'il s'agit d'examiner les dogmes légués par la tradition religieuse, mais c'est pour adopter ensuite une attitude fidéiste, car la raison d'abord souveraine se heurte, dans un deuxième temps, à des mystères qui échappent à son emprise et que seule la foi peut embrasser. Les apologistes rationalistes ne contestent pas l'existence de ces mystères et estiment, eux aussi, qu'ils excèdent le pouvoir de la raison, mais c'est pour ajouter qu'ils ne lui sont pas contraires et qu'ils ne mettent nullement en cause l'étendue de ses fonctions. En usant d'un vocabulaire quasi leibnizien, Houtteville pose l'existence d'un ordre rationnel, présentant un enchaînement de vérités qui échappent à nos lumières naturelles et nous mènent vers un bien providentiel[1]. Un autre apologiste, personnage clef sur lequel nous reviendrons, contribue à la propagation du wolffisme en Europe : leibnizien depuis 1737, Jean-Henri-Samuel Formey, fils d'un huguenot émigré en Prusse, pasteur calviniste, devenu secrétaire permanent de l'Académie de Berlin, défend l'accord du rationalisme wolffien avec le christianisme, pour récuser le déisme et l'athéisme des Philosophes français. C'est ainsi que la pensée de Leibniz vient contrecarrer l'entreprise de démolition d'un Pierre Bayle, ce pourfendeur des traditions, ce dénonciateur de toutes les illusions. Pourtant des penseurs chrétiens amorcent assez rapidement un revirement contre le lebnizianisme. Dès 1737, le père Louis-Bertrand Castel s'en prend violemment dans les *Mémoires de Trévoux* aux *Essais de théodicée*. Ce brusque changement d'attitude s'explique en grande partie par les progrès considérables du déisme. Le succès littéraire et philosophique de l'*Essai sur l'homme* (1733-1734) du poète anglais Alexander Pope est immense en France et dans toute l'Europe. Alors que la pensée de Leibniz avait provoqué des débats au sein d'une élite théologique et philosophique, le déisme de Pope touche un public bien plus vaste. C'est alors que plusieurs apologistes s'inquiètent des dangereuses similitudes qui finissent par s'établir entre le déisme de Pope et la conception leibnizienne de l'harmonie du monde. Toutes les confusions sont en effet possibles à ce moment charnière de l'histoire culturelle. La représentation d'une nature ordonnée, invitant l'homme à se conformer à ses principes pour accéder à la vertu, et

1. Sur cette question, voir la thèse manuscrite à paraître de Laurent Loty : *La Genèse de l'optimisme et du pessimisme (1685-1789)*, direction J.-M. Goulemot, université François Rabelais de Tours, 1995. Ce paragraphe sur la fortune du leibnizianisme en France s'inspire largement de cet excellent travail.

l'obligation qui lui est imposée par l'Être suprême de faire le bien autour de lui sont deux principes qui offriraient incontestablement des accents chrétiens, s'ils ne s'en éloignaient, en visant d'abord l'utilité sociale, et s'ils ne se prolongeaient par une réflexion sur l'harmonie du système politico-social. Cette conception foncièrement « optimiste » du monde physique et moral inquiète précisément les représentants de l'orthodoxie qui perçoivent en elle une négation du péché originel, source de toutes les hérésies et de toutes les déviances. En 1746, dans *Le Poème de Pope intitulé Essai sur l'homme, convaincu d'impiété*, le janséniste Gaultier dénonce violemment le développement du déisme, tout en critiquant Pierre Bayle qui soumet les mystères chrétiens à l'examen de la raison[1]. Quant au système leibnizien, il essuie désormais les feux de la critique et en particulier ceux des jésuites. Outre la négation ou la mise entre parenthèses du péché originel et donc de la contrition, on lui reproche de supprimer la possibilité même du libre arbitre en dépit de ses efforts pour concilier l'harmonie préétablie et la volonté individuelle. Les défenseurs chrétiens de l'orthodoxie inventent les mots « spinozisme » et « fatalisme » pour récuser une philosophie qui soumettrait l'homme au déterminisme le plus implacable. La critique savante et les réfutations apologistes reprendront ces récusations après 1750 et jusqu'à la Révolution, pour dénoncer l'incompatibilité entre le déterminisme scientifique et la conception chrétienne de la liberté.

La religion prouvée par les faits

Huet, Bossuet, Abbadie et Filleau de la Chaise[2] entreprennent de démontrer le bien-fondé de la religion chrétienne par le raisonnement et par les faits. Dans cette tradition, Houtteville affirme que la religion est à la fois ténébreuse et claire[3]. Il tente ensuite de

---

1. Abbé Jean-Baptiste Gaultier, *Le Poème de Pope intitulé Essai sur l'homme, convaincu d'impiété. Lettres pour prémunir les fidèles contre l'irréligion*, La Haye, 1746.

2. Filleau de La Chaise, *Discours sur les preuves des livres de Moyse*, in *Discours sur les Pensées de Pascal,* 1680.

3. Houtteville, *La Religion chrétienne prouvée par les faits, avec un discours historique et critique sur la Méthode des principaux auteurs qui ont écrit pour et contre le christianisme depuis son origine*, Paris, 1722, in-4°.

fournir les preuves des faits rapportés par l'Écriture sainte en montrant d'abord que ceux-ci sont possibles. Poussant plus loin l'analyse, il rappelle que plusieurs événements miraculeux furent observés par des témoins oculaires, dont on peut respecter la bonne foi, puisque tout prouve qu'ils étaient éclairés et sans parti pris. Que ces faits surprenants aient ému un large public et qu'ils n'aient pas été contredits par ceux-là mêmes qu'ils pouvaient blesser est tenu pour un argument de poids. Enfin la survivance dans la mémoire des hommes d'une tradition si ancienne vient couronner une démonstration, qui sans être originale offre au moins le mérite de répondre à une volonté de rationalisation. On peut aussi l'interpréter comme une réponse à Bayle qui s'était livré dans les *Pensées diverses sur la comète* et dans le *Dictionnaire historique et critique* à une remise en cause du bien-fondé des témoignages. On observera au passage que Houtteville n'envisage aucunement une possible erreur des sens et d'éventuelles illusions de l'imaginaire, lorsqu'il évoque les témoins des miracles et des prophéties. Les mécanismes mêmes de la perception qui nourrissent le discours et les conditions particulières de son accueil ne sont pas pris en compte. Le rappel des faits par des témoins qui passent pour authentiques suffit à prouver leur véracité.

Le même apologiste procède aussi, comme beaucoup d'autres, à un discours historique et critique pour faire éclater la supériorité de la religion chrétienne sur toutes les autres. Les religions païennes ont subi de continuels changements. Les Perses détruisirent celle des Égyptiens et tous les royaumes nés des débris du premier empire des Assyriens. La Grèce, à son tour victorieuse des Perses, n'épargna pas davantage celle des vaincus. Rome survint alors pour adopter le culte des Barbares, mais « les Hébreux furent seuls exempts de la contagion universelle[1] ». C'est alors que naît un livre unique puisqu'il vise, dans la somptueuse évidence d'une clarté lumineuse, à dire l'origine des choses, le fondement de la religion, à énoncer les principes de la police des mœurs et ceux de la philosophie, tout en établissant les lois de la jurisprudence. Pourtant l'instabilité demeure « sur les hautes collines, à l'ombre des bocages[2] », les Hébreux contaminés, à leur tour, par les Barbares se mettent à

1. *Ibid.*, p. IV.
2. *Ibid.*, p. V.

encenser le dieu Baal. Après le règne des Esséniens, celui des Saducéens, et des Pharisiens, Jésus-Christ vient dans « cette instabilité générale [...] poser les solides principes et révéler au monde les vérités que la raison cherchait en vain depuis qu'elle s'était égarée de ses voies[1] ». Retenons de ce panorama le souci d'intégrer à la démonstration les données contemporaines de l'historiographie religieuse, et cette volonté de procéder à un récit total censé éclairer définitivement les Temps modernes. Houtteville prolonge son discours par l'histoire de l'Église, que nous évoquerons rapidement, parce qu'elle représente un modèle cent fois repris par tous les apologistes du XVIIIe siècle. Tertullien, prêtre de Carthage, est ce génie ferme et solide, l'un des premiers à combattre les hérétiques, et son apologie, « le plus excellent ouvrage que l'Antiquité chrétienne ait produit est dirigée à la fois contre le paganisme et la synagogue », tandis que Celse représente le contre-modèle, image exemplaire de tous les hérétiques à venir, déjà combattu « par la raison ferme, droite et solide d'Origène[2] ». Cette conception d'une histoire intellectuelle figée, bégayante, condamnée à la répétition pour ceux qui n'ont pas compris que la lumière de la vérité avait été établie une fois pour toutes, représente peut-être une faiblesse de la pensée apologétique. Nous la retrouverons, en tout cas, chez de nombreux apologistes qui dénoncent, en la personne des Philosophes, la mauvaise foi et le conformisme des « Celse modernes ».

Aux preuves historiques s'ajoute une réfutation des philosophes modernes. Pierre Bayle a droit à quelques ménagements, mais les critiques finissent par l'emporter. Houtteville, comme d'autres apologistes, dénonce son fidéisme. Le système de Spinoza aussi fait l'objet d'une réfutation. Après avoir flétri l'orgueil spirituel du philosophe et la fausse sagesse de ses thuriféraires qui espèrent trouver dans des vérités singulières un moyen de se distinguer du plus grand nombre, Houtteville critique la conception spinozienne de la substance unique, en montrant que Dieu ne peut être à la fois un être voulant et ne voulant pas, un agent actif et un être passif. Sans entrer dans les détails de l'argumentation, constatons que les écrits apologétiques de cette première moitié du siècle gagnent en ambition, comme si les auteurs jouaient sur plusieurs registres et

1. *Ibid.*, p. XI.
2. *Ibid.*, p. XXXVII.

sur plusieurs niveaux de difficulté. Aux preuves naturelles et accessibles à tout homme de bonne volonté s'ajoutent les preuves historiques et les preuves métaphysiques exigeant un plus grand effort de lecture.

LES MERVEILLES DE LA NATURE

Les preuves reposant sur les merveilles de la nature jouent un rôle central dans les ouvrages apologétiques de la première moitié du siècle. Elles ne constituent parfois qu'un seul volet de l'argumentaire chrétien qui use aussi le plus souvent d'une démonstration métaphysique plus abstraite. Le recours à la beauté et à la perfection du monde impliquant l'existence d'un créateur vise surtout à convaincre un public peu cultivé ou mal préparé à un discours plus profond, mais il peut aussi révéler, comme dans le *Traité de l'existence de Dieu* de Fénelon, un mouvement d'adhésion authentique à l'ordre du cosmos, une sorte d'hymne à la création, que nous ne retrouverons plus sous cette forme dans la deuxième moitié du siècle, mais qui ne disparaîtra jamais complètement. Il resurgira, en effet, dans les *Études de la nature* de Bernardin de Saint-Pierre et dans le *Génie du christianisme* de Chateaubriand. Au-delà de l'optique leibnizienne, soucieuse d'imposer un système purement rationnel intégrant une réflexion mathématique, par-delà les réfutations de ce qui peut évidemment apparaître comme un anthropomorphisme naïf, Fénelon et l'abbé Pluche, bien que par des voies différentes et avec une profondeur inégale, témoignent tous deux de ce puissant accord de l'homme et du monde considéré comme une immense et merveilleuse machine.

Tous les apologistes célèbrent les preuves criantes de l'existence de Dieu. L'ouverture du *Traité de l'existence de Dieu* de Fénelon témoigne d'emblée de cette vérité apodictique, précédant même les brillantes démonstrations que les philosophes chrétiens de tous les temps, les saint Thomas et plus tard les Descartes et les Malebranche, ont pu fournir aux sceptiques ou aux esprits abusés par les troubles d'une imagination délétère : « Je ne puis ouvrir les yeux sans admirer l'art qui éclate dans toute la nature : le moindre coup d'œil suffit pour apercevoir la main qui fait tout. Que les hommes accoutumés à méditer les vérités abstraites et remonter aux premiers principes, connoissent la divinité par son idée : c'est un chemin sûr pour arriver à la source de toute vérité. Mais plus ce chemin est droit et court, plus il est rude, et inaccessible au commun des hommes qui dépendent de leur imagination : « C'est une démonstration si simple qu'elle échappe par sa simplicité aux esprits incapables des opérations purement intellectuelles. Plus cette voie de trouver le premier Être est parfaite, moins il y a d'esprits capables de la suivre[1]. » Le discours répond donc au désir de retrouver la lumière d'une évidence obscurcie par la mauvaise foi des hommes, mais aussi par la faiblesse intellectuelle de ceux qui ne parviennent pas à s'élever au-dessus des préoccupations immédiatement utilitaires. Le but de l'apologiste n'est pas ici de proposer un système métaphysique, même si par ailleurs il fait dialoguer entre eux les plus grands philosophes de la tradition classique, mais de procéder à une conversion du regard : l'univers présenté comme un livre, offre les signes visibles de son créateur. Il suffit de se libérer de ses « préjugés », pour percevoir les traces d'un ordre divin, fondé sur de multiples correspondances entre des domaines organisés qui visent tous à la même fin. Au lieu donc d'aller chercher laborieusement des preuves, de recourir comme Descartes au doute méthodique, la démarche fénelonienne se contente de repérer les traces d'une parole en cours d'énonciation. À la limite, la richesse métaphorique de l'écrivain vise seulement à approcher le plus près possible du discours prononcé par le Créateur que les hommes assourdis par les vains bruits du monde ne peuvent ou ne veulent entendre. Dès lors, la création artistique, littéraire ou musicale offre un vaste répertoire d'analogies avec celle de l'univers. Si l'*Iliade* d'Homère ne peut pas être le fruit du hasard, il s'ensuit qu'il est encore infiniment plus improbable que celui-ci ait pu engendrer un monde offrant un ordre et une complexité nettement supérieurs. Par ses références culturelles, cet ouvrage éminemment littéraire fait défiler devant nos yeux des cabinets de curiosités, des musiques divines, des opéras aux subtiles machineries et des bibliothèques à faire pâlir d'envie tous le collectionneurs, de sorte que l'harmonie du monde semble de surcroît s'accorder avec tous les plaisirs sensuels et intellectuels : « Si nous entendions dans une chambre, derrière un rideau, un instrument doux et harmonieux,

1. Fénelon, *Traité de l'existence de Dieu*, *op. cit.*, p. 13.

croirions-nous que le hasard sans aucune main d'homme, pourroit avoir formé cet instrument[1] ? » Pour expliquer le rôle de l'âme, triant à son gré les images mentales, au cours de la perception et de la mémorisation volontaires, Fénelon a recours à l'étonnante comparaison avec un cabinet de peinture dont les tableaux viendraient se disposer dans un espace préordonné au gré du propriétaire des lieux[2]. Ces références à l'amateur d'art, maître de ses objets, libre de faire jouer les sensations qui lui font besoin, selon un procédé dont il méconnaît cependant les lois profondes, fait de l'homme un être de délectation, parfaitement adapté à l'ordre d'un monde divin au mécanisme efficace et complexe. Chez Abbadie, comme chez Fontenelle, les indices témoignant des fins de la nature sont proprement infinis. Les sens en particulier si bien adaptés à leur fonction confirment la présence d'un projet divin[3].

Le Spectacle de la nature (1732-1742, 9 volumes) de l'abbé Pluche, maintes fois réédité, un des plus gros succès du siècle, franchit un pas supplémentaire dans la vision d'un univers entièrement conçu pour le bonheur de l'homme. Cette fois l'anthropocentrisme et le finalisme forment un véritable système : il n'est plus un seul élément de la nature qui n'indique son origine divine et ne s'adresse directement à l'homme pour attester la présence du Créateur. Pluche fut en son temps une célébrité. Né en 1688, il fut professeur à Reims de 1710 à 1713, puis directeur du collège de Laon et précepteur à Rouen. La nouveauté est que le projet entend répondre à l'intérêt du public pour l'histoire naturelle, une mode culturelle qui bat son plein. Bien loin de condamner la *libido*

1. *Ibid.*, p. 15.

2. « Mon cerveau est comme un cabinet de peintures, dont tous les tableaux se remueraient, et se rangeroient au gré du maître de la maison » (*ibid.*, pp. 52-53). Si le lecteur peut être séduit par la prouesse baroque des métaphores filées établissant des correspondances parfaites entre le monde de l'art et la création divine, il reste que, sur le plan métaphysique, la démonstration demeure faible : la terre est une mère aux entrailles inépuisables qui ne vieillit jamais et les astres ont été répandus à pleines mains par le seigneur « comme un prince magnifique met des pierreries sur un habit » (!) (*ibid.*, p. 27).

3. « Il faut sans doute avoir perdu la raison pour douter que nous n'ayons des yeux pour voir, des oreilles pour ouïr, un odorat pour flairer, une voix pour nous faire entendre, des pieds pour marcher, les plantes des pieds plats pour pouvoir nous tenir debout, un cœur pour faire et pour recevoir le sang » (Abbadie, *Traité de la vérité de la religion chrétienne*, Paris, 1826, t. 1, p. 20 [1re éd. 1684-1689]). Il ajoute : « On ne peut se dispenser quoi qu'on fasse, de reconnaître que les parties de la nature ne sont pas enchaînées sans quelque dessein » (*ibid.*, p. 23).

sciendi, l'auteur vise au contraire à exciter chez les jeunes gens le désir légitime d'apprendre[1]. S'opposant par avance aux idées de Rousseau sur le bien-fondé d'une éducation négative visant, dans un premier temps, à respecter une nature impropre aux méditations, l'auteur du *Spectacle de la nature* célèbre, au contraire, la nécessité d'entraîner le plus tôt possible le jeune public à la réflexion. Cet engouement pour les modes du jour, cette manière d'épouser le grand élan optimiste qui s'est emparé du mouvement scientifique contribuent à assurer l'immense succès de l'ouvrage. L'auteur prétend en effet se servir des récents travaux scientifiques pour étayer sa démonstration. Il cite ceux de Jones, de Malpighi et de Leuwenhoek. Contre les philosophes à système, enfermés dans des problématiques abstraites, il épouse les vues des physiciens expérimentaux, pour s'en tenir aux phénomènes observables. Au lieu de chercher les causes, par essence improbables, sources de polémiques stériles, il vise à décrire exclusivement le « spectacle » de la nature, autrement dit ce qui frappe les sens, respectant ainsi les limitations nécessaires que la raison doit fixer à son propre pouvoir : « Prétendre pénétrer le fond même de la Nature, vouloir rappeller *(sic)* les effets à leurs causes spéciales ; vouloir comprendre l'artifice et le jeu des ressorts, c'est une entreprise hardie et d'un succès incertain. Nous la laissons à ces génies d'un ordre supérieur », s'écrie l'auteur, non sans ironie[2]. Se limitant à décrire, à inventorier, à classer et à relier les éléments qui représentent « la décoration extérieure de ce monde », l'auteur se trouve dans la position d'un spectateur indifférent aux coulisses du théâtre sur lequel se joue le spectacle. Point n'est besoin de remonter au principe qui actionne les poulies, les pistons et les bielles, la vision de leur action perpétrée suffit à montrer la présence du divin machiniste. Par un apparent paradoxe, la surface exprime plus sûrement que la profondeur le message divin. Ce qui signifie aussi que

1. « De tous les moyens qu'on peut employer avec succès pour ouvrir l'intelligence aux jeunes gens et pour les mettre de bonne heure dans l'usage de penser, il n'y en a point dont les effets soient plus sûrs et plus durables que la curiosité. Le désir de savoir nous est aussi naturel que la raison. Il est vif et agissant dans la jeunesse, où l'esprit vide de connaissances saisit avec avidité ce qu'on lui présente, se livre volontiers à l'attrait de la nouveauté et contracte tout naturellement l'habitude de réfléchir et de s'occuper » (abbé Pluche, *Le Spectacle de la nature*, 8e éd., 1741, préface, p. III).

2. *Ibid.*, p. IX.

la métaphysique est à la fois dangereuse et inefficace puisqu'elle délaisse les preuves immédiatement visibles de l'existence de Dieu, au profit d'interprétations plus fragiles. Un tel spectacle possède encore l'avantage d'être accessible à tous les hommes. On reconnaîtra sans peine des positions non entièrement incompatibles avec celles de Voltaire à ses débuts : le refus de la métaphysique, l'engouement pour la philosophie expérimentale, la quête d'un principe universel susceptible d'être reconnu par le commun des hommes. Reste que Pluche s'enferme dans un anthropocentrisme radical qui fera ricaner les Philosophes, et Voltaire le premier. L'auteur du *Spectacle de la nature* n'écrit-il pas sans sourire : « Tous les corps qui nous environnent, les plus petits comme les plus grands, nous apprennent quelques vérités : ils ont tous un langage qui s'adresse à nous et même qui ne s'adresse qu'à nous[1]. »

D'autres esprits rationalistes, plus engagés dans le mouvement scientifique, célèbrent eux aussi la grande machinerie de l'univers. Fontenelle, dans les *Entretiens sur la pluralité des mondes* (1686), emprunte ses métaphores à l'opéra, pour évoquer l'ordre somptueux du monde, mais c'est pour suggérer l'action de mécanismes physiques qui n'impliquent nullement la présence d'un Dieu providentialiste. Pour le savant académicien, la terre n'est qu'une infime partie du cosmos ordonné par un principe suprême. Pluche, au contraire, se méfie de l'astronomie et des sciences physiques qu'il accuse de servir d'appuis à l'irréligion. Lorsqu'il envisage l'étude du ciel, ce n'est pas pour se livrer à l'analyse objective des phénomènes astronomiques, mais pour montrer que ceux-ci, comme les autres, sont des signes qui nous parlent de la terre, de la société et même de l'individu. La contemplation de la voûte étoilée n'est qu'un détour qui nous ramène invinciblement au seul objet qui importe, l'homme, centre de tout, souverain de la création que Dieu a distingué dans l'immensité de la nature. On n'insistera pas sur les naïvetés d'un discours qui consiste à prendre au pied de la lettre les métaphores utilisées. Relevons quelques exemples de ce foisonnement descriptif : l'auteur s'ingénie à évoquer la vie des insectes en des termes rigoureusement adaptés aux activités humaines : [...] les toiles, les navettes, les serpes ne cessent d'œuvrer comme si elles étaient des outils véritables. Si ces animaux peuvent s'adonner aux

1. *Ibid.*, p. IV.

travaux que la nature leur a imposés, s'ils fouaillent continuellement la terre c'est que le seigneur a pris soin de les doter de ratissoires, de cuillers et de truelles[1] ! Quant aux océans, on sait qu'ils ont été créés tout exprès pour permettre la navigation et donc favoriser le rapprochement des peuples ! Dieu n'a-t-il pas créé la terre en position droite pour que nous puissions avoir un printemps éternel ! La nature contribue à la civilisation[2] ! »

Cet anthropocentrisme et ce finalisme radical auxquels succombent aussi Fénelon et d'autres apologistes de la première moitié du XVIIIe siècle sont à interpréter comme un symptôme. Il marque la volonté de reconstituer un système total de protection contre les menaces que présentent à terme les retombées philosophiques des découvertes de la science moderne. Son radicalisme exorcise une inquiétude, celle de toutes les aventures intellectuelles, sources de conflits et d'incessantes polémiques. Le problème du mal qui hante les philosophes au tournant du XVIIe siècle est comme escamoté par un discours limpide, consacrant la réconciliation de l'homme et d'un monde créé à sa mesure. Toute référence à la théologie étant écartée, ce sont aussi les divisions de l'Église qui sont passées sous silence. Quant à l'exégèse biblique, en pleine expansion depuis les travaux de Richard Simon, elle est également délaissée parce que trop savante et finalement inutile pour la démonstration. Deux remarques s'imposent. On dira que ces œuvres médiocres témoignent d'un archaïsme résiduel et que le vent de l'histoire a définitivement tourné en faveur du camp opposé. Sans récuser ce point de vue, signalons tout de même que Voltaire ne tenait pas pour négligeable *Le Spectacle de la nature*, que Rousseau a admiré l'abbé Pluche et que ce courant providentialiste a touché un vaste public jusqu'à la fin du siècle et au-delà.

1. *Ibid.*, p. 13. Le chevalier qui écoute la leçon de son maître ajoute : « À vous entendre, les insectes auroient des habits aussi beaux que les nôtres, et des outils aussi bien faits que ceux qui viennent de nos meilleurs ouvriers. »

2. Les apologies fondant le christianisme sur les sciences fleurissent en France et dans les autres pays européens dans la première moitié du siècle : c'est Clément de Boissy affirmant que les minerais ont été disposés dans la terre à des profondeurs variables suivant leur degré d'utilité ; c'est le pasteur F. C. Lesser, auteur d'une *Testacéothéologie* (1744) et *Insectothéologie* (1735-1738) découvrant les signes irréfutables de la Providence dans la vie des insectes. Voir G. Minois, *L'Église et la Science*, Paris, Fayard, 1991, t. II, p. 122-129.

Le cartésianisme et le malebranchisme des apologistes

L'on aurait tort, cependant, de s'appuyer sur de telles œuvres pour discréditer la pensée apologétique, car celle-ci compte des métaphysiciens plus profonds qui ne présentent guère de lien avec l'auteur du *Spectacle de la nature*. Ceux-ci adoptent souvent avec enthousiasme la pensée de Descartes, si décriée au siècle précédent par l'orthodoxie chrétienne, mais les plus doués d'entre eux, nous le verrons, ne se contentent pas d'imiter le maître. Ils entretiennent aussi un fructueux dialogue avec la philosophie expérimentale héritée de Newton et de Locke, ils s'ouvrent aux découvertes scientifiques et participent à tous les débats intellectuels de leur temps. Des déplacements s'opèrent : le cartésianisme perd du terrain dans les académies, de plus en plus gagnées, nous l'avons vu, par la « nouvelle philosophie », encore qu'en 1765, au plus fort de la réaction anticartésienne, l'Académie française rende un hommage solennel à Descartes. Il gagne, en revanche, la Sorbonne, le Parlement et l'Université. Par une ironie de l'histoire, ces institutions jadis si hostiles à l'auteur des *Méditations métaphysiques*, se réclament du grand philosophe, du véritable penseur, pour pourfendre ces esprits superficiels et vains que sont les incrédules modernes[1].

Rappelons que les réactions des Philosophes à l'égard de Descartes sont ambivalentes. Si Montesquieu manifeste, à plusieurs reprises, son enthousiasme pour le penseur, si *La Profession de foi du Vicaire savoyard* de Rousseau offre des réminiscences cartésiennes, Voltaire et d'autres Philosophes critiquent sévèrement la métaphysique et la physique de Descartes. Certes, on reconnaît en lui un grand « géomètre » qui a fait progresser la raison. En privilégiant dans sa *Dioptrique* (1637) une conception mécaniste des « ressorts du monde », Descartes ouvre la voie aux découvertes de

1. C'est un élève d'Arnauld, Pierre Barbay, qui commença à réformer le vieil enseignement péripatéticien de l'Université de Paris, mais c'est surtout Pierre Pourchot (1651-1734), professeur de philosophie et recteur de l'Université, qui introduisit la physique et la métaphysique cartésiennes. Parmi les cours les plus répandus qui portent l'empreinte du cartésianisme, on trouve les *Institutions philosophicae* du père Valart. Cet ouvrage était encore, sous la Restauration, la base de l'enseignement philosophique dans la plupart des collèges et des séminaires. Cette remarquable continuité mérite d'être signalée.

Newton, en donnant une explication rationnelle à des phénomènes naturels, mais il lui ait fait reproche de dévier vers l'esprit de système, en traitant sur un *a priori* les rapports de l'homme et du monde, de parcourir à l'aide de concepts aventureux des domaines qui échappent à la connaissance. Récusant l'exploitation de la métaphysique cartésienne par les apologistes, Voltaire dénonce les preuves de l'existence de Dieu. Celles-ci ne sauraient être le résultat d'une démonstration seconde, mais au contraire l'objet immédiat d'une prise de conscience à laquelle tous les hommes de bon sens doivent se rallier.

La philosophie de Descartes devient un enjeu polémique dans la querelle qui oppose les apologistes à leurs adversaires. Dans *Les Préjugés légitimes contre l'Encyclopédie*, Chaumeix fait l'éloge des « Lumières » qui surgirent au milieu de XVIIe siècle : « La philosophie éclairée du flambeau de la raison, appuyée sur le fondement de la Révélation, commença à briller d'un nouvel éclat. Plusieurs grands hommes en profitèrent pour dissiper les ténèbres et les illusions de l'ignorance ; travaillèrent à fournir aux sciences des bases plus solides[1]. » Remarquons que, sans l'allusion à la Révélation, Voltaire pourrait tout aussi bien prononcer une telle déclaration ! Mais les apologistes entendent s'appuyer sur l'autorité de Descartes pour récuser l'obscurité des « philosophes modernes ». En abandonnant le langage confus des scolastiques, il a procédé à une réforme salutaire du vocabulaire philosophique, alors que les encyclopédistes et les matérialistes s'ingénient à user de termes barbares et obscurs. Non sans mauvaise foi, Chaumeix prétend même qu'ils « tâchent de rappeler l'ancien langage », autrement dit le jargon scolastique, quand ils évoquent la matière[2] ! Dans une optique cartésienne, Bergier définit la raison comme la faculté de juger des objets en fondant la certitude sur la clarté des idées : il récuse aussi, comme l'auteur des *Méditations métaphysiques*, la possibilité d'un

1. Chaumeix, *Les Préjugés légitimes contre l'Encyclopédie, op. cit.*, t. III, p. 10. Cette déclaration montre clairement combien les jansénistes soutenus par le Parlement sont souvent ouvertement cartésiens dans les années 1750.

2. *Ibid.*, p. 11. Au nom du même principe de clarté conceptuelle, Chaumeix en vient à récuser l'expression de « sensibilité physique » souvent employée par les empiristes matérialistes. « Est-ce une qualité occulte ? Est-ce une forme substantielle ? » Ensuite, ajoute Chaumeix, pourquoi diviser l'esprit en deux parties ? Quelle différence y a-t-il selon vous entre « la sensibilité physique et la mémoire ? » (*ibid.*, p. 12).

Dieu trompeur, qui m'empêcherait d'accéder à la vérité, mais c'est pour ajouter que nos idées naturelles (« nos représentations »), étant souvent confuses, bornées et fautives, ne peuvent nous servir de règle pour juger de « la vérité d'un dogme incompréhensible », et Bergier en appelle à la nécessité d'« un jugement de réflexion » qui fait découvrir à la raison la preuve de ses propres limites[1].

L'évêque du Puy Jean-Georges Lefranc de Pompignan, frère cadet de Jean-Jacques, le célèbre adversaire de Voltaire, approuve encore plus clairement la méthode déductive de Descartes, lorsque, remontant aux premiers principes, le célèbre métaphysicien ajoute de nouvelles preuves à l'existence de Dieu et à la spiritualité de l'âme[2]. Il fait siens plusieurs acquis du rationalisme moderne et, concession de taille, admet que la puissance de Dieu ne s'étend pas jusqu'à changer l'essence des choses[3]. Comme la plupart des apologistes des années 1750, il argue de la séparation absolue entre la pensée et la « substance étendue » pour exclure l'idée que la matière puisse donner naissance à la vie comme le prétendraient, sans le moindre fondement, les matérialistes. Étant divisible, figurable et mobile, la matière ne peut posséder en elle-même le germe de la pensée, du sentiment et de la volonté ; elle ne présente donc pas le moindre rapport avec l'âme dont les propriétés sont la simplicité, l'absence d'étendue et l'indivisibilité. Jean-Georges Lefranc de Pompignan, comme d'autres apologistes rationalistes, ne se ferme pas d'emblée au nouvel esprit scientifique. Il ne semble pas qu'il soit hostile à Buffon : n'affirme-t-il pas qu'« expliquer de manière ingénieuse et vraisemblable la formation du monde et les principaux phénomènes de la nature » répond à une légitime curiosité[4], mais il prétend ailleurs que les « mathématiques sont la seule science spéculative qui soit certaine ». Il marque des réserves à propos des sciences de la nature quand celles-ci s'égarent, au-delà des phéno-

---

1. Bergier, *Le Déisme réfuté par lui-même*, *op. cit.*, p. 30.

2. « Après tout où est le crime de présenter des idées nettes à des notions confuses et à des termes vides de sens ? De commencer par les premiers principes de nos connaissances, pour les rendre ensuite par degrés aux conséquences de ces principes ; d'ajouter de nouvelles preuves à celles qu'on employait ordinairement pour établir l'existence de Dieu et la spiritualité de l'âme » (J.-G. Lefranc de Pompignan, *Questions diverses sur l'incrédulité*, Migne, 1855, in *Œuvres Complètes*, t. I, p. 351 [1re éd. 1753]).

3. *Instruction pastorale sur la prétendue philosophie des incrédules modernes*, in *Œuvres complètes, op. cit.*, 1855, t. I, p. 73 (1re éd. 1764).

4. *Questions diverses sur l'incrédulité*, *op. cit.*, t. I, p. 351.

mènes observés et des expériences réitérés, dans « un labyrinthe des systèmes[1] ». Ses critiques les plus fortes portent sur les sciences physiques. Comme beaucoup de ses contemporains, et c'est là une de ses plus grandes faiblesses, l'évêque se montre incapable de prévoir les retombées techniques des découvertes de la science. Enfin l'astronomie est une discipline toujours marquée d'une odeur sulfureuse. Ne viole-t-elle pas le caractère sacré d'un domaine réservé au divin ? Et cette déclaration prononcée à l'époque de l'*Encyclopédie* peut nous laisser pantois : « C'est partager la condition des intelligences célestes, c'est s'approcher du trône de la Divinité que de mesurer le cours et les distances des astres[2]. » Reste que, pour un grand nombre d'apologistes métaphysiciens, la méthode cartésienne demeure la meilleure voie d'accès à la vérité. À la différence de Descartes, les philosophes modernes remettent en cause les données qui contredisent leurs passions ou prennent systématiquement le parti de suspecter les idées communes et les sentiments universels qu'ils traitent de « préjugés ». En bref, le doute n'est admissible que lorsqu'il est réellement méthodique, c'est-à-dire provisoire et parfaitement désintéressé.

La seconde tendance qui infléchit en profondeur une grande part du mouvement apologiste est le malebranchisme, souvent mêlé au cartésianisme. L'ombre de l'auteur du *De la recherche de la vérité* (1674-1678) ne domine pas seulement les esprits hostiles aux Philosophes, on sait que Voltaire lui-même fut un moment séduit par certaines idées de Malebranche[3]. De ce sujet immense que l'on ne peut ici qu'esquisser, on retiendra l'idée que le XVIIIe siècle ne se réduit pas à la philosophie de Locke et à la pensée empirique. La métaphysique classique demeure une hantise et un objet de débat continuel. À la fin du XVIIe siècle, les idées de Malebranche se répandent chez de grands seigneurs chrétiens comme le duc de la Force, les duchesses de Rohan et d'Épernon. Au siècle suivant, on trouve des cartésiens malebranchistes autour de la duchesse du Maine, puis ce sont les oratoriens qui, comme le père Lamy et père

1. *Instruction pastorale*..., *op. cit.*, pp. 45-46.

2. *Ibid.*, p. 63.

3. Dans *Tout en Dieu commentaire sur Malebranche* (1769). Affirmant que nous sommes sous la main de l'Éternel, Malebranche, en dépit de ses erreurs, démontre que nous sommes en Dieu. En fait, Voltaire interprète Malebranche dans un sens spinoziste : Dieu est un principe agissant, présent à tous ses effets, en tout lieu et en tout temps.

Thomassin, étudient la philosophie du père Malebranche. Celui-ci, rappelons-le, défend l'union de l'âme et de Dieu, en dépit de la distance infinie qui sépare l'être humain de la divinité. Le problème que posent les rapports de l'esprit et du corps est moins fondamental que cette union première « parce que Dieu a fait les esprits pour le connaître et pour l'aimer plutôt que pour informer des corps[1] ». Or le péché originel a tellement affaibli l'union de l'esprit avec Dieu, qu'« elle ne se fait sentir qu'à ceux dont le corps est purifié et l'esprit éclairé ». C'est le privilège du sage de prendre conscience de cette vérité première. Dans une optique assez proche de Pascal, Malebranche condamne les faux savants (ou les savants ordinaires) en quête d'un savoir destiné à leur conférer la gloire. Pour accéder à la vérité, le sage authentique doit rentrer en lui-même et écouter son souverain maître dans le silence de ses sens et de ses passions. Les apologistes chrétiens rappelleront à l'envi cette exigence fondamentale pour récuser la démarche intellectuelle des matérialistes et des athées. Avec de multiples variantes, allant de l'examen intérieur à la manière de Montaigne jusqu'à la quête du sentiment de l'existence en passant par la recherche humaniste d'une règle intérieure, tout un courant de pensée reprochera aux « philosophes modernes » de négliger les formes de recueillement solitaire, de ne plus savoir s'isoler des vains bruits du monde social et intellectuel, pour accéder au silence, expérience réparatrice et féconde, marque d'une distance nécessaire avec les théories et les systèmes toujours impurs ou bancals.

L'autre principe du *De la recherche de la vérité* est de prôner une démarche individuelle et rationnelle qui réponde en même temps au désir souverain de Dieu. Or le discours liminaire proclame hautement que la raison peut seule présider au jugement de toutes les opinions humaines, à l'exception des choses de la foi. Ne nous étonnons pas si celles-ci ne sont jamais marquées du sceau de l'évidence, puisque nous n'en possédons pas même les « idées ». Sur ces prémisses, Malebranche montre la suprématie de l'entendement sur les sens et l'imagination : seule faculté capable d'apercevoir et de connaître, elle reçoit exclusivement les idées des objets. Mais la question essentielle abordée par tous les apologistes malebran-

1. Malebranche, *De la recherche de la vérité*, Paris, Ernest Flammarion (sans date d'édition), 2 vol., t. I, p. 10.

chistes demeure celle de l'âme. En tant que substance non étendue et indivisible, l'âme est une source intarissable de pensées et de désirs, qu'elle forme à l'infini, contrairement à ce qu'affirme Voltaire dans les *Lettres philosophiques* (1734), proclame l'abbé Gauchat[1]. De ce principe découlerait, comme une évidence, que « la mort en pulvérisant le corps, ne peut donner atteinte au principe actif et intelligent qui l'anime » et que, par conséquent, on ne saurait logiquement mettre en doute l'immortalité de l'âme[2]. Les apologistes entendent, en effet, défendre le dualisme cartésien, en maintenant comme une évidence le principe de la spiritualité de l'âme. Pour l'abbé Roche, auteur d'un *Traité de la nature de l'âme et de l'origine de nos connaissances* (1759), adversaire déclaré du système de Locke et de ses partisans, « l'âme n'est nulle part et cependant il n'est pas d'endroit de l'univers où elle ne pénètre. Elle s'élève jusqu'au plus haut des cieux : elle s'élance dans le sein de la divinité même[3] ». Moins affirmatif et tranché que Gauchat, l'auteur admet que si l'on peut connaître son essence, sa nature et ses principales propriétés, elle offre des plis cachés qui demeurent largement inconnus. Si l'Être suprême ne cesse d'agir sur elle, en pesant sur notre entendement, la façon dont s'opère cette divine action nous est radicalement étrangère. En bref, « l'âme est continuellement sous la main de Dieu, mais elle n'en sent rien, c'est ce qui montre combien nos lumières sur quantité d'opérations de l'âme sont encore imparfaites[4] ». Pour récuser le sensualisme lockien qui attribue exclusivement aux sens l'origine des idées, Roche prend l'exemple du point mathématique conçu par un géomètre sans recourir à l'étendue et ajoute qu'il est des types de représentation,

---

1. Abbé Gauchat, *Lettres critiques ou analyse et réfutation de divers écrits modernes contre la religion (1753-1763), op. cit.*, t. I, p. 13. Rappelons que Voltaire, dans les *Lettres philosophiques*, s'était appuyé sur le sensualisme de Locke pour réfuter la théorie cartésienne des idées innées et affirmer qu'il n'avait pas « la vanité de croire qu'on pense toujours ». Récusant les concepts mêmes de la métaphysique classique, il avouait son ignorance quant à la nature profonde de l'esprit et de la matière, rendant ainsi indémontrable son immortalité. Voir *Inventaire Voltaire*, « Âme ».

2. Abbé Gauchat, *Lettres critiques*, *op. cit.*, t. I, p. 14.

3. Abbé Roche, *Traité de la nature de l'âme et de l'origine de nos connaissances*, 1759, p. 4. On notera que ces affirmations : limitation de notre connaissance des « opérations » de l'âme, pouvoir occulte exercé par un Être suprême sur l'entendement, pourraient rapprocher l'apologiste de certaines positions de Voltaire, si son refus absolu du sensualisme lockien ne l'en séparait radicalement.

4. *Ibid.*, pp. 6-7.

comme la sainteté, la justice, l'ordre éternel, qui sont marqués de la pure spiritualité. Quant à l'idée de Dieu, ne pouvant être *a fortiori* le résultat d'une combinaison de perceptions sensorielles, elle se confond avec l'âme qui la conçoit. Alors que toute la pensée expérimentale des philosophes modernes tend à rapprocher l'homme de l'animal, en soulignant des ressemblances morphologiques, en évoquant des besoins communs, et en établissant entre eux des différences de degré, les malebranchistes proclament, au contraire, leur séparation radicale : réfléchir ne peut se réduire à un exercice passif de la perception, à un enregistrement de sensations aussi complexe soit-il : « l'esprit n'exerce cette opération que quand, par une espèce de repli, il revient sur lui-même, sur sa propre pensée, sur la réflexion même qu'il désire le mieux examiner », précise Roche, non sans profondeur[1].

Les malebranchistes des années 1750 s'ouvrent aussi aux disciplines scientifiques et puisent en elles des arguments pour étayer leur démonstration métaphysique. Le cardinal Gerdil s'adonne avec passion à la philosophie, mais il est aussi un mathématicien et un physicien[2]. Avec peut-être moins de profondeur, Roche aborde la question de l'anatomie et montre que les matérialistes ne sauraient se prévaloir de cette science, aux découvertes encore incertaines, pour assigner un lieu corporel au siège de la perception. Les théories portant sur le système nerveux et l'origine de nos sensations se contredisent. Certains admettent toujours la représentation cartésienne des esprits animaux : les fibrilles nerveuses excitées par un objet extérieur vont avertir l'âme de ce qui se passe dans le corps[3]. Pour d'autres, au contraire, c'est la substance même du nerf, agité d'un mouvement d'oscillation qui est l'origine de la sensation. L'auteur en conclut que la structure intrinsèque des nerfs et le rôle qu'ils exercent dans la sensation nous sont entièrement inconnus. Même incertitude lorsque les anatomistes essayent d'assigner un lieu précis au « sensorium », ce siège des sensations qui les enregistre, les contrôle, les interprète. Certains défendent le

1. *Ibid.*, p. 22.

2. Gerdil, *Recueil de dissertations sur quelques principes de philosophie et de religion*, Paris, 1760.

3. Les esprits animaux sont de petites particules circulant dans un fluide fort délié qui emplit la cavité des nerfs. Ce sont ces agents qui occasionnent nos sentiments. Telle est du moins l'explication fournie par l'auteur.

principe cartésien de la « glande pinéale », d'autres comme Boerhave évoquent la « substance médullaire ». De ces interprétations diverses et contradictoires, Roche tire trois conséquences : d'abord, les sensations de l'homme et les mouvements de la machine corporelle offrent une trop grande variété d'actions pour qu'il soit possible de leur assigner une cause physique, simple et unique. Le deuxième principe est une certitude métaphysique : « Je sens, je pense, je connais, j'aime, je raisonne[1]. » Sans connaître les mécanismes internes qui président à la circulation de mes sensations et à l'organisation de ma pensée, j'accède cependant à la certitude lumineuse que l'être pensant ne saurait jamais être étendu et qu'il faut qu'il soit simple. Enfin, dans une perspective purement malebranchienne, l'âme se définit comme la cause occasionnelle des mouvements qui se produisent en moi, mais le véritable agent, l'Agent suprême est le Tout-Puissant, ce Dieu créateur auquel les matérialistes dénient, en vain, l'existence. En définitive, les disciples de Malebranche font un usage sélectif des disciplines scientifiques : conformément au classement établi par l'auteur de *De la recherche de la vérité*, les mathématiques, la physique (pour une grande partie) et la morale relèvent des « vérités nécessaires » et peuvent donc à ce titre servir de terrain nourricier aux preuves métaphysiques de la spiritualité de l'âme. En revanche, l'anatomie est présentée par le père Roche comme « un théâtre d'amusement » et « une vaine curiosité », puisqu'elle ne résout aucunement le seul problème qui importe : la présence d'une âme spirituelle, indivisible et immortelle, source divine de nos pensées, siège de notre affectivité, et principe souverain de nos sensations. La question de l'âme débattue par les philosophes de toute obédience continuera à faire l'objet d'un ample débat métaphysique après 1760. Pour les disciples voltairiens de Locke, les malebranchistes ou les matérialistes radicaux comme La Mettrie, auteur de *L'Homme machine*, la question demeurera un sujet d'affrontement.

Les apologistes demeurent hantés par la métaphysique du Grand Siècle. Le recours au leibnizianisme contre le spinozisme représente une attitude fréquente et se retrouve par exemple dans les écrits de l'abbé Paulian. Néanmoins, la présence diffuse des grands systèmes métaphysiques dépasse largement les écrits apolo-

1. Abbé Roche, *Traité de la nature de l'âme…, op. cit.*, p. 80.

gétiques, pour envahir le champ des Lumières assagies de la fin du siècle ; la seconde *Encyclopédie*, celle de Panckoucke, fera encore une large place à Leibniz pour l'opposer aux spinozistes modernes.

2.

Apologétique, philosophie et Lumières des années 1760 à la Révolution

Les attaques contre les déistes et les spinozistes reprennent de plus belle dans les années 1760. Emportés par la fièvre de convaincre et animés par le souci de dépasser le cercle étroit des élites ouvertes à la grande métaphysique, les apologistes n'hésitent pas à puiser à des sources mêlées, sacrifiant ainsi la rigueur et la profondeur. Le cartésianisme s'allie souvent à un leibnizianisme anti-baylien, et tend même à se teinter d'un sentimentalisme vaguement rousseauiste. Quant au malebranchisme, « souvent fort éclectique, aux arêtes rognées, et mal distinct du cartésianisme qu'il prolonge[1] », il se perpétue pour perdre tout de même du terrain dans les années qui précèdent la Révolution. Dès les années 1760-1770, le courant sensible, aspirant à prouver la religion par le cœur, tend à s'installer, pour dominer bientôt l'ensemble de la littérature apologétique ou tout au moins marquer de son empreinte la plupart des ouvrages dirigés contre les incrédules. Cette évolution coïncide très clairement avec une immense vague de vulgarisation, qui existe aussi, ne l'oublions pas, dans le camp opposé. Surgissent d'autres lignes de partage : certains apologistes, tels Formey, l'abbé Yvon et bien d'autres, tentent de concilier les valeurs chrétiennes et certains acquis de la nouvelle philosophie en rejetant l'athéisme. S'agit-il d'un repli tactique imposé par les circonstances, d'une option éditoriale adaptée à un certain public ou d'un choix philosophique réellement assumé ? Comment interpréter l'ensemble de ce mouve-

1. Jean Deprun, « Les anti-Lumières », in *Histoire de la Philosophie*, Paris, Gallimard, Bibl. de la Pléiade, 1973, t. II, p. 719.

ment qui n'offre pas de réelle unité doctrinale et philosophique, dont les frontières idéologiques sont elles-mêmes mouvantes, et dont la seule finalité est de préserver les fondements essentiels de la religion chrétienne ? Faut-il percevoir dans cette résistance crispée les symptômes d'une orthodoxie qui s'épuise à donner une explication valable de l'homme et du monde, en maintenant coûte que coûte un lien avec la tradition ? Nous verrons aussi que ce désir de conservation du passé, cette volonté de retrouver les traces d'une religion primitive, n'est aucunement l'apanage des apologistes chrétiens et demeure une hantise qui s'empare des élites à la fin de l'Ancien Régime. Demeure le lien problématique entre les défenseurs de la religion chrétienne et ce qu'on appelle communément les Lumières, si l'on entend ici l'idée banale que de nouvelles connaissances, maîtrisées par la raison, contribuent à améliorer la condition humaine. Or les nouveaux apologistes condamnent de moins en moins l'antique *libido sciendi.* Certains continuent, il est vrai, à déplorer l'essor de plusieurs disciplines scientifiques, mais il en est d'autres, de plus en plus nombreux, qui s'ouvrent largement à la science et, fait nouveau, commencent à user d'un discours « scientifique » dans leur argumentation, aux dépens de la théologie, de plus en plus discréditée par les chrétiens eux-mêmes. Restent évidemment les positions politiques. Il est incontestable qu'une grande partie des apologistes, toutes tendances confondues, sont des hommes d'ordre qui entendent défendre la monarchie de droit divin, en rappelant comme une priorité la nécessaire subordination à l'autorité, mais les positions ne sont pas aussi figées qu'on pourrait le croire et elles évoluent dans un contexte fluctuant, déterminé par ces divers pôles de contestation. Si le *Contrat social* de Rousseau est généralement rejeté par les apologistes, pour peu qu'ils abordent en profondeur la question du pouvoir politique, il est aussi des courants jansénistes qui aspirent à modifier les relations de l'autorité civile et de l'Église. Or ce vent de contestation oriente les discours vers des aspirations égalitaires, auxquelles ne songent ni Montesquieu, ni Voltaire, ni surtout les « philosophes de l'establishment » (les Marmontel, Morellet ou Suard). Demeure enfin l'épineux problème de la tolérance. Sur ce point débattu de manière lancinante durant toute la seconde moitié du siècle, les apologistes s'opposent nettement aux Philosophes et à Voltaire en particulier. Flétrissant ce qu'ils appellent le « tolérantisme », ils entendent justifier l'idée que le souverain est libre d'imposer une seule religion, s'il estime que l'unité religieuse est favorable à la nation. Néanmoins, ici encore, le débat n'est pas simple. Certains défenseurs du christianisme adopteront des positions nuancées, témoignant au moins d'un malaise.

Les grandes orgues de la métaphysique : Lelarge de Lignac et l'abbé Bergier

Dans l'immense maquis des apologistes, nous isolerons ces deux penseurs, déjà cités comme exemples illustrant les difficultés éditoriales auxquelles se heurte l'apologétique dans les années 1760-1770. Une philosophie voisine et une commune profondeur de vue justifient ce rapprochement. Lelarge de Lignac renoue avec la grande métaphysique classique, mais il s'ouvre aussi aux idées nouvelles[1]. Malebranchiste, à l'origine, il se montre grand partisan des idées innées vues en Dieu, mais il se détache de son modèle et avoue n'avoir pu s'accoutumer à considérer nos idées comme des pièces distinctes aperçues sur la surface de la divinité, ni à concilier leur diversité avec l'essence de Dieu[2]. Certes, Lignac approuve les disciples de Malebranche, lorsque ceux-ci veulent rapporter à Dieu toute lumière qui éclaire nos esprits, mais ils se fourvoient, estime-t-il, quand ils s'imaginent que nous voyons les types des choses

1. Les principaux ouvrages de Lelarge de Lignac sont : *Lettres à un Américain sur l'Histoire naturelle de Buffon*, 9 vol., de 1751 à 1756 ; *Éléments de métaphysique tirés de l'expérience ou Lettres à un matérialiste sur la nature de l'âme*, Paris, 1753, in-12 ; *Le Témoignage du sens intime et de l'expérience, opposé à la foi profane et ridicule des fatalistes modernes*, Auxerre, 1760, 3 vol., in-12 ; *Examen sérieux et comique des discours sur l'esprit*, 2 vol., in-8° ; *Présence corporelle de l'homme en plusieurs lieux prouvée possible par les principes de la bonne philosophie, Lettres relevant le défi d'un journaliste hollandais (Bouiller), on dissipe toute ombre de contradiction entre les merveilles du dogme de l'eucharistie et les notions de saine philosophie*, Paris, 1764, in-12. Ces titres montrent clairement une alternance entre les écrits apologétiques, les œuvres métaphysiques et les traités théologiques. Ce type de production tendra à disparaître dans les années précédant la Révolution.

2. « Mémoire contre le P. Roche » à la suite de la Ire partie du *Témoignage du sens intime*, chap. IV, cité par Bouillier, *Histoire de la philosophie cartésienne* (1868), Genève, Slatkine reprints, 1970, t. II, p. 623. Lelarge de Lignac note encore : « Lorsqu'on voit un cheval, c'est selon le P. Malebranche l'essence de cet animal vue en Dieu, que nous rendons particulière, en la peignant des sensations de couleur que nous éprouvons. Explication aussi bizarre qu'inintelligible » (*Le Témoignage du sens intime*..., Auxerre, 1760, t. II, p. 4).

dans la substance divine. Lelarge de Lignac abandonne également Descartes pour Newton, après avoir résisté un temps à cette conversion ! Il avoue même que le spectacle de sa nation pensant à l'anglaise l'a longtemps affligé ! Mais il a bien fallu se rendre à la vérité. Contrairement à nombre d'apologistes, Lignac n'est pas entièrement hostile à Locke. Il admet, comme lui, que toutes nos idées empruntent quelque chose à nos perceptions. En bref, il s'ouvre à la philosophie expérimentale et sensualiste, célébrée en fanfare par les Philosophes, mais il affirme, non sans profondeur, qu'ils abusent du terme de « sensation » en simplifiant le problème de la perception. Ni le sens de notre existence, ni celui de la coexistence et de l'appropriation de notre corps ne peuvent se réduire à de pures sensations. En s'observant lui-même, il découvre un fait impossible à récuser, qui échappe à Locke et également au malebranchisme cartésien. Il s'agit du sentiment de l'existence individuelle et personnelle, indépendante de toute modification, active, libre, une et identique. Cette aperception de la conscience, Lignac la nomme « le sens intime » pour l'opposer ensuite aux théories des déterministes qu'il appelle, selon la formule consacrée, les « fatalistes ». « Le sens intime » réintroduit le spirituel et le sentiment de notre liberté que les disciples de Locke avaient écartés. En somme, contre les systèmes métaphysiques qui rendent impossible l'existence du libre arbitre, Lignac en appelle à l'absolue certitude de l'expérience personnelle et à l'évidente leçon des faits. « Tous les hommes, philosophes ou non, comptent sur le sens intime de leur liberté, quelles que soient leurs théories. Il est ridicule de raisonner contre les faits, et de leur opposer les subtilités et les abstractions de la métaphysique. On ne va pas au but par une route constamment parallèle au droit chemin ; on dépasse le terme, et l'on s'en éloigne à l'infini. C'est le sort de tous ceux qui soumettent au doute méthodique, le sens intime[1]. » Le sentiment de liberté, comme celui de l'existence des corps doivent donc être tenus pour des données immédiates de la conscience, et donc posséder d'emblée une valeur opératoire. La connaissance souveraine que l'« âme » prend d'elle-même est, en effet, concomitante des choix qui sont opérés dans la liberté. Ainsi « notre sens intime est la manière de connaître la plus parfaite, comme étant seule immédiate, comme saisissant son objet

1. *Ibid.*, t. I, p. 107.

par l'intérieur ; au lieu que les connaissances qui nous viennent des sens, sont médiates et superficielles[1]. Or, non seulement l'âme se sent elle-même, non seulement elle perçoit immédiatement les corps, mais elle accède aussi à Dieu durant la même expérience. En même temps que nous appréhendons la réalité de notre existence, nous sentons la cause qui nous fait exister. À la limite, la perception que nous avons de l'être divin se confond avec sa présence réelle. Cette représentation de Dieu nourrit une théorie des idées. Celles-ci résultent de la synthèse entre la perception des objets particuliers et la toute-puissance divine qui réside au fond de nous-mêmes. La croyance, enfin, que Dieu peut toujours multiplier à l'infini un objet que nous percevons, constitue le fondement des idées que Lignac définit ainsi : « ce sont les objets multipliés par l'âme comme des modèles imitables à l'infini[2] ».

Quelle place cette œuvre occupe-t-elle dans l'histoire de l'apologétique ? S'agit-il d'un combat d'arrière-garde, essayant de regagner du terrain en pratiquant un « éclectisme » avant la lettre ? Reprochant à Malebranche son idéalisme, et à Locke son réductionnisme, Lignac corrigerait Malebranche avec Locke et Locke avec Malebranche[3]. Converti à plusieurs acquis de la nouvelle philosophie, il résisterait sur la nature de l'âme, la volonté libre, l'idée d'infini et la présence en nous de la toute-puissance divine. Ce faisant il s'oppose aux disciples de Leibniz auxquels il reproche de limiter la puissance infinie de Dieu perçue par le sens intime. Parce que le Créateur ne peut se fourvoyer, les leibniziens prétendent qu'il ne voit jamais qu'un seul parti à prendre et qu'il le prend nécessairement. Or l'Être souverain demeure entièrement libre de choisir la voie qui lui plaît. De plus, le problème du mal reste entier. Sans avoir recours au raisonnement métaphysique, Lignac ne peut admettre, avec Wolff, le disciple de Leibniz, qu'« un enfant mort-né, s'il eût vécu, eût déparé la scène de l'univers » et qu'« un ciron de plus ou de moins, eût fait du monde un ouvrage monstrueux[4] ».

1. *Ibid.*, p. 106.

2. *Ibid.*, « Mémoire contre le P. Roche », cité par Bouillier, *Histoire de la philosophie cartésienne, op. cit.*, t. II, p. 627.

3. Il est, à cet égard, révélateur qu'un historien de la philosophie, comme Bouillier qui publie une *Histoire de la philosophie cartésienne* (1868) sous le Second Empire fasse grand cas de Lelarge de Lignac et rapproche sa philosophie de l'éclectisme de Victor Cousin.

4. *Le Témoignage du sens intime, op. cit.*, t. I, pp. 17-18.

C'est bien la conscience qui, par-delà toute raison, se révolte contre les évidentes absurdités d'un système pourtant parfaitement huilé.

Si Lelarge de Lignac inaugure bien l'ère des apologistes conciliateurs, on aurait tort de faire état de son éclectisme pour discréditer sa pensée en l'accusant d'une quelconque fadeur. Ses réflexions sur la perception attirent justement l'attention sur une des faiblesses du sensualisme associationniste adopté par les Philosophes. La conscience ne peut être décrite comme un réceptacle de sensations, comme une machine enregistreuse recevant les traces du monde extérieur. Pour accéder à la représentation, les impressions sensorielles doivent être triées et organisées. En définissant l'idée comme le résultat d'un rapport et non comme une combinaison de stimuli, Lelarge de Lignac fait incontestablement preuve d'un grand sens métaphysique. Sa conception des relations que l'individu entretient avec son propre corps n'est pas non plus dénuée d'intérêt. Ce métaphysicien, anticipant sur les phénoménologues du XXe siècle, en vient à évoquer un sentir originel, guide plus sûr que tous les raisonnements abstraits. Mais il ouvre surtout à l'apologie la voie féconde de l'intériorité comme vecteur de spiritualité et comme nouveau chemin menant à Dieu.

Le Déisme réfuté par lui-même ou Examen en forme de lettres des principes d'incrédulité répandus dans les divers écrits de M. Rousseau de l'abbé Bergier (1765) est un ouvrage plus polémique, orienté vers la réfutation d'un Philosophe. Loin d'être un traité de métaphysique comme *Le Témoignage du sens intime et de l'expérience*, *Le Déisme réfuté par lui-même* donne au lecteur un panorama complet de toutes les erreurs supposées de Rousseau : déisme, rôle secondaire attribué à la Révélation, critique des institutions religieuses, tolérantisme, conception erronée de l'éducation et de l'autorité politique. Mais Bergier s'inscrit dans une perspective philosophique proche de celle de Lignac. Affichant une volonté de « modernisme », il fait d'amples concessions à l'adversaire. Néanmoins, au lieu de procéder, comme son prédécesseur, à une sorte d'éclectisme, il préfère tenter, en habile dialecticien, de mettre Jean-Jacques en contradiction avec lui-même. Manière aussi de montrer que Rousseau n'est pas un adversaire irréductible et qu'il pourrait lui aussi trouver dans son propre système remanié un terrain d'entente avec l'orthodoxie chrétienne. Bergier commence par critiquer le rationalisme de Rousseau, en reconnaissant néanmoins avec lui que la raison est une faculté maîtresse, que Dieu nous a donnée pour accéder à la vérité. L'auteur d'*Émile* affirme d'une part que « Dieu ne peut nous révéler » et que « nous ne devons croire que ce qui est démontré vrai [1] », ajoutant que, en vertu de ce principe, nous ne sommes pas obligés d'accepter toute doctrine qui choque la raison. De l'autre, il prétend que celle-ci trouve son plus digne usage en s'anéantissant devant Dieu. Or Bergier critique ici ce rationalisme qui se saborde au nom de la raison même, quand le sujet entre en contact avec le divin. La première étape de la démonstration rousseauiste repose sur une confiance absolue dans les pouvoirs de la raison. Celle-ci ne peut tenir pour vrais que des principes clairs et lumineux. Étant pleins d'obscurités, les dogmes et les attributs divins ne sauraient donc passer pour vrais. En revanche, le sentiment que j'ai de la divinité est un fait apodictique, une vérité d'évidence qui s'impose à moi, par-delà toute démonstration rationnelle. Certes, en rationaliste chrétien, Bergier concède à Rousseau que cette faculté souveraine nous a été donnée par Dieu pour que nous accédions à la vérité, mais il ajoute que ce guide n'étant pas toujours sûr, quand il s'agit des lumières naturelles, il l'est encore moins lorsqu'il aborde le domaine surnaturel. Pour étayer sa démonstration, Bergier se livre à une réflexion sur la notion de certitude, parfois très voisine de celle de Bayle. Il en distingue quatre sources : les principes évidents (ceux-ci relèvent d'une logique première et élémentaire, comme l'idée de non-contradiction), le sentiment intérieur (très proche du « sens intime » évoqué par Lignac), l'expérience des sens, qui nous fait tenir pour réel l'existence des corps et de leur mouvement, enfin les témoignages des hommes. Or Bergier prétend que dans aucun de ces quatre cas « l'évidence ne peut entièrement dissiper le fond d'obscurité qui demeure toujours dans la nature ou dans la manière d'être de l'objet [2] ». L'apologiste n'approfondit guère ce point et cite comme exemple de confiance, celui de l'aveugle-né qui souscrit à l'existence des couleurs. Citant Bayle contre Rousseau, il en vient à affirmer que la foi la plus solide s'établit sur les ruines de la raison. Quant au sentiment intérieur dont Bergier approuve en outre les mérites, il est certes le meilleur argument à opposer aux matéria-

1. *Le Déisme réfuté par lui-même*, *op. cit.*, Ire partie, p. 10.

2. *Ibid.*, p. 27.

listes qui nient l'existence de l'âme et celle de Dieu, mais il n'est tout de même pas une garantie suffisante pour accéder à la vérité, puisqu'il ne me protège ni des passions ni des errances de la raison.

Enfin, le déisme n'est pas non plus un rempart suffisant contre le matérialisme et l'athéisme. Que répondre en effet à l'incrédule refusant d'adhérer à la religion de Rousseau, parce qu'il ne perçoit en elle que contradictions et obscurités ? L'argumentation de Bergier présente d'incontestables faiblesses, mais elle prouve aussi un grand sens de la dialectique : comme Lignac, l'apologiste navigue, avec habileté, dans la mer des sensualistes. Il a parfois recours aux concepts et aux images de l'adversaire. Celle de l'aveugle-né, familière aux athées et à Diderot en particulier, est ici retournée au profit de la foi. Ajoutons que pour défendre le christianisme, en tant que religion révélée, Bergier invoque, contre Rousseau, l'utilité sociale et non la transcendance divine, conférant ainsi à l'apologétique un tournant décisif. Celui qui écrit contre une religion révélée desserre le lien social au lieu de l'affermir. Sans juger ici de l'« intolérance » de l'apologiste, reconnaissons toutefois une conversion au principe « philosophique » de sociabilité comme critère essentiel pour apprécier le rôle des institutions religieuses et civiles.

Les réfutations du déisme et de la philosophie voltairienne de l'histoire

Autrefois alliés aux déistes, contre les matérialistes et les athées, les apologistes des années 1760 dirigent maintenant leurs coups vers ces nouveaux adversaires, estimant peut-être que le déisme touche désormais les élites de manière inquiétante. Sans revendiquer clairement une telle philosophie, une partie de la haute aristocratie, de la grande bourgeoisie et des milieux scientifiques demeure, certes, croyante, mais elle ne se réclame plus guère d'une Église ou d'une orthodoxie. C'est donc ce nouveau public que le déisme voltairien risque de contaminer ou de confirmer dans son détachement de la doctrine chrétienne. À la différence de Rousseau, Voltaire s'appuie sur Newton pour donner à sa pensée une caution scientifique. De la gravitation universelle, il tire la représentation bien connue d'une somptueuse mécanique dont l'origine échappe au mouvement lui-même. Si l'organisation du cosmos s'apparente à un système d'horlogerie, on doit nécessairement supposer l'existence d'un grand horloger. Pour Voltaire, comme pour Rousseau, l'existence de Dieu n'est donc plus attestée par la Révélation ni par les Saintes Écritures, même si le second les respecte souverainement, alors que le premier les soumet à une incessante critique et les accable de ses sarcasmes.

L'abbé Chaudon, dans l'article « Déistes » de son *Dictionnaire antiphilosophique*, montre bien ce changement de cap. Pour lui, les athées sont plus conséquents que les déistes, car ils conçoivent au moins un système « mieux lié ». Les premiers, au contraire, s'arrêtent en chemin et sont victimes d'une sorte d'aveuglement qui a sa source dans le « cœur » (nous retrouvons sous une forme plus vulgarisée « le sens intime »). Le Créateur, dit peut-être un peu rapidement Chaudon, ne peut être qu'infiniment juste et donc rémunérateur et vengeur, car « ou Dieu est juste, ou il n'y a point de Dieu ; ou Dieu n'est pas juste, ou il y a une providence[1] ». Mais le déisme est surtout accusé d'être une philosophie trop froide et désincarnée pour susciter une adhésion, et encore moins un élan du cœur. Annonçant l'auteur du *Génie du christianisme*, les apologistes reprochent aux déistes leurs positions d'intellectuels exclusivement tournés vers de stériles spéculations, incapables de s'adresser à l'imagination des peuples. Fait plus grave, l'image du grand horloger éloigné des préoccupations humaines ruine l'espoir d'une vie éternelle, en supprimant toute idée de récompense et de châtiment. Ce sont donc les fondements mêmes de la morale chrétienne qui s'écroulent ainsi, ouvrant la voie à toutes les licences et à tous les crimes ! L'argument pourra sembler faible au lecteur moderne, et même infondé puisque Voltaire, comme chacun sait, était très soucieux de maintenir pour le peuple la religion traditionnelle, conçue comme un frein social. Reste que ses adversaires soulignent avec raison les faiblesses d'une religion trop intellectualisée et étrangère à toute tradition vivante.

Les apologistes ciblent leur tir sur le Voltaire impie, le mécréant provocateur tournant en dérision la tradition la plus sacrée, présentant la Bible dans le *Dictionnaire philosophique* comme une suite d'anecdotes incohérentes, de fables comparables à des contes de

1. Abbé Chaudon, *Dictionnaire antiphilosophique, op. cit.*, t. I, p. 120.

nourrice, lorsqu'elles ne sont pas scatologiques ou obscènes. C'est toute sa conception de l'histoire juive, des premiers temps de l'Église chrétienne, du Dieu cruel de l'Ancien Testament exigeant des sacrifices. Ce sont encore les prophéties, les miracles et tous les faits rapportés par la tradition qui sont passés au crible d'une raison pointilleuse et d'une critique ricanante, ainsi que les données chiffrées et les indications géographiques dont l'auteur dénonce, avec jubilation, l'invraisemblance criante ! On n'examinera pas ici, même rapidement, tous les aspects d'une polémique qui peut sembler, avec le recul du temps, stérile et lassante. On se souviendra seulement qu'entre Voltaire et ses adversaires le combat fut âpre et incessant. Le flot des libelles qui pleuvent à cette occasion rend presque impossible leur recensement exhaustif. Quelques idées surnagent : et d'abord celle d'une atteinte odieuse au sacré. Les réfutateurs rappellent, pour la plupart, l'incontestable talent de l'écrivain ; certains vont même jusqu'à rendre hommage à son génie mais c'est pour mieux déplorer, avec stupeur, qu'un tel esprit puisse se livrer à des gamineries sacrilèges.

Une première catégorie dresse la liste des erreurs historiques de Voltaire. La réfutation est ponctuelle, minutieuse, éprise de détails. Loin de recourir à une argumentation philosophique, l'apologiste entend surprendre Voltaire en flagrant délit d'ignorance ou de partialité. Ainsi *Les Erreurs de Voltaire* (1762) du jésuite Claude-François Nonnotte (1711-1793), dont le nom prêtait le flanc à des plaisanteries faciles. De nombreuses rééditions et des traductions allemandes, italiennes et espagnoles prouvent le succès du livre. À partir de 1818, l'ouvrage est même augmenté d'un troisième volume, avec une dernière édition en 1823. Nonnotte relève les erreurs de fait commises par l'historien de l'Église chrétienne dans l'*Essai sur les mœurs*. Les premiers empereurs romains ne traitèrent pas les chrétiens avec clémence, Julien l'Apostat ne fut pas le sage qu'il décrit, l'Inquisition dénoncée unanimement par les Philosophes recherchait des preuves authentiques avant de condamner les hérétiques. L'assassinat d'Henri III et celui de Henri IV que Voltaire attribue à la « superstition » sont certes des crimes affreux commis par des chrétiens, mais Voltaire, par un abus de langage, traite de superstitieux tout ce qui n'est pas « philosophique » et ne veut pas reconnaître que les actions criminelles ont été beaucoup plus rares parmi les chrétiens que chez les païens et les mahométans !

Les apologistes, mais aussi des critiques profanes, reprochent à Voltaire son manque d'érudition. Plusieurs l'accusent de ne pas posséder véritablement l'hébreu, langue indispensable pour la critique biblique, et de ne pas puiser son information aux bonnes sources[1]. Ne va-t-il pas chercher son bien chez les auteurs les plus impies et les plus scandaleux, comme Lucien « le grand athée » ou Porphyre « l'adversaire le plus résolu du christianisme », s'indigne Nonnotte. En bref, les réfutateurs tendent à distinguer les véritables savants, authentiques connaisseurs et interprètes du texte biblique, nécessairement alliés des chrétiens orthodoxes et les prétendus Philosophes, convertis en beaux esprits superficiels qui font des textes sacrés une matière à plaisanteries pour séduire un public frivole.

Ce manque d'érudition rendrait vaine la volonté voltairienne de saper les fondements du christianisme, en lui ôtant le monopole de l'antériorité. S'instaure alors tout un débat sur les religions primitives. C'est Voltaire, anthropologue et historien comparé des religions qui est ici récusé. Le Philosophe poserait des questions qu'il ne peut pas résoudre, parce qu'elles échappent à ses compétences. Lorsqu'il tente de récuser la chronologie biblique, en reconstituant l'histoire des plus anciennes civilisations, Voltaire pose le problème des langues antérieures à l'hébreu. L'abbé François lui répond alors : « C'est aux Savants à répondre à ces questions : ces objets sont dignes de leurs recherches, et tout à la fois des sujets de disputes interminables parmi eux. Pour nous pleins de respect pour ces mystères de l'Antiquité, nous croyons pouvoir présumer, d'après de grands hommes, que la véritable religion était aussi ancienne que l'homme… Le Peuple Hébreu qui en était dépositaire a toujours connu l'écriture faite pour l'éterniser. Aussi ne voit-on

1. Parmi les critiques profanes qui rejoignent, sur ce point, les apologistes, on peut citer Larcher, helléniste de renom, qui s'indigne des erreurs sur l'histoire grecque que contient *La Philosophie de l'histoire* (1765), en publiant un *Supplément à la Philosophie de l'histoire de feu M. l'abbé Bazin, nécessaire à ceux qui veulent lire cet ouvrage avec fruit* (1767). Voir *Inventaire Voltaire*, *op. cit.* À propos de sa critique biblique, Chaudon s'écrie : « Comment M. de V., qui ne sait pas un mot d'Hébreu, qui connoît à peine les caractères de cette langue, s'est-il avisé de faire un long commentaire sur la Genèse ? » (*Dictionnaire antiphilosophique*, *op. cit.,* 1re partie, p. 184).

chez ce Peuple nuls vestiges de l'usage des Hiéroglyphes[1]. » Quant aux prêtres égyptiens, aux mages persans et aux brahmanes indiens, ils se livrent aux vaines affectations d'une fausse religion, parce qu'ils usent de « caractères inconnus au peuple après l'invention de l'Écriture ». Le bon abbé, convenons-en, n'est guère convaincant. S'en tenant à la lettre de l'Écriture, il récuse l'idée qu'une religion ait pu s'instaurer avant que n'apparaisse la parole biblique. Plus généralement, on reprochera à Voltaire de s'appuyer sur une chronologie hypothétique, quand il évoque les civilisations préchrétiennes, pour prouver que « le monde n'est pas aussi nouveau que le fait Moïse[2] ».

Dans cette querelle des faits, les Philosophes, comme leurs adversaires, usent souvent du même mode de raisonnement. On soumet les épisodes bibliques à une approche a-historique qui méconnaît, la plupart du temps, leur valeur symbolique. Voltaire dénonce les contradictions et les invraisemblances de l'Écriture sainte, tandis que les apologistes la défendent au nom des mêmes critères de vraisemblance et en s'appuyant sur un rationalisme tout aussi étroit et appliqué[3]. Quant à l'antijudaïsme voltairien, il est parfois intelligemment critiqué. On sait que l'auteur du *Dictionnaire philosophique* s'acharne à discréditer les Hébreux de la Bible pour mieux saper les fondements du christianisme. L'ancien peuple juif, misérable et vagabond, se signalerait par la rudesse de ses mœurs, par son intolérance, et par des yeux de chair incapables de penser le divin sinon à l'aide d'images grossièrement matérielles et simplistes. Dans les *Lettres de quelques juifs portugais, allemands et polonais à M. de Voltaire* (1769), l'abbé Antoine Guénée s'indigne d'abord qu'on puisse traiter ainsi un peuple qui est à l'origine de notre culture religieuse. Il s'en prend aussi, non sans talent, aux

1. Abbé François, *Observations sur la philosophie de l'histoire*, Paris, 1770, p. 97.

2. Chaudon, *Dictionnaire antiphilosophique*, *op. cit.*, 1re partie, p. 57, article « Chine ».

3. Surgissent parfois des critiques plus fondées. Chaudon rappelle justement à Voltaire qu'il n'applique pas le principe qu'il a lui même édicté de ne pas juger des usages anciens par les modernes, et de se défaire des préjugés de l'enfance quand on voyage chez les nations éloignées. Il montre également qu'il est par trop simpliste de prendre au pied de la lettre les métaphores bibliques. Voltaire se moque du texte de la Genèse qui use du mot « luminaires » pour désigner les étoiles. Mais, rétorque le réfutateur, outre que « l'auteur voulait faire une histoire et non un cours de physique », il faut encore tenir compte du récepteur. La Bible est écrite pour des gens simples, et le rédacteur doit, de toute évidence, s'adapter à son auditoire (voir *ibid.*, pp. 167-168).

simplifications voltairiennes : comment faire d'un seul trait le portrait moral de tout un peuple, s'écrie l'abbé Guénée, ajoutant, comme s'il réfutait les propos d'un antisémite avant la lettre : « Un juif de Londres ressemble aussi peu à un juif de Constantinople, que celui-ci à un Mandarin de la Chine[1]. » Voltaire est également accusé de grossir « le nuage de préjugés populaires qu'on entasse sur les sectateurs de cette nation », et Guénée de rappeler que les Juifs furent utiles en Hollande dont ils contribuèrent à l'enrichissement au début du XVIIe siècle. Quant aux Juifs allemands et portugais, s'ils se réfugièrent dans le commerce, c'est que les lois leur interdisaient toute autre activité. Il est tout de même piquant qu'un chrétien orthodoxe affirme, haut et fort contre Voltaire, qu'on ne puisse critiquer les Juifs en s'appuyant sur des traits psychologiques et moraux définissant une prétendue nation juive, et Guénée d'ajouter plaisamment que le Philosophe ferait mieux d'employer ses talents « à détruire un préjugé qui déshonore l'humanité[2] ». L'apologiste en vient même à se situer dans le sillage de Montesquieu pour récuser l'idée voltairienne d'un trait permanent et universel du peuple juif : « La différence des climats peut seule

1. A. Guénée, *Lettres de quelques juifs portugais, allemands et polonais à M. de Voltaire*, Paris, 1769, p. 12. L'ouvrage connaitra de nombreuses éditions, dont une quatrième augmentée en 1776. Guénée (1717-1803) s'en était déjà pris à Voltaire en 1765 dans une *Lettre du rabbin Aaron Mathathaï*. En 1769, il fait intervenir trois juifs, puis six en 1776. Guénée était un professeur de rhétorique, très savant. Il maîtrisait fort bien l'hébreu et le grec. Les *Lettres de quelques juifs* auront au moins treize éditions jusqu'en 1863. Voltaire repart à l'assaut pour récuser cet ouvrage dans *Un chrétien contre six juifs* (1777). Voir dans *Inventaire Voltaire, op. cit.*, p. 1356, l'article de Roland Desné.

2. Voir l'article « Antisémitisme » de l'*Inventaire Voltaire, op. cit.*, pp. 80-82. Comme l'affirme Roland Desné, Voltaire avait une position antijudaïque et non antisémite. Il critiquait d'un point de vue philosophique et religieux les croyances juives et les mœurs des Hébreux. Il est vrai aussi qu'il a publié des textes favorables aux Juifs, qu'il les a disculpés de la responsabilité de la mort du Christ et qu'il n'a évidemment jamais proposé l'esquisse d'une politique discriminatoire à leur égard. Néanmoins l'ouvrage d'Antoine Guénée laisse entendre que la critique voltairienne dénonce, de manière suspecte, des traits psychologiques et moraux qui n'appartenaient pas seulement à la religion et aux mœurs des anciens Hébreux. Nous souscrivons, pour notre part à cette analyse de Monique Cottret : « L'antijudaïsme, comme de nos jours l'antisionisme n'est certes pas l'antisémitisme, mais on ne saurait nier qu'ils se ressemblent souvent de manière troublante » (*Jansénismes et Lumières*, *op. cit.*, n. 80, p. 341). Dans *Des Juifs* (1756), Voltaire critique encore les Juifs qu'il trouve ignorants, superstitieux et barbares. Voir aussi R. Poliakov, *Histoire de l'antisémitisme*, t. III, *De Voltaire à Wagner*, Paris, 1962 ; A Hertzberg, *The French Enlightenment and the Jews*, New York, 1968 ; « Juifs et judaïsme », *Dix-huitième Siècle*, n° 13, 1981 ; Roland Mortier, « Les philosophes devant le judaïsme », *Juifs en France au XVIIIe siècle*, Paris, 1994, pp. 191-211.

causer quelque altération physique, qui soit sensible sur l'organisation universelle d'un peuple pris en bloc, et influer sur la morale... », et Guénée d'achever sa démonstration en empruntant à Montesquieu cette leçon de tolérance et d'aménité en faveur d'un peuple frère, finalement très proche des chrétiens par ses convictions et sa culture : « Vous nous méprisez, vous nous haïssez, nous qui croyons les choses que vous croyez, parce que nous ne croyons pas tout ce que vous croyez[1]. » Quant à l'intolérance des anciens Hébreux – un des arguments essentiels de Voltaire –, elle n'est pas la conséquence de la nature des Juifs, ni de leur fanatisme religieux. Guénée, sans l'approuver, montre, avec pertinence, qu'elle tire son origine du régime théocratique qui triomphait alors. Tout culte étranger ne pouvait qu'être banni, puisqu'il attaquait, dans leur fondement même, la Constitution et l'État. Cette réfutation n'est pas à l'abri de la critique, mais l'on conviendra qu'il est tout de même piquant qu'un apologiste chrétien se paye le luxe de donner au Philosophe une leçon d'anthropologie et d'histoire politique.

Reste que les ouvrages des Nonnotte et des Guénée, plusieurs fois traduits durant le XIXe siècle, alimenteront, on le sait, le cléricalisme de la Restauration. On dénoncera avec vigueur l'ennemi acharné du christianisme et de l'Église, le destructeur de la morale sociale, l'ennemi du trône et de l'autel, développant l'esprit d'insoumission. Or *Les Erreurs de Voltaire,* souvent offertes comme livre de prix dans les pensionnats chrétiens, seront destinées à démontrer la prétendue partialité du Philosophe, son sectarisme, et ses erreurs doctrinales.

La question du « tolérantisme »

Le refrain de ces critiques est connu, trop connu ; cela étant accuser Voltaire d'intolérance peut sembler non seulement partial, mais monstrueux et absurde ! Pour celui qui a déclaré la guerre à l'Infâme, ce sont les religions révélées qui suscitent l'intolérance. Depuis les origines du christianisme, les querelles religieuses ont divisé les hommes, provoquant des haines inexpiables, allumant des bûchers. Le « fanatisme » est une des causes majeures des souf-

1. A. Guénée, *Lettres de quelques juifs..., op. cit.,* p. 35.

frances des malheureux humains, de ces massacres absurdes qui jalonnent l'histoire comme autant d'attentats perpétrés contre la raison. On sait d'après le témoignage de ses proches que Voltaire était pris de fièvre tous les ans le 24 août, le jour anniversaire de la Saint-Barthélemy ! S'il s'est voulu le champion de la tolérance, s'il n'a pas de cris assez forts pour dénoncer ses ennemis, d'autres philosophes ont également œuvré pour la faire triompher. Rousseau témoigne du plus grand respect pour l'Écriture sainte, mais il ne lui attribue qu'un rôle d'appoint. Les différends théologiques ou doctrinaux ne devraient pas provoquer un phénomène d'intolérance, puisque la religion naturelle, celle du cœur, rassemble tous les hommes. Pour peu qu'un citoyen respecte celle de son pays, et que ses positions personnelles en matière de foi ne troublent pas l'ordre public, il ne saurait être inquiété par les gardiens des institutions. Quant à l'idée même de tolérance, elle se situe au plus profond de la philosophie voltairienne en étant légitimée par la loi naturelle, ce principe universel qui confère aux hommes de tous les temps et de tous les milieux un instinct moral et un sens inné de la justice. Souvent violée durant les temps sombres de l'histoire, elle ne peut jamais être étouffée. La tolérance s'appuie donc sur un principe rationnel : les différences religieuses qui séparent les hommes n'étant pas fondées en raison, elles ne devraient donc pas les diviser et encore moins provoquer des guerres. La tolérance se légitime aussi par un élan du cœur, car la loi naturelle est également cette invincible ardeur, cet instinct si précieux que le philosophe, tel un veilleur, rappelle aux hommes égarés.

Pour clarifier un débat embrouillé, il faut distinguer la tolérance ecclésiastique et la tolérance civile et établir encore une subdivision pour la première : celle que l'Église accorde aux fidèles en matière de foi, de culte ou de mœurs et celle qu'elle manifeste pour les autres religions. Quant à la tolérance civile en matière de religion, elle porte sur la liberté de culte dans l'espace public et sur celle du citoyen dans la sphère privée. On peut toujours remonter dans le temps, et même jusqu'à l'aube du christianisme pour trouver des voix qui se sont élevées contre les excès de l'intolérance religieuse interne ou externe. Mais il convient, nous semble-t-il, de ne pas confondre ces partisans de la mansuétude et de l'indulgence en matière religieuse avec les théoriciens modernes de la tolérance. Lorsque l'individu n'est pas encore perçu comme une instance autonome, et que les institutions civiles et religieuses passent traditionnellement pour détenir le monopole de la vérité, aucun esprit ne songe à proposer publiquement l'exercice effectif d'une tolérance universelle. Le premier français à s'engager dans cette voie est incontestablement Pierre Bayle, objet des foudres de la critique apologétique. Contraint comme relaps (protestant converti au catholicisme et redevenu, dans un second temps, protestant), à s'exiler en Hollande à Rotterdam, puis assailli par des réformés extrémistes comme Jurieu, au point de perdre sa chaire de philosophie, Bayle se trouvait, de fait, dans une situation qui l'invitait à poser les fondements d'une tolérance religieuse et civile. L'auteur du *Dictionnaire historique et critique* proclame les droits de la conscience errante, hors des prescriptions d'une Église. Interprétant la célèbre parabole biblique : « contrains-les d'entrer », il montre que celle-ci n'autorise aucunement les conversions forcées et que l'attitude de saint Paul, brusquement touché par la charité et l'amour d'autrui, représente le véritable esprit du christianisme. Quant à la conscience individuelle, elle peut certes s'égarer, mais elle établit un lien inviolable avec Dieu, si le sujet est sincèrement animé par le désir du bien. Un demi-siècle plus tard, Voltaire se lance dans une campagne d'opinion pour obtenir la réhabilitation de Calas. À l'appui de son entreprise auprès des Grands et des conseillers d'État, il lance anonymement son *Traité sur la tolérance* (1763). Pour ne pas effaroucher ses puissants destinataires, mais dans une certaine mesure aussi par conviction personnelle, il propose une conception modérée de la tolérance. Les protestants doivent avoir le droit d'exercer librement leur culte, et obtenir des droits civils minimaux, mais le défenseur de Calas ne réclame pour eux aucun temple, ni possibilité d'accéder aux charges municipales et *a fortiori* au pouvoir d'État : « Je ne dis pas que tous ceux qui ne sont point de la religion du prince doivent partager les places et les honneurs de ceux qui sont la religion dominante[1]… » Les réformés gardent leur statut de religion minoritaire. Il faudra attendre l'édit de 1787 pour que certains droits civils leur soient accordés et l'article 10 de la Déclaration des droits de l'homme de 1789 pour que la liberté absolue en matière d'opinion religieuse soit proclamée.

1. Voltaire, *Traité sur la tolérance* (1763), in *L'Affaire Calas*, *op. cit.*, chap. IV, p. 106.

Reste que derrière les impératifs dictés par les circonstances, le traité de Voltaire fait passer un souffle immense, de nature presque religieuse, en faveur de la concorde et de la paix universelle. Les tracasseries et les persécutions en matière de dogme et de religion y sont présentées comme des pratiques d'un autre âge, indignes du genre humain. Cette œuvre qui mêle tous les tons, du sarcasme à la démonstration implacable, en passant par l'appel lyrique aux hommes de bonne volonté, représente l'un des plus beaux fleurons de la philosophie voltairienne et l'on frémit à entendre certains propos de ses adversaires. Dans l'*Apologie de Louis XIV et de son conseil sur la révocation de l'édit de Nantes* (1758), Novi de Caveirac affirmait que cette mesure n'avait fait aucun tort au commerce, ni aux finances, ni à la population ! Dans une optique profondément anti-baylienne, il prétendait que la religion calviniste était par essence hostile aux monarchies ! Justifiant l'intolérance radicale à l'égard des réformés, il affirmait que les hérétiques se sont toujours établis par un acte de violence, alors que la religion catholique, indépendamment même de son institution divine, devait être considérée comme la meilleure et l'unique police, « tirant son lustre, sa félicité et sa durée de son obéissance à un seul[1] ».

Bien qu'il refuse les châtiments cruels pour les hérétiques et qu'il rejoigne, sur ce point, la position des Philosophes, l'abbé Bergier a tout de même des mots et surtout un ton qui en disent long sur le sort qu'il entend réserver aux ennemis de l'ordre public ! À Rousseau déclarant que « la charité n'est point meurtrière » et que « l'amour du prochain ne porte pas à le massacrer », Bergier répond en justifiant la peine de mort pour les ennemis de la société, ajoutant : « Ce n'est point faire à l'humanité une plaie cruelle, ni offrir à Dieu des sacrifices de sang humain ; c'est purger le corps politique d'un sang impur ; c'est retrancher un membre pourri dont la contagion pourrait infecter tout le reste. Vous ne soutiendrez pas, je pense, qu'en envoyant Cartouche sur la roue, l'on ait fait une plaie à l'humanité[2]. » Quant au principe même d'intolérance, il trouve son fondement dans l'Évangile. Jésus-Christ et les apôtres n'ont-ils pas établi la Vérité, confiant à l'Église la mission sacrée de transmettre le message divin à tout l'univers ? La

1. Novi de Caveirac, *Apologie de Louis XIV et de son conseil sur la Révocation de l'Édit de Nantes*, 1758, p. 363.

2. Abbé Bergier, *Le Déisme réfuté par lui-même*, *op. cit.,* Ire partie, p. 247.

tolérance à l'égard des autres religions est donc, à ce titre, condamnable. Retournant contre les Philosophes l'idée qu'il convient de préserver la paix civile en priorité, les apologistes affirment que si la paix doit être préférée à la vérité, il faut alors déclarer que Jésus est un séditieux. On peut, il est vrai, affirmer aussi qu'il incarne un esprit de révolte authentique, mais celui-ci est alors légitime et sacré, car pour la première fois une religion s'adresse aux hommes du monde entier, par-delà les frontières nationales et les divisions politiques, témoignant ainsi de son unicité, de son exclusivisme et de son rôle fondateur. Quant aux protestants, affirment les apologistes catholiques, ils ont brisé l'unité religieuse, introduit l'esprit d'insubordination et rendu surtout possible, par leur exemple, toutes les autres divisions[1].

Tels sont du moins les principes de base qui justifient l'intolérance religieuse aux yeux des apologistes. Toutefois, à examiner les prises de position et même les essais théoriques des uns et des autres, on s'aperçoit que la situation est plus complexe et plus nuancée. Nombreux sont ceux, répétons-le, à condamner les châtiments cruels infligés pour des raisons religieuses et parfois à accepter certains principes d'« humanité » proclamés par les Philosophes[2]. La tolérance civile est subordonnée au repos de l'État, à sa prospérité et à l'intérêt général des sujets[3]. Selon Bergier, les droits que le gouvernement accorde à une religion minoritaire, comme celui d'avoir des assemblées particulières, seront plus ou moins étendus en fonction des circonstances. L'apologiste, dès 1760, manifeste des possibilités d'ouverture aux protestants, mais il se déclare fermement opposé aux partisans inconditionnels de la tolérance civile : « Soutenir que chez une Nation policée toute Religion quelconque doit être également permise, qu'aucune ne doit être dominante ou plus favorisée qu'une autre, que chaque particulier doit être le maître d'en avoir ou de n'en point avoir ; c'est

1. *Ibid.*, p. 223.

2. Dans l'*Accord de la religion et de l'humanité sur l'intolérance* (1762), Novi de Caveirac cite Bayle pour condamner les violences faites au nom de la religion : « un monstre moitié prêtre, moitié Dragon, qui égorge les hommes avec un feu acéré ». Voltaire tournera en dérision cet ouvrage en écorchant plaisamment son titre. Dans le *Traité sur la tolérance* (1763), le livre de Caveirac est devenu : « l'Accord de la religion et de l'inhumanité ».

3. Bergier consacre un long article à la notion de tolérance dans son *Dictionnaire de théologie, Encyclopédie méthodique* (1788).

une absurdité que l'on a osé soutenir de nos jours[1]. » Quant à la tolérance religieuse, si elle est admise en particulier au nom de la « charité universelle » et de l'« humanité », il ne s'ensuit pas que la même indulgence soit prescrite aux autorités ecclésiastiques, ni aux magistrats, car le droit naturel confère aux princes le devoir de maintenir l'ordre, la tranquillité et la paix du pays, tandis qu'il incombe aux pasteurs de préserver leur troupeau contre les erreurs du monde. Même si les apologistes catholiques refusent parfois le recours à la force pour rappeler dans le bercail la brebis égarée, les autres moyens de persuasion passent toujours pour légitimes et la parole de l'Évangile, « contrains-les d'entrer », surgit spontanément sous leur plume. Mais surtout, argument décisif, la religion est absolument nécessaire, parce qu'elle fonde la société civile[2]. Or l'adhésion exclusive et affichée à des principes généraux comme la providence, la vertu proclamée sans religion particulière ne peuvent être tolérés parce qu'ils sont trop abstraits pour jouer un rôle fondateur et donc constituer une garantie sociale. Notons déjà une évolution : la légitimation de l'autorité des princes en matière religieuse par le « droit naturel », la reconnaissance de la tolérance « humanitaire ». Bergier admet aussi que tout citoyen puisse blâmer intérieurement la loi religieuse mais non déclamer, écrire et agir publiquement contre la religion dominante.

Dans le registre polémique, la critique de la tolérance absolue, civile et religieuse s'élabore sur un mode dialectique en montrant que les conceptions rousseauistes en matière religieuse ne peuvent dresser un rempart suffisant contre la montée de l'athéisme, tandis que le déisme voltairien et les principes d'une morale laïque sont combattus par les élans de la spiritualité rousseauiste. Bref, on dresse Rousseau contre Voltaire et Voltaire contre Rousseau, en usant parfois d'arguments qui ne sont pas négligeables. L'auteur d'*Émile* prétend bannir de la société tout citoyen qui dogmatise contre la religion universelle parce qu'il risque de troubler l'ordre public. Que faire alors des athées, qui passent leur temps à se moquer ouvertement de la naïveté des déistes, s'écrie l'abbé Bergier. Inversement, dans l'article « Fanatisme » de son *Diction-*

1. Bergier, *Encyclopédie méthodique*, art. cité, p. 646.

2. « Cette vérité est confirmée par le fait puisque dans l'univers entier il n'y eut jamais un peuple réuni en Société sans une Religion vraie ou fausse » (*ibid.*, p. 647).

naire antiphilosophique, Chaudon accorde plusieurs vertus à la passion religieuse, en appelant Rousseau à la rescousse, contre la froide rationalité des déistes voltairiens et des partisans d'une morale laïque : « Les Philosophes modernes s'élèvent beaucoup contre le fanatisme et ils ont raison ; mais ce qu'ils n'ont garde de dire et qui n'est pas moins vrai, dit M. Rousseau, c'est que le fanatisme quoique sanguinaire et cruel, est pourtant une passion grande et forte qui élève le cœur de l'homme, qui lui fait mépriser la mort, qui lui donne un ressort prodigieux, et qu'il ne faut que mieux diriger pour tirer les plus sublimes vertus[1]. » En somme, l'abbé Chaudon vante ici les virtualités positives d'une foi intransigeante, sans pour autant approuver la violence sectaire du « fanatisme », alors que Bergier reproche à Rousseau une mansuétude coupable à l'égard des ennemis d'une religion qu'il affirme pourtant absolument nécessaire pour affermir le lien social. C'est donc la religion chrétienne qui fait de l'homme un bon citoyen et un bon combattant, parce qu'elle est immuable et éternelle, mais sa portée universelle lui confère aussi un pouvoir d'harmonie et de conciliation qui fait défaut au patriotisme intransigeant (presque fanatique) que préconise l'auteur du *Contrat social*.

Enfin, l'autorité politique, telle que la représentent nombre d'apologistes, est étroitement liée à leur conception de la religion et des rapports qu'il convient d'établir entre l'État et l'institution religieuse. Refusant l'idée rousseauiste d'une divergence entre le devoir civique et la soumission du chrétien à l'Église, Bergier affirme, contre Rousseau, que l'intolérance religieuse garantit la tolérance civile, en empêchant le souverain d'étendre ses pouvoirs en matière religieuse, le despote étant justement celui qui outrepasserait son rôle en imposant ses vues au pouvoir d'État. C'est ainsi que les réfutations du *Contrat social* passent souvent par une remise en cause du chapitre que Rousseau consacre, dans cet ouvrage, à la religion civile, mais elles s'opposent aussi naturellement à sa théorie du contrat, exigeant que l'individu retrouve sa liberté primitive et son indépendance absolue, avant de contracter avec ses semblables un pacte de soumission. Cette conception d'un individu, jouissant d'une liberté naturelle, et se définissant hors de tout lien social, passe pour une atteinte au rang que la religion lui

1. Chaudon, *Dictionnaire antiphilosophique*, *op. cit.*, p. 168.

assigne de toute éternité, et pour une situation chimérique, puisqu'elle contredit le principe naturel de sociabilité.

Les gros bataillons des apologistes condamnent donc sévèrement les idées religieuses et politiques des philosophes modernes, mais on remarquera que leur critique n'est jamais systématique ni entièrement frontale. Ils reprennent, en fait, certaines positions de leurs adversaires pour jouer les uns contre les autres et tenter de les mettre en contradiction avec eux-mêmes. La sociabilité, principe premier et fondamental que revendique la plupart des Philosophes, sert d'argument pour récuser le concept rousseauiste d'homme naturel, vivant dans l'indépendance absolue. L'idée d'une croyance universelle, imposée par la loi naturelle, vise à réfuter les thèses des déterministes athées, alors désignés comme les adeptes monstrueux du « spinozisme » et du « fatalisme », et Chaudon, cet adversaire pourtant résolu des déistes, en vient souvent à employer un vocabulaire quasi voltairien pour qualifier le grand être qui fait mouvoir l'univers. Quant à Rousseau, la position très particulière qu'il occupe dans la République des lettres, mais aussi ses positions religieuses font souvent de lui un allié en puissance, contre les voltairiens et les athées groupés autour du baron d'Holbach : « On ne peut disputer à M. Rousseau tous les avantages et les talents de cette philosophie, le raisonnement, le calcul, l'érudition, l'éloquence, le feu, la modération même et un désir d'annoncer le vrai », s'écrie Chaudon avant de déplorer ses idées religieuses[1].

LES CONCILIATEURS CHRÉTIENS : ÉVOLUTION DU DISCOURS APOLOGÉTIQUE

Les œuvres évoquées, celles de l'abbé Bergier ou de Lelarge de Lignac, se montrent parfois conciliantes avec leurs adversaires dont ils ne rejettent pas toutes les thèses, mais il est aussi, dès 1760 et parfois même quelques années auparavant, un discours plus résolument conciliateur entre les valeurs religieuses et plusieurs acquis de la philosophie moderne. Les titres mêmes de ces ouvrages expriment la volonté d'une ouverture aux « Lumières[2] ». L'apolo-

1. *Ibid.*, p. 133.

2. Abbé Yvon, *La Liberté de conscience resserrée dans des bornes légitimes*, Londres, 1754, 2 t. ; *Accord de la philosophie avec la religion*, Paris, 1782 ; Para du Phanjas, *Les*

gétique protestante se montre, pour sa part, de plus en plus attachée à ces nouvelles valeurs que sont le sentiment d'« humanité » et la quête privilégiée de l'utilité sociale. Elle en vient même à prendre ses distances avec l'attitude intransigeante et passionnée des premiers chrétiens. Bien qu'elle suscite l'admiration, celle-ci ne passe plus pour un modèle immuable et d'emblée imitable, mais pour une conduite que l'on doit juger avec un regard historique. Surgit ainsi, au sein même de l'apologétique protestante, une nouvelle appréhension du temps, qui fait une part belle à l'évolution des mœurs et au contexte culturel dans lequel s'inscrit le texte sacré. À l'aube du christianisme, une ardeur sans limites était légitime, mais elle passerait désormais pour un trait de « fanatisme ». Le leibnizianisme édulcoré de Formey s'allie ainsi, dans les années 1760, à un christianisme raisonnable qui déplore le mysticisme et tente, avec un certain malaise, de justifier les passages de l'Évangile incompatibles avec les vertus sociales[1]. Refusant l'ascétisme exigé par les chrétiens extrémistes, et présenté par les incrédules comme un devoir incompatible avec la vie en société, l'apologiste critique sévèrement l'« école d'amertume, de pleurs et de macération ». Cette modération, un peu fade, peut sembler aussi éloignée de l'enthousiasme philosophique d'un Diderot que des élans propres au rousseauisme religieux. Formey n'invite-t-il pas le chrétien à respecter des marques visibles de bienséance, comme le ferait l'auteur d'un manuel de savoir-vivre ? La paix intérieure et la satisfaction d'adopter une vie conforme à la loi religieuse doivent trouver leurs reflets dans les signes extérieurs de la décence ! En fait, le devoir du chrétien se limite à deux principes : travailler pour éviter de gaspiller un temps dû au seigneur et régler sa vie pour fuir l'esprit mondain, si recherché par les incrédules modernes.

Des apologistes catholiques en viennent eux aussi à subir une évolution sensible et à exprimer des idées « modernes ». L'abbé Yvon, collaborateur de l'*Encyclopédie*, et chrétien convaincu, dénie aux protestants le droit d'accuser l'Église romaine d'intolérance.

Principes de la saine philosophie conciliés avec ceux de la religion ou philosophie de la religion, 1774 ; Lamourette, *Pensées sur la philosophie et l'incrédulité*, Paris, 1785 ; abbé Baudisson, *Essai sur l'union du christianisme avec la philosophie*, Paris, 1787.

1. Formey, *Le Philosophe chrétien*, 1751, pp. 5-7. La communauté des biens, le célibat préféré au mariage ne sont manifestement plus de saison. Quant aux premiers chrétiens, par leur courage ils représentent « des exemples inouïs de patience et de modération ».

S'il reproche à Bayle la fureur brutale dont il fait preuve contre les catholiques, sous le règne de Louis le Grand, il l'approuve pleinement lorsqu'il défend « les droits de la conscience » dans son *Commentaire philosophique*[1]. Partisan de la tolérance civile, il estime que la coexistence des deux confessions au sein d'une même nation ne nuit aucunement aux intérêts de l'État. En revanche, il maintient résolument la nécessité de l'intolérance ecclésiastique, c'est-à-dire la condamnation par l'Église des hérétiques. Très proche des Philosophes et de Voltaire en particulier, quand il se méfie des mystères et de la partie dogmatique de la Bible, occasion de querelles et de schismes, il s'en éloigne, au contraire, lorsqu'il estime que les vérités fondamentales se situent dans « la partie morale, et dans la partie historique des livres saints[2] ».

Poussant plus loin encore l'esprit de conciliation, certains apologistes des années 1780 en viennent même à s'interroger sur les réelles vertus de la nouvelle philosophie. L'amour actif de l'« humanité » passe alors pour un de ses titres de gloire, mais ils la félicitent aussi d'avoir ouvert, dans des proportions illimitées, le champ des connaissances[3]. Si le XVIIIe siècle a gagné dans le domaine scientifique et moral, il aurait en revanche stagné, voire régressé, sur le plan métaphysique. L'époque moderne ne saurait, comme le prétendent certains, être interprétée comme une rupture radicale avec le passé. Ce mouvement prometteur, cette glorieuse conquête de l'esprit humain, a débuté durant le Grand Siècle et Descartes demeure plus que jamais l'« auteur principal de la plus grande, de la plus utile révolution que l'esprit humain ait jamais éprouvée ». À lire certains apologistes de la fin du siècle, on perçoit une tension entre une représentation religieuse du temps qui discrédite les œuvres humaines au profit de l'éternité et la conception toute profane d'une histoire cumulative et porteuse de sens,

1. Abbé Yvon, *La Liberté de conscience resserrée dans des bornes légitimes*, Londres, 1754. Il faut signaler que cet ouvrage n'est pas une apologie, mais Yvon peut être qualifié d'apologiste puisqu'il est aussi l'auteur de l'*Accord de la philosophie avec la religion, ou Histoire de la religion divisée en périodes* (1782).

2. *Ibid.*, p. 23. Cet intellectuel catholique se montre à la fois très ouvert et profond quand il aborde le domaine de la moralité : « On peut pécher en suivant la vérité et mériter en s'attachant à l'erreur. Tout cela dépend de la manière dont l'esprit dirige les opérations » (abbé Yvon, *La Liberté de conscience, op. cit.*, t. I, p. 37).

3. Baudisson, *Essai sur l'union du christianisme avec la philosophie*, 1787, pp. II-III.

car si Baudisson récuse d'un trait de plume les penseurs athées de son siècle, il élargit, en revanche, l'éventail des philosophes chrétiens qui ont contribué aux progrès des connaissances. Quatre nouveaux philosophes, autrefois bannis, franchissent, en effet, le seuil des auteurs licites, et s'inscrivent, parce que chrétiens, au palmarès des grands esprits de l'humanité : Locke, Pope et Montesquieu[1]. Comment interpréter ces ultimes tentatives de conciliation : désir maladroit de récupération ? Nécessité d'une réévaluation appliquée et un peu vaine pour révéler son ouverture à l'esprit du siècle ? Nécessité, pour se faire entendre, d'adopter les convictions de la majorité des élites ? Conversion sincère à plusieurs idées fortes de la « philosophie » que l'on fait de plus en plus valoir pour mieux rejeter l'athéisme militant, perçu comme provocateur et dangereux ? Ces explications ne sont pas à rejeter, mais d'autres clefs, nous le verrons, sont possibles.

LA CONVERSION AU BONHEUR TERRESTRE

Il est d'autres signes d'une évolution, peut-être encore plus radicale, de l'apologétique. D'abord le déplacement de l'argumentaire. Au lieu de prendre appui sur l'absolu divin, les nouveaux apologistes, comme leurs adversaires athées ou déistes, en viennent à centrer leur démonstration autour des valeurs mondaines. Dans une perspective humaniste, c'est même l'intérêt bien conçu de l'homme qui constitue le moteur de la réflexion, le point de départ d'une démonstration qui rejette tout *a priori* échappant au contrôle de la raison. Il n'est donc pas question d'invoquer la théologie discréditée et même accusée d'entretenir la confusion en accumulant les obscurités et les problèmes insolubles. Dans les années 1780, certains prennent aussi leurs distances avec l'apologétique traditionnelle. Disparaissent non seulement les preuves historiques du christianisme, mais aussi les références à l'Écriture sainte, et même l'arsenal des preuves métaphysiques de l'existence de Dieu.

1. « Descartes, Newton, Pascal, Locke, Fénelon, Malebranche furent intimement convaincus de la vérité du christianisme ; Montaigne, Leibniz, Fontenelle, Pope, Montesquieu furent accusés à tort de l'avoir méconnue. » L'auteur affirme encore que « Hobbes, Bayle, Boullanger, Voltaire, Rousseau, ne purent jamais en éteindre entièrement la conviction au fond de leur âme » (*ibid.*, p. XVIII).

La vague utilitariste provenant d'Angleterre et le raz de marée hédoniste sont tels qu'ils se substituent aux autres valeurs, les déplacent, les contaminent, et surtout finissent par modifier, sinon inverser, l'ordre des priorités traditionnellement reconnues par l'Église. Dans les années 1760-1770, le discours apologétique subit de plein fouet l'effet de choc de cette double influence. Alors que les Montesquieu et les Voltaire reprochaient au christianisme de privilégier l'au-delà au détriment de la vie en société et que les athées militants comme d'Holbach dénoncent les effets pernicieux de la religion, de nombreux apologistes vont montrer qu'elle représente, au contraire, la meilleure voie d'accès au bonheur individuel et social. La croyance et la morale religieuse resserrent les liens qui unissent les citoyens, en développant la générosité et l'entraide, valeurs finalement plus fortes que la simple bienfaisance laïque, parce que le chrétien est doté d'une grande conviction et donc d'une plus grande ardeur lorsqu'il accomplit un acte moral. En bref, les Philosophes se seraient indûment érigés en défenseurs exclusifs de la sociabilité, alors que les chrétiens n'ont rien, en ce domaine, à leur envier.

Dès les années 1760, des apologistes affirment d'emblée que le désir de connaissance et l'appétit de bonheur ne sauraient être condamnés : « L'homme reçoit de la nature le désir invincible d'acquérir des connaissances et de les étendre, d'être heureux et d'augmenter son bonheur[1]. » Il tente alors une conciliation difficile : la quête d'un bonheur que seule une autre vie peut lui apporter et celui que ses sens et ses passions recherchent avec avidité ; mais

1. Pluquet, *Mémoires pour servir à l'histoire des égarements de l'esprit humain*, éd. de 1762, p. 5. Voir aussi : D'Escherny, *Les Lacunes de la philosophie*, Amsterdam, 1783, p. XXXII ; Hubert Hayer, *L'Utilité temporelle de la religion chrétienne*, Paris, 1774, « La religion chrétienne a des adversaires sans nombre ; tous la traitent de chimère ; mais nous nous bornerons ici à combattre ceux qui s'efforcent de la faire passer pour une chimère pernicieuse à l'humanité » (p. 1) ; Necker, *De l'importance des opinions religieuses*, Londres 1788. Pour lui aussi, la religion est seule à pouvoir procurer un bonheur public que les institutions laïques et le souverain ne peuvent assurer intégralement. La religion, en effet, n'agit pas de manière vague et générale et s'adresse au cœur de chaque homme pris en particulier. La généralisation de cette relation privée fonde l'universalité du bonheur public. Point n'est besoin de souligner l'importance de ce tournant qui dépasse le cadre strict d'une histoire de l'apologétique, mais affecte l'ensemble des pratiques chrétiennes. Le désintérêt des non-spécialistes pour les questions théologiques, la montée irrésistible de l'hédonisme et les nouvelles formes de permissivité obligent les chrétiens à poser de nouvelles questions. Les conséquences de cette évolution continuent à se faire sentir de nos jours.

insistons sur ce point fondamental de la nouvelle apologétique : le désir qui fonde une telle appétence ne passe plus pour l'indice d'une nature corrompue, ce sont seulement ses errements ultérieurs qui révèlent la faiblesse de l'homme. Les théologiens rigoristes sont même accusés d'avoir brouillé les repères moraux en sanctionnant ce qui relevait d'un désir légitime. Disons-le au passage, une telle position rejoint d'assez près une conception partagée par les courants philosophiques, qui entendent ériger en principe absolu la quête du bonheur, sans sacrifier aux lois saintes de la morale[1].

Par une légitimation à rebours, la religion chrétienne est créditée de tous les bienfaits parce qu'elle permet d'accéder ici-bas au bonheur : la morale qu'elle propose et la paix intérieure qu'elle engendre chez ceux qui en observent les commandements et les pratiques deviennent alors les preuves de son origine divine. Contre Rousseau qui n'accorde qu'une place seconde à la Révélation, certains contradicteurs, comble du paradoxe, lui redonnent une place conforme à l'orthodoxie en usant d'arguments voisins de ceux de leur adversaire : ne produit-elle pas un effet prodigieux sur le cœur des fidèles ? Ce bouleversement intérieur n'est-il pas le signe qu'elle constitue le fondement sacré de la vérité[2] ? Dans le sillage de Pascal, l'apologétique nouvelle tend de plus en plus à s'adresser au « cœur » du lecteur pour le toucher et l'émouvoir, et à se libérer des arguments froids et incertains de la théologie : « Les grands ressorts qui remuent l'homme sont placés dans son cœur. Dès qu'on l'attaque par cet endroit, on est presque assuré de le vaincre[3]. » La notion augustinienne et pascalienne de « cœur » se référait, entre autres, à cette dynamique intérieure, dans laquelle entre une part de volonté, ou à cette faculté aimante que l'auteur des *Pensées* oppo-

---

1. «[On] vit un crime dans les actions les plus innocentes, on fit des actions les plus criminelles un acte de vertu » (Pluquet, *Mémoires pour servir à l'histoire des égaremens de l'esprit humain*, *op. cit.*, p. 7). Pour montrer que la religion chrétienne assure aussi la félicité de l'homme en ce monde-ci, Hayer cite l'*Esprit des lois* de Montesquieu. Voir Bernard Plongeron, « Bonheur et "civilisation chrétienne" », *Studies on Voltaire*, n° 154, Transactions, 1976 ; *Une nouvelle apologétique après 1760.* Robert Mauzi, *L'Idée de bonheur dans la littérature et la pensée françaises au* XVIIIe *siècle*, rééd. Genève, Slatkine, 1979.

2. « Elle a produit un changement merveilleux dans l'esprit et le cœur de l'homme. Convenons donc qu'elle ne peut avoir qu'une origine céleste » (Déforis, *Préservatif pour les fidèles contre les sophismes et les impiétés des incrédules…,op. cit.*, p. IV).

3. Abbé Bellet, *Les Droits de la religion chrétienne et catholique*, Montauban, 1764, p. VII.

sait à la raison. Sans se départir complètement de ses acceptions premières, le mot « cœur » finit par désigner le pouvoir de s'émouvoir au contact des vérités divines. L'apologétique chrétienne évolue ainsi vers une conception de plus en plus affective de la croyance, pour lui conférer, dans les cas extrêmes, une signification sentimentale, dépourvue de tout substrat intellectuel. « Le but de la religion est de rendre l'homme véritablement heureux et solidement grand », mais, pour y parvenir, elle « doit avoir de quoi nous intéresser de la manière la plus noble et la plus touchante[1] ». Les apologistes doivent donc apprendre l'art de séduire et d'émouvoir, en proposant un programme qui réveille les ardeurs secrètes du lecteur. C'est grâce à ce délicieux courant inducteur, qui ouvre l'âme aux vérités sensibles, que le fidèle définitivement conquis accédera au bonheur doux et continu que connaissent les esprits pieux. Emporté par leur élan, des apologistes en viennent même à user d'un vocabulaire extraordinairement sensuel pour vanter les plaisirs dont se privent les incrédules et les cœurs secs : « Si de quelque côté qu'on envisage la Religion chrétienne, on en voit sortir des rayons de lumière qui en démontrent la vérité, pour peu qu'on la presse par les mêmes endroits, il est facile d'*en extraire un suc délicieux qui fait désirer de recueillir les fruits qu'on goûte en son sein*[2]. » Par un étrange retournement, la pratique religieuse, ses dogmes et ses rites, jadis sévères et contraignants, deviennent, pour ceux qui en ont goûté, un objet de désir qu'ils souhaitent ardemment satisfaire et renouveler ! Le père Lamourette en ajoute encore : la religion répond certes à un besoin spirituel, mais elle remplit tant de fonctions diverses qu'elle parvient aussi à combler toutes les aspirations du cœur humain et notamment « *sa capacité de désirer et de jouir,* par la richesse de la perspective qu'elle lui présente, par la solidité, l'abondance et l'élévation de l'esprit qu'elle lui communique[3] ».

Une mutation profonde s'est opérée : les apologistes de la fin du siècle proclament l'infini du désir, mutilé par les philosophes incré-

1. *Ibid.*, p. VII.

2. *Ibid.*, pp. VIII-IX. L'abbé Yvon souligne aussi l'heureuse influence du christianisme sur la société civile dans *L'Accord de la philosophie avec la religion, ou Histoire de la Religion divisée en douze périodes*, *op. cit.*, p. 3.

3. Lamourette, *Pensées sur la philosophie et l'incrédulité, ou Réflexions sur l'esprit et le dessein des Philosophes irréligieux de ce siècle*, *op. cit.*, p. 26.

dules ou sceptiques. Il ne s'agit plus de débattre avec eux en usant d'arguments strictement rationnels, mais de sanctionner un oubli et une déficience. Les adversaires du christianisme ne voient pas que la religion, indépendamment de son contenu dogmatique, élève l'esprit et éveille en même temps la sensibilité, fait goûter au croyant des plaisirs spécifiques, bref satisfait un désir naturel et légitime. Avant le Chateaubriand du *Génie du christianisme* apparaît déjà, dans les années qui précèdent la Révolution, une approche du divin fondée sur l'émotion esthétique. La contemplation d'une nature somptueuse et grandiose mène à Dieu, non parce qu'elle nous invite, comme disaient les anciens apologistes, à découvrir l'harmonie du monde, mais parce que nous sentons durant cette expérience une douce jouissance qui élève l'âme et nous transporte vers un infini délicieusement captateur. Dans une optique très proche de Rousseau, la nature perçue dans la solitude me dépossède de mon enveloppe corporelle, me relie à elle par un lien inattendu, m'élève au-dessus des basses contingences et finalement me purifie[1]. Ce discours envahissant se fige en poncif à la veille de la Révolution, mais une telle vague de fond est justement la preuve d'une attitude mentale largement partagée. Elle noie les contours de l'apologétique, en confondant parfois l'argumentaire chrétien et l'hymne profane célébrant les beautés de la nature. La rencontre entre la « vraie philosophie » et la foi s'opère ainsi par le biais de la « sensibilité ». La première est « un creuset où s'épurent la superstition et les préjugés dont l'ignorance et l'infidélité vicient la religion ; mais c'est d'elle qu'émane ce discernement qui nous

1. Citons parmi mille exemples cette présentation que fait le journaliste Mettra d'un ouvrage d'inspiration rousseauiste, *Le Solitaire du Mont-Jura ou Récréations d'un philosophe* de M. Bertrand. La contemplation solitaire d'un paysage montagneux et l'émotion que provoque la beauté du site sont présentées comme une preuve de sincérité, et comme le signe d'une évidente religiosité : « L'auteur monte au sommet de ces montagnes pour saisir tout ce qu'elles peuvent offrir de pittoresque : c'est de là qu'il observe le lever et le coucher des astres : c'est là qu'il admire les phénomènes de toute espèce dont la nature prodigue a embelli ce séjour délicieux, selon lui, qui présente l'image de l'aisance et de la paix, où l'on ne connoît ni le luxe des grandes villes, ni ses suites funestes, où l'habitant heureux et tranquille remplit les devoirs de l'humanité et ce que le voyageur ne quitte jamais qu'à regret : enfin c'est après avoir admiré alternativement toutes les beautés du monde moral et du monde physique, qui s'y trouvent réunies, que l'auteur s'empresse de nous communiquer ses découvertes, et si toutes ses idées ne sont pas neuves, elles annoncent du moins une âme honnête, un cœur droit, et particulièrement un défenseur de la religion en faveur de laquelle il est rare de voir les philosophes de nos jours rompre des lances. »

dirige dans le sentier des devoirs que celle-ci prescrit, et qui nous fait goûter la conviction intime et délicieuse de leur justice, de leur raison et de leur nécessité[1] ». Inversement, les philosophes athées et, dans une certaine mesure, les déistes voltairiens semblent n'exploiter qu'une faible partie des possibilités humaines. Leur sécheresse de cœur serait à la mesure d'une conception étriquée et appauvrissante de la nature humaine, si bien que les nouveaux apologistes qui se montraient fort conciliants avec la philosophie, foudroient maintenant les incrédules modernes qu'ils accusent de pécher contre l'esprit en n'aspirant qu'à la satisfaction des sens.

Cette conception de la sensibilité décrite comme un potentiel de sensations, de dispositions affectives et d'émotions aux registres plus ou moins intenses fonde une morale que certains philosophes sensualistes pourraient fort bien revendiquer. Ce n'est pas Diderot qui tient les propos suivants, mais l'abbé Pluquet, auteur savant d'un traité dont l'intitulé très profane est *De la sociabilité* : « Par sa *constitution organique*, l'homme souffre ou ressent du plaisir lorsqu'il voit un autre homme heureux ou souffrant. L'homme reçoit donc de la Nature une sensibilité qui le porte vers tous les hommes, qui l'unit à eux, qui l'associe pour ainsi dire à leur bonheur et à leur malheur indépendamment de l'éducation et de la réflexion[2]. » Pluquet en vient donc à conférer un fondement physiologique à la compassion qui m'incite à épouser la souffrance d'autrui ou au désir de participer à sa joie quand je perçois en lui les symptômes irrécusables d'un grand contentement. La nature profonde de l'homme le porte ainsi vers ces semblables, en vertu d'un phénomène de projection et d'identification qui nourrit en lui ce « sentiment d'humanité », si doux au cœur et, en même temps si utile, puisqu'il nous invite à faire le bien autour de nous et donc à produire un mieux être social. Dans cette perspective foncièrement optimiste, la morale bien comprise rejoint l'intérêt public, et le plaisir personnel contribue au bonheur de tous, sans qu'aucune ombre ne vienne altérer cette parfaite harmonie. Les jouissances de la bienfaisance reposent sur un instinct qui peut, certes, être détourné ou provisoirement étouffé par des esprits pervers, mais qui ne saurait jamais disparaître puisqu'il relève de la nature.

1. Mettra, *Correspondance secrète…*, *op. cit.*, t. XIV, p. 56.
2. Abbé Pluquet, *De la sociabilité*, Paris, 1767, t. II, p. 221.

Pluquet en vient alors à exalter le père de famille dont la vertu est récompensée lorsqu'il vit ses derniers instants. Dans une évocation qui trouve son équivalent exact dans certaines gravures de Greuze, l'apologiste construit ce qui est peut-être la représentation majeure de cette deuxième moitié du XVIIIe siècle. Parce qu'il ne voit autour de lui que des amis tendres, zélés, attentifs à le soulager, « le père méritant » connaît le plaisir suprême d'un accomplissement familial et social. Ce pilier de la société peut se glorifier d'être l'auteur d'une descendance qui a enrichi la nation et étendu les liens sociaux : le bien dispensé autour de lui a élargi le cercle des proches qui communient dans la même émotion : la cellule familiale en sort renforcée et grandie ; les domestiques eux-mêmes célèbrent la bonté du maître. Par un effet de contagion, la vertu engendre la vertu en appelant les autres à éprouver d'aussi délicieuses jouissances. En accord sur ce point avec Rousseau, Diderot et même Voltaire, Pluquet prétend que seuls la mauvaise éducation, les « préjugés », la « superstition » et l'« ignorance » ont éteint ce sentiment d'humanité et sont à l'origine des actes de cruauté et de barbarie qui affligent les sociétés[1].

Une conception de l'histoire étaye cette théorie. Pour que « la science du bonheur » soit acquise et que la morale fondée sur le principe de sociabilité puisse être réellement pratiquée, il faut que les besoins vitaux soient satisfaits, mais il convient aussi que le désir de bonheur ne se tourne pas vers des biens illusoires. Deux écueils guettent ainsi les sociétés humaines : d'une part la quête privilégiée de la violence guerrière, développant l'esprit meurtrier, et d'autre part le désir immodéré du « luxe » qui affaiblit les hommes en les incitant à rechercher un bien-être illusoire. La fin de l'Empire romain illustre le temps des destructions et du règne de la barbarie. La bravoure féroce et le dérèglement des mœurs empêchèrent les conquérants d'accéder à la paix intérieure qui fonde le bonheur authentique. L'Europe une fois calmée, on tombe dans l'excès inverse : la recherche exclusive des arts agréables éloigne certes de la passion de la guerre, mais affaiblit les âmes[2]. Pluquet fait état

---

1. *Ibid.*, t. I, p. 127.

2. « Lorsque l'Europe s'est calmée, la paix a fait naître l'abondance et les arts ; on a cultivé les lettres, on a passé par degrés du fracas de la guerre et de la chaleur de la débauche, à la passion de la chasse, au goût de la table, aux fêtes, aux tournois, à la galanterie, aux spec-

d'une troisième révolution, celle que provoquent les découvertes des grands scientifiques et des philosophes, comme Kepler, Gassendi, Descartes et Newton ; ceux-ci firent progresser l'humanité, mais la philosophie morale reléguée dans les écoles était encore trop dédaignée. C'est celle-ci que l'époque moderne se doit alors de développer en se gardant bien de succomber aux dangers que représente le « luxe » dans les sociétés politiques.

Il convient, enfin, de préciser la position de certains apologistes dans le débat sur le luxe qui divise les esprits de la fin du siècle. Alors que les économistes et, avec eux, plusieurs Philosophes, comme Voltaire, estiment, hors de toute considération morale, que la production de biens superflus procure du travail aux artisans, élève le niveau de vie et contribue finalement au progrès général, Pluquet critique une attitude qu'il juge contraire au principe de sociabilité et au règne du bonheur. Le « luxe » étoufferait en l'homme la sensibilité destinée par nature à l'unir à ses semblables et « sans laquelle il ne peut y avoir de société humaine sur la terre[1] ». La traditionnelle condamnation chrétienne de la jouissance s'allie ici au principe moderne et laïc de la vertu reposant sur la maîtrise et l'économie des désirs. L'homme avide de confort matériel, se trouvant dans un état d'insatisfaction permanente, se consacre à la recherche de biens éphémères et frivoles, au lieu de veiller à l'intérêt de ses semblables. La compassion s'émousse faute d'être sollicitée et le sens même de l'altérité finît par s'étioler.

En érigeant le principe naturel de sociabilité en facteur de progrès, en moteur de l'activité économique et en ferment d'une morale collective, les apologistes chrétiens perdent leur marque propre. Si l'on écarte semblent perdre la part immense qu'il attribue à la sensibilité, on peut estimer que l'abbé Pluquet souscrit à plusieurs principes fondamentaux de la pensée de Montesquieu. Nous sommes donc loin ici des critiques que le bouillonnant abbé Gaultier émettait à l'encontre de l'auteur des *Lettres persanes* ! La religion finit tout de même par jouer un rôle chez les apologistes convertis à l'idée de bonheur. L'harmonie sociale, fondée sur le désir légitime d'être heureux, et son corollaire le sentiment d'hu-

---

tacles. Les personnes qui cultivaient leur esprit, entrainées par le goût universel, ne se sont appliquées qu'à la littérature agréable, à la poésie », *ibid.*, t. I, p. IV.

1. Pluquet, *Traité philosophique et politique sur le luxe*, Paris, 1786, t. I, p. 61.

manité sont cautionnés par l'inclination religieuse que connaissent tous les hommes, car c'est bien celle-ci qui, comme l'indique son sens étymologique, relie le tout et incite le citoyen à changer en lois les germes de sociabilité que la nature a déposés en son cœur. Quant à la divinité, elle constitue le principe qui lie entre eux tous les maillons de la chaîne. Dieu représente la source suprême de la bienfaisance qui procure à l'homme son plus grand bonheur, remplissant l'âme d'« admiration, d'amour, de reconnaissance[1] ». Cette philosophie propose un système sans faille : le mal est évacué, puisque la barbarie est un produit de l'histoire, une erreur du système d'éducation, une perversion de l'instinct qui recherche des sensations discontinues au lieu de suivre son inclination naturelle vers le principe durable du bonheur authentique. Image aussi d'une clôture parfaite puisque l'origine rejoint la fin et que l'homme n'a qu'à imiter la divinité pour accéder à la plénitude : l'être vertueux et bienfaisant loue le Seigneur de lui avoir enseigné le bonheur de faire le bien autour de lui !

Le désir de concilier le bonheur terrestre et les valeurs chrétiennes nous invite à penser le discours apologétique non pas comme la défense monolithique des principes traditionnels du christianisme, mais comme un lieu de tensions qui affectent l'ensemble de la pensée du XVIIIe siècle : qu'ils soient apologistes ou non, d'obédience chrétienne ou vaguement déistes, les penseurs de cette fin de siècle s'affrontent sur la signification de l'existence humaine : contre les tenants purs et durs de ce qui est perçu comme l'antique tradition chrétienne, certains tendent à occulter le problème du mal et à réconcilier les principes humanistes avec la croyance en l'au-delà. Les apologistes de plus en plus ouverts aux débats du siècle en viennent, eux aussi, à poser un fondement utilitaire à la morale individuelle, à concilier la morale sociale et les principes mêmes de la charité chrétienne. On ne fait plus le bien pour gagner le paradis et pour obéir aux impératifs de l'Évangile, mais parce que la vertu coïncide avec les intérêts bien conduits de l'humanité. Dieu, l'Être suprêmement bienfaisant, vient, de surcroît, garantir et récompenser une telle attitude, dont les avantages peuvent être appréciés ici-bas. S'effondre ici tout un pan de la croyance religieuse : celle-ci n'ouvre plus l'accès à une transcen-

1. Pluquet, *De la sociabilité*, *op. cit.*, pp. 389-390.

dance, ou plus exactement elle la relègue au second plan en l'étouffant sous les gloses d'un discours hanté par une volonté d'efficacité rationnelle et d'utilité publique. *De l'importance des opinions religieuses* (1788) de Necker représente, à cet égard, une importante contribution à cette défense utilitaire, sociale et même politique de la religion. Rousseauiste lorsqu'il évoque la croyance dans ses fondements privés, le ministre teinte sa démonstration d'arguments voltairiens quand il traite de l'utilité publique de la religion : le peuple a besoin d'irrationnel et la promesse du paradis pour les individus vertueux conjure les risques de contestation contre l'ordre établi[1]. Le deuxième trait d'évolution, à penser également comme tension, repose sur le principe civilisateur que de nombreux apologistes attribuent désormais à la religion chrétienne : le sentiment d'humanité que connaissent les cœurs authentiquement chrétiens passe pour le meilleur rempart contre les risques de barbarie : l'idée d'une confraternité entre les hommes du monde entier doit être avivée par l'accès à la pitié et par la pratique de la charité. Or c'est une telle attitude qui empêche une société de basculer dans la violence de la tyrannie ou qui atténue les ravages des guerres de conquête. Plus encore, à l'extrême fin du siècle et dans les années 1800, le discours chrétien rejoint certains tenants des Lumières laïques pour légitimer les conquêtes coloniales. Édouard Ryan, auteur des *Bienfaits de la religion chrétienne* (1802), aspire à « civiliser » les esquimaux, en corrigeant des brutes alcooliques ! Les navigateurs partis à la conquête de l'Afrique prétendront eux aussi, au nom de la civilisation, convertir des « nègres sensuels et lascifs ». L'idée d'une vertu civilisatrice propre à la religion chrétienne marque ainsi une opposition avec un principe fondamental et ancien du christianisme, car l'ardeur qui anime les conquérants n'est plus imputée à la providence visant la conversion des infidèles, mais représente l'indice d'une humanité universelle, communiant dans les mêmes valeurs. La rareté des références à la tradition, l'occultation d'une mémoire fondatrice, dépositaire du sacré, témoignant d'une attitude fidèle et survivant aux aléas de l'histoire représente un dernier point de tension. Ces transformations de l'apologétique et la montée parallèle du discours philosophique créent une situation incertaine qui a troublé plus d'un chré-

1. B. Plongeron, « Bonheur et "civilisation chrétienne" », art. cité, p. 1647.

tien. La présence grandissante des apologies conciliatrices, refusant la sécheresse et l'incomplétude de la « philosophie » sans vouloir non plus succomber aux excès du « fanatisme », ne doit pas être interprétée seulement comme la manifestation d'un éclectisme plat, mais aussi et plutôt comme le signe d'une inquiétude, voire d'une déroute provoquées par le sentiment d'une perte des repères intellectuels et religieux[1].

1. « Passeras-tu sans cesse de la fièvre brûlante du Fanatisme à la glace et au frisson de l'athéisme ? », s'écrie D'Escherny dans un ouvrage intitulé de manière significative : *Les Lacunes de la philosophie*, *op. cit.*, p. XXXII. Necker manifeste la même volonté de fuir les extrêmes, tout en estimant que la religion est indispensable au bonheur public : « Je vois aux deux extrémités de l'arène, le farouche inquisiteur et le philosophe inconsidéré : mais ni les bûchers allumés par les uns ni les dérisions employées par les autres ne répandront jamais d'instruction salutaire ; et aux yeux d'un homme raisonnable, l'intolérance monachale n'ajoute pas plus à l'empire des vraies idées religieuses que les plaisanteries de quelques beaux-esprits n'ont ménagé les justes triomphes de la philosophie » (Necker, *De l'importance des opinions religieuses*, *op. cit.*, p. 23).

IV

Antiphilosophie, philosophie et espace public

1.
La conversion au goût du jour

L'immense talent de Voltaire conteur, le pouvoir d'enchantement du style de Rousseau lorsqu'il s'adresse à l'imagination et plonge le lecteur dans un nouvel état contemplatif sont de plus en plus reconnus comme des acquis glorieux de la littérature contemporaine. Même les esprits chagrins qui continuent à vanter la supériorité du Grand Siècle ne peuvent, sans s'exposer au ridicule, dénigrer ces écrivains prestigieux que les autres pays européens nous envient. Une telle attitude, soulignons-le, n'est pas seulement pure tactique ou concession inévitable aux modes du jour. On perçoit chez de nombreux apologistes une admiration sincère pour Voltaire et Rousseau écrivains. Comment pourrait-il en être autrement ? Bergier et Chaudon sont des lettrés épris de littérature. Tout en foudroyant la scandaleuse impiété des philosophes modernes, et en jetant l'anathème sur les genres à la mode, Bergier lit manifestement, avec un grand plaisir, les romans du siècle et se montre souvent impressionné par le talent des écrivains que l'archevêque Christophe de Beaumont l'a chargé de réfuter ! On peut se demander si la critique que soulève pourtant les écrits littéraires des Philosophes n'est pas paradoxalement à la mesure de l'admiration qu'ils suscitent. Mettre au service de l'impiété ce nouveau pouvoir scripturaire inquiète les apologistes. Ne pourrait-on pas retourner contre eux leurs propres armes ? Puisqu'ils inondent le marché d'ouvrages facilement maniables – les in-douze, voire les in-dix-huit que les lecteurs peuvent lire partout, dans le coche, dans les jardins publics –, pourquoi leurs adversaires n'auraient-ils pas recours à la même politique éditoriale ? Même situation quant aux genres littéraires. Après avoir un moment boudé le roman jugé frivole, les Philosophes s'en sont emparés avec délectation. Des *Lettres persanes* à *La Nouvelle Héloïse*, le roman épistolaire est devenu un des genres majeurs, parce qu'il permet de traiter toutes les questions métaphysiques, morales, anthropologiques tout en épousant la forme d'un débat ouvert auquel le lecteur a le sentiment de participer en devenant un partenaire ou un complice des épistoliers. Se pose aussi le problème de la vulgarisation. Lorsque le marché du livre croît dans des proportions nouvelles, lorsque surgit la peur fondée ou infondée que l'incrédulité risque d'atteindre de nouvelles catégories de lecteurs peu cultivés, venant d'accéder à la lecture, ne doit-on pas parer au plus pressé en usant de toutes les techniques de vulgarisation pour défendre la pensée chrétienne, avant que ce public vulnérable et menacé ne soit définitivement contaminé par les écrits impies ? On constate alors chez certains défenseurs des valeurs chrétiennes la volonté d'atteindre les catégories populaires. C'est aux filles de boutique, aux femmes de chambre et aux artisans que les apologistes prétendent désormais s'adresser.

Cette situation pose néanmoins problème. Certes, nécessité fait loi. Si l'on veut être lu, il faut bien adopter les formes attrayantes qui ont assuré le succès de l'adversaire. Mais cette conversion des apologistes à l'esprit du siècle s'établit souvent dans le malaise et dans l'ambiguïté. Le constat laconique de l'abbé Chaudon laisse entendre que le recours au dictionnaire répondrait davantage aux exigences d'une mode intellectuelle qu'à un choix personnel, réellement assumé : « On a mis l'erreur au Dictionnaire, il est nécessaire d'y mettre la vérité. Les Apôtres de l'impiété prennent toutes sortes de formes pour répandre leur poison ; les défenseurs de la Religion ne chercheront-ils pas aussi les moyens de faire goûter leurs remèdes ? L'ordre alphabétique est le goût du jour, et il faut bien s'y plier si l'on veut avoir des lecteurs[1]. » On peut se demander néanmoins si cet aveu n'est pas aussi une précaution rhétorique destinée à disculper un écrivain chrétien d'éprouver du plaisir à sacrifier au « goût du jour », car Chaudon, se piquant au jeu, aime croiser le fer avec le grand Voltaire, cette gloire européenne. L'inconfort est encore plus grand quand on aborde la question du

1. Abbé Chaudon, *Dictionnaire antiphilosophique*, *op. cit.*, préface, p. VII.

style. Celui de Voltaire apparaît particulièrement brillant : cette légèreté désinvolte, cet art de l'esquive, ces saillies continuelles qui semblent foudroyer d'avance l'éventuel réfutateur et, surtout, ce parti pris de dérision systématique pour aborder les domaines les plus sacrés déconcertent les apologistes, précisément parce que c'est au moment où il se révèle le plus brillant et le plus séduisant que le Philosophe apparaît comme le plus dangereux. Or comment dénoncer un style sacrilège, sans user, à son tour, du pouvoir corrupteur de l'ironie ? Si l'on garde le ton grave qu'exige tout débat sur le sacré, on peut craindre de rater son effet, mais si l'on prend les armes de l'adversaire, on risque alors de succomber à cet esprit du siècle que l'on prétend justement dénoncer. De nombreux apologistes parviennent difficilement à surmonter ce dilemme. L'abbé Gauchat sacrifie à la forme et au style épistolaires pour récuser les *Lettres persanes* de Montesquieu, les *Lettres philosophiques* de Voltaire et d'autres écrits impies, mais avoue ingénument en évoquant les siennes : « Il n'est pas possible de les rendre amusantes. Le ton badin, les railleries, les contes [...] doit être banni de celles-ci [1]. » Il va de soi que ce parti pris de gravité n'a pas contribué à immortaliser l'œuvre du bon abbé, et que les Philosophes, tout au moins sur le plan littéraire, n'ont guère de mal à triompher. Chaudon se heurte au même interdit : « La matière est importante, mais le style, cette partie importante d'une production littéraire, ne peut avoir ces charmes, qui rendent le dictionnaire si agréable et si dangereux. Nous ne pouvons nous permettre que rarement des plaisanteries ; nous nous bornons le plus souvent à raisonner : le raisonnement est toujours froid pour des esprits

1. Abbé Gauchat, *Lettres critiques ou Analyse et Réfutation de divers écrits*, *op. cit.*, 1758, t. I, préface, pp. V-VI. Même situation pour les dictionnaires antiphilosophiques ; l'abbé Paulian présente ainsi son ouvrage : « Le sérieux est, comme on se l'imagine sans peine, le ton qui règne depuis la première jusqu'à la dernière ligne de mon livre. On ne pardonnera jamais à nos philosophes modernes d'avoir employé le style burlesque du plus bas comique, presque toutes les fois qu'ils ont voulu parler religion. Qui ne sera pas indigné, par exemple, contre l'Auteur du *Dictionnaire philosophique*, lorsqu'il entendra dire que "la Religion chrétienne est une cuisine, dont le Pape est le cuisinier en chef", et que les Pispates (il prétend tourner en ridicule le nom de Papiste) certains jours de chaque semaine, et même pendant un tems considérable de l'année, aimeroient cent fois mieux manger pour cent écus de turbots, de truites, de soles, de saumons, d'esturgeons, que de se nourrir d'une blanquette de veau, qui ne reviendroit pas à quatre sols ? » (Paulian, *Le Véritable Système de la nature, op. cit.*, t. II, p. 145).

frivoles et même pour quelques esprits sérieux[1]. » Ce parti pris de gravité garantit l'orthodoxie de l'ouvrage et lui confère une marque de reconnaissance, car les apologistes prétendent aussi se démarquer de leurs adversaires, tout au moins au début de la croisade encyclopédique, en refusant de nommer les écrivains qu'ils incriminent[2]. Cette volonté de respecter certaines bienséances tacites de la République des lettres pour faire la preuve des pratiques dévoyées de l'adversaire ne résistera pas longtemps devant la marée des écrits philosophiques. Dans le feu d'un affrontement sans merci, les apologistes ont tôt fait d'utiliser les armes des Philosophes, au risque peut-être de perdre un peu de leur âme.

La grande vulgarisation

La vulgarisation extrême pose les mêmes problèmes. Les apologistes reprochent aux Philosophes de vouloir transmettre à un public frivole une matière difficile, sans exiger de lui préparation et méditation. On perçoit dans cette critique l'idée chrétienne d'un nécessaire effort intellectuel et d'une vénération pour pénétrer des sujets investis par le sacré. L'écriture papillonnante, butinante et capricieusement sélective, mettant sur le même plan les plus épineuses questions métaphysiques et les anecdotes les plus légères, est perçue comme un des pires travers du siècle. Gauchat s'élève ainsi contre *La Philosophie du bon sens*, qui promet à une dame de « lui apprendre en huit jours autant de philosophie qu'en savent tous les professeurs des collèges de Paris[3] ». Pourtant, en dépit de ces préventions, la vulgarisation antiphilosophique se répand rapidement comme une lame de fond. D'abord parce qu'elle se présente comme un contre-feu indispensable pour arrêter la propagation de la philosophie auprès du public frivole, ensuite parce qu'elle constitue aussi, pour certains polygraphes, une source de

1. Abbé Chaudon, *Dictionnaire anti-philosophique, op. cit.*, pp. XIV-XV.

2. L'abbé Gauchat prétend passer en revue tous les auteurs modernes, « c'est-à-dire ceux qui sont connus et dangereux », sans user jamais de « critiques ni personnelles ni littéraires ». Il ajoute : « Mais en les laissant jouir de tout l'éclat de la réputation, en applaudissant même on ne craindra point de relever dans leurs écrits ce qui est contraire à la Foi » (*Lettres critiques…, op. cit.*, préface, pp. III-IV).

3. *Ibid.*, p. 8.

revenus appréciables et même indispensables pour les plus démunis d'entre eux.

Une meute d'écrivains se jette sur cette nouvelle manne, en justifiant leur entreprise par la nécessité de clarifier une matière difficile[1]. À la différence des apologistes traditionnels, ces polygraphes sont sans état d'âme dans leur volonté de simplification. Prétendant s'adresser aux honnêtes gens et faire œuvre de moraliste, Caraccioli s'en prend aux livres abstraits qui n'atteignent pas plus de douze personnes dans une ville : « Ne vaut-il pas mieux avoir un ouvrage qui passe de main en main, qui soit à la portée des uns et des autres et attache également le noble et le roturier, la mère et la fille, les vieillards, les jeunes gens[2]. » La nouvelle situation éditoriale est présentée comme un progrès incontestable qui affecte l'Europe entière et dont la France est largement responsable : « Grâce aux faiseurs d'in-douze, l'Europe ne voit plus si souvent éclore des volumes dont la pesanteur et la diffusion fatiguaient cruellement le lecteur et dont chaque page formait presque une dissertation[3]. » Néanmoins, la position de Caraccioli est singulièrement ambivalente, car il se livre à une critique en règle du bel esprit qui « persifle le bon sens et ridiculise la vérité[4] », mais il use lui-même, à l'envi, de ce style léger et de cette esthétique de l'effleurement qu'il présente comme la marque de l'écrivain européen, acquis à la

1. « Tous les livres qui traitent de la religion, qui ont pour objet la morale, ne peuvent être trop simples et trop clairs » (Louis-Antoine de Caraccioli, *Lettres récréatives et morales sur les mœurs du temps*, 1767, p. 215). De même, Le Masson des Granges affirme dans *Le Philosophe moderne condamné au tribunal de la raison* qu'il convient de prescrire ce qui dans la religion est « le plus croyable, le plus honnête, et le plus sûr ». Les *Nouvelles ecclésiastiques* du 6 mars 1759 soulignent que cette brochure a le mérite de la brièveté. L'ouvrage de Le Masson des Granges connaît un certain succès puisqu'il sera réédité en 1765, 1766 et 1767. Il arrive aussi que les vulgarisateurs laïcs justifient leur entreprise par la frivolité incontournable des lecteurs : « La matière que je traite exigerait, sans doute, plus de pénétration et d'étendue ; mais je pense que dans un siècle aussi dissipé que le nôtre, il faut présenter des ouvrages métaphysiques et des moralités, avec beaucoup de discrétion. Je me suis donc accommodé au temps, et j'ai dû le faire ; autrement point de lecteurs » (Caraccioli, *La Conversation avec soi-même*, 1760, préface, pp. XXIII-XXXIV).

2. Caraccioli, *Lettres récréatives et morales sur les mœurs de ce temps*, *op. cit.*, p. 215.

3. Caraccioli, *L'Europe française*, 1776, p. 196. Dans l'Avant-propos de *L'Irréligion dévoilée ou la Philosophie de l'honnête homme*, 1779, Boudier de Villermet vante aussi les mérites du petit format plus maniable que le lourd et encombrant in-folio, et il ajoute que dans son ouvrage, pourtant modeste, l'on trouvera en substance « ce qu'il importe le plus à l'homme de savoir ».

4. Caraccioli, *Voyage de la Raison en Europe*, 1772, p. 276.

modernité : « Courrez donc ma plume, pour être au gré du Siècle et des lecteurs. L'écrivain qui creuse est un vent qui déracine ; celui qui effleure, un zéphir qui agite simplement des feuilles et qui les éparpille[1]. » L'auteur de ces lignes n'est pas un bel esprit acquis aux valeurs philosophiques, mais un écrivain décidé à défendre les valeurs chrétiennes et à battre en brèche les auteurs impies ; contre-feu qui entend faire flèche de tout bois pour atteindre, à son tour, le public mondain et frivole ouvert aux modes les plus éphémères. Certains n'hésitent pas à descendre encore d'un degré dans la simplification. La boutade tient alors lieu de réfutation, et la citation tronquée d'argument. Dans des récits dialogués, les idées de Buffon sur l'origine de la terre et les hypothèses matérialistes du baron d'Holbach deviennent alors matière à des plaisanteries faciles[2]. Dans un dessein évidemment mercantile, des polygraphes multiplient les ouvrages dont les titres se ressemblent et se font écho. Caraccioli publie tour à tour *Le Langage de la raison* (1763), *Le Cri de la vérité* (1765), *La Religion de l'honnête homme* (1766), *Le Chrétien du tems confondu par les premiers chrétiens* (1766). Ces intitulés manifestent, de toute évidence, un effet d'annonce. Ils entretiennent une équivoque volontaire avec les ouvrages « philosophiques », ou désignent plus clairement les valeurs chrétiennes. Après s'être assuré un certain succès en publiant des ouvrages très conservateurs sur la conduite des femmes, un polygraphe comme Boudier de Villermet se lance, à son tour, dans une apologie très simplifiée qui condense en un mince volume les principaux thèmes de l'antiphilosophie[3].

---

1. Caraccioli, *L'Europe française*, *op. cit.*, p. 37.

2. Dans *Le Philosophe catéchiste*, Paris, 1779, p. 14, de l'abbé Pey, le comte acquis à la philosophie matérialiste proclame l'éternité du monde créé et s'écrie : « Quant à la substance de votre individu : il n'y a précisément que la modification de changée, par les resultats des loix du mouvement. » Son interlocuteur lui répond : « Oh ! Oh ! Je n'aurais jamais cru être si vieux. Qu'étions-nous donc vous et moi, avant que la nature nous eût construits ? » Caraccioli procède parfois à des simplifications comiques par leur outrance grossière : « Que nous ont appris en effet tous ces Philosophes, qui n'écoutant que leur orgueil ont osé se donner pour nos législateurs. Les uns nous ont associés avec les bêtes, les plus immondes ou les plus féroces : et les autres nous ont regardés comme la parcelle d'une divinité, sombre et bisarre répandue dans tous les corps » (Caraccioli, *Le Langage de la raison*, 1763, p. 27).

3. Boudier de Villermet ou Villemaire publie *L'Ami des femmes ou la Morale du sexe* (1758) sans nom d'auteur ; rééd. en 1766, 1788 et 1791 ; *Le Nouvel Ami des femmes*, 1779. En 1772, paraît *L'Irréligion dévoilée ou la Philosophie de l'honnête homme*, rééd. en 1774,

La mise en scène de la narration prouve que les antiphilosophes adoptent ici les modes et les fantasmes du jour. Boudier de Villermet, comme ses adversaires, prétend deviner les interrogations du lecteur, épouser un prétendu cheminement intérieur, se projeter dans l'intimité secrète d'une conscience : « Ce n'est point un théologien qui cherche ici à faire passer ses idées à ses lecteurs ; c'est un homme convaincu, qui suit avec eux l'enchaînement de leurs propres pensées[1]. » Dans cette relation familière un homme parle à un autre homme. Ni théologien, ni même écrivain, le narrateur se contente de faire surgir une parole en instance d'énonciation, d'éveiller une émotion qui attendait une voix amie et l'épreuve de la lecture pour se déclarer dans la splendeur éclatante de l'évidence. Évoquant toute la philosophie de Malebranche, simplifiée et parfois réduite à quelques maximes limpides, Caraccioli fait cette déclaration pour le moins surprenante : « J'ai voulu, qu'en lisant cet Ouvrage, on pût penser sans s'appercevoir *(sic)* qu'on pense (!)[2]. » Une autre procédure consiste à multiplier les questions et à fournir immédiatement les réponses dans la langue la plus simple possible, en se situant dans un registre proche du sermon : « Comment du rien êtes-vous passé à l'être ? Comment êtes-vous devenu tout à coup esprit et corps, c'est-à-dire l'assemblage de deux substances dont l'union paraît incompatible et dont l'action est un prodige continuel[3] ? » À la faveur de cette relation familière et privilégiée qui s'établit entre le narrateur et le lecteur, l'apologiste joue d'une interférence entre l'examen de conscience chrétien et l'introspection de type sentimental. Transformé en guide spirituel, il invite le lecteur à voir clair en lui-même et entend l'assister dans cette entreprise qui le mènera infailliblement sur le chemin de la vérité. Nous retrouvons ici, sous une forme simplifiée, la grande leçon malebranchienne de l'examen intérieur, réalisé dans le silence des passions, loin des tumultes du monde : « Je les prie donc d'examiner en silence le fond de leur âme, ils y trouveront tout ce que je leur propose : ce sont des richesses communes qui leur apparais-

1777 et 1779. Entre 1784 et 1786, sont publiées les *Pensées philosophiques sur la nature, l'homme et la religion*.

1. Boudier de Villermet, *L'Irréligion dévoilée…, op. cit.*, p. 1. (éd. de 1777).

2. Caraccioli, *La Conversation avec soi-même, op. cit.*, pp. XXXIV-XXXV. La préface s'intitule : « À l'ombre de Mallebranche ».

3. Caraccioli, *Le Cri de la vérité*, 1765, p. 2.

sent comme à moi ; et la plupart conviendront qu'il était à propos qu'on leur rappelât, surtout dans un siècle aussi infecté d'écrits pernicieux, *Le Christianisme dévoilé*, *Le Système de la nature*, le Livre du *bon sens,* celui de l'*Homme,* etc., répétant sans cesse des sophismes cent fois terrassés, mais qui semblent toujours victorieux aux esprits faux et corrompus[1] ». C'est donc dans le sentiment intime, puisé au plus profond de la conscience et non dans le raisonnement que l'on trouve la force d'écarter d'un revers de main les poisons corrupteurs qui atteignent les hommes superficiels et vaniteux.

Ce discours peut s'adresser aux humbles, aux esprits modestes, dépourvus des talents nécessaires pour briller dans les cercles à la mode. Dans *La Conversation avec soi-même* qui constitue un modèle du genre, Caraccioli transforme l'examen intérieur en véritable règle de vie : hygiène mentale, source de réconfort toujours renouvelable, elle s'offre comme un remède à tous les esprits, à toutes les classes d'âge, au-delà des différences d'éducation et de culture, car, comme le dit l'auteur, en rassurant ses lecteurs et en flattant peut-être l'anti-intellectualisme de certains d'entre eux : « Il arrive tous les jours que ceux qui pensent le mieux, ignorent l'art de bien parler (!)[2] » ou encore : « il n'est pas nécessaire d'avoir la pénétration de Malebranche, ni l'élévation de Descartes, pour discourir en soi-même et se suffire jusqu'à un certain point[3] ». Cet ouvrage, qui reprend presque textuellement des phrases de Pascal, qui vante l'esprit d'enfance prôné par saint Augustin, mêle un spiritualisme insistant à un rousseauisme diffus pour montrer que chaque individu peut entretenir un lien fécond avec le monde extérieur, en ayant le sentiment que celui-ci s'adresse à lui ; car ce qui compte essentiellement est cette mise en scène du moi, valorisé et revigoré, au-delà de toute vanité sociale. Quant au malebranchisme vulgarisé, il se résout en une critique des mœurs citadines : il faut mettre des bornes à l'existence frivole, résister au goût effréné des nouvelles du jour, ne pas se griser de potins inconsistants, afin de garder le sens du spirituel et du divin, mais cela ne signifie pas qu'il faille rompre avec les pratiques mondaines ; les vulgarisateurs

1. Boudier de Villermet, *L'Irréligion dévoilée…*, *op. cit.,* p. 1.
2. Caraccioli, *La Conversation avec soi-même*, *op. cit.,* p. 199.
3. *Ibid.*, p. 197.

visent seulement à en éliminer les excès. Les ouvrages antiphilosophiques vulgarisés s'achèvent souvent sur des conseils de savoir-vivre. Dans *Le Langage de la raison*, Caraccioli sanctionne les excès de la politesse, les discours étudiés et les démarches apprêtées. Il s'en prend aussi à la plaisanterie assassine, au trait cinglant qui cloue à terre une victime, dans les salons prétendument philosophiques. C'est toute une moralisation de la sociabilité mondaine que les auteurs voudraient proposer, après avoir dénoncé les excès des philosophes radicaux. On croirait relire les traités de savoir-vivre qui triomphaient quatre-vingts ans auparavant, comme si les vulgarisateurs désiraient entretenir la nostalgie du Grand Siècle et la hantise d'une honnêteté disparue[1].

Ces ouvrages écrits pour des lecteurs pressés font des concessions à l'adversaire. Ils reconnaissent, avec Locke, que nos idées viennent des sens ; ils admettent aussi que ceux-ci peuvent à la fois nous tromper et « nous dérober le fond de l'essence des êtres » ; mais, ajoutent-ils, « on ne peut en inférer une impuissance de parvenir à la connaissance de leurs attributs ; et puisque nous sommes en état de connaître la fausseté de leur déposition, nous pouvons être assurés des rapports que nous appercevons distinctement entre deux idées séparées[2] ». Le peu de certitude que nous offrent les leçons des sciences n'empêcherait pas l'esprit pur d'établir des rapports fondés. Leurs opérations nous fourniraient même des arguments pour récuser les théories caricaturales des matérialistes mécanistes. Il s'agit, en fait, de sauver certains principes chrétiens, comme la croyance à la providence, l'obéissance aux autorités en flétrissant les excès de l'indépendance intellectuelle, comme si le vent dévastateur de la critique moderne risquait de désorienter un public fragile, mais ces ouvrages conservateurs prétendent s'éloigner autant de la crédulité aveugle que du doute obstiné.

1. Caraccioli prône « une certaine candeur qui influe sur tout le commerce de la vie ». Il prétend que les paroles dont usent les virtuoses de la conversation doivent sans être fades avoir l'assaisonnement de la douceur. « Il faut que nos regards sans être fiers conservent de la dignité et que notre maintien sans être affecté, soit noble et gracieux » (*Le Langage de la Raison…*, *op. cit.*, pp. 188-189).

2. Boudier de Villermet, *L'Irréligion dévoilée*, *op. cit.*, p. 15.

Les ouvrages pour la jeunesse

Le discours apologétique envahit aussi la littérature enfantine. Évoquer Malebranche, récuser Buffon dans des ouvrages qui s'adressent en principe à un public de moins de dix ans peut surprendre le lecteur d'aujourd'hui. Mais il faut interpréter cette visée comme un fantasme pédagogique. À l'heure où triomphe l'imprimerie, tout semble possible pour celui qui sait exploiter avec habileté les nouvelles formes narratives en tentant de s'adapter à son public. Mme de Genlis ne posera-t-elle pas comme un principe intangible que « tout enfant bien organisé et parfaitement conduit depuis sa première enfance jusqu'à la fin de l'éducation paraîtra un prodige à vingt ans[1] » ? Or il n'est pas anodin pour notre propos que le premier écrivain à vouloir instruire la jeunesse tout en la divertissant, Mme Leprince de Beaumont, soit attaché aux valeurs religieuses. Avant *Émile* de Rousseau (1762), avant les *Conversations d'Émilie* de Mme d'Épinay (1774), écrits par une amie intime des encyclopédistes, le *Magasin des enfans, ou Dialogues entre une sage gouvernante avec ses élèves de la première distinction* (1758) met au point un nouvelle pédagogie fondée sur le plaisir de la lecture, le recours à l'imagination, cette faculté pourtant si décriée par toute la tradition chrétienne, et l'appel à des émotions habilement graduées. Des anecdotes choisies alternent avec des résumés de la Bible. Ces pionnières de la littérature enfantine auront souvent une grande expérience d'éducatrice. Mme Leprince de Beaumont a été gouvernante dans des familles aristocratiques en Angleterre, avant de publier, sur un rythme frénétique, des ouvrages pour enfants. Quelque soixante-dix titres ont été recensés.

---

1. Mme de Genlis, *Nouvelle Méthode d'enseignement pour la première enfance*, Paris, Maradan, 1801. Voir Didier Masseau, « La littérature enfantine et la Révolution : rupture ou continuité ? », in *L'Enfant, la famille et la Révolution française*, Paris, O. Orban, 1990, Actes du colloque organisé par l'Institut de l'enfance et de la famille à Paris-Sorbonne, les 30-31 janvier et 1er février 1989. Gabriel de Broglie, *Madame de Genlis*, Paris, Perrin, 1985. On se reportera au catalogue d'exposition, *Le Magasin des Enfants. La littérature populaire pour la jeunesse (1750-1830)*, dirigé par Isabelle Havelange et Segolène Le Men, Association-Bicentenaire-Montreuil, 1988. Voir aussi Marie-Emmanuelle Plagniol-Dieval, « Le Voltaire de Madame de Genlis, combat continué, combat détourné », in *Voltaire et ses combats*, Ulla Kölving et Christiane Mervaud (dir.), Actes du colloque international, Oxford, 1997, t. II, pp. 1211-1226.

Suivant un parcours inverse, Mme de Genlis fait des incursions dans la littérature enfantine et devient ensuite la gouvernante des enfants du duc d'Orléans. Durant l'hiver 1777, elle commence par écrire de petites comédies pour ses propres filles, Caroline et Pulchérie, alors âgées de onze et dix ans. Les représentations ont lieu dans un théâtre privé devant un public de soixante personnes. Elle se lance ensuite dans des pièces plus longues, devant une assistance enthousiaste, et les publie sous le titre de *Théâtre à l'usage des jeunes personnes* (1779). L'ouvrage in-octavo connaît un tel succès qu'il est enlevé en cinq jours ! L'impératrice de Russie le fait traduire en russe et l'électrice de Saxe en allemand. Notons que cette littérature s'adresse aussi à un public plus populaire. Après s'être remise au travail et avoir produit trois autres volumes, soit quinze pièces d'éducation, Mme de Genlis destine le quatrième volume à des enfants de marchands, d'artisans, aux femmes de chambre et aux filles de boutique. Quant aux *Veillées du château* (1784), elles connaissent plusieurs tirages la même année, font immédiatement l'objet de traductions anglaises, et sont, par la suite, constamment rééditées sous des titres différents.

Ces ouvrages éducatifs extrêmement nombreux dont nous signalons seulement ici les plus connus ne doivent pas être considérés d'emblée comme des écrits antiphilosophiques ou apologétiques, mais comme des manuels d'éducation et de savoir-vivre, destinés à inculquer les conventions sociales (discipline et maintien corporels) et à moraliser les conduites. En dépit d'un très grand conservatisme, il arrive que les auteurs proclament ouvertement des idées « philosophiques ». Dès 1768, Mme Leprince de Beaumont, l'écrivain le plus prolixe en la matière, adopte dans la préface du *Magasin des enfants* un rationalisme militant qu'elle affiche avec des formules provocantes, lorsqu'elle aborde la question de l'éducation des filles : « Oui, Messieurs les tyrans, j'ai dessein de les tirer de cette ignorance crasse, à laquelle vous les avez condamnées. Certainement j'ai dessein d'en faire des logiciennes, des géomètres et même des philosophes[1]. » En revanche, elle n'hésite pas à conférer un caractère franchement apologétique à certains ouvrages. Dans *Les Américaines* (1770)[2], elle fait s'entre-

1. Mme Leprince de Beaumont, *Le Magasin des enfants*, La Haye, 1768, p. 8.

2. Id., *Les Américaines ou les preuves de la Religion chrétienne par les lumières naturelles*, Lyon, 1770.

tenir entre elles Miss Préjugé, Lady Violente, Lady Spirituelle et une Bonne qui joue le rôle de l'éveilleur d'esprit. En Amérique triomphe la religion protestante, ce qui légitime le droit de soumettre toute vérité à l'esprit de libre examen et même celui de pratiquer, sans aucune réticence, le doute méthodique. Les jeunes élèves qui adoptent la conduite indiquée par leur nom se piquent au jeu. Le ton monte, les échanges parfois vifs se transforment en passes d'armes. Le meneur de jeu intervient alors pour calmer les esprits, gourmander les colériques, révéler les inepties, remettre dans le droit chemin une conversation qui s'enlise, mais au bout du compte la religion triomphe, et Miss Préjugé qui est cette fois l'incrédule abandonne à tout jamais ses préjugés ! Dans *La Dévotion éclairée ou Magasin des dévotes* (1779), les intervenantes appartiennent à diverses catégories sociales. Conversent entre elles une marquise, une présidente, une marchande et une veuve. La marquise avoue avoir, depuis deux ans, sacrifié à Dieu « les spectacles, le rouge, les promenades au cours du Luxembourg, aux Thuileries[1] ». Une veuve reconnaît avoir choisi avec plaisir la dévotion ; mais une autre jeune fille perçoit dans son attitude un goût étrange pour « les humiliations », nous dirions, une conduite masochiste. Bref, ces dialogues pour la jeunesse tentent de répondre à toutes les questions que les jeunes lecteurs sont censés se poser sur les croyances et les pratiques religieuses. Voulant inscrire des débats dans la texture du quotidien, ils entendent soulever les questions à la mode en donnant l'illusion d'une aire de liberté. En fait, un maître du jeu tout-puissant oriente les conversations et manipule les personnages jusqu'à ce qu'ils finissent par reconnaître le triomphe incontestable de la religion chrétienne. Dans *La Religion considérée comme l'unique base du bonheur et de la véritable philosophie* (1787)[2], Mme de Genlis adopte la forme traditionnelle du

1. Mme Leprince de Beaumont, *La Dévotion éclairée ou Magasin des Dévotes*, Lyon, 1779, p. 9.

2. Mme de Genlis, *La Religion considérée comme l'unique base du bonheur et de la véritable philosophie*, 1787. Ouvrage fait pour servir à l'éducation des Enfants de S. A. S. Monseigneur le duc d'Orléans et dans lequel on expose et l'on réfute les principes des Prétendus philosophes modernes. Le manuscrit avait été lu par le duc de Chartres vers la fin de l'année 1786, quelques mois après sa première communion. L'auteur affirme présenter seulement un certain nombre de preuves et citer quelques faits et plusieurs exemples « qui donneront une idée de la morale et des systèmes philosophiques de ce siècle ». Elle adopte d'évidentes précautions : « Je dois déclarer qu'en attaquant aujourd'hui la philosophie

traité apologétique. À grands renforts de citations, elle passe en revue un nombre impressionnant de systèmes philosophiques et d'ouvrages apologétiques, reprend les preuves traditionnelles de l'existence de Dieu, mais s'efforce aussi de se rapprocher de l'actualité. Dans l'esprit des causes célèbres publiées par l'avocat Nicolas Des Essarts, elle donne l'exemple de grands criminels qui se sont repentis avant de monter à l'échafaud. Pour émouvoir ses jeunes lecteurs, elle rappelle les dernières paroles, toujours édifiantes, du condamné[1]. Récupérant des citations de Philosophes, comme Buffon, qu'elle mêle à des emprunts de Malebranche, à des pensées de Pascal et à des sermons de Bourdaloue, Mme de Genlis se livre à un étrange montage. Cet apparent éclectisme dissimule des positions intransigeantes. Si la condamnation de *De l'esprit* d'Helvétius, des *Mœurs* de Toussaint et des écrits de Raynal ne nous étonne guère, on pourrait être plus surpris par la sanction qui frappe encore, en 1787, les *Lettres persanes*, *Zadig* et *La Nouvelle Héloïse*. Ce serait oublier que ces romans dont certains offrent « des peintures vives et libres » accompagnées de « détails licencieux » ne peuvent être lus par le jeune duc de Chartres. La littérature enfantine antiphilosophique représente donc un secteur dynamique à la veille de la Révolution, même si les œuvres simplement moralisantes et édifiantes dominent la production[2].

moderne, je crois n'attaquer aucun auteur vivant (du moins aucun de ceux qui sont dans ma patrie) ». L'auteur prétend viser seulement les plus radicaux d'entre eux : « ceux qui ont usurpé ce titre et qui l'ont déshonoré, par la licence effrénée de leurs écrits » (pp. V-VI-VII). Elle appelle à la rescousse les déistes anglais comme Clarke, qu'elle associe à des apologistes comme l'abbé Gauchat parce qu'ils prouvent l'ordre admirable de la nature. Elle ne manque pas, bien sûr, d'évoquer aussi le Dieu sensible au cœur : « … il est des sentiments profonds, qui ne sont l'ouvrage ni de l'éducation, ni de l'opinion, c'est Dieu lui-même qui a gravé au fond de tous les cœurs ces sentimens ineffaçables, qui forment la loi naturelle » (p. 13).

1. « Ce monstre souillé du sang de son ami (car tel était son premier crime) avait médité et exécuté son assassinat avec autant de réflexion que de sang froid », Mme de Genlis, *La Religion considérée…*, *op. cit.*, 1787, p. 57.

2. Sans prétendre aucunement à l'exhaustivité, citons encore, parmi les ouvrages édifiants et dévots : abbé Reyre, *L'École des jeunes demoiselles ou Lettres d'une mère vertueuse à sa fille, avec les réponses de la fille à la mère*, août 1788, et *Les Leçons de l'histoire ou Lettres d'un père à son fils, sur les faits intéressans de l'histoire universelle,* également d'août 1788, que le *Journal ecclésiastique*, toujours soucieux de signaler ce type d'ouvrage, attribue à l'abbé Gérard.

La forme dictionnaire

Pour les adversaires des Philosophes, toutes les formes narratives sont finalement bonnes à prendre : lettres, entretien, dialogue, catéchisme et tout particulièrement dictionnaire. Celui-ci triomphe après la publication du *Dictionnaire philosophique* (1764) de Voltaire. Trois apologistes décident de recourir à cette forme. En 1767, l'abbé Chaudon lance son *Dictionnaire antiphilosophique*[1]. Trois ans plus tard, c'est au tour du père Aimé-Henri Paulian de publier un *Dictionnaire philosopho-théologique portatif*, contenant l'accord de la vérité philosophique avec la sainte théologie, et la réfutation des faux principes établis dans les écrits de nos philosophes modernes. Quant à Nonnotte, l'autre ennemi déclaré du patriarche, il ajoute aux *Erreurs de Voltaire* (1762) et à la *Lettre d'un ami à un ami sur les honnêtetés littéraires, ou Supplément aux Erreurs de Voltaire* (1767) un *Dictionnaire philosophique de la religion* (1772)[2]. Cette forme d'écrit entend répondre à la demande pressante et urgente d'un public ébranlé par la diffusion massive des écrits impies. Il s'adresse aux gens du monde, aux personnes peu instruites, et vise à mettre l'érudition au service d'un savoir allégé et adapté, éloigné de tout relent scolastique : « La forme de Dictionnaire qu'on a donnée à l'Ouvrage a paru la plus propre à faire un service prompt, à contenter l'avidité et la curiosité du Lecteur, à prévenir l'ennui et le dégoût, à fournir sur-le-champ dans le besoin, les éclaircissemens sur les faits, la décision sur les

1. Le titre complet est : *Dictionnaire antiphilosophique. Pour servir de commentaire et de correctif au Dictionnaire philosophique, et aux autres livres qui ont paru de nos jours contre le christianisme : ouvrage dans lequel on donne en abrégé les preuves de la religion, et la réponse aux objections de ses adversaires. Avec la notice des principaux auteurs qui l'ont attaqué, et l'apologie des grands Auteurs qui l'ont défendue*, A Avignon chez la veuve Girard et François Seguin, 1767, Avec impression des Supérieurs, 451 p. Cet ouvrage devient en 1775, à la quatrième édition, *Anti-Dictionnaire philosophique*, en deux volumes de 575 et 552 p. On constate une augmentation considérable du nombre des entrées, et aussi parfois du volume. Voir Pierre Rétat, « L'âge des dictionnaires », in *Histoire de l'édition française*, *op. cit.*, 1984, t. II, pp. 186-194, et Jean Goldzink : « À propos de trois dictionnaires antiphilosophiques », *Les Cahiers de Fontenay*, sept. 1993.

2. Le titre complet est : *Dictionnaire philosophique de la religion où l'on établit tous les points de la religion, attaqués par les incrédules, et où l'on répond à toutes leurs objections*, 1772, 4 vol. in-12. Une nouvelle édition corrigée et augmentée paraît en 1774, également en 4 volumes.

points qui seraient contestés, la résolution de tous les doutes[1]. » Le dictionnaire portatif antiphilosophique devient ainsi un véritable vade-mecum de la pensée orthodoxe. Il est censé répondre à toutes les questions que se poseraient des lecteurs anxieux, désireux de dissiper leurs doutes pour accéder immédiatement à une vérité claire et intangible.

L'immense essor des dictionnaires au XVIIIe siècle dépasse largement le domaine propre aux apologistes. Tous les écrivains du XVIIIe siècle rêvent d'écrire un dictionnaire. Toutes les disciplines, tous les champs du savoir et même toutes les activités culturelles, des plus ambitieuses aux plus frivoles, des plus pratiques aux plus abstraites sont ainsi classées, mises en coupe et répertoriées par des équipes collectives, ou par un seul auteur. Les écrivains les plus prestigieux comme les polygraphes les plus médiocres ont collaboré, un jour ou l'autre, à une telle entreprise. L'ordre alphabétique peut satisfaire des désirs opposés. C'est un écrivain qui isole dans le champ d'un savoir immense les entrées qui conviennent au propos du moment ou, inversement, un savant qui entend maîtriser un savoir proliférant. Mais les deux projets ne sont pas absolument fermés l'un à l'autre. Les apologistes sont, comme leurs adversaires, attirés par ces deux objectifs. On peut interpréter aussi l'extraordinaire prolifération des dictionnaires comme l'évident symptôme d'une hantise culturelle : faire le bilan définitif d'une discipline, ou articuler entre eux plusieurs savoirs, afin de mettre fin aux polémiques toujours renaissantes, aux conflits idéologiques et aux à-peu-près qui sont une source de division pour la communauté intellectuelle et d'irritation pour le lecteur pressé, soucieux d'acquérir des certitudes. Dans le cas des apologistes, la volonté d'écrire un dictionnaire sur la religion est des plus manifestes. Dans son ermitage de Versailles, après avoir publié un *Traité historique et dogmatique de la religion* (1780), Bergier lance enfin, chez le célèbre éditeur Panckoucke, un *Dictionnaire de théologie* destiné à figurer dans l'*Encyclopédie méthodique*. Trois volumes successifs paraissent avant et pendant la Révolution (1788-septembre 1790), comme si l'auteur voulait conjurer les périls en sauvegardant une discipline discréditée ou tout au moins délaissée par les apologistes eux-mêmes. Entreprise de la dernière chance, quand le navire prend

1. *Ibid.*, t. I, pp. 2-3 (éd. de 1772).

l'eau de toute part, mais aussi fruit d'un immense travail, car l'œuvre est monumentale. Les multiples rééditions en France et à l'étranger témoignent d'un succès qui dure pendant tout le XIXe siècle[1]. Des constantes apparaissent : la publication d'un dictionnaire coïncide souvent avec le couronnement d'une carrière : après avoir croisé le fer avec les adversaires de tout bord, Bergier donne l'impression de vouloir écrire la somme qui met fin aux controverses. Un rêve surgit, celui d'un bilan à la fois refondateur et exhaustif, destiné à perdurer en s'élevant au-dessus des troubles d'une histoire saisie par la folie et menacée par le chaos. La forme alphabétique satisfait ce désir de totalité et semble empêcher, par avance, la réplique et la contestation. Pourtant, la guerre des dictionnaires fait rage au sein des apologistes eux-mêmes. À la fin du siècle, l'abbé Feller estime que le *Nouveau dictionnaire historique portatif* (1766) de Chaudon est ambigu à l'égard des incrédules. Il entreprend alors de le refondre et de le critiquer dans son propre *Dictionnaire historique* (1781-1785), tout en établissant un contrepoids catholique au dictionnaire de Bayle et à l'*Encyclopédie*[2]. Au-delà des divergences doctrinales, les auteurs de dictionnaires tentent de discréditer leurs concurrents. Les jésuites considèrent d'un très mauvais œil l'entreprise encyclopédique parce qu'elle risque de porter ombrage à leur dictionnaire. Or l'édition de 1771 du *Dictionnaire de Trévoux* critique sournoisement Diderot en retournant contre lui un argument dont il avait usé à leur encontre : « Plusieurs ouvrages portent le titre d'Encyclopédie pour marquer l'universalité des matières dont ils traitent. La plupart ne sont que des collections informes : quelques-uns ne furent pas tout à fait méprisés, mais il s'en faut bien que les Encyclopédistes répondent aujourd'hui à leur titre. Quel progrès n'a-t-on fait aujourd'hui dans les arts et les sciences ? Combien de découvertes et d'inventions[3]... ! » Diderot et ses collaborateurs

1. En 1882, on compte 31 éditions en français, 7 en italien, 4 en Espagnol.

2. Le *Dictionnaire historique* de Feller connaîtra 9 éditions de 1781 à 1837. Voir Pierre Rétat, « L'âge des dictionnaires », in *Histoire de l'édition française*, *op. cit.*, t. 2, pp. 186-194, et Raymond Trousson, « L'abbé Feller et les Philosophes », *Études sur le XVIIIe siècle*, n°6, 1979, pp. 103-115.

3. Cité par Robert Morin, « Diderot, l'*Encyclopédie* et le *Dictionnaire de Trévoux* », *R.D.E.*, n° 7, octobre 1989, p. 73. La citation provient du *Dictionnaire de Trévoux*, 1771, t. III, p. 695.

seraient en somme animés par un désir de totalité qu'ils ne pourraient combler. Il est significatif que Feller reprenne, à la veille de la Révolution, un argument voisin. La grande encyclopédie est cette fois discréditée au nom du principe unitaire qui devrait animer une telle entreprise : « Des gens de lettres imbus de principes différents, attachés à des systèmes opposés, en fait de morale, en fait de politique, en fait de théologie, etc. ne pouvaient nous donner un ouvrage bien lié et bien soutenu dans toutes ses parties[1]. » L'hétérodoxie d'écrivains suspects trouve son écho dans l'aspect hétéroclite des articles et des sources. Feller critique aussi bien l'*Encyclopédie* de Diderot, que le *Dictionnaire* de Moréri, ou l'*Encyclopédie méthodique* de Panckoucke pourtant bien modérée. Il accuse celle-ci de s'être donné une façade d'orthodoxie en confiant à l'abbé Bergier la partie théologique, mais d'avoir accumulé les erreurs et les impiétés en histoire, en géographie, en grammaire et en géométrie[2]. Il est permis de lire à travers ces récusations la manifestation d'un fantasme qui affecte tous les adversaires en présence. Chacun rêve d'une somme qui dresse l'inventaire définitif des connaissances acquises dans les différents champs de la culture. Mais chaque adversaire souhaite aussi s'arroger le monopole de la mémoire légitime, en procédant à une réinterprétation systématique du passé et accuse son rival d'attenter à une prétendue pureté doctrinale.

Il convient, bien sûr, de distinguer les sommes érudites des dictionnaires portatifs qui entendent donner l'abrégé d'une science austère et encore davantage de ces recueils qui ont choisi la forme alphabétique comme un moyen facile et attrayant de mettre à la portée du public non spécialiste une matière riche et complexe. Voltaire régnant ici en maître, il faut revenir à lui pour mieux comprendre la riposte de ses adversaires. Dans l'article « Morale »

1. Feller, *Dictionnaire historique ou Histoire abrégée des hommes qui se sont fait un nom par le génie, les talens, les vertus, les erreurs, etc.*, 1781, Avertissement, p. III. On notera l'éloge que la forme du dictionnaire inspire à Feller : « Il n'y a peut-être pas, dans le monde littéraire, d'ouvrage plus essentiel, d'un usage plus habituel et plus indispensable qu'un Dictionnaire historique. Nous n'en avons pas qui remplissent ce titre. »

2. Dans l'article « Diderot », Feller, après avoir critiqué la grande *Encyclopédie*, s'écrie à propos de celle de Panckoucke qu'elle est « plus défectueuse encore, et surtout plus défigurée par les délires de la philosophie irréligieuse. L'abbé Bergier s'étant réservé la partie théologique, on s'est empressé de répandre les erreurs qui étoient destinées pour cette partie, dans toutes les autres » (*ibid.*, p. 232).

du *Dictionnaire philosophique,* le Philosophe se gausse des érudits qui tentent de s'imposer par le poids de leurs traités. Pour Voltaire, style diffus et erreurs de jugement sont presque synonymes et il convient d'accabler des mêmes sarcasmes la pensée fausse et le recours à une somme de références inutiles. S'opposant tout autant à l'article érudit auquel Bayle a recours dans le *Dictionnaire historique et critique* qu'à la visée exhaustive des collaborateurs de l'*Encyclopédie*, Voltaire choisit une forme brève, combinant la concision de la pensée et le trait incisif. Lorsqu'il s'agit de transmettre une idée philosophique, il adopte toujours une séquence proche de l'article, comme la question *(Questions sur l'Encyclopédie)*, les mélanges ou l'entrée propre au dictionnaire. Cette mise en scène vise à faire éclater l'organisation inutilement complexe d'un système de pensée, puis à reconstituer une réflexion à partir de quelques idées fortes. Pour Voltaire, la forme dictionnaire répond ainsi à une pédagogie du discontinu. Le principe d'éclatement confère au lecteur la liberté de choisir les entrées qui lui conviennent, mais l'auteur offre également des principes de réorganisation partielle à partir d'une nébuleuse de thèmes récurrents[1]. Les apologistes et, en particulier, « la bande des trois » (Chaudon, Nonnotte et Paulian) montrent à leur tour qu'ils sont fort capables de jouer des différentes ressources de l'ordre alphabétique. Il s'agit d'isoler des articles d'inégale longueur, pouvant constituer des petits traités à part entière offrant ordre et clarté[2].

Contrairement aux encyclopédies hétéroclites des esprits irréligieux, ces articles n'entendent pas figurer comme un montage de citations, mais constituer « le fruit des méditations d'un seul homme », engagé dans une entreprise unitaire qui porte clairement sa marque. Toutefois les auteurs de dictionnaires antiphilosophiques postulent aussi d'autres ordres de lecture. Au principe de la dispersion, Paulian comme Nonnotte substituent plusieurs parcours logiques, qui doivent être interprétés comme des traces de l'ordre

1. Voir, entre autres articles : José-Michel Moureaux, « Ordre et désordre dans le *Dictionnaire philosophique* de Voltaire », *Dix-huitième siècle*, 1980, n° 12, pp. 394-400.

2. « La plupart des articles peuvent être regardés comme autant de petits traités philosophiques, où chaque sujet est présenté avec l'ordre, l'analyse et la clarté nécessaire pour contenter, instruire et convaincre. On n'a rien oublié pour fournir sur chaque chose des réponses solides à tous les genres d'objections » (Nonnotte, *Dictionnaire historique, op. cit.*, Avertissement).

ancien, à l'intérieur même d'une forme travaillée par les modes nouvelles. Malgré les objections de personnes « au goût décidé », Paulian opte pour l'ordre alphabétique, mais il confère au lecteur la possibilité d'échapper à la dispersion des articles en reconstituant un tout[1]. Il lui propose ensuite un parcours en six lectures qui dessine cette fois une progression logique, tout en formant des séries ordonnées autour d'un thème directeur. La première justifie l'entreprise, en souligne l'impérieuse nécessité, tout en indiquant la matière essentielle du livre : ce sont les articles « Philosophes », « Philosophie », « Incrédule », « Incrédulité », « Théologien », « Théologie ». À cette triade qui résume l'ouvrage s'ajoutent deux articles, « Logique » et « Certitude », qui indiquent la méthode suivie et constituent donc un guide de lecture. Le lecteur est en quelque sorte associé à la démarche intellectuelle de l'auteur, invité à percevoir le travail de réfutation[2]. La seconde étape présente « les principaux objets de la révélation naturelle », c'est-à-dire les moyens humains qui permettent d'accéder à la vérité, en même temps que les erreurs de la philosophie moderne. Il s'agit là d'une sorte de propédeutique destinée à préparer l'esprit à adhérer ensuite à la Révélation. Celle-ci constitue l'objet de la troisième lecture, illustrée par les articles : « Prophétie », « Miracle » et « Martyr », suivie d'« Écriture sainte », « Pentateuque » et « Évangile ». La série suivante évoque plusieurs dogmes fondamentaux, tandis que la cinquième aborde les principaux thèmes de la morale chrétienne. Vient ensuite la liste des hérésies, comme « Mahométisme », « Hérésie » et les attitudes condamnables que celles-ci provoquent chez les incrédules modernes (« Tolérance », « Blasphème »). La sixième étape contient « ce qu'il y a de plus opposé à la Religion que l'Homme-Dieu est venu établir sur la terre[3] ». À travers cette disposition se lit la volonté d'une reprise en main du lecteur, dirigé, assisté et, en même temps, invité à accompagner l'apologiste dans la reconstitution logique et légitime de la religion chrétienne. Alors que Voltaire propose, dans son *Dictionnaire philosophique*, plusieurs modes de lecture, déliés et souples, ses adversaires entendent

1. Paulian, *Dictionnaire Philosopho-théologique*, Nismes, 1770, Préface, p. IV.

2. « Les articles "Logique" et "Certitude" qu'il lira d'abord après, lui mettront sous les yeux la manière dont je dois procéder contre les ennemis de la religion chrétienne » (Paulian, *Dictionnaire philosopho-théologique portatif*, éd. de 1770, in-8°, 536 p., préface, p. V).

3. *Ibid.*, p. VI.

retracer, par-delà l'éclatement de l'ordre alphabétique, le chemin univoque de la vérité.

LE RECOURS AU DIALOGUE

L'emploi de la forme dialoguée provoque également un certain malaise chez les apologistes. Certes, il existe bien depuis la fin du XVIIe siècle des « entretiens » et des « conversations » visant à traiter avec naturel les questions de théologie, comme la grâce, le libre arbitre ou la prédestination[1]. Dès le XVIIe siècle apparaissent également des dialogues apologétiques où le libertin est malmené pour être finalement cloué au pilori de l'orthodoxie religieuse. Il reste que, devant la profusion des œuvres philosophiques qui ont annexé la forme dialoguée, plusieurs apologistes ne peuvent se résoudre à traiter les dogmes comme des sujets de littérature et hésitent à user d'une telle forme[2].

Il est à peine besoin de rappeler combien la philosophie a fait du dialogue un moyen d'expression privilégié. Épousant la quête d'une découverte progressive, parfois tâtonnante, parfois sûre d'elle-même, il reproduit des processus d'expérimentation, instaure une relation nouvelle avec un lecteur transformé en partenaire complice et traduit parfois le refus d'une pensée unitaire, au profit d'une démarche proprement dialogique[3]. Dès 1686, dans les *Entretiens sur la pluralité des monde*s, Fontenelle met en place le dispositif. Dans un beau parc, sous un ciel étoilé, le philosophe convertit une jeune et séduisante marquise à la philosophie de Descartes. Dialogue mondain, littéraire et philosophique, dans lequel la femme et l'aristocrate représentent la figure de l'altérité,

1. *Le Théologien dans les conversations avec les sages et les grands du monde* (1683) de M. Boutauld et les *Entretiens sur diverses matières de théologie* (1686). Voir Stéphane Pujol, « Le débat sur la religion dans les dialogues apologétiques aux XVIIe et XVIIIe siècles », *Les Cahiers de Fontenay*, septembre 1993.

2. « Dans ces Conversations… on va mettre sous les yeux les points fondamentaux d'une Religion qu'il faut apprendre aux ignorants, faire goûter aux esprits indifférents, et défendre contre les raisonnements faux ou captieux du déiste ou du libertin. On doit donc renoncer d'avance à plaire par la brièveté, les fleurs, les saillies agréables, les tours délicats, le sel ou de la raillerie ou de la satire. Les matières dogmatiques ne se manient pas comme les sujets de littérature » (P. Valois, *Entretiens sur les vérités fondamentales de la religion*, 1751). Voir S. Pujol, « Le débat sur la religion… », art. cit.

3. Voir : *Cahiers d'histoire culturelle*, Histoire des Représentations, 1997, n° 4, Université de Tours, « Dialogisme culturel au XVIIIe siècle ».

l'opposé social et sexuel du maître détenteur de la vérité. Bien que les apologistes soient le plus souvent acquis au cartésianisme, ils peuvent tout de même s'inquiéter d'un dispositif destiné à opérer un décentrement de la perception et à ruiner les convictions cosmologiques de la belle marquise. La position d'un pédagogue, risquant toujours d'abuser de la situation pour se transformer en séducteur, ne peut que déplaire aux apologistes. Cette relation duelle connaît divers avatars, mais elle se perpétue de manière saisissante, comme un trait propre au dialogue philosophique de Fontenelle à Diderot[1]. En homme de lettres épris des genres littéraires du Grand Siècle, Voltaire n'usa que tardivement de la forme dialoguée. Ce n'est qu'en 1750, après son départ pour Berlin, qu'il songe à écrire et à publier des morceaux dialogués auxquels il n'attribue que peu d'importance. Dans les années 1760, dans sa campagne contre l'Infâme, la forme dialoguée vient servir un dessein critique et guerrier à la fois. Les formes, les sujets, les contextes et les finalités du dialogue voltairien offrent, on le sait, une étourdissante diversité. Des religieux de toute confession et de tout pays, des adeptes de toutes les philosophies et aussi des animaux *(Dialogue du chapon et de la poularde)* discutent à perdre haleine[2]. Le dialogue a souvent une fonction pédagogique et heuristique : il guide le lecteur dans sa quête d'une vérité incontestable que le metteur en scène, extérieur, invisible, mais tout-puissant, connaît d'avance. Il met aussi à jour les contradictions et les pesanteurs des théologiens enfermés dans le carcan d'un système qui manie exclusivement l'anathème et une rhétorique désuète *(Dialogue entre Marc Aurèle et un récollet)*. Il arrive pourtant que Voltaire se serve aussi du dialogue pour exprimer ses doutes et pour traduire une tension entre des positions philosophiques inconciliables (*Dialogue entre un brahmane et un jésuite sur la nécessité et l'enchaînement des choses* et surtout les admirables *Dialogues d'Évhémère*), mais, dans l'ensemble, le dialogue voltairien est destiné à faire triompher, en dernière instance, les convic-

---

1. Voir M. Roelens, « Le dialogue philosophique, genre impossible ? L'opinion des siècles classiques », *Cahiers de l'Association internationale des études françaises*, n° 24, 1972, et Michel Delon, « La marquise et le philosophe », Revue des Sciences Humaines, n° 182, avril-juin 1981, pp. 65-78.

2. Cette analyse du dialogue voltairien doit presque tout à l'article « Dialogue » de Stéphane Pujol dans *Inventaire Voltaire*, *op. cit.*

tions déistes du Philosophe. Il en va autrement chez Diderot, pour lequel la forme dialoguée devient un élément constitutif de sa pensée, la traduction d'une démarche reposant sur la nécessaire confrontation avec l'autre, que celui-ci soit un double du moi, son envers social ou moral, un nécessaire contradicteur ou même un adversaire philosophique. Dans tous les cas de figure, une voix différente du sujet devient l'élément d'une dialectique permettant à la réflexion de se poser en se heurtant à un obstacle fécond, et de progresser en voulant l'emporter sur l'autre. Dans *Le Neveu de Rameau*, le fou, le bohème, le musicien raté, secoue la torpeur bien pensante de Monsieur le Philosophe, l'oblige à jeter un regard neuf sur son statut et à reconsidérer ses convictions philosophiques et morales. Il est, en dépit de ses insupportables défauts ou même à cause de ceux-ci, le levain qui fermente et fait jaillir la vérité. Dans *Jacques le fataliste*, le valet philosophe oblige son maître à prendre toutes les postures, à jouer tous les rôles, dans un éblouissant éclatement des formes. Le dialogue devient alors la traduction même d'une recherche parfois anxieuse, parfois jubilatoire d'une vérité problématique et toujours fuyante. On peut imaginer l'effroi des apologistes si, d'aventure, ils avaient pris connaissance de cette partie cachée de la littérature dialoguée. D'une manière générale, le dialogue philosophique ne peut qu'inquiéter les défenseurs de l'orthodoxie chrétienne, dans la mesure où il manifeste un refus des systèmes clos et définitifs, privilégie le relatif ou le doute et exige du lecteur une remise en cause des certitudes acquises.

Sans conférer à la forme dialoguée une telle ambition, les apologistes découvrent très tôt les vertus pédagogiques de l'entretien familier. Dans *Le Spectacle de la nature* de l'abbé Pluche, un jeune homme de qualité, le chevalier de Breuil, se trouve à la campagne. Son père, parti en voyage afin de s'occuper de l'établissement du frère aîné, l'a confié à un ami, durant les vacances d'été. Celui-ci profite de ce moment de grand loisir pour initier son jeune hôte à l'étude de la nature. Ce mode de narration constitue un modèle du genre. Étranger à la famille, mais attaché à elle par un lien d'amitié, l'initiateur-pédagogue peut accomplir une mission éducative, désintéressée, en faisant l'économie des éventuels conflits que pourrait engendrer la participation du père. Tout est mis en place pour favoriser l'entreprise de persuasion. Libéré des contraintes de l'apprentissage scolaire, passant la majeure partie de la journée en plein air, l'enfant acquiert le sentiment gratifiant d'une soudaine liberté. Le décor, le moment, l'identité de l'éducateur et aussi les bonnes dispositions de l'élève, toutes les conditions sont réunies pour que s'instaure un dialogue confiant et fructueux entre les deux partenaires. Il n'est plus, dès lors, nécessaire de s'enfermer dans la lecture d'un lourd traité pour accéder à la connaissance des phénomènes naturels. Les questions de l'élève, ses remarques, ses hésitations, mais aussi ses moments d'émerveillement désignent un parcours apparemment libre, en fait rigoureusement imposé, pour balayer tous les domaines observables et parvenir jusqu'à la vérité triomphante. D'autres modèles figurent dans le dialogue apologétique du XVIIIe siècle : le sage et le libertin, le véritable philosophe et le mondain dévoyé. C'est un jeune homme, doté d'une excellente éducation qui « désire en adoucir l'austérité pour l'assortir à ses penchants[1] ». Endoctriné par un esprit fort, il adopte le philosophisme à la mode. Dans une lettre préliminaire, il confie à un abbé les doutes que l'athéisme simpliste du comte de N***, son âme damnée, lui a toujours inspirés, avant de lui rapporter les conversations qu'il entretint avec le corrupteur. En usant de la forme dialoguée, les apologistes en appellent à la raison du lecteur pour qu'il découvre le ridicule de l'adversaire. L'athéisme provocateur de certains mondains passe alors pour une attitude contraire au plus élémentaire bon sens et étrangère à l'honnêteté. Qu'il soit apologétique ou « philosophique », le dialogue pédagogique traduit, au fond, le même fantasme : le désir de guider le lecteur, en lui donnant l'impression d'une liberté de parcours. Triomphe l'idée qu'une forme bien maîtrisée postulant une mise en scène de la lecture devrait pouvoir atteindre un public spécifique[2].

1. Abbé Pey, *Le Philosophe catéchiste ou Entretiens sur la religion*, Paris, 1779, p. IX. Parmi les thèmes favoris du dialogue antiphilosophique, celui de la rencontre entre un prêtre et un philosophe tourmenté, se repentant de ses erreurs quand il se trouve à l'article de la mort, occupe une place de choix. Voir par exemple : Gros de Besplas, *Le Rituel des esprits forts ou le voyage d'outre-tombe*, 1759. Sade, on le sait, évoquera cette situation dans son *Dialogue entre un prêtre et un moribond*, mais ce sera pour exalter, cette fois, un libertin demeuré jusqu'au bout fidèle à ses convictions.

2. Père Guidi, *Entretiens sur la religion entre un jeune incrédule et un catholique* (1769) ; Chaudon, *L'Homme du monde éclairé*, Entretiens, 1774 ; abbé Pey, *Le Philosophe catéchiste ou Entretiens sur la religion entre le Comte de *** et le chevalier de ****, Paris, 1779 (cet ouvrage est réédité jusqu'en 1842).

Reste le catéchisme, ce genre religieux par excellence, qui connaît une nouvelle fortune après le concile de Trente[1]. Cette fois, la rigidité du dispositif « questions-réponses » supprime toute marge de liberté. Il ne s'agit plus de problématiser un savoir, ni de feindre le parcours libre et capricieux de l'entretien, mais d'inculquer à un élève les principes essentiels du dogme. Lorsqu'elle est employée par les apologistes, la forme catéchistique tend à rassembler toutes les questions que les chrétiens ébranlés par les attaques des incrédules pourraient se poser. C'est dire que le catéchisme antiphilosophique tend à dresser la liste des points litigieux, et à colmater les brèches par lesquelles le doute corrupteur pourrait s'insinuer. On peut estimer qu'il vise parfois à fournir aux ecclésiastiques eux-mêmes des munitions contre d'éventuels contradicteurs et à reformuler un corps de doctrine, précis et clair, pour ceux qui ont charge d'âmes. Plus encore que le dictionnaire, le catéchisme satisfait un rêve de clôture, sinon d'exhaustivité. Un glossaire final rend son maniement aisé et voudrait laisser croire qu'il résout tous les problèmes. En filigrane, on pressent aussi le désir de s'adresser au peuple, tout en sachant qu'il s'agit d'un vœu pieu[2]. Pourtant, ici encore, son usage ne va pas de soi : « Si, dans quelques endroits, il paroît trop simple et trop familier, on se souviendra que c'est un catéchisme, si dans d'autres il paroît trop raisonné et trop érudit, l'on se rappellera que c'est un *Catéchisme philosophique*[3]. » Manifestement l'auteur, apologiste résolu, voudrait concilier la nécessaire simplicité du manuel et le désir de faire une œuvre profonde qui morde sur le terrain de l'adversaire, en lui empruntant sa pugnacité et son amour du raisonnement. On notera que le catéchisme est annexé par le discours philosophique et non pas

1. Jean-Claude Dhôtel, *Les Origines du catéchisme moderne d'après les premiers manuels imprimés en France*, Paris, Aubier-Montaigne, 1967.

2. « C'est l'esprit de la Doctrine évangélique de se prêter à tous les esprits, et de répandre sa lumière selon la disposition de ceux qui se presentent pour la recevoir. Les Sages, dit l'Apôtre, y sont appelés comme les ignorants. Le Peuple ne lira pas cet ouvrage, mais il pourra être lu avec avantage par ceux qui, en matière de croyance, ne veulent pas être Peuple » (abbé Flexier de Réval, *Catéchisme philosophique ou Recueil d'observations propre à défendre la religion chrétienne contre ses ennemis*, *op. cit.*, préface, p. VII). L'auteur ajoute cette mention : « Ouvrage utile à tous ceux qui cherchent à se garantir de l'Incrédulité moderne, et surtout aux écclésiastiques chargés de conserver le précieux dépôt de la Foi ». Flexier de Réval est l'anagramme de François-Xavier de Feller.

3. *Ibid.*, p. VII.

seulement dans une intention parodique, car il répond, en profondeur, à un rêve pédagogique que partagent les Philosophes et leurs adversaires. Chacun aspire à établir sa doctrine pour qu'elle s'inscrive de manière indélébile dans les sillons du cerveau des prosélytes ; hantise d'un programme doctrinal, à tout jamais fixé dans une mémoire individuelle et collective. Si, en 1763, Voltaire publie le *Catéchisme de l'honnête homme*, la seule œuvre du patriarche à paraître intégralement sous cette forme, en revanche, plusieurs articles du *Dictionnaire philosophique* (1764) se présentent sous la forme catéchistique[1].

En fait, ce dispositif peut servir des desseins multiples : défense des parlementaires dans leur lutte contre le pouvoir monarchique, mais aussi manuels des régents ou des maîtres de pension qui tentent, dans les années antérieures à la Révolution, d'inculquer l'esprit « philosophique » à leurs élèves, en substituant au catholicisme traditionnel une religion plus ouverte et plus tolérante. On assiste ainsi à d'étonnants transferts et à toutes les formes de dévoiement idéologique. Durant l'an II, les catéchismes révolutionnaires, pourtant issus des Lumières, se réinstallent dans la forme religieuse « pour en détruire les fondements mêmes au nom de la philosophie naturelle », note Jean Hébrard[2].

Le plus significatif est peut-être l'usage parfaitement réversible des formes auxquelles ont recours les adversaires des deux bords. Nous assistons à d'étranges effets de reprise et de contamination réciproque. Si les apologistes qui visent à la vulgarisation adoptent, bon gré mal gré, le dictionnaire et la forme dialoguée, déjà travaillée par les Philosophes, Voltaire laïcise le catéchisme en lui conférant, à son tour, de nouveaux effets.

---

1. « Catéchisme chinois », « Catéchisme du curé », « Catéchisme du Japonais », « Catéchisme du jardinier ». Il arrive toutefois que les « catéchismes » voltairiens ne se disposent pas en demandes et réponses. Voltaire, comme toujours, exige une lecture à la fois complice et distanciée, qui doit deviner sous les figures du Chinois ou du Japonais, celle de l'« honnête homme ».

2. « Les catéchismes sans-culottes détournent les catéchismes des Lumières pour en inscrire les principes dans les formes immémoriales de la religion populaire, dans les gestes et les mots les plus ancrés du catholicisme, dans ses arts de mémoire » (Jean Hébrard, « La Révolution expliquée aux enfants : les catéchismes de l'an II », *L'Enfant, la famille et la Révolution française, op. cit.*, p. 185).

Roman et antiphilosophie

Les apologistes vont-ils aussi opter pour les genres littéraires à la mode ? Depuis le début du siècle, les dévots ont jeté l'anathème sur le roman. Indépendamment même de son contenu, il représente une source de corruption au moins aussi dangereuse que les écrits philosophiques. Le roman distillerait un « poison » ; il représenterait « un outrage aux bonnes mœurs », ses effets seraient dangereusement contagieux pour les jeunes lecteurs et les femmes, particulièrement friands de ce genre de lecture. On sait que les jésuites pourtant ouverts aux divertissements et tolérants pour les représentations théâtrales s'accordent, cette unique fois, avec leurs adversaires jansénistes pour condamner le genre romanesque avec sévérité. Alors qu'ils hésitaient encore dans les années 1730 et qu'ils admettaient les vertus pédagogiques de la fiction allégorique, comme *Les Aventures de Télémaque* de Fénelon, les pères jésuites se raidissent et font pression sur le pouvoir laïque jusqu'à obtenir finalement une quasi-interdiction des récits de fiction en 1737. Dans cette lutte menée contre les mauvais livres, le père Porée, qui occupait la chaire de rhétorique au Collège royal, avait préparé le terrain en prononçant, en latin, une harangue retentissante contre les romans[1]. Une telle levée de boucliers laisse perplexe. Faut-il, comme le soutient Françoise Weil, interpréter l'interdiction comme une mesure destinée à éviter les risques d'une critique sociale et politique ? Il est vrai que les *Mémoires de Trévoux*, l'organe des jésuites, accuse les romanciers de vouloir renverser les hiérarchies sur lesquelles se fonde l'ordre civil. Dans une optique très conservatrice, les romans favoriseraient une dangereuse émancipation des jeunes gens et des femmes. En lisant des romans qui abordent, sans précaution, sans ordre, tous les sujets, « les personnes du sexe » prennent l'habitude de parler politique, et en viennent même parfois, comble de l'audace, à aborder des questions religieuses, chasse gardée des théologiens. Le voyage en romancie ferait peser

---

1. *De Libris qui vulgo dicuntur romanenses oratio*. Cette diatribe est partiellement traduite et diffusée dans les journaux et constitue sans doute une pièce déterminante de la proscription qui survint l'année suivante. Voir Françoise Weil, *L'Interdiction du roman et la librairie, 1728-1750*, Paris, Aux amateurs de livres, 1986 ; Véronique Sala, *La Lecture romanesque au* XVIII*e siècle et ses dangers*, thèse inédite, université Stendhal de Grenoble-III, juin 1994, t. I, pp. 84-97.

une menace sur la famille et, par voie de conséquence, sur les institutions. Cette critique éculée n'est pas à rejeter, mais l'on peut douter qu'elle explique, à elle seule, une mesure d'interdiction aussi sévère et brutale. Il faut, semble-t-il, rechercher d'autres causes. Le roman appelle un mode de lecture qui suscite une des inquiétudes culturelles les plus fortes du siècle. Celle-ci dépasse très largement les positions antiphilosophiques et il n'est pas question d'aborder ici les multiples aspects de cet événement majeur que des travaux récents ont largement analysé[1].

Si l'on examine la critique dévote du roman, il faut, semble-t-il, la distinguer de celle qu'inspire traditionnellement le théâtre. L'art du spectacle semble comporter des effets plus facilement contrôlables, d'abord parce qu'ils sont publics et collectifs, ensuite parce qu'une longue tradition les a répertoriés, analysés et soumis à l'épreuve du réel. À l'inverse, le roman, en plein essor, aux formes relativement nouvelles, fait l'objet d'une lecture solitaire, pouvant s'exercer à chaque instant et n'importe où : dans l'intimité calfeutrée du boudoir ou dans la chaleur du lit, objet, l'on s'en doute de toutes les suspicions. C'est bien, en effet, une pratique et un mode de lecture envahissants qui inquiètent les dévots. L'imagination, cette faculté sanctionnée par Malebranche et toute la pensée du XVIIe siècle, trouve ici l'occasion de s'exercer souverainement, dans un état de demi-rêverie, durant lequel le sujet lisant s'abandonne à ses démons intérieurs[2]. La lecture des romans inaugure ce que les

1. La lecture des romans, au XVIIIe siècle, fait aussi l'objet d'une critique médicale, qui en un sens annexe, sans l'admettre ouvertement, plusieurs traits de la critique chrétienne. Il s'agit cette fois de décrire les dangereux effets de la lecture romanesque sur des sujets fragiles. Au lieu de dénoncer l'immoralisme des mauvaises lectures, on se livre à un inventaire des maladies que provoque chez certains sujets l'abus des romans. Il s'agit cette fois de décrire des symptômes pathologiques : vapeurs, perte de l'appétit (nous dirions anorexie), mélancolie et, dans les cas extrêmes, nymphomanie. Les auteurs les plus virulents dans leur dénonciation de la rage de lire des romans sont Tissot et Bienville. Voir Roger Chartier, *Lectures et lecteurs dans la France d'Ancien Régime*, Paris, Seuil, 1987 ; « Figures du lire. Du livre au lire », in *Pratiques de la lecture*, pp. 62-88 ; Robert Darnton, « Le lecteur rousseauiste et le lecteur "ordinaire" au XVIIIe siècle », in *Pratiques de la lecture, op. cit.*, pp. 125-156 ; Jean-Marie Goulemot, *Ces livres qu'on ne lit que d'une main. Lecture et lecteurs de livres pornographiques au XVIIIe siècle*, Paris, Minerve, 1994 ; « De la lecture comme production du sens », in *Pratiques de la lecture*, *op. cit.*, pp. 371-405 ; Cl. Labrosse, *Lire au XVIIIe siècle. La Nouvelle Héloïse et ses lecteurs*, *op. cit.*

2. La plupart des antiphilosophes qui écrivent des romans ne manquent pas d'insérer dans leur œuvre une critique du genre romanesque. Parmi de nombreux exemples, on peut

modernes appelleront une fantasmatique entretenue par ces expérimentateurs du sensible que sont les romanciers, car elle lève les interdits sociaux et moraux, en mêlant sur une même scène les désirs les plus secrets du sujet et ceux que l'auteur projette à travers des êtres de papier. Ce sont deux imaginaires qui entrent en contact, lors d'une étrange alchimie que la multitude des romanciers du siècle se feront fort d'activer à l'aide de toutes les techniques. Plus largement encore, la critique des romans s'inscrit dans une condamnation globale des mauvaises manières de lire. C'est toute une relation à l'imprimé, impliquant un mode de vie, une disposition psychologique, et plus généralement une nouvelle conception de la culture qui semblent modifier fondamentalement le rapport à la vérité. Or l'idée qu'une telle pratique puisse devenir un phénomène irréversible peut expliquer la sévérité de la diatribe du père Porée. Nous touchons là un aspect majeur de la critique dévote, même si la dénonciation des romans, nous l'avons dit, est loin d'être exclusivement chrétienne. Il faut ajouter les positions propres aux jésuites. Davantage tournés vers les découvertes scientifiques, ils s'intéresseraient peu aux techniques romanesques. Pourtant, comme cela était prévisible, ils ne sont pas entièrement rebelles au roman. Claude Labrosse a dénombré dans les *Mémoires de Trévoux*, quarante-deux articles consacrés au roman jusqu'en 1762 et cent vingt-deux après cette date[1], mais ces fictions sont soumises à condition. Il est préférable qu'elles offrent d'aimables allégories et que les auteurs sachent user, comme le grand Fénelon, d'une pédagogie habile, compatible avec les sentiments chrétiens.

---

citer ces propos de l'abbé Gérard : « D'abord ils [les romans] amollissent notre âme, et ils l'énervent ; ils lui ôtent cette rigidité de principes et ce caractère de vigueur et de fermeté, qui accompagnent et qui soutiennent la vertu, ensuite ils inspirent, à un jeune cœur, une sensibilité vague et incertaine ; ils lui font éprouver des besoins factices, et que sûrement il n'avoit pas ; ils le font soupirer sans qu'il sache bien pourquoi ; ce cœur attendri de plus en plus languit, et n'aime point encore ; mais il cherche à aimer, et n'attend qu'un objet pour se fixer. Une douce et séduisante rêverie l'attache à des objets imaginaires, dans l'absence d'un objet réel ; l'objet s'annonce, et, sans plus de choix, le cœur se détermine. Enchanté de ce qu'il éprouve, déjà prévenu par les images qu'on lui a tracées de l'amour, il se reproche tout le temps qu'il a passé sans le connoitre. L'imagination s'échauffe ; toutes les passions s'allument ; les sens mêmes acquièrent une activité dangereuse et précoce ; et l'on devient coupable, après la lecture de ces livres où l'amour est peint sous les traits de la vertu » (*Le Comte de Valmont ou les Égarements de la Raison*, Paris, 1787, t. I, pp. 408-409).

1. R. Favre, C. Labrosse, P. Rétat, « Bilan et perspectives de recherche sur les *Mémoires de Trévoux* », *Dix-huitième siècle*, n° 8, 1976.

Quant aux *Nouvelles ecclésiastiques*, le périodique janséniste, on devine qu'il n'évoque même pas un type d'écrit qui place d'emblée le lecteur dans un état d'impureté, en l'invitant à pécher par intention ! Discourir sur le genre romanesque serait déjà faire naître de coupables pensées, en sollicitant la nature corrompue de l'homme. Le roman ne plonge-t-il pas insidieusement dans les tréfonds du moi intime pour fixer en lui des images indélébiles ?

L'évêque Massillon distingue deux types de romans : « les livres frivoles » et les « livres lascifs ». Sans attaquer directement la religion, les premiers écrits dissipent l'esprit, affaiblissent le travail de la grâce et incitent le lecteur à négliger la dévotion. « Les livres lascifs », quant à eux, corrompent le cœur et mènent à l'incrédulité : « Que devient l'homme alors, ô mon Dieu. Livré à toute la fureur de ses penchants, à tous les désordres de son imagination, il souille cette âme créée à son image [...] ; il plonge dans la boue ce flambeau divin que vous lui avez donné pour l'éclairer[1]. » Les ouvrages de la seconde catégorie, nous les appellerions de nos jours des romans érotiques ou pornographiques, corrompent le cœur et conduisent l'homme à l'incrédulité. Il faut nous arrêter sur cette répartition. Elle définit fortement un imaginaire des effets de lecture dont Jean-Marie Goulemot a signalé l'importance[2]. Bien loin de constituer une production marginale, la littérature érotique trouve de nombreux lecteurs au XVIIIe siècle. Achetée sous le manteau, elle exacerbe cette pratique du secret à laquelle invite, peu ou prou, la lecture romanesque. Lue ensuite à la dérobée, elle échappe au contrôle de la famille, de la société et *a fortiori* de l'Église. Les premiers ouvrages mènent insensiblement le chrétien loin des devoirs de son état, tandis que les seconds représentent pour les apologistes le comble du mal, la perversion suprême à laquelle peut aboutir le pouvoir du verbe et finalement un usage hautement condamnable de l'imprimé. Comprenons bien la position de Massillon et celle des théoriciens chrétiens. Les livres érotiques portent à leur comble un mode de lecture qui enflamme l'imagination, déréalise le rapport au monde et oriente le sujet vers

1. J.-B. Massillon, évêque de Clermont, *Discours inédit sur le danger des mauvaises lectures, suivi de plusieurs pieces intéressantes*, in *Œuvres*, nouvelle édition, Paris, Beaucé, 1817, t. IV, cité par V. Sala, *La lecture romanesque au XVIIIe siècle, op. cit.*, t. 1, p. 43.

2. J.-M. Goulemot, *Ces livres qu'on ne lit que d'une main…*, *op. cit.*

un unique objet de désir. Autrement dit, ces écrits provoquent un transfert psychique : l'énergie désirante, marquée par le déchaînement des pulsions, annihile la volonté et fait concurrence à l'ardeur religieuse. La critique dévote ajoute deux autres griefs. Leur frivolité, d'abord, est un gaspillage de temps ; au lieu de se consacrer à une activité aussi futile, le chrétien ferait mieux de pratiquer la charité. Mais surtout, le temps de lecture est un temps volé à l'Éternité ; en s'adonnant a une activité qui appelle l'excès, le chrétien ne songe plus au salut.

La critique dévote a fort bien perçu les indices d'un tournant culturel. Terme ultime d'une désacralisation du livre, montée parallèle d'une religiosité de la lecture et ouverture sur un hédonisme exacerbé, la littérature romanesque, toutes tendances confondues, prépare la voie à l'accueil du « philosophisme », car le lecteur oisif, libéré des exigences d'une pratique ordonnée et contrôlée, est tout disposé à succomber à ce nouveau pouvoir du verbe qu'exploiteraient sans vergogne les manipulateurs indignes que sont les nouveaux philosophes, pour détruire les vertus civiles et morales[1].

En 1761, *La Nouvelle Héloïse* de Rousseau surgit comme une bombe qui exacerbe les tensions et provoque le désarroi de la critique dévote. L'auteur, très habilement, lance une préface dialoguée, avant la publication du roman, pour peser sur la lecture de son œuvre et récuser par avance le reproche d'immoralité qu'on ne manquera pas de lui faire. Cet écrit complexe, rempli de chausse-trapes et de savantes ambiguïtés, constitue un manifeste et un traité en bonne et due forme d'esthétique romanesque, bien que Rousseau s'en défende en récusant, parfois, le nom même de

1. « ... si le Bel-Esprit se fut contenté de fomenter l'ignorance en amusant l'oisiveté, quoique ce soit toujours un grand mal, c'eût été, du moins le seul reproche qu'on eût pu lui faire ; mais déjà corrompu lui-même, il voulut corrompre l'innocence et pervertir les mœurs. Il s'associa donc la fausse philosophie, qui leva sa tête altière, et ne rougit point d'insulter à la pudeur, dans les productions ténébreuses du libertinage le plus honteux et le plus infâme. Elle ne s'étoit montrée jusqu'alors qu'avec circonspection, non qu'elle soit timide, mais elle vouloit arriver plus sûrement à son but. Après avoir souillé le cœur, en y allumant les passions, elle crut qu'elle pouvoit hazarder de détruire les fondemens de toutes les vertus civiles et morales, en attaquant ce qu'il y a de plus sacré. Elle s'empressa néanmoins un peu trop de paroitre. Quoique les principes de la morale fussent à-peu-près tous perdus, on ne les avoit pas encore oubliés au point de n'être pas indigné de sa témérité. Ses premiers attentats furent réprimés » (Rigoley de Juvigny, *De la décadence des lettres et des mœurs*, 2e éd., 1787, pp 383-385). « Les premiers attentats » désignent les *Lettres philosophiques* de Voltaire, qui eut à encourir pour cet ouvrage les foudres de la censure.

roman. Sur plusieurs points, le préfacier s'accorde parfaitement avec la critique antiphilosophique. N'entend-il pas se démarquer des « philosophes » et des « beaux esprits » qui rétrécissent le cœur ? Dans la pure tradition apologétique, il proclame le dégoût que lui inspire « le torrent des maximes empoisonnées » et son désir d'y mettre fin[1]. Il souscrit également, non sans paradoxe, à l'idée que les romans détiennent un pouvoir corrupteur. Tout en prétendant que *La Nouvelle Héloïse* peut être utile aux femmes, « qui dans une vie déréglée ont conservé quelque amour pour l'honnêteté[2] », il en interdit néanmoins la lecture aux jeunes filles, plus fragiles et plus vulnérables. La phrase est célèbre : « Jamais fille chaste n'a lu de Romans ; et j'ai mis à celui-ci un titre assez décidé pour qu'en l'ouvrant on sut à quoi s'en tenir. Celle qui, malgré ce titre, en osera lire une seule page est une fille perdue : mais qu'elle n'impute point sa perte à ce livre : le mal étoit fait d'avance. Puisqu'elle a commencé, qu'elle achève de lire : elle n'a plus rien à risquer[3]. » Surenchère ou provocation, la déclaration déclenche évidemment discussions et polémiques. Mais l'originalité de ce discours préfaciel se situe ailleurs. Rousseau entend refuser cette fantasmatique de la lecture qui assure le succès des petits romanciers de son temps. En dépeignant des personnages qui se situent au plus près de l'environnement et des préoccupations des lecteurs auxquels il souhaite s'adresser, le préfacier prétend supprimer la distance qui sépare le monde fictionnel de celui du lecteur. En somme, l'effet de lecture se mesure à la qualité d'une réception, aux dispositions d'un cœur sincère, prêt à entrer en sympathie avec des héros radicalement différents des personnages qui peuplent les fictions à la mode. L'émotion ressentie durant la lecture garantit l'authenticité de l'œuvre et atteste, en même temps, qu'on fait partie des heureux élus accédant, avec la même ferveur, à la véracité du texte. Quant aux lecteurs indignes, les Philosophes qui se grisent d'abstraction ou les beaux esprits aimant les récits futiles, l'ouvrage leur tombera vite des mains, révélant ainsi, *a contrario*, les preuves de son excellence.

---

1. Rousseau, *La Nouvelle Héloïse*, in *Œuvres complètes*, *op. cit.*, 1964, t. II, Seconde préface, p. 20.

2. *Ibid.*, p. 6.

3. *Ibid.*, p. 6.

Le résultat passa les espérances de l'auteur. Phénomène capital dans l'histoire de la lecture, *La Nouvelle Héloïse* fixe les tendances latentes que le roman sentimental avait mis en œuvre. De nouvelles catégories de lecteurs moins cultivés découvrent les plaisirs romanesques, en croyant à la réalité des personnages[1]. Mais surtout certains s'abandonnent à la jouissance d'une lecture intense, fondée sur de violents affects : nombreux sont ceux qui font état de leurs larmes, de leurs soupirs, de leur souffle haletant, comme si le plaisir de la lecture, parfois douloureux dans son acuité, l'emportait même sur le contenu du message, comme si la découverte d'une nouvelle jouissance appelait un aveu irrépressible. Des phénomènes d'identification se produisent : les personnages deviennent des idoles qu'on souhaite imiter et qu'on voudrait doués d'une existence réelle. Mais surtout, l'appel de Rousseau au lecteur est entendu. L'écriture épistolaire est perçue comme une confidence qui appelle la confidence et par conséquent l'écriture. Des lecteurs se mettent à écrire à l'auteur, dont la voix semble, sur le mode magique, habiter la texture même de l'œuvre : surprenant phénomène qui transforme le lecteur en épistolier et en auteur virtuel, éprouvant au plus profond de son moi, la révélation d'une coïncidence[2]. Il convient donc d'interpréter les réactions des lecteurs comme un phénomène sociologique de grande ampleur. Pour la première fois, des voix se font entendre, en se situant hors des circuits traditionnels de la critique littéraire et des belles-lettres.

Une telle situation divise les apologistes. Pour beaucoup, l'on s'en doute, de telles réactions émotionnelles confirment l'idée d'une religiosité de la lecture, inquiétante et d'autant plus inacceptable que le romancier profite de ce nouveau pouvoir pour imposer les idées les plus hétérodoxes : l'attitude de Julie, la belle prêcheuse, confine parfois au quiétisme. Sa tolérance à l'égard des incartades de son ancien amant peut indisposer des esprits rigoristes, sans compter une conception très personnelle des dogmes et des pratiques religieuses. Quant à l'intrigue sentimentale, elle répond exactement à ce que la critique dévote n'a cessé de dénoncer avec

1. Daniel Roche, « Les primitifs du rousseauisme », *Annales E.S.C.,* janv.-fév. 1971, pp. 151-172.

2. J.-M. Goulemot et D. Masseau, « Naissance des lettres adressées à l'écrivain », *Textuel,* Écrire à l'écrivain, n° 27, février 1994, pp. 1-12.

la plus grande fermeté : une jeune fille de la bonne société se laisse séduire par un précepteur de condition plus modeste et s'oppose aux ordres paternels. L'expiation qui s'ensuit et la tentative exemplaire de sublimation ne suffisent pas pour effacer le plaisir offert par les scènes du début. On pourrait même ajouter que l'architecture de l'œuvre, menant progressivement le lecteur vers les sommets de la spiritualité, apparaît comme une orchestration savante destinée à élargir encore la palette des élans affectifs de la lecture. Cela explique pourquoi plusieurs antiphilosophes se montrent sans complaisance pour le monument romanesque du siècle : « Roman écrit avec une plume de feu, où la séduction la plus criminelle est exposée sans remords et sans voile, où la pudeur est sans cesse en péril et toujours offensée, où l'expression brûlante de la passion enflamme les désirs, embrase l'imagination, où l'innocence se livre au séducteur sans s'en douter, et où le cynique effronté ne rougit pas d'avouer son crime, et de tracer la voie qui l'a conduit à le consommer. Il n'est pas de Roman plus dangereux pour les mœurs. Les femmes l'ont pourtant dévoré, malgré les digressions froides et inutiles, et les paradoxes révoltants dont il est plein. Mais elles ont su gré à l'Auteur des sensations qu'il leur a fait éprouver : elles lui ont pardonné tout le mal qu'il disoit d'elles, parce qu'il leur a persuadé que son cœur démentait et sa bouche et sa plume[1]. »

Toutefois la situation est plus contrastée qu'il n'y paraît, car d'autres adversaires des Philosophes se gardent de jeter l'anathème contre la puissance émotionnelle de l'œuvre. L'abbé Chaudon porte même au crédit de Rousseau d'avoir su mêler « le sentiment et la raison » et, à la différence des encyclopédistes qui tournent en dérision le grand œuvre, rend hommage à « l'éloquence de Julie ». De même, Palissot dénonce ceux qui ne seraient pas émus « par les beautés de détail[2] ». En fait la critique antiphilosophique adopte

1. Rigoley de Juvigny, *De la décadence des lettres et des mœurs*, *op. cit.*, pp. 422-423.

2. « Julie ou la Nouvelle Héloïse de M. J.-J. Rousseau est un roman épistolaire, plein d'esprit et de feu, d'éloquence d'âme, de sentiment et de raison ; mais la fiction, l'exposition, le nœud, le dénouement ne sont pas à l'abri d'une juste censure. L'Héroïne Julie mélange étonnant d'agrémens et de solidité pense comme un homme et elle en a un peu le style. M. Rousseau, en lui donnant le sien, ne l'a pas pliée à cette urbanité à cette négligence heureuse, à cette facilité singulière qui distingue la main des femmes… En un mot, on s'est épuisé en critiques ; mais on ne saurait trop aussi donner des éloges au génie qui perce même

souvent une position ambivalente. Soucieuse de montrer qu'elle respecte les critères académiques, elle n'hésite pas à dénoncer les fautes de goût et les maladresses techniques du romancier, comme si elle souhaitait se démarquer de la foule des lecteurs incompétents et qu'elle ne voulait pas non plus abandonner ce terrain de la critique aux Philosophes. En revanche, la puissance émotionnelle du roman commence à être exploitée contre ces « intellectuels » insincères, desséchés par l'abstraction, et incapables de percevoir les accents authentiques d'un cœur qui s'épanche en inventant un nouveau discours. Ce dont témoigne l'*Année littéraire* de 1781 : « Quoi, pourrait-on répondre à des ennemis si lâches et si furieux ? Quoi, vous me dîtes que tous ces écrits qui me touchent, m'échauffent et m'attendrissent, me donnent la volonté sincère d'être meilleur, sont uniquement des productions d'une tête exhaltée *(sic)*, conduite par un cœur hypocrite et faible[1] ? » La Harpe a bien perçu ce revirement fondamental de la critique dévote, consommé en 1778, à la mort de Jean-Jacques : « Les Prêtres qui avaient cru voir leur ennemi dans Rousseau s'étoient bien trompés, et ils s'en sont apperçus depuis. Les imaginations sensibles sont naturellement religieuses et Rousseau l'a prouvé plus que personne[2]. »

À mesure que la littérature d'inspiration sentimentale envahit le champ littéraire et adopte des formes paroxystiques, celle-ci

---

dans les moins bonnes lettres de ce Roman unique en son genre », abbé Chaudon, *Bibliothèque d'un homme de goût*, éd. de 1777, t. IV, article « Rousseau », pp. 80-81. Palissot critique aussi la technique romanesque de Rousseau, puis ajoute : « mais malheur à celui que les beautés de détail dont abonde ce charmant Ouvrage, ne transportent et n'affectent pas délicieusement » (*Mémoires littéraires*, éd. de 1787, t. IV, p. 331). Pour Palissot cette œuvre singulière envoûte le lecteur par ce qu'elle s'oppose radicalement à la froide galanterie de la plupart de nos romans ; « quel intervalle immense entre le feu du sentiment et les glaces du bel-esprit ! » (voir *ibid.*, t. IV, p. 331).

1. *Année littéraire*, 1780, t. VII, p. 8.

2. Rousseau, *Correspondance générale*, éd. Leigh, t. XLII, lettre 7314, p. 30. Mettra s'insurge contre La Harpe qui a osé critiqué *La Nouvelle Héloïse* dans le *Mercure de France* : « Vous avez vu, Monsieur, dans le mercure le jugement porté sur cet homme extraordinaire par le *Fameux critique*, qui s'efforce de mesurer tous les grands hommes à son aune. Quand on compare ses arrêts, ses décisions tranchantes et erronées à ses petits ouvrages secs et froids, on est tenté de le comparer au Sultan qui pour jouir en paix, s'efforce de n'être environné que d'eunuques ou à ces petits souverains de l'Inde qui après avoir fait un très-mauvais diner, assis par terre et exposés aux injures de l'air, font publier leur permission aux autres Rois de l'univers qui ne soupçonnent pas même leur existence, de prendre leur repas » (Mettra, *Correspondance secrète…, op. cit.*, novembre 1778, t. VII, pp. 115-116).

devient un fait incontournable que la critique dévote ne peut pas ignorer. Plusieurs songent même à récupérer les effets de ce type de récit pour les mettre au service d'un projet édifiant, hostile aux Philosophes. Ici encore tout malaise n'a pas disparu, car les débordements frénétiques d'un Baculard d'Arnaud se situent aux antipodes des belles-lettres traditionnelles que revendique justement la critique antiphilosophique[1]. Entendons-nous : les nouveaux romanciers sentimentaux n'ont pour seul dessein que celui de faire pleurer à volonté leurs lecteurs, et leurs intentions moralisantes sont souvent de pure façade, mais les antiphilosophes finissent par percevoir dans ces habiles stratèges en émotions, des alliés objectifs qui pourraient bien servir leur cause. Sabatier de Castres, un des champions de l'antiphilosophie des dernières années de l'Ancien Régime, en vient même à culpabiliser les lecteurs insensibles aux bienfaisants symptômes du romanesque sentimental : « Malheur aux Français modernes que ces sortes de peinture ne toucheraient pas et qui préféreraient l'art froid de raisonner à cette noble sensibilité seule capable de donner des héros et des sages[2]. » De telles lectures peuvent ainsi réveiller les énergies endormies par l'oisiveté et les mœurs dissolues des villes ; mais la même critique condamnera, bien sûr, les excès du sentimentalisme frénétique et ceux du romanesque noir. Les déserts, les sombres forêts, les souterrains humides dans lesquels errent des êtres minés par une insidieuse mélancolie ou animés de cruels desseins ne peuvent que provoquer de violentes commotions chez des lecteurs trop ébranlés pour en

1. Le journaliste de l'*Année littéraire* critique plaisamment les faiblesses de Baculard d'Arnaud, le grand programmateur des effusions sensibles : « Je n'aime pas les points multipliés qui coupent les phrases et leur donnent un air de niaiserie », mais cette réserve faite, le critique unit sa voix au concert d'éloges, comme s'il existait une situation d'accueil qu'il serait malséant de récuser : « Il y a plus de quarante ans que M. d'Arnaud est connu dans la littérature. Il suffit d'annoncer un ouvrage de cet écrivain pour compter d'avance sur l'empressement des lecteurs à l'accueillir. Tout ce qu'il a fait, quoique revêtu généralement des mêmes couleurs, attache, intéresse, pique la curiosité » (*op. cit.*, p. 337).

2. Sabatier de Castres, *Trois siècles de la littérature française*, éd. de 1781, t. I, p. 164. Même type d'éloge chez l'abbé Chaudon : « Il prêche l'humanité sans morgue philosophique et la vertu sans pédantisme collégial : il prête à la Religion ce charme de tendresse que les Fénelon et les Massillon seuls avaient su lui donner. C'est par cet Art que, dans ses ouvrages, le précepte coule doucement dans les cœurs et s'y imprime par des exemples. Que les exemples soient véritables ou supposés, qu'importe s'ils produisent le même effet ? Tout dépend de l'âme qui écrit » (Chaudon, *Nouvelle Bibliothèque d'un homme de goût*, 1777, t. I, p. 103).

tirer un profit moral. En revanche, la présence d'un capital d'effusions distillées avec art et la gestion habile de douces émotions ne peuvent avoir qu'un effet positif sur le lecteur[1].

Dès lors, plusieurs antiphilosophes se lancent, à leur tour, dans l'aventure romanesque. L'abbé Gérard publie en 1774 *Le Comte de Valmont ou les Égarements de la raison*[2]. Ce roman, illisible pour un lecteur actuel, connaît un succès considérable : treize éditions, constamment augmentées d'éclaircissements sur le christianisme et les erreurs de la philosophie, s'échelonnent jusqu'en 1823 ! La Révolution n'interrompt même pas ce flot, puisqu'une nouvelle édition paraît en 1792 ! La presse dévote crie son enthousiasme et présente l'ouvrage comme une entreprise de salubrité publique : « Il est au-dessus des éloges comme des expressions ; parce que le langage de l'âme ne se parle, ni ne s'écrit » ; « Puisse ce livre utile remplacer, entre les mains de la Jeunesse, cette foule de Romans licencieux, que le libertinage enfante, et dont la vogue et le succès ne sont fondés que sur le mérite affreux qu'ils ont de corrompre et de séduire[3]. » Influencé par un dangereux corrupteur, le jeune Valmont s'interroge sur les dogmes de la religion chrétienne. Hanté par le problème du mal, il confie ses doutes à son père qui l'abreuve de ses conseils dans des lettres interminables. La relation épistolaire permet en effet de multiplier les controverses et de passer en revue tous les grands thèmes de la philosophie moderne : la providence, l'origine du monde, les dogmes chrétiens, le plaisir de faire le bien. Quant à sa jeune épouse, elle fait part à son beau-père, figure tutélaire et ange gardien de toute la famille, de ses peines de cœur, car Valmont s'est évidemment épris d'une autre femme. Mais l'on devine que tout rentrera dans l'ordre : les bons sentiments sont contagieux et la rivale, bien loin de succomber aux avances du mari, devient la meilleure amie de la comtesse de Valmont ! Le

1. « Il n'y a que les fictions morales qui puissent donner à l'âme un intérêt continu, lui communiquer une chaleur douce et soutenue qui émeuve sans convulsion et attendrisse sans affaiblir » (Romance de Mesmon, *De la lecture des romans*, 1776, p. 110). Voir aussi Mistelet, *De la sensibilité par rapport aux Drames, aux Romans et à l'Éducation*, 1777.

2. Le titre complet est : *Le Comte de Valmont ou les Égarements de la raison. Lettres recueillies et publiées par M.*, Paris, Moutard, 1774, 3 tomes in-12. En 1775, 1776 et 1777 les éditions revues et augmentées sont en trois volumes. À partir de 1778, l'ouvrage comporte 5 tomes, tandis que circule une contrefaçon. À partir de l'an IX, un sixième tome vient s'ajouter aux précédents, et l'édition de 1807 est en in-8°.

3. Abbé Gérard, *Le Comte de Valmont*…, *op. cit.*, p. XIX.

corrupteur se soumet, lui aussi, à la puissance invincible de la vertu : les épreuves mûrissent les personnages, le sentiment autant que la raison, constamment sollicités par les leçons paternelles, mènent les héros sur le chemin glorieux de la vérité et du bonheur ! Ce très fade roman a manifestement trouvé sa cible, comme ceux de l'autre bord trouvaient la leur, car ce qu'il importe de souligner est l'exacte symétrie des procédures romanesques, de la mise en scène de la lecture et la présence d'une fantasmatique commune. Comme les autres romanciers, l'abbé Gérard use de la forme épistolaire pour multiplier les secrets et les confidences : nous retrouvons le même nombre de lettres disparues et dérobées ; le même lot de secrets ou de confidences distillées et comme murmurées à l'oreille du lecteur qui a le sentiment de participer pleinement aux tourments d'une famille. Exhortations, sermons, discussions pointilleuses aux multiples renvois, et montage de citations sont destinés à clouer au pilori l'adversaire doctrinal, mais l'on trouve aussi des contes édifiants, et des récits de bienfaisance conformes à ceux qui envahissent la presse de l'époque, pour montrer que la religion chrétienne est l'unique clef du bonheur en ce monde et du salut dans l'autre.

L'ancien jésuite Augustin Barruel choisit une autre veine. Hanté par le souvenir de Pascal, il n'ose refaire *Les Provinciales*, mais entend tout de même user des armes de l'ironie pour récuser les partisans de l'impiété moderne. Il intitule son roman *Les Helviennes* (1781) par analogie avec les célèbres lettres de Pascal, dont il envie, avec nostalgie, l'efficacité. Une baronne qui se morfond dans le fin fond de son Vivarais natal, autrefois occupé par les Helviens, supplie un chevalier de ses amis de lui faire parvenir des nouvelles de la capitale. Là-bas, beaux esprits et Philosophes règnent en maîtres ; les salons à la mode bruissent de leurs saillies. Ce n'est qu'un feu d'artifice d'idées, une émission continuelle de théories brillantes sur le monde et la société, qu'ignorent les provinciaux enfermés dans leurs antiques préjugés ! À la suite d'un incident fâcheux, la jeune femme ne dispose plus de ses livres favoris. Le garçon relieur auquel elle avait confié deux ouvrages de d'Holbach s'est mis à feuilleter les livres qu'il devait relier. Or voici que s'avisant d'appliquer les leçons de l'auteur, il a entrepris de séduire la fille de son maître. Les autorités interviennent alors et confisquent presque toute la bibliothèque de la baronne. Il ne lui reste plus que quelques ouvrages de piété ! Le correspondant parisien consent alors à remplir les rayons cruellement dégarnis et abreuve les champs helviens d'ouvrages philosophiques. Les résultats ne se font pas attendre. Le jeune avocat d'Horson s'étant avisé d'imiter dans sa plaidoirie le style de Diderot, les magistrats le condamnent à se taire jusqu'à ce qu'il ait retrouvé l'usage du français et de ses facultés. Tout aussi facétieuse est la mésaventure du neveu de la baronne, qui constitue la version opposée de l'épisode voltairien de la maladie du Jésuite Berthier : « Je le trouve chez lui tremblant et grelottant de froid, comme un homme qui a un commencement de fièvre quarte : notre Esculape arrive, et prétend que ce froid n'est pas du tout naturel. Il médite la cause ; enfin il aperçoit sur la cheminée un volume de M. d'Alembert... Eh ! c'est ce livre qui vous glace le sang, dit-il à son malade. En prononçant ces mots, il jette le livre au feu, et mon neveu se trouve soulagé[1]. » *Les Helviennes* passent en revue les armées complètes de la philosophie, égratignant ses plus dignes représentants, et se gaussant de tous les systèmes. Les théories de Buffon sont prétexte à conversations fantaisistes, entre le chevalier et la baronne, sur l'origine solaire des planètes et les sept époques de la nature selon l'auteur de l'*Histoire naturelle* (lettres IV à XV). La baronne déborde d'enthousiasme, elle s'enflamme en évoquant la lune, telle « une balle de mousquet » auprès de la terre dont elle est issue par feu d'artifice. Un provincial qui représente l'homme de bon sens, face aux élucubrations des prétendues élites parisiennes, s'écrie : « Tout physicien qui pense trouver dans sa science de quoi former l'astre le plus petit s'abuse lui-même et s'expose à tromper ceux qu'il veut instruire. Newton ne s'amusa pas à créer des mondes, il connut les limites des sciences humaines : il se tut où Dieu seul peut parler[2]. » Il s'en tiendra, quant à lui, au récit de la Genèse, avant que les prétendus philosophes découvrent quelque événement important remontant à plus de 8 000 ans. Les divers partisans des théories transformistes sont également tournés en ridicule, à cause de leurs divisions : Benoît de Maillet, diplomate et voyageur, partisan de l'origine marine des êtres vivants, est accusé de s'adresser « à la toilette d'une jeune demoiselle », tandis que Diderot, d'Holbach encore et La

1. Cité par Riquet, *Augustin de Barruel*, Paris, Beauchesne, 1989, p. 28.
2. *Ibid.*, p. 29.

Mettrie sont moqués, à leur tour, pour leurs extravagances. Quant à Voltaire, que Barruel a gardé pour la fin, il le présente assez joliment comme un caméléon, habité par une instabilité foncière et quasi maladive : « Théiste à son réveil, sceptique à déjeuner, athée ou spinoziste à dîner, substituant à souper le Dieu du soir au Dieu du matin, à minuit vous montrant plusieurs Dieux à la fois ; n'est-il pas à lui seul plus fécond, plus varié que tous les philosophes pour, les philosophes contre, et les philosophes tantôt pour, tantôt contre et tantôt entre les deux[1] ? » Finalement les Philosophes malades sont hospitalisés au Petit-Berne, et placés dans une loge étiquetée d'après le système qu'ils professent. Surgit alors tout un bestiaire désignant l'animal qui représenterait selon eux l'ancêtre de l'espèce humaine. Après avoir eu, elle aussi, à subir les maladies diverses causées par ses lectures, la baronne finir par renoncer solennellement aux ouvrages philosophiques.

On reprochera peut-être à Barruel des sarcasmes contre des théories qui ont le mérite d'ouvrir des perspectives exaltantes sur les sciences de la vie et de se situer, en dépit de leurs inévitables erreurs, dans le droit chemin des conquêtes scientifiques. Plus intéressant, nous semble-t-il, est de constater la présence d'une mise en scène de l'ironie philosophique retournée contre ses inventeurs. Dans ses contes et ses satires, Voltaire aime à se moquer de l'esprit lent des provinciaux, de leur balourdise, de leur attachement à des traditions désuètes. Ses adversaires passent pour des esprits grossiers, d'origine obscure, dépourvus de cette aisance sociale qui confère aux élites un esprit délié, ouvert aux modes, prêt à expérimenter des théories nouvelles, parce que le risque intellectuel est condition du progrès et de l'aventure humaine. Plus encore, Voltaire dans ses libelles les plus violents n'hésite pas à discréditer l'adversaire, les Chaumeix, les Nonnotte, les Paulian, en recourant au mépris social et parfois à l'injure, flétrissant l'homme plutôt que l'œuvre[2]. Or, dans *Les Helviennes*, le provincial devient l'homme de bon sens,

1. *Les Helviennes, op. cit.*, t. I, lettre 34.

2. « Il faut gagner les hommes à la philosophie, voltiger et ne pas les contraindre à des réflexions trop suivies. Il faut les divertir, les délasser, les faire rire même aux dépens de ce qu'ils appellent leurs plus graves intérêts. Un bon mot, une raillerie fine, un ton enjoué, un sarcasme bien assaisonné, voilà votre faveur, couvrez de ridicule Nonnotte, Sabatier, Fréron et Patouillet, vous aurez tout fait pour la philosophie » (Riquet, *Augustin de Barruel, op. cit.*, pp. 26-27).

tandis que les affections vaporeuses sont provoquées par la lecture des *Incas* de Marmontel ou des écrits de d'Alembert, réellement pesants, avouons-le ! Sans posséder, de toute évidence, la verve d'un Voltaire, Barruel n'est pourtant pas sans talent. Il sait pratiquer l'art du double langage. Le chevalier vante sincèrement les mérites de la philosophie, qu'il finit par déconsidérer par un excès d'enthousiasme, comme les défenseurs de la religion discréditent ce qu'ils encensent dans les récits voltairiens. Cette réciprocité ne manque pas d'humour, mais elle peut s'interpréter aussi d'une autre façon. Ne prouve-t-elle pas paradoxalement la victoire de l'esprit voltairien ? *Les Helviennes* sont publiées en 1784. Vingt ans auparavant, un ouvrage de ce type n'aurait pu voir le jour dans le camp antiphilosophique. Le recours au sarcasme, la multiplication des anecdotes plaisantes au sein d'un roman qui aborde, certes pour les réfuter, les grandes théories de la philosophie moderne marquent incontestablement une concession de taille au goût du jour.

Le théâtre antiphilosophique

Si les romans hostiles aux Philosophes sont relativement rares et tardifs, il n'en va pas de même des comédies satiriques. Le prestige du théâtre, la popularité de certains comédiens, et le recours à un spectacle visuel favorisent davantage une polémique à rebondissement dont cherchent à profiter des polygraphes pour se faire un nom dans le monde littéraire. Une dizaine de pièces s'inscrivent presque toutes dans le sillage de Molière, qu'on pille, qu'on imite servilement ou qu'on transpose en multipliant les allusions à l'actualité. *Les Femmes savantes* demeurent la pièce de prédilection, mais l'on trouve aussi *Tartuffe* et *La Critique de l'École des femmes*. La plus grande partie de cette production tente de profiter du succès remporté par *Les Philosophes* de Palissot (1760), en reprenant les thèmes, les situations et les titres mêmes de ses œuvres, sans grand souci d'innovation. C'est Poinsinet qui fait jouer *Le Petit Philosophe* au Théâtre italien en juillet 1760, avant de s'assurer un succès triomphal à la Comédie-Française, avec *Le Cercle, ou la soirée à la mode* (1764)[1]. Ce médiocre dramaturge, à l'affût de tous

---

1. Outre *Le Cercle ou les Originaux* et *Les Philosophes*, Palissot a écrit d'autres comédies contre les Philosophes : signalons *L'Homme dangereux* (*Œuvres*, nouvelle édition, 1777,

les scandales, cultive l'ambivalence, comme plusieurs de ses confrères : si elles reprennent les slogans de l'antiphilosophie, ses pièces parodient en même temps celles de Palissot et ménagent parfois Voltaire, comme si Poinsinet entendait ne pas se fermer définitivement la porte du camp adverse et rendre ainsi possibles d'éventuels revirements ! Les auteurs de ces pièces ne doivent donc pas, de toute évidence, être confondus avec les apologistes purs et durs. Leurs conduites nous éclairent sur les pratiques de la République des lettres, durant ces moments clefs où une partie de l'opinion accueille d'un regard amusé toute satire dirigée contre les « vedettes » du jour. Après avoir déploré l'existence de portraits trop ressemblants dans *Les Philosophes*, Poinsinet s'écrie dans la préface du *Petit Philosophe* : « Rien de plus louable cependant que le but moral de cette Comédie. Elle tend à éclairer les hommes sur de dangereux principes, à combattre de bizarres systèmes, à dissiper le prestige de la fausse philosophie[1]. » La scène se situe dans un village près de Paris. Un bailli, M. Simoneau (qui occupe la position d'Orgon dans *Tartuffe* de Molière), est subjugué par les Philosophes, beaux esprits parisiens qui le dupent et lui font oublier les plus élémentaires devoirs. Un souper est donné pour célébrer le retour d'un fils ingrat, si entiché de philosophie qu'il n'a pas écrit une seule fois à sa mère durant les dix années qu'il a passées à Paris. Poinsinet reprend des tirades entières de *Tartuffe,* en s'amusant à changer les situations et en multipliant les allusions à des personnages qui défrayent l'actualité[2].

---

t. II). Plusieurs de ces pièces font l'objet de parodies : *Les Originaux ou les fourbes punis*, Nancy, 1760, et *Les Philosophes manqués*, 1760, qui ont été attribuées à Cailleau. Poinsinet, quant à lui, avait donné au théâtre de la foire une parodie de *L'Écossaise* de Voltaire, qu'il avait intitulée *L'Écosseuse* (1760). Rappelons que *Le Café ou l'Écossaise*, sorti quelques jours avant la première des *Philosophes* de Palissot (2 mai 1760), s'en prenait à Fréron, mais pouvait être aussi interprété comme une riposte dirigée contre l'ensemble du mouvement antiphilosophique.

1. Poinsinet, *Le Petit Philosophe*, 1760, préface, pp. IV-V. Cette comédie en un acte écrite en vers libres est représentée pour la première fois le 14 juillet 1760 par les Comédiens italiens ordinaires du roi.

2. M. Simonneau révèle son admiration pour les encyclopédistes, en usant des termes mêmes que Tartuffe inspire à Orgon : « Des gens que tout Paris applaudit et révère, / Que l'on voit toujours chez les Grands / Ils font un livre... mais... un livre... enfin suffit / Un livre où l'on dira... tout ce que l'on a dit ; / Un livre si sçavant... » (Poinsinet, *Le Petit Philosophe, op. cit.*, p. 12). Damon, le fils converti à la Philosophie, entend faire appliquer ainsi les principes défendus dans le *Discours sur les Sciences et les Arts* de Rousseau : « Je tiens

Les dramaturges antiphilosophes aiment à tourner en dérision les salons littéraires, présidés par une femme, bel esprit, chef d'orchestre appliqué d'une cérémonie durant laquelle les habitués feraient assaut de pédantisme. Dans la tradition de *L'École des femmes* de Molière et de *L'Été des Coquettes* de Dancourt, Poinsinet campe dans *Le Cercle* (1764) le personnage de Mme Araminte, veuve d'un financier. « Tour à tour coquette et sensible, hautaine et bizarre, le cœur vif, l'esprit oisif, successivement éprise de la musique et des petits chiens, des magots et des mathématiques. » Quant au *Bureau d'esprit* (1776), du chevalier Rutlidge, il évoque, une Mme de Folincourt qui ressemble de très près à Mme Geoffrin, la célèbre salonnnière de la rue Saint-Honoré, l'égérie des Philosophes, qui vit, à cette date, ses derniers jours[1]. En 1777, c'est au tour de Dorat de représenter un salon philosophique dans *Les Prôneurs ou le Tartuffe littéraire.* Ces pièces se moquent d'une théâtralité de la culture, reposant sur les interventions programmées des célébrants. Mme de Norville, la prêtresse du temple, seule,

---

que le Dessein, la Danse et la Musique / Devraient par la Police être bien défendus, / Qu'ils sont plus dangereux que tel écrit qu'on blâme ; / Que sans nourrir l'esprit, ils ont gâté les cœurs / Que tout art méchanique énerve, engourdit l'âme, / Et qu'enfin les talents ont corrompu les mœurs » (*ibid.*, p. 22).

1. Nous remercions vivement Benoît Melançon, professeur à l'université de Montréal, qui nous a aimablement communiqué un travail en cours, très prometteur, sur Rutlidge et les représentations textuelles des salons littéraires à l'âge classique (1650-1789). Les analyses qui suivent lui doivent beaucoup. Le principal ouvrage critique sur cet écrivain était jusqu'à présent celui de Raymond Las Vergnas, *Le Chevalier Rutlidge, « Gentilhomme anglais », 1712-1791*, Paris, Librairie ancienne Honoré Champion, coll. « Bibliothèque de la Revue de littérature comparée », n° 81, 1932. Voir aussi Pierre Gobin, « Rutlidge praticien et théoricien du théâtre », *Studies on Voltaire and the Eighteenth Century*, n° 304, 1992, pp. 1228-1232 ; Pierre Peyronnet, « J.-J. Rutlidge », *Revue d'histoire du théâtre*, n° 44 : 4, 176, oct-déc. 1992, pp. 330-359. Selon Las Vergnas, ce serait Linguet, ce franc-tireur ennemi des Philosophes qui aurait incité Rutlidge à écrire cette pièce. Né en 1742 d'une mère française et d'un père d'origine irlandaise, l'auteur de la pièce *Le Bureau d'esprit* a choisi le pseudonyme anglais de Rutlidge à des fins publicitaires. Il s'agit d'un polygraphe, auteur d'un roman de mœurs : *Premier et second voyages de Mylord de *** à Paris, contenant la Quinzaine anglaise, et le retour de Mylord dans cette Capitale après sa majorité.* Journaliste, il est responsable de deux périodiques qui s'inscrivent dans la tradition d'Addison : *Le Babillard* et *Calypso*. Il est significatif que *Le Bureau d'esprit* soit l'œuvre qui le lance dans la carrière littéraire. On notera que, comme Palissot, cet adversaire littéraire des Philosophes est prêt à tous les revirements. Sous la Révolution il devient le principal rédacteur du *Creuset*, le journal du club des Cordeliers, de janvier à août 1791. Il mourra en 1794, quelques semaines après avoir été libéré de prison. Notons, pour finir, qu'il n'est pas certain que la pièce *Le Bureau d'esprit* ait fait l'objet d'une représentation.

assise près d'une table couverte de brochures, prépare méticuleusement une séance, en tenant un poème in-quarto. Dans *Le Bureau d'esprit*, c'est Mme de Folincourt qui tient un mémorandum d'anecdotes et de répliques. On trouve dans ce répertoire des éléments politiques applicables à toutes les situations et des ripostes spirituelles à toutes les sortes de louanges. À en croire les comédies satiriques, rien ne serait donc moins spontané que les conversations pratiquées dans les « bureaux d'esprit » et le chef d'orchestre étudierait soigneusement sa partition avant d'entrer en scène. Quant à la lecture à voix haute prononcée devant un auditoire complice, elle serait également l'objet d'une mise en scène appliquée et outrancière, voire d'une manipulation des esprits. À travers le trou d'une serrure, Finette (Dorine), une héroïne des *Prôneurs*, aperçoit le lecteur d'une tragédie en train de se livrer à une pantomime grotesque :

> Quelquefois, recueilli dans une horreur profonde,
> Il poussait les sanglots les plus plaisans du monde
> Et culbutant soudain des cieux, sur des hélas !
> Pour attendrir le cercle, il se tordoit les bras[1].

On se moque également des commentaires qui s'en suivent : Fortuné parle d'une voix grasseyante, alors que Callidès prononce, sur un ton pénétré, des avis définitifs. Durant ces séances, le récitant aurait une manière particulière de reprendre son souffle, ou d'accélérer soudainement le débit de la voix pour introniser une nouvelle recrue, dont l'arrivée est célébrée par un tonnerre d'applaudissements[2]. Il est une autre pratique salonnière, notamment dans *Le Bureau d'esprit* de Rutlidge : les protagonistes se rangent autour d'un buste de Voltaire et lui déposent solennellement une couronne de lauriers sur la tête[3]. Il faut rappeler que le 17 avril

---

1. Dorat, *Les Prôneurs*, Hollande et Paris, Delalain, 1777, p. 13.

2. « Je vous dirois combien le *grand homme (très vite)* tragique, lyrique, épique, philosophique, didactique, politique *(très fort et comme un homme qui étouffe)* unique *(il reprend son haleine)* admire vos talens et encore plus cette reconnoissance que vous témoignez presque jusqu'à chaque ligne, à votre illustre confrère *(Il se tourne vers Rectiligne en lui faisant une profonde rêvérence)*... etc., etc. » « Les savans s'épuisent en remercîmens et en complimens pour le nouvel adepte » (passage de la pièce commenté par Mettra dans la *Correspondance secrète..., op. cit.*, 1787, t. IV, p. 29).

3. Benoît Melançon a attiré notre attention sur cet épisode, durant son intervention dans notre séminaire à l'université de Tours en janvier 1999. Dans *Le Bureau d'esprit*, Mme de

1770, dix-sept personnes s'étaient réunies dans le salon de Mme Necker pour souscrire à une statue du patriarche de Ferney – ce sera le fameux Voltaire nu du sculpteur Pigalle – et qu'en mars 1778, à l'occasion d'*Irène* donnée en grande pompe à la Comédie-Française, un buste de Voltaire, placé sur la scène, sera couronné par le comédien Brizard[1]. On apporte également dans une cassette une lettre du patriarche qui reçoit les hommages de toute la société. Au moment même où triomphe le culte du grand homme, il était évidemment facile de montrer que cette pompe spectaculaire visait exclusivement les héros de la geste philosophique et tout particulièrement le Roi Voltaire[2]. Or les bureaux d'esprit, tels ceux de Mme Geoffrin ou de Mme Necker, sont dépeints, de la même manière que les officines de propagande, comme des laboratoires où se façonnent les images et les mythes destinés à accompagner la victoire des figures de proue.

Quant aux traits décochés, ils ne varient guère : on reproche aux Philosophes leur amour de l'argent, leur habileté à lancer une campagne en faveur de nouvelles recrues, sans prendre en compte leurs talents réels. Dans *Les Prôneurs*, Mme de Norville est l'instigatrice d'une propagande européenne et même mondiale, puisqu'elle prétend envoyer le dénommé Callidès à Pékin et transmettre, jusqu'en Inde, des messages philosophiques[3]. Tous les moyens sont bons pour parvenir à ses fins et la reine des lieux ose s'écrier :

Folincourt s'écrie : « Feuillage auguste, symbole du génie et de l'immortalité, sur ce front, quelle main profane osera te toucher » (Rutlidge, *Le Bureau d'esprit*, éd. 1776, p. 71).

1. Parmi les dix-sept personnes présentes dans le salon de Mme Necker se trouvaient : D'Alembert, Arnaud, Bernard, le chevalier de Chastellux, Diderot, Grimm, Helvétius, Marmontel, Morellet, M. Necker, Mme Necker, Raynal, Saint-Lambert, le comte de Schomberg, Suard et Thomas.

2. Mme de Genlis affirme que lors de la visite à Ferney, il est d'usage, surtout pour les jeunes femmes, de « s'émouvoir, de pâlir, de s'attendrir, et même en général de se trouver mal en apercevant M. de Voltaire », *Souvenirs de Félicie*, Paris, 1804, p. 197 et suiv. ; repris dans Voltaire, *Œuvres complètes*, Paris, Garnier, 1883, t. I, p. 396.

3. « Vous, l'Abbé, dont la plume à tout est endurcie / Ameutez Pétersbourg et son Académie. / Dépêchez ce journal, encor trop indulgent / Où la haine voyage, et croit en voyageant. / Employons, à l'envi, pour servir et pour nuire, / L'art de la Prônerie et l'art de la Satyre / Versac, pour l'Italie, il nous faut un Pamphlet / Deux mots dans l'Inde aussi seront de bon effet » (Dorat, *Les Prôneurs ou le Tartuffe littéraire, op. cit.*, p. 45).

Et j'espère qu'un jour, grâce à votre raison
L'Europe adoptera les mœurs de ma maison[1].

Ne nous méprenons pas sur le rôle de ces pièces qui se situent au cœur des conflits de la République des lettres. Ces petits auteurs satiriques, un peu à la manière de nos modernes chansonniers, brocardent les mœurs littéraires et tout particulièrement les sociétés de pensée. Ne les confondons pas avec les apologistes doctrinaux, défenseurs plus ou moins virulents de l'orthodoxie chrétienne. On constatera qu'ils se ménagent des arrières et agissent avec prudence. Tout en se moquant du culte des grands hommes, ils évitent souvent de s'en prendre au patriarche avec trop de hardiesse. *Le Bureau d'esprit*, la meilleure pièce de cet ensemble, fait l'objet d'une étrange mise en abîme, car les personnages passent pour avoir déjà lu cette « nouveauté » qu'on appelle *Le Bureau d'esprit*, et décident de brûler cette « satyre pitoyable », comme si l'auteur, dans un élan de dérision, effaçait les traces mêmes de sa satire ! Manière d'exorciser le pouvoir de l'écrit, alors même qu'il se situe au faite de son exaltation. Il s'avère également qu'une lettre de Voltaire offerte à la vénération du salon Folincourt est un faux ! D'autres ambiguïtés surgissent : dans *Le Cercle* de Poinsinet (1764), l'imitation de Palissot frôle la parodie. On a presque l'impression que le dramaturge laisse le champ libre pour une récupération éventuellement philosophique de sa pièce ! L'on peut noter aussi que l'auteur des *Philosophes* tire paradoxalement un bénéfice publicitaire des pièces qui le malmènent. Cette situation nous invite à renouveler notre approche des mœurs littéraires du XVIIIe siècle. On n'évoquera nullement les anti-Lumières pour désigner ces comédies satiriques, mais bien plutôt la tradition parodique du théâtre forain. Ces auteurs font flèche de tout bois. L'exploitation d'une veine polémique, avec les risques qu'elle comporte, si le vent tourne, l'emporte ici sur la rigidité d'une appartenance idéologique. Il s'agit de discréditer des pratiques, mais aussi de les décrire, de les exhiber, d'en montrer les traits grossis dans un espace de contestation, souvent ambivalent[2]. Cela

1. *Ibid.*, p. 23.

2. L'antiphilosophie aime aussi à critiquer, dans des ouvrages en prose, les pratiques affectées qui prévaudraient dans certaines coteries : « La frivolité du siècle a engendré des

ne signifie pas que ces écrivains n'entretiennent aucun lien avec les représentants de l'Église et qu'ils ne servent pas, parfois, les intérêts des apologistes.

Constatons, enfin, que les adversaires des Philosophes, ont pratiqué tous les genres littéraires. Satires, pamphlets et même chansons vont bon train, toujours en phase avec l'actualité politique[1]. Qu'ils appartiennent au camp des adversaires littéraires ou à celui des apologistes convertis aux récits à la mode, objectera-t-on peut-être, ces gens de lettres ne sont que de piètres écrivains. *Les Philosophes* de Palissot (1760) imitent platement *Les Femmes savantes* de Molière et les satires de Gilbert rappellent celles de Boileau. Pour fondée que soit cette critique, elle ne doit pas nous faire oublier que les œuvres médiocres existent aussi dans le camp opposé. À considérer le genre romanesque, *Le Comte de Valmont ou les Égarements de la raison* de l'abbé Gérard n'est pas inférieur aux fades idylles des romanciers de l'autre bord. Quant aux débordements frénétiques du sentimentalisme à la mode, ils affectent l'ensemble de la production littéraire. Mieux vaut donc évoquer une conversion massive de l'antiphilosophie aux modes du jour et,

---

Sociétés ridicules, qui ont fait divorce avec le bon sens ; des Sociétés, où une femme à prétention vient jouir de tous ses avantages, recueillir les fruits de six heures de toilette, employer impunément de jolis riens, des tons enfantins, des souris prémédités, des gestes séduisans, des minauderies, des coups d'éventail, des vapeurs, et même des évanouissemens » (Caraccioli, *De la gaieté*, 1762, p. 174). Le même auteur se moque également du bel esprit, qui, après avoir attaqué les écrivains les plus célèbres, « goûte l'honneur d'avoir frondé la Religion dans un livre que sa flétrissure a rendu célèbre » (*ibid.*, pp. 176-177). Mais cette aimable satire n'est pas hostile aux salons, si ceux-ci savent garder un ton de bonne compagnie. La critique, toujours prudente, s'inscrit donc dans une description généralisée des pratiques sociales et culturelles, qu'il n'est pas question de condamner.

1. Ainsi cette chanson intitulée « Encyclopédistes et économistes » diffusée en 1776, l'année du renvoi de Turgot : « Vivent tous nos beaux esprits / Encyclopédistes / Du bonheur français épris, / Grands économistes ; / Par leurs soins au temps d'Adam / Nous reviendrons, c'est leur plan. / Momus les assiste / Ô gué / Momus les assiste. / On verra tous les états / Entre eux se confondre, / Les pauvres sur leurs grabats / Ne plus se morfondre. / Des biens on fera des lots / Qui rendront les gens égaux : / le bel œuf à pondre ! / [...] / De même pas marcheront / Noblesse et roture : / Les Français retourneront / Au droit de nature. / Adieu, Parlement et lois, / Les Princes, les ducs, les rois / La bonne aventure. / [...] / Plus de moines langoureux, / De plaintives nonnes ; / Au lieu d'adresser aux cieux / Matines et nones, / On verra ces malheureux / Danser, abjurant leurs vœux, / Galante chaconne » (Édouard Raunié, *Chansonnier historique du XVIII*[e] *siècle*, recueil Clairambault-Maurepas, Paris, A. Quantin, 1884, t. IX, pp. 86-88). On trouve aussi un « Portrait de Turgot » et une « Disgrâce de Turgot », *ibid.*, p. 100 et 102. Les adversaires du ministre y confondent, dans le même opprobre, les économistes, inspirateurs du libéralisme et leurs amis encyclopédistes.

dans le cas du roman, la volonté de récupérer des effets de lecture pour les canaliser, et leur faire servir un dessein édifiant. La religiosité de la lecture, jadis condamnée, peut devenir un moyen de reconquérir des fidèles, ou du moins de s'attacher des lecteurs en passe d'être subjugués par les diffuseurs de l'impiété.

De toute façon, nous l'avons dit, les antiphilosophes n'ont guère de choix. Ils doivent périr ou s'adapter à l'immense vague de vulgarisation qui constitue un des phénomènes majeurs de la deuxième moitié du XVIIIe siècle. La situation n'est pas entièrement nouvelle. Dès les années 1650, une partie des élites laïques délaisse les ouvrages historiques écrits en latin. Commence l'ère des polygraphes qui tentent de satisfaire ce nouveau public lettré, mais avide de divertissements et de formes attrayantes[1]. L'époque de l'*Encyclopédie* marque, quant à elle, une nouvelle étape de la production livresque. Les progrès sensibles de l'alphabétisation, particulièrement chez les femmes, permettent de repérer un nouveau seuil franchi dans les années 1760-1770. D'autres catégories sociales accèdent cette fois à la lecture. Le monde de la boutique, certaines franges des professions commerciales, toute une partie de la bourgeoisie moyenne jadis illettrée constituent un public potentiel, désireux de connaître les modes du jour[2]. La production en masse de romans sentimentaux tente de répondre aux demandes supposées du nouveau lectorat. De nouvelles formes narratives, comme le courrier des lecteurs dans certains périodiques, ancêtres de notre presse du cœur, et des récits extrêmement simplifiés, présentés comme des conseils dispensés à des lecteurs

1. « L'essor de ce qu'on peut appeler sans risque d'anachronisme la vulgarisation historique remonte en fait au milieu du XVIIe siècle. Faut-il attribuer la désaffection croissante qu'on observe à cette époque à l'égard du latin au développement d'un public laïque cultivé, à de mauvais souvenirs de collège, à l'influence des femmes ou plutôt au prestige croissant de la littérature classique ? Le français triomphe alors en tout cas dans tous les domaines et Charles Sorel souligne avec satisfaction dans sa *Bibliothèque française* (1662) qu'on peut désormais acquérir des clartés sur tout en lisant exclusivement des livres en français. Dès lors s'interpose plus facilement encore, entre les grands textes classiques ou chrétiens et le public des honnêtes gens l'écran du traducteur celui du "vulgarisateur" qui s'efforce de plaire en offrant au liseur comme le reflet de ce qu'il cherche… » (H.-J. Martin, « La Tradition perpétuée », in *Histoire de l'édition française*, *op. cit.*, t. II, pp. 183-184). Voir également Fr. Waquet, *Le Latin ou l'empire d'un signe*, Paris, Albin Michel, 1998.

2. François Furet et Jacques Ozouf, *Lire et écrire. L'alphabétisation de Calvin à Jules Ferry*, Paris, Minuit, 1977 ; Martine Sonnet, *L'Éducation des filles au temps des Lumières*, Paris, Le Cerf, 1987.

pressés, font appel à la puissance émotionnelle d'un « je » qui feint de parler en son nom propre, pour mieux solliciter les confidences du lecteur. Les apologistes chrétiens et les antiphilosophes laïques interviennent dans ce nouveau marché du livre, comme le font leurs adversaires en recourant aux mêmes procédures et aux mêmes techniques pour tenter de toucher ces lecteurs auxquels leur inexpérience, leur manque de culture, ou tout simplement leur frivolité interdisent l'effort intellectuel.

2.

Hantise de la décadence et désir de mémoire à la veille de la Révolution

Si les antiphilosophes sont nombreux à se convertir aux modes du jour, ce revirement largement imposé par les circonstances ne doit pas faire oublier la permanence d'une sourde inquiétude. La lecture des romans condamnée avec virulence par la critique dévote ne représente que le haut de l'iceberg. Plus largement, c'est l'ensemble des nouvelles pratiques de lecture imposées par les Philosophes qui inquiète les apologistes. Plusieurs ont le sentiment d'assister à une rupture culturelle aux conséquences sans doute immenses, mais difficilement prévisibles et donc incontrôlables. La situation est complexe et apparemment paradoxale. Les dévots, nous l'avons amplement souligné, détiennent avec leurs adversaires le même goût du livre. Éduqués pour beaucoup dans les mêmes institutions, ayant parfois fréquenté les mêmes cercles, connaissant parfaitement la littérature philosophique de leur temps, ils possèdent le même horizon culturel que leurs adversaires, en dépit des divergences qui les opposent, en des proportions diverses et inégales, sur l'essence du divin ou la nature de l'autorité politique. Allons plus loin : c'est précisément quand les vulgarisateurs, dévots ou conciliateurs, adoptent eux-mêmes les formes narratives pratiquées d'abondance par leurs adversaires, que l'inquiétude se généralise quant au pouvoir exercé par un nouvel usage de l'imprimé. Au temps des luttes menées à chaud a succédé l'heure des bilans. Dès 1756 commence à paraître une « Collection des œuvres complètes » de Voltaire, faisant suite aux « Œuvres mêlées » (1746) et aux « Œuvres diverses » (1748). À la mort des deux grandes figures rivales de la philosophie, les éditions posthumes vont bon train. De plus en plus étendues et ambitieuses, elles visent à établir une somme des œuvres des maîtres, à publier des inédits et la correspondance, à légitimer, dans la mesure du possible, certains écrits qui étaient parus clandestinement et à reclasser des œuvres publiées séparément. L'édition dite « de Kehl » des œuvres de Voltaire heurte de plein fouet le clan dévot et provoque de sa part une levée de réactions indignées[1]. La situation est différente du côté de Rousseau. La publication des *Confessions*, on le sait, inquiète autant, sinon davantage, les milieux philosophiques, à cause des révélations risquant de ternir leur image.

Mais là n'est pas notre propos. La multiplication des sommes est à interpréter comme une réponse au désir de mémoire qui hante les élites de cette fin de siècle[2]. Les grands noms de la philosophie, avant ou après être entrés au Panthéon, font l'objet d'un travail savant qui érige leur œuvre en monument de la culture et la fige déjà en objet d'étude, même si les éditions prétendument complètes appellent évidemment ajouts et correctifs. Le phénomène traduit également une anxiété culturelle, comme si les lecteurs craignaient d'avoir négligé un écrit du maître ou de n'avoir pas su mettre en perspective telle ou telle partie de l'œuvre monumentale. De nouveaux modes de lecture et de gestion des biens culturels se mettent en place : posséder les œuvres des Philosophes du siècle devient un signe évident de reconnaissance sociale, la marque d'une élite qui entend rendre hommage aux grandes figures intellectuelles de son temps, même si elle n'en épouse pas nécessairement toutes les idées. Quant aux « mélanges » qui se répandent de plus en plus, ils rassemblent les écrits que l'on n'est pas parvenu à classer, mais que l'on veut préserver malgré tout, comme s'il existait le désir anxieux de ne rien laisser dans l'oubli, de dérober au temps destructeur les pièces fugitives mais sacralisées des grands auteurs.

---

1. Voir le chapitre II de la Ire partie. L'ambition des éditeurs de toucher un public plus populaire inquiète au plus haut point les adversaires de Voltaire. De fait, l'édition de Kehl, financée par Beaumarchais et dirigée par Condorcet, élargit l'audience du patriarche (voir p. 113, n. 2).

2. Voir J.-M. Goulemot, J. Lécuru, D. Masseau, « Angoisse des temps, obsession de la somme et politique des restes à la fin du XVIIIe siècle », *Fins de siècle*, textes recueillis par Pierre Citti, Presses de l'université de Bordeaux, colloque de Tours, 1980, pp. 203-214.

Les adversaires des Philosophes participent pleinement à cette entreprise mémorielle. On peut même dire qu'ils entendent procéder à une histoire littéraire avant même que ne paraissent les éditions posthumes de Voltaire et de Rousseau. On retrouve chez eux le même désir de recueillir les œuvres dignes de figurer dans la mémoire des hommes, mais l'on devine que la sélection s'accomplit selon des principes différents.

DÉCADENCE DES MŒURS, DÉCADENCE DES LETTRES

La critique moderne exalte volontiers, à travers Condorcet, une conception optimiste de l'aventure humaine et de la marche de l'esprit qui triompherait chez les Philosophes durant cette fin de siècle[1]. Pour fondée que soit cette analyse elle ne doit pas dissimuler l'existence d'autres tendances plus pessimistes, dépassant les clivages idéologiques et doctrinaux. Les dernières années de l'Ancien Régime sont marquées par une interrogation anxieuse sur la valeur des œuvres que le siècle a produites. Comment opérer une sélection dans ce foisonnement de courants divers ? Comment établir des filiations susceptibles d'expliquer l'actuelle situation culturelle ? Comment se repérer dans un présent éclaté et opaque ? La mode est aux expériences les plus troubles. L'illuminisme ne cesse de gagner des adeptes, Mesmer attire des élites apparemment acquises au rationalisme. Ce médecin, docteur de la faculté de Vienne, invoque l'existence d'un fluide répandu dans l'univers et dans les êtres vivants. Réprouvé par l'Académie viennoise, il acquiert une popularité extrême auprès du public parisien, après la guérison sensationnelle, en 1777, d'une demoiselle Paradis. Toute la société mondaine se précipite aux séances qu'il organise. Autour du fameux baquet, des grappes humaines, faites de malades ou de simples curieux, tentent de capter le précieux fluide, source de toutes les guérisons ! Les patients, surtout des femmes, entrent en convulsion, étape nécessaire de la thérapie ! Surgit une abondante littérature qui défend les théories mesméristes. Les adeptes,

1. Jean Dagen, *Histoire de l'esprit humain dans la pensée française de Fontenelle à Condorcet*, Paris, Klincksieck, 1977. Voir aussi Robert Darnton, *La Fin des Lumières*, Paris, Librairie académique Perrin, 1984 (pour la trad. française).

Leroux, Bergasse, se multiplient, tandis que les opposants lancent sur le marché des caricatures et des pamphlets pour discréditer la montée du charlatanisme. Plusieurs cherchent alors dans le passé récent ou lointain des repères susceptibles d'éclairer une situation confuse. Le fait même que des commentateurs commencent à employer l'expression « siècle des Lumières » pour désigner leur propre époque en dit long sur cette distance critique, car l'expression ouvre une polémique. Les antiphilosophes l'emploient avec ironie pour sanctionner la prétention intellectuelle d'une « génération » qui entendrait se situer au-dessus de ses prédécesseurs, en vertu d'un finalisme naïf, alors que leurs adversaires exaltent, à travers elle, la grandeur d'un temps si productif.

Prenant à rebours l'optimisme d'un Condorcet, les adversaires de la philosophie proclament l'avènement d'une ère de décadence. Pour les plus radicaux, celle-ci est générale, massive, et partout perceptible, mais elle se manifeste principalement dans les mœurs et la littérature. Certains dénoncent une société exclusivement vouée à l'intrigue et à la recherche des biens matériels. Les sentiments nobles seraient abolis et la bienfaisance, un des maîtres mots du « philosophisme », ferait l'objet d'un mode ostentatoire[1]. Quant à la littérature, elle pâtit cruellement de cette situation. La critique est éculée[2]. Nous l'avons déjà signalée : elle traverse le siècle entier et prolonge la fameuse querelle des Anciens et des Modernes de la fin du XVIIe siècle, qui n'avait en fait jamais cessé. Mais le constat prend, durant les années 1770-1789, un relief particulier. La dégradation des lettres a commencé dès l'Antiquité romaine, proclame, sans rire, Rigoley de Juvigny ! Lorsque la poésie a cessé d'être unie à la philosophie, comme elle l'était à l'époque de Platon, le bel

1. « Il règne dans les esprits une fermentation qui est l'ouvrage de la mode, l'on va visiter la cabane du pauvre, comme l'on court à la représentation d'une pièce nouvelle » (François Chas, *J.-J. Rousseau justifié ou Réponse à M. Servan, Ancien avocat général au Parlement de Grenoble*, Neuchâtel, 1784, p. 61).

2. La *Correspondance littéraire* de Grimm du 1er novembre 1772 (*op. cit.*, pp. 99-100) dénonce ces folliculaires qui tentent de se faire une rente en déchirant à pleines dents les génies de leur temps et en s'instituant les défenseurs du bon goût et des bonnes mœurs : « Quand on ne se sent pas la vocation de partager la réputation des hommes célèbres de sa nation, il n'y a rien de mieux, pour se faire un nom et pour se procurer du pain que de les déchirer : la malignité publique vous répond toujours du succès… Ce sont donc aujourd'hui les La Beaumelle, les Clément de Dijon, les Sabatier de Castres, les Poinsinet, les Palissot et M. Fréron de l'Académie d'Angers, qui préservent le goût public de sa ruine. »

esprit a gagné le barreau et toutes les disciplines, la frivolité s'est introduite et l'esprit chimérique s'est mis à bâtir des projets insensés. Il faudrait repérer dans ce lointain passé les signes avant-coureurs de la décadence des Temps modernes : « Le bel-esprit, le raffinement, l'affectation triomphoient au Barreau et dans la Tribune, et entraînoient tous les applaudissemens : funeste présage de la révolution que l'amour de la nouveauté, l'oubli, ou plutôt le mépris des vrais principes, devoit bientôt opérer ! Cette étrange révolution tient moins encore à l'inconstance qu'à l'orgueil de l'Esprit humain. Un siècle où l'esprit seul domine, est ordinairement vain et frivole, avide de nouveautés, fécond en systèmes ruineux, entêté de projets mal conçus, jaloux et fier de ses frêles productions, vantant sans cesse ses lumières, grand raisonneur, penseur hardi, ridiculement enthousiaste, et ardent à détruire, ce que tant de siècles de génie, de goût, de raison, de savoir et d'expérience, ont établi sur des principes invariables[1]. » Pour ce notable, conseiller honoraire au parlement de Metz et membre de l'Académie des sciences, arts et belles-lettres de Dijon, celle-là même qui avait couronné en 1749 le *Discours sur les sciences et les arts* de Rousseau, l'histoire se divise en âges florissants, connaissant chacun une période de déclin, puis de décadence.

Dans ce temps de doute généralisé, les Philosophes sont accusés d'avoir brouillé les repères fondamentaux de la culture et des belles-lettres. Or toute tentative pour s'écarter sensiblement des leçons de l'Antiquité classique provoque une inévitable dégradation du goût et des mœurs. En filigrane, au-delà de la trop fameuse querelle, surgit une réflexion pessimiste sur le devenir des sociétés et la notion même de civilisation. Plusieurs adversaires des Philosophes font état d'une référence intangible, d'un point fixe situé dans le passé lointain de l'Antiquité. Le bel esprit marque une première déviance, parce qu'il institue un écart excessif entre le discours et son objet, entre les grâces nécessaires de la rhétorique et la volonté d'imiter la nature. Cette discordance introduit le règne des sophistes et des rhéteurs insincères, plus soucieux d'imposer une image d'eux-mêmes à une opinion frivole que de faire triompher la vérité nue. À la fin du règne de Louis XIV, Fontenelle est

1. Rigoley de Juvigny, *De la décadence des lettres et des mœurs…*, *op. cit.*, Paris, 2e éd., 1787, pp. 131-132.

l'exemple même de cette première étape de la décadence, annonçant l'essor encore plus redoutable de la fausse philosophie. En lisant les fameux *Entretiens sur la pluralité des mondes*, le lecteur, amusé, se met à voleter d'une idée à l'autre, sans jamais approfondir sa réflexion, ni s'interroger sur la légitimité des connaissances qui lui sont transmises, alors même qu'il est tenu à l'écart du monde réellement savant[1]. Avant que la fausse philosophie dite « des Lumières » ne triomphe, Fontenelle prépare habilement sa venue. Évitant d'exprimer ouvertement toute sa pensée, il la dote d'un tour suffisamment énigmatique pour intriguer les lecteurs, et ne pas heurter de front les préjugés reçus. L'analyse est intéressante parce que la mise en question du présent fournit l'occasion aux antiphilosophes de réfléchir à la constitution d'une histoire littéraire. La nouvelle philosophie se serait implantée à la faveur d'un vide culturel et d'un changement de « génération ». Fontenelle aurait imposé son empire alors même que les grands écrivains classiques parvenaient à la fin de leur carrière et que les Philosophes n'avaient pas encore pris la relève[2]. Une fois implanté, le nouvel esprit philosophique triomphe facilement avec Voltaire qui porte à son comble les artifices de la séduction. Mais cet art perfectionné de l'effleurement vise aussi à faire oublier des recettes et des secrets moins purs. Le charme du style dissimule les larcins, et présente comme des connaissances universelles ce qui relève, en fait, de la frivolité.

Dans le palmarès des valeurs littéraires, les Philosophes sont également accusés de bouleverser les hiérarchies les plus légitimes et les plus anciennes. S'écroulerait toute une part de notre culture,

---

1. « C'est surtout dans ces Éloges qu'il déploie toute la coquetterie du Bel-Esprit. Ses Portraits sont tracés avec art, et quoique flattés, ils conservent néanmoins un certain air de ressemblance qui les fait reconnoître. Il n'approfondit rien, effleure tout, paroit se jouer de son sujet, ne donne point à penser au Lecteur, cherche seulement à l'amuser, le surprend même quelquefois par des traits ingénieux et fins ; partout on apperçoit le manège d'une coquette, dont le fard fait tous les charmes » (*ibid.*, p. 350).

2. « Il semoit, avec un air d'indifférence, ses opinions, sachant bien qu'elles germeroient tôt ou tard, sans qu'il fût besoin de rompre des lances pour les soutenir et les propager. Ainsi on ne doit point lui savoir gré de sa modération, parce que c'étoit absolument, pour lui, une affaire de calcul. On ne doit point être étonné des hommages qu'il obtint, et de l'espèce d'empire qu'il exerça pendant quelque temps sur les esprits. Il étoit né au milieu du siècle de Louis XIV : la génération qui l'avoit vu naître, étoit presque éteinte ; il se trouva seul à la tête d'une génération nouvelle, dont l'éducation et les principes n'étoient plus les mêmes, il sut l'éblouir, parce que la nouveauté a quelque chose de piquant, qui entraîne les esprits frivoles » (*ibid.*, pp. 353-354).

parce qu'on laisse pénétrer sur notre illustre scène « de tristes Drames imités de l'Anglais que les Anglais eux-mêmes sont pourtant bien éloignés de comparer aux bonnes pièces de leur Shakespeare[1]... » Effacement des genres, des hiérarchies, et, à terme, des repères culturels, sous l'effet d'une pensée unique, passée maître dans l'art de séduire l'opinion et de monopoliser le devant de la scène publique ! Le refrain, on l'admettra, ne nous est pas inconnu ! Est en même temps dénoncé (autre thème familier des modernes !) le règne des vulgarisateurs et des diffuseurs éhontés, préférant le spectaculaire au contenu des œuvres, l'effet de mode à la qualité ! À la disparition du goût littéraire, coïnciderait la décadence des mœurs et de la morale publique, dans un monde où, au lieu d'œuvrer pour construire du sens, on cherche au contraire à l'effacer. On pensera évidemment à nos postmodernes, ces théoriciens de la « déconstruction », que les fidèles défenseurs de l'humanisme tentent de récuser ! L'analogie est sans doute forcée, car l'histoire ne se répète pas, mais lorsque les attitudes se figent en clichés, des ressemblances surgissent tout de même. Pour Sabatier de Castres, « les torches ardentes de la philosophie » ont imposé la manie du raisonnement au détriment de plus mâles vertus, car l'excès d'esprit critique suppose une faiblesse de l'âme. Des cœurs resserrés et languissants, privés de toute émulation, abandonnent tout projet d'envergure et ne se soucient plus que de plaisirs immédiats[2].

Les plus radicaux des antiphilosophes, nous pourrions dire cette fois les plus « réactionnaires », franchissent un pas supplémentaire dans la critique de leur époque : les manufactures, monuments immortels du siècle de Louis XIV, s'écroulent et sont remplacées par des fabriques de papiers peints, images symboliques d'un engouement inquiétant pour tout ce qui est éphémère, superficiel, futile ou d'un luxe inutile. Quant aux nouveaux lieux d'enseignement, ces « Musées », ces « Lycées », présentés comme une victoire de l'esprit philosophique, ils seraient d'une utilité contestable, puisqu'ils s'adressent en priorité à des gens désœuvrés,

---

1. Palissot, *Mémoires pour servir à l'histoire de notre littérature depuis François Ier jusqu'à nos jours*, in *Œuvres*, 1777, t. IV, p. 10.

2. Sabatier de Castres, *Les Trois Siècles de la littérature française*, 1781 (5e éd. ; 1re éd. 1772), t. I, p. 10.

à des élèves à cheveux gris, à des petites maîtresses ou à des jeunes gens frivoles et affectés ! Le triomphe du charlatanisme et l'engouement pour les sciences occultes prouveraient la faillite de ce siècle prétendument philosophe. Ce sont des individus, riches ou pauvres, aristocrates ou bourgeois, beaux esprits ou anciens adeptes de la « philosophie » qui oublient le simple bon sens en se réunissant autour du baquet de Mesmer ! Les pratiques culturelles les plus nobles seraient étrangement dévoyées : l'art des jardins ne connaîtrait pas de limite dans l'extravagance. Dans ces lieux de promenade, où la vue jouissait jadis d'une nature pittoresque, on entasse désormais, de manière chaotique, de fausses ruines et des colonnes tronquées ! Quant aux modes vestimentaires, elles défient les lois les plus élémentaires de la pudeur ; le comble de la décadence résiderait dans la confusion volontaire des conditions (influencés par la mode anglaise, des aristocrates portent les mêmes habits que leurs valets !), et dans celle des sexes (les femmes s'habillent comme des hommes et adoptent des attitudes viriles). Dans une optique rousseauiste, certains antiphilosophes dénoncent aussi le renversement de l'ordre naturel que représente le règne des citadines. Démons corrupteurs, les femmes des villes inciteraient leurs partenaires à commettre les pires forfaits pour satisfaire leur soif d'argent ! Partout triompheraient le désordre, l'insolite, la démesure et finalement le chaos, dans une société sur le point de chavirer, faute d'avoir su préserver ses repères ancestraux. Un commentateur ajoute : « On ne doit attribuer la cause de ce renversement total de la raison qu'à l'esprit du siècle, à l'égoïsme universel, né du philosophisme[1]. »

---

1. Rigoley de Juvigny, *De la décadence des lettres et des mœurs*, *op. cit.*, p. 179. Nombreux sont les exemples d'ouvrages antiphilosophiques se référant aux premiers temps pour flétrir la décadence du monde contemporain : « Le but de l'ouvrage est en effet de faire voir par des exemples, tirés de la première Église, et par l'affreuse peinture de nos mœurs, combien nous avons dégénéré de la vertu de nos Pères, et combien leur force et leur zèle condamnent notre lâcheté » (Caraccioli, *Le Chrétien du temps, confondu par les premiers chrétiens*, Paris, 1766, préface). La prostitution généralisée présentée comme le comble de la décadence est dénoncée par l'abbé Chas, en vertu d'un rousseauisme radical : « Les vices ont tellement avili les femmes, qu'elles sont devenues les corruptrices des hommes et les forcent au crime ; le commerce scandaleux de prostitution et d'infamie rend bien à la vérité les deux sexes coupables et odieux ; mais ce sont les femmes qui l'entretiennent et le fomentent ; elles préparent et distribuent le poison qui infecte les hommes ; leurs caresses, leurs séductions, leurs perfidies, leurs trahisons les rendent cruelles et féroces, et plusieurs ont péri sur un

L'éducation moderne apparaît comme une des causes principales de la décadence. La philosophie éducative d'*Émile* de Rousseau n'est pas seule en cause. Selon le *Journal ecclésiastique*, la fausse philosophie s'est acharnée contre l'enseignement, en critiquant la formation religieuse qu'il dispensait. On reproche évidemment aux Philosophes d'avoir fait pression sur le gouvernement pour qu'il retire aux jésuites les établissements dont ils disposaient. Pendant qu'on multiplie les projets d'éducation, l'enseignement public est en crise, faute d'un projet global. Les initiatives privées se multiplient dans l'anarchie, ouvrant la voie à toutes les incertitudes et à tous les dangers, puisqu'elles s'exercent en dehors d'un contrôle institutionnel. La polémique porte sur la frénésie de réforme qui s'est emparée des pouvoirs publics. Au lieu de multiplier les collèges, s'écrie le *Journal ecclésiastique*, on devrait d'abord réfléchir aux institutions et aux hommes auxquels doit incomber la lourde tâche de les diriger. À force de tempêter contre les ordres monastiques, la pensée voltairienne a certes porté un coup dangereux à l'éducation religieuse, mais elle a aussi contribué à effacer toute une part de notre mémoire culturelle, car les trésors littéraires de la Grèce et de Rome demeurent dans les bibliothèques des monastères « en attendant qu'ils servissent un jour à fonder le nouvel empire des sciences, des lettres et des arts[1] ». Le journaliste reconnaît, avec les Philosophes, les défauts anciens de certains ordres monastiques : faiblesse doctrinale et relâchement des mœurs, mais il estime qu'on pourrait fort bien les réformer. Certains proposent que les bénédictins de Saint-Maur prennent en charge le gouvernement des collèges. Il s'agirait d'une restauration, et d'un retour aux origines qui mettrait fin aux incertitudes du présent, car

---

échafaud parce qu'ils ont été trahis et ruinés par les femmes » (F. Chas, *J.-J. Rousseau justifié ou Réponse à M. Servan*, *op. cit.*, p. 102). Sur la question du pouvoir des femmes et de la décadence qui s'ensuit dans les temps modernes, la position de Rousseau est très proche de celle des antiphilosophes : « Les premiers Romains vivaient en hommes, et trouvoient dans leurs continuels exercices la vigueur que la nature leur avoit refusée, au lieu que nous perdons la nôtre dans la vie indolente et lâche où nous réduit la dépendance du Sexe » (*Lettre à d'Alembert sur les spectacles,* in *Œuvres complètes*, *op. cit.*, t. V, p. 94).

1. *Journal ecclésiastique*, janvier 1787, p. 58. L'auteur de l'article reconnaît, comme le font les Philosophes, que les ordres monastiques ont connu une époque de décadence. Il admet qu'ils tombèrent dans l'ignorance et qu'ils succombèrent à l'immoralité : « le scandale régnait dans le monastère ». Il ajoute même : « La superstition déshonorait la Religion et prenait sa place. »

le savoir, la morale et l'esprit religieux seraient réconciliés, en même temps que l'institution favoriserait l'insertion professionnelle des habitants des campagnes : « Ce n'est pas imposer aux religieux des fonctions et des obligations étrangères à leur état, que de les charger de ces établissemens ; c'est bien plutôt les rappeler *à leur esprit primitif.* À l'origine, les grands monastères étaient des ateliers d'agriculture et d'industrie, des maisons d'éducation, des hospices de charité, des retraites sacrées[1]... » L'immédiate actualité nourrit donc une polémique. Le journal chrétien reproche aux réformistes épris de modernité d'ouvrir inconsidérément des collèges sans se préoccuper suffisamment de l'insertion professionnelle et sociale des élèves. Au lieu de multiplier les institutions qui dispensent une culture générale et abstraite, mieux vaudrait implanter des établissements adaptés au tissu social des intéressés et aux intérêts économiques du pays : « Des institutions agricoles, des écoles vétérinaires, de vastes pépinières, des manufactures rurales, des séminaires pour le clergé, des pasteurs placés au centre de ces institutions nationales. » Tout en constatant que le débat n'a pas perdu de son actualité, l'on est en droit de percevoir dans ce programme une position obscurantiste (ne pas multiplier les collèges), mais d'autres propositions n'appartiennent pas à un camp spécifique, si ce n'est que le journaliste entend placer des séminaires dans les provinces pour favoriser l'éducation religieuse des campagnes. Au-delà de ces débats techniques et idéologiques, le *Journal ecclésiastique* souhaite associer la religion et la politique pour régénérer une population menacée par l'inculture et l'immoralité, l'éventualité d'un enseignement laïque étant évidemment écartée[2].

Les prophètes de la décadence appartiennent à tous les temps, et pourtant cette hantise prend des accents particuliers durant cette fin du XVIIIe siècle. D'abord, soulignons-le, ce pessimisme n'est pas propre aux adversaires des Philosophes. Des esprits irréligieux comme Volney méditent, eux aussi, à la même époque, sur la dispa-

---

1. *Ibid.*, juillet 1787, pp. 3-5.

2. Le *Journal ecclésiastique* rend compte d'un ouvrage de l'abbé Proyart, précepteur du Dauphin, fils de Louis XV, et adversaire des Philosophes. Il s'agit de *L'Éducation publique et des moyens d'en réaliser la réforme projetée dans la dernière assemblée générale du clergé de France*, Paris, 1785. L'auteur y relève les abus et les obstacles qui s'opposent au succès de l'éducation publique. On trouve parmi eux : la décadence des mœurs devenue presque universelle, la corruption des grandes villes, la licence des mauvais livres et la dépravation des arts.

rition des empires et des civilisations. Dans *Les Ruines*[1], il reprend et radicalise l'idée, déjà présente chez Montesquieu, que la corruption des mœurs mène tôt ou tard à l'abandon des lois constitutives d'un État et représente la première étape de la décadence. De toute façon, il n'est aucun principe législatif qui puisse résister au temps destructeur. Toute une partie de l'œuvre de Diderot est une méditation sur l'instabilité des choses de ce monde et ses dernières œuvres témoignent de l'inquiétude suscitée par les fins de règne et l'écroulement des pouvoirs politiques. La représentation de la grandeur et de la magnificence des États fait germer la possibilité de leur disparition prochaine ou lointaine. Bien sûr, les antiphilosophes et leurs adversaires s'opposent sur les causes qu'il convient d'attribuer à la décadence et sur la manière de juger le temps présent, mais ils témoignent d'une sensibilité commune à l'idée de dégradation des œuvres humaines. Au-delà des divergences idéologiques s'affirme, durant les années cruciales qui précédant la Révolution, la conviction que toute culture est fragile et menacée. C'est précisément lorsque la conscience de l'Histoire devient plus vive et que l'idée d'un capital culturel accumulé s'impose de plus en plus fortement que sa gestion inquiète. Comment classer les œuvres du siècle, comment les répartir pour qu'elles acquièrent une vertu patrimoniale ? Quelle forme définitive leur conférer pour qu'elles puissent véritablement toucher les hommes et accomplir efficacement leur mission éducative ? Faut-il garder l'ensemble des œuvres du passé, au risque d'être rapidement submergé par un flot de livres inutiles ? Faut-il les réduire en ne conservant que quelques ouvrages essentiels, voire un livre unique qui les résumerait tous ?

Toutes ces questions témoignent d'une inquiétude, mais les adversaires des Philosophes polémiquent avec virulence sur la notion de postérité. Un palmarès constamment modifié tente de distinguer, par avance, les œuvres susceptibles de rester dans la mémoire des hommes. Dans l'esprit des clans dévots, l'argument vaut une condamnation du temps présent : « Malheur à notre siècle, si jamais la postérité vient à le juger par les scandales qu'il a produits et les âmes perverses qu'il a enfantées[2]. »

1. Volney, *Les Ruines ou Méditations sur les révolutions des empires*, Genève, 1791.

2. *Journal ecclésiastique*, septembre 1787, p. 47. Le périodique dévot analyse *Les Pensées sur la philosophie de l'incrédulité ou Réflexions sur l'esprit et le dessein des philosophes de ce siècle*, par Lamourette. Il énumère les flétrissures d'une époque décadente qui ternissent

HANTISE DE LA TOTALITÉ

Dès lors, les antiphilosophes se lancent dans un extraordinaire travail de compilation pour recueillir, contre leurs adversaires, ce qui constitue à leurs yeux une mémoire légitime. Les immenses dictionnaires participent évidemment de ce rêve de totalité refondatrice : établir une somme, c'est d'abord faire la preuve d'une exhaustivité qu'on dénie à l'adversaire. C'est encore lutter contre le chaos, en procédant à un travail de reconstruction qui doit en imposer par son ambition et son ampleur, face aux misérables productions d'esprits légers, spécialistes de l'éphémère journalistique, de la petite pièce en vers et du libelle diffamatoire. Les titres parlent d'eux-mêmes : *Histoire des premiers temps du monde, prouvé par l'accord de la physique avec la Genèse par les philosophes*, du père Berthier (1778) ; *Nouveau dictionnaire historique portatif, ou Histoire abrégée de tous les hommes qui se sont fait un nom par des talens, des vertus... depuis le commencement du monde jusqu'à*

l'histoire de l'humanité. Tels seraient : le libertinage et la hardiesse d'esprit inconnus jusqu'à l'âge philosophique, l'inertie générale, le dégoût pour les devoirs privés, un caractère d'inconstance et d'inquiétude, un cœur impatient qui ne peut se fixer, le sentiment d'une incomplétude (inquiétude de fin de siècle) et les écarts d'une imagination dévorante et insatiable. Inversement « la conversation intérieure » est présentée comme un moyen d'échapper à l'éphémère du temps présent pour entrer en contact avec « les hommes de tous les siècles ». Une grande âme « s'arrache à la multitude, et préfère l'avantage de se faire connaître de la Postérité, à celui de n'être en relation qu'avec ses contemporains » (Caraccioli, *La Conversation avec soi-même, op. cit.*, p. 68). On notera que le débat sur la postérité qui s'instaure entre les Philosophes et leurs adversaires est rigoureusement symétrique. Dans les *Mélanges pour Catherine II*, Diderot reproche aux jansénistes et aux jésuites de n'avoir strictement rien légué à la postérité : « Quel est donc le grand mal que le jansénisme et le molinisme ont fait à la nation ? C'est l'inutile existence pour le progrès des sciences et des arts dans ma patrie, d'Arnaud, de Nicole, de Pascal, de Malebranche, de Lancelot, et d'une infinité d'autres. À quoi tous leurs talents et toute leur vie ont-ils été employés ? à une masse énorme d'ouvrages de controverses qui montrent partout du génie et où il n'y a pas une ligne à recueillir » (Diderot, *Œuvres*, Laffont, t. III, pp. 263-264). Inversement, le bouillonnant avocat général Joly de Fleury foudroie la philosophie moderne en augurant de la réprobation qu'elle soulèvera parmi les générations futures : « Qu'il est triste pour nous de penser au jugement que la postérité portera de notre siècle, en parlant des ouvrages qu'il produit ! Qu'il est sensible à la Religion de voir sortir de son sein, une secte de prétendus Philosophes, qui, par l'abus de l'esprit le plus capable de dégrader l'humanité, ont imaginé le projet insensé de réformer, disons mieux, de détruire les premières vérités gravées dans nos cœurs par la main du Créateur, d'abolir son culte et ses Ministres, et d'établir enfin le Déisme et le Matérialisme ! » (cité par Chaudon, *Dictionnaire antiphilosophique, op. cit.*, t. I, p. 145).

nos jours, par l'abbé Chaudon, Paris, Le Jay, 1772, 6 vol., in-8°. *Tableau historique et philosophique de la religion depuis l'origine des temps, la religion primitive depuis la création jusqu'à Moïse*, de Para du Phanjas (1784)[1]. Ces titres donnent le vertige ! Surgit constamment le fantasme du livre unique, procédant, sous une forme condensée, à une histoire complète de l'humanité. Le vertige de l'exhaustivité s'allie à celui d'une lisibilité parfaite, et même d'une visibilité offerte au simple regard, pensons aux écrits intitulés « tableaux ». On l'a souvent remarqué, ce type d'ouvrage se présente comme une reproduction de l'univers, comme un microcosme qui satisfait un désir de possession et celui d'accéder à un savoir clos, définitif et sans faille, alors même que le présent semble défier les instruments d'analyse en échappant aux normes traditionnelles de la culture ; connaissance également des temps les plus reculés de l'humanité alors même que les encyclopédistes, et en particulier Frérêt, remettent en cause la chronologie biblique[2]. Le temps mystérieux des origines est en quelque sorte fixé par un écrit qui tente d'en dissiper les ombres incertaines. C'est dire aussi que ce fantasme n'appartient pas seulement aux adversaires des Philosophes, même si l'on admet qu'ils sont taraudés, plus que les autres, par un désir d'unité et de stabilité. Dans le *Nouveau dictionnaire historique* (1772), Chaudon commence par établir des tables historiques de l'histoire universelle et des tables chronologiques

1. Ces ouvrages connaissent souvent plusieurs éditions, fréquemment remaniées. Leur publication se poursuivait parfois durant toute la première moitié du XIXe siècle. *L'Histoire des premiers temps* du père Berthier (1778) connaît une seconde édition en 1784. En 1779 paraît anonymement *Tablettes historiques et chronologiques, où l'on voit d'un œil l'époque de la naissance et de la mort de tous les Hommes célèbres en tous genres que la France a produits...*, Amsterdam, Paris, Les Nouveautés, 1779, in-12. Ce recueil est un répertoire des philosophes, poètes, orateurs, historiens, littérateurs, magistrats prélats... peintres, architectes, sculpteurs, graveurs, horlogers... des XVIIe et XVIIIe siècles, avec leurs lieux et dates de naissance et de leur mort, et leur qualité. Il convient de noter que cette propension à écrire des sommes immenses et à remonter dans les temps les plus reculés de l'humanité n'est nullement l'apanage des adversaires des Philosophes. Le mythe des origines ne connaît pas de frontières idéologiques. Nous trouvons aussi parmi des esprits étrangers aux mouvements antiphilosophiques : Bailly, *Histoire de l'Astronomie ancienne depuis son origine jusqu'à l'établissement de l'École d'Alexandrie*, 1775 ; *Histoire de l'Astronomie moderne depuis la fondation de l'École d'Alexandrie jusqu'à l'époque de 1730* ; Delisle de Sales, *Histoire universelle de tous les peuples du monde*, 1779 ; Court de Gébelin, *Monde primitif comparé avec le monde moderne ou Recherches sur les Antiquités du Monde*, 1773-1782.

2. Claudine Poulouin, « La connaissance du passé et la vulgarisation du débat sur les chronologies dans l'Encyclopédie », *Revue d'histoire des sciences*, XLIV, 1991, pp. 3-4.

depuis Adam jusqu'à nos jours nouvellement refondues. Autre aspect de ces dictionnaires : les reprises, les mises à jour et les améliorations qui accroissent encore les sommes précédentes. Le jésuite François-Xavier de Feller reprend à la lettre plusieurs articles du *Nouveau dictionnaire historique* de l'abbé Chaudon (1772), qui offrait déjà lui-même de nombreux suppléments aux éditions précédentes (la première était de 1769). « Notre but principal, en ajoutant ce Nouveau Dictionnaire à ceux qu'on a déjà publiés, est de faire connoître, par les faits, le génie, et le goût des siècles, l'état de l'Univers dans tous les temps, les passions, les caractères, les talens, des hommes qui l'ont ravagé ou éclairé. Nous nous sommes particulièrement attachés à caractériser les Nations, à peindre les hommes célèbres, enfin à faire des tableaux en petit, dans lesquels l*es Savans puissent voir d'un coup d'œil, ce qu'ils veulent rappeler à leur mémoire, et les gens moins instruits ce qu'ils doivent placer dans la leur*[1]. »

Le fait que les camps en présence soient respectivement hantés par le désir de recueillir les monuments du siècle provoque des reclassements qui déplacent les positions des uns et des autres. D'abord, soulignons-le, la volonté de récupération est telle chez certains défenseurs de la religion que les œuvres des Philosophes volent en éclats et se trouvent parfois mêlées, dans le même ouvrage, à des écrits qui leur sont apparemment étrangers. L'histoire de ces trahisons reste à écrire. Elle révélerait des enjeux idéologiques et des fantasmes culturels qui transcendent ou nuancent l'opposition habituellement marquée entre philosophie et antiphilosophie. Elle montrerait aussi combien les discours s'opposent et se lient à la fois, dans un travail de l'histoire fait bien plutôt de tensions que de ruptures brusques et définitives. À cet égard, *Le Comte de Valmont* de l'abbé Gérard peut être considéré comme une somme de toutes les théories philosophiques des XVIIe et XVIIIe siècles, comme si une pédagogie habilement conçue pouvait récupérer le bon grain des Philosophes à la mode et en rejeter l'ivraie : « Que s'il s'étoit trouvé quelqu'un d'un génie assez supérieur, pour ramasser ce qu'il y a de meilleur dans chaque École, et

1. Abbé Chaudon, *Nouveau Dictionnaire historique portatif ou Histoire abrégée de tous les hommes qui se sont fait un Nom par des Talens, des Vertus, des forfaits... depuis le commencement du Monde jusqu'à nos jours*, Paris, 1772, t. I, préface, p. III.

en former un corps complet, cet homme-là ne différeroit pas de nous[1]… » L'organisation textuelle témoigne d'une étrange inquiétude pédagogique : le texte romanesque, lui-même bavard et interminable, est truffé de notes remplies de citations remaniées et tronquées, et de passages plus ardus, rejetés à la fin de chacune des lettres (il s'agit d'un roman épistolaire), comme si l'auteur voulait se racheter d'avoir sacrifié au romanesque par un contrepoids didactique. Le dispositif typographique semble proposer des textes de difficulté inégale que chaque lecteur choisira en fonction de ses aptitudes et de sa culture. Monstrueux montage qui finit par étouffer l'intérêt romanesque sous l'accumulation des citations et des gloses. En fait, l'abbé Gérard transforme son roman en une véritable encyclopédie, comme en témoigne le glossaire final, qui regroupe la quasi-totalité des questions débattues durant le siècle et que le lecteur peut retrouver dans l'intrigue[2]. On trouve, au grand complet, les thèmes vulgarisés du rousseauisme à la mode. Pour conjurer les mauvaises tendances de son fils, le père de Valmont évoque la nature faisant entendre « ce langage si touchant, qui multiplie les sentimens par la vue des bienfaits[3] ». Il s'y réfère encore et toujours pour fustiger les libertins, pour prôner la simplicité des premiers âges, pour exalter les douceurs d'une retraite paisible, pour sanctionner le goût du luxe accusé d'aggraver les inégalités ! Si les principes philosophiques d'*Émile* sont évidemment rejetés, les conseils pratiques du maître sont, en revanche, adoptés sans concession. L'épouse de Valmont allaite son enfant, en espérant que son mari acceptera cette nouvelle conduite. Les citations des Philosophes deviennent ainsi l'objet d'une mise en perspective, d'un incessant dialogue qui les dépossède de leur

1. Abbé Gérard, *Le Comte de Valmont…*, *op. cit.*, t. II, p. 47. Fontenay écrit aussi : « On trouve souvent dans leurs écrits [ceux des Philosophes] des morceaux dignes des meilleurs siècles de la philosophie, des vues utiles à la société, *des peintures faites pour l'immortalité* : quel dommage que cet or brillant soit mêlé aux métaux les plus pernicieux et que l'ivraie étouffe presque le plus pur froment ! » (Louis de Fontenay, *Esprit des livres défendus ou Antilogies philosophiques*, 1777, p. XXIII).

2. L'abbé Gérard, comme ses adversaires est hanté par le désir encyclopédique « Tout ce que nous pouvons faire, est de bien établir les premiers principes de nos connaissances, et d'en déduire, par une chaîne de conséquences bien liées, les sciences qui tiennent le plus immédiatement les unes aux autres : c'est là que se formerait une véritable Encyclopédie » (*Le Comte de Valmont…*, *op. cit.*, t. I, p. 359).

3. *Ibid.*, p. 44.

signification primitive pour les mettre au service d'un projet édifiant. Rousseau, la référence privilégiée, après avoir longtemps cru qu'on pouvait être vertueux sans religion, aurait renoncé, de son aveu même, à cette vue trompeuse !

Ce dialogue permet de mettre en concurrence les Philosophes et de les dresser les uns contre les autres, en les situant dans un intertexte immense et inépuisable. Si Rousseau sert à réfuter Voltaire, il arrive aussi que celui-ci soit appelé à la rescousse pour affirmer, contre Rousseau, le principe d'une sociabilité naturelle. Les plus grands noms de la philosophie, ceux de l'Antiquité, de la Renaissance, du XVIIe et du XVIIIe siècle sont ainsi cités, comme s'ils œuvraient, chacun à sa manière, à l'édifice spirituel commun de l'humanité et qu'ils témoignaient, au-delà de leurs divergences, des vertus suprêmes de la pensée religieuse. La notion de loi analysée par Montesquieu désignerait, par exemple, un ordre de l'univers impliquant l'existence d'un créateur et d'un conservateur assurant l'intégrité du tout. Il n'est pas jusqu'aux Philosophes les plus radicaux, traditionnellement honnis par l'antiphilosophie, qui n'aient quelque chose à dire au chrétien et au moraliste. Hobbes lui-même ne remarque-t-il pas que « l'intempérance est naturellement punie par les maladies ; la témérité, par la honte et les désordres ; l'injustice, par les attaques des ennemis qu'elle s'est formés ; l'orgueil, par l'abaissement et la ruine[1]... » Le « fataliste moderne » prouverait ainsi que les péchés capitaux trouvent, dès ici-bas, leur inévitable sanction ! Le discours citationnel de l'antiphilosophie procède à une mise en dialogue, qui noie les contours des œuvres évoquées, les vide parfois de leur substance, établit entre elles un système d'opposition pour risquer finalement un dépassement salvateur.

HANTISE DE LA SÉLECTION : LA VOGUE DES « ESPRITS » ET DES « BIBLIOTHÈQUES »

Une autre manière de sélectionner les œuvres philosophiques consiste à n'en retenir que la prétendue quintessence. Contre

1. *Ibid.*, p. 481. De même, Boulanger, un des Philosophes athées les plus radicaux s'il en est, devient soudain un allié qu'il convient de saluer quand il révèle les preuves de l'existence du déluge (voir *ibid.*, t. II, p. 390).

l'œuvre immense et par nature indigeste, on peut alors choisir le parti inverse, celui du fragment, de la pensée détachée, de la maxime frappante et facile à mémoriser. Ce faisant, on a le sentiment de satisfaire à la fois un devoir de mémoire et les désirs de lecteurs pressés, mais soucieux de se tenir au goût du jour. C'est ainsi qu'une autre forme éditoriale fait fureur dans la deuxième moitié du siècle, celle des « Esprits ». Il s'agit de recueillir les pensées d'un écrivain consacré, digne de figurer au panthéon des meilleures lectures. Cette forme étrange, aux vues de nos critères modernes d'écriture et d'édition, est particulièrement exploitée par les compilateurs, antiphilosophes notoires ou conciliateurs chrétiens, car elle présente de multiples occasions de remodeler un texte, en éliminant sa puissance de contestation initiale. L'entreprise repose sur une falsification manifeste, puisque le compilateur entend faire fi des conditions d'énonciation, de la forme et de la destination primitive du texte qu'il remanie. Réduite aux proportions d'un livre unique, l'œuvre acquiert une existence nouvelle. La méconnaissance des passages écartés est compensée par l'exigence d'une lecture plus concentrée qui assimile mieux sa pâture et mémorise un texte offert comme une série d'inscriptions[1]. Pour les représentants des Lumières chrétiennes comme Formey, les Esprits permettent de sauvegarder le patrimoine philosophique du siècle et d'éliminer en même temps ses audaces dangereuses. Ses *Pensées de J.-J. Rousseau* connaissent un grand succès, puisque neuf éditions sont publiées durant la seule année 1762. En recueillant avec vénération les seuls propos révélant le feu d'une inspiration féconde et communicative, le compilateur efface l'image du « sophiste hardi » et fait valoir, par contraste, les talents de l'« Écrivain brillant et

1. La forme éditoriale des Esprits ne date pas du XVIIIe siècle. Dès la fin du XVIIe siècle sont publiés l'*Esprit de M. d'Arnaud* par Jurieu (1684) et l'*Esprit de Raymond Lulle* (1666). On assiste néanmoins dans les années 1760-1790 à une extraordinaire floraison de ces petits recueils qui embrassent désormais tous les champs du savoir, font éclater les frontières entre les genres et les catégories, et manifestent le sentiment d'une urgence pédagogique. Il faut à tout prix fixer une mémoire culturelle pour des lecteurs pressés et menacés par des risques de dispersion et de vagabondage intellectuel. Parmi les Esprits qui entendent à la fois dénoncer le poison vénéneux de la Philosophie et en sauvegarder paradoxalement la substance féconde, on trouve l'*Esprit des livres défendus ou Antilogies philosophiques*, Amsterdam et Paris, 1777, 4 vol. de Louis Abel de Bonafous, abbé de Fontenay. D'après Quérard, cet ouvrage serait en réalité de Sabatier de Castres et d'Antoine de Verteuil.

mâle[1] ». Refusant la forme épistolaire de *La Nouvelle Héloïse* (1761), il supprime la possibilité de problématiser un débat et le ballottement incertain d'une lecture équivoque s'enivrant de ses transports. La magie de l'écriture ne doit plus être isolée de la morale qu'elle met en action. Édifié et comblé, le lecteur se réconcilie avec lui-même, l'union du couple s'en trouve raffermie, les valeurs fondamentales qui fondent le lien social suscitent de nouvelles formes d'adhésion. La morale conservatrice et conformiste de Formey rétablit, au même titre que les autres Esprits, un équilibre fragile entre des forces affectives menacées par la corruption du siècle ou par les brumes de la mélancolie. Sans jamais citer ses sources, l'adaptateur transforme radicalement *La Nouvelle Héloïse*, en mettant le roman au service de la dévotion et de la morale la plus orthodoxe. D'autres compilateurs qui n'appartiennent ni aux Lumières chrétiennes ni aux milieux dévots aspirent aussi à défendre la réputation de Voltaire. Dans l'*Esprit de M. de Voltaire* (1759), Villaret évoque l'âme du grand homme et le génie de l'écrivain en révélant ses plus belles pensées. Or c'est un Voltaire plein de piété et de respect pour la religion que le compilateur dépeint dans sa préface[2]. Le philosophe récuse l'utilité des apologies en sanctionnant leur ambition. L'Évangile suffit pour prouver l'existence de Jésus-Christ et ce n'est pas non plus à la « Métaphysique à prouver la Religion chrétienne. La raison est autant au-dessous de la foi que le fini est au-dessous de l'infini », s'écrie

1. Formey, *Les Pensées de Jean-Jacques Rousseau citoyen de Genève*, Amsterdam, 1763, p. XI.

2. Claude Villaret (1715-1766) est un de ces innombrables polygraphes essayant de profiter de l'aura que connaissent les grands noms de la philosophie pour tenter de faire carrière dans la République des lettres. Après avoit écrit deux romans d'une extrême médiocrité, *Histoire du cœur humain ou Mémoires du marquis de **** (1743) et *La Belle Allemande* (1745), il se retrouve dans une détresse extrême. Devenu comédien dans une troupe de province, puis directeur de théâtre, il tente de réfuter la *Lettre sur les spectacles* de Rousseau, en écrivant des *Considérations sur l'art du théâtre* (1758). Or l'*Esprit de M. de Voltaire* (1759) répond manifestement à une stratégie, car l'ouvrage lui procure un emploi à la Chambre des comptes. On notera toutefois que cette publication subit les foudres de la censure. Sa présentation de Voltaire est pourtant des plus conservatrices : « Sublime quand il parle de l'Être suprême, il transporte, il élève l'âme au-dessus d'elle-même ; son génie tout de feu lui communique la grandeur et la magnificence de ses idées : *plein de respect pour les vérités de la religion, il subordonne la sagesse humaine aux lumières incompréhensibles du christianisme* » (Claude Villaret, *L'Esprit de M. de Voltaire*, Paris, Aux dépens de la compagnie, in-8°, 273 p., p. 5 ; c'est nous qui soulignons).

Voltaire (revu par Villaret) dans les *Remarques sur les Pensées de Pascal*[1].

La pensée détachée et surtout la conversion en maximes témoignent de la volonté de poursuivre l'œuvre du Grand Siècle. Pour apaiser l'inquiétude provoquée par l'esprit philosophique et les nouvelles formes d'écriture qu'il génère, les Esprits satisfont un rêve de restauration et de continuité, comme si les Voltaire et les Rousseau s'inscrivaient dans la lignée des moralistes, dans celle de La Rochefoucauld ou de Mme de Sévigné[2].

Un autre type d'écrit, souvent pratiqué par les défenseurs de la religion, fait fureur à la veille de la Révolution : la « Bibliothèque ». Il s'agit tout aussi bien d'une collection d'ouvrages représentant une culture légitime, celle de l'honnête homme ou, en l'occurrence, celle du chrétien, que d'un plan de lecture visant à sélectionner des œuvres, à les classer, et surtout, nous le verrons, à régenter et à contrôler la lecture qu'elles suscitent. La Bibliothèque répond donc au désir de mémoire qui hante véritablement les élites de la fin du XVIIIe siècle et ce n'est évidemment pas une coïncidence si l'essor de ces plans de lecture est contemporain des recherches architecturales pour l'édification de bibliothèques publiques et du développement parallèle des bibliothèques privées. Signe glorieux d'un statut social désormais associé à des marques indispensables de distinction culturelle, la pièce appelée bibliothèque témoigne du culte rendu au livre comme emblème du siècle tout entier. L'existence d'une bibliothèque généralement assortie de meubles et d'objets divers pour faciliter la lecture implique la volonté affirmée de se soustraire périodiquement aux devoirs familiaux pour se recueillir dans un lieu feutré, quintessence d'une relation intime avec les monuments du savoir. À la différence du cabinet plus austère, invitant originellement à la méditation chrétienne, la nouvelle bibliothèque aux rayons remplis de somptueuses reliures traduit une conception ostentatoire de la culture et un amour tout profane des livres que l'on ne cesse d'accumuler pour les palper et

---

1. *Ibid.*, p. 18.

2. « Au petit nombre de Pensées, choisies avec un goût sévère dans tous les recueils publiés jusqu'à ce jour, il a joint tout ce qu'il y a de plus piquant dans des lectures plus étendues, *pour en former un livre qui pût devenir classique en son genre et servir de suite aux Maximes de La Rochefoucauld* » (*L'Esprit des Esprits ou Pensées choisies pour servir de suite aux Maximes de La Rochefoucauld*, Londres, Paris, Dorez, 1777).

les exhiber[1]. Les défenseurs de la religion s'en inquiètent et dénoncent l'existence d'une mémoire confisquée qui ne profite même pas à son propriétaire bibliomane puisqu'il est humainement impossible de lire une telle quantité d'écrits : gaspillage d'énergie, marques somptuaires d'une dépense effectuée au détriment de la véritable sagesse. Dans *La Conversation avec soi-même*, Caraccioli s'écrie : « Sans doute la lecture est nécessaire ; il faut converser avec les morts, et se garantir de la malignité des vivants. Mais les hommes ont plus besoin de se feuilleter eux-mêmes que de feuilleter des volumes[2]. » Quant à l'homme-bibliothèque qui cite, à tout instant, les ouvrages qu'il possède, on l'accuse alors de préférer l'exhibition d'un savoir mal ordonné au souci du sens et de la vérité[3]. Dans une tradition issue de Bossuet, l'âme apparaît comme la première bibliothèque, celle que ni la poussière ni les vers ne sauraient altérer[4]. Les adversaires religieux des Philosophes ne veulent évidemment pas supprimer les bibliothèques, mais en proposer des modèles normatifs, procéder à une sélection des ouvrages utiles et surtout contrôler l'ensemble du processus de lecture. Sur ce point, les positions des défenseurs du christianisme marquent des différences. Formey, conciliateur et vulgarisateur chrétien, mais engagé dans le mouvement philosophique, fait un vibrant hommage du livre et de la lecture, avant de procéder à la sélection souhaitable : « Elles [les ressources de la lecture] s'offrent dans tous les temps et dans tous les lieux ; et s'il y a des conjonctures où vous voyez qu'elles ne vous conviennent pas, vous pouvez laisser [le livre] pour le reprendre ensuite avec une pleine liberté[5]. » L'abbé Gérard se montre plus réservé : il importe surtout de ne pas développer chez le jeune lecteur une bibliomanie précoce, car l'adulte doit savoir se limiter à

1. « Dans les cités françaises du XVIIIe siècle, rares sont finalement les possesseurs de livres qui abritent leur collections dans une ou plusieurs pièces spécialement dévolues à la conservation ou à la consultation des ouvrages. Un tel usage est le fait seulement des plus riches, propriétaires d'un hôtel particulier, ou de plus gros collectionneurs de livres » (Roger Chartier et Daniel Roche, « Les pratiques urbaines de l'imprimé », *Histoire de l'édition française*, Promodis, 1984, t. II, p. 410).

2. Caraccioli, *La Conversation avec soi-même*, *op. cit.*, p. 39.

3. « Je me défie toujours du jugement d'un grand liseur, qui, faisant de sa tête une bibliothèque mal arrangée, n'a d'esprit que celui des autres, qu'il produit à tort et à travers » (*ibid.*, p. 42).

4. *Ibid.*, p. 66.

5. Formey, *Conseils pour former une bibliothèque peu nombreuse mais choisie*, Berlin, 1756, p. 2.

un choix de livres utiles. À partir de ces principes, l'auteur du *Comte de Valmont ou les Égarements de la raison* souligne les ambivalences de la lecture purement hédoniste (à laquelle il vient en partie de sacrifier dans le roman qui précède son exposé théorique)[1] : le risque est de détourner à tout jamais le jeune lecteur des ouvrages plus sérieux. Néanmoins, une pédagogie bien conduite peut canaliser les vertus positives de la lecture divertissante, en exigeant par exemple que celle-ci fasse l'objet de comptes rendus réguliers.

Les apologistes aspirent cependant à conjurer les dangers de la lecture primesautière que les écrivains philosophes comme Montesquieu et Voltaire ont généralisée avec le talent que l'on sait. Le protestant Formey voudrait moraliser cette pratique qui doit se rapporter à quelques devoirs auxquels nous sommes obligés comme hommes, comme citoyens et comme chrétiens : « Nos lectures ne doivent aboutir qu'à nous rendre meilleurs, plus gens de bien, et plus propres à nous acquitter de l'emploi auquel il plaît à la providence de nous attacher[2]. » À la lecture extensive, rapide, trop variée pour être réellement profitable, il faut substituer l'entretien fréquent avec quelques textes choisis pour leur profondeur. Le conseil n'est pas nouveau, et il n'appartient pas exclusivement à la pensée dévote, mais il acquiert, durant cette fin de siècle, un poids intense : « Il ne faut pas croire que ce soit la grande quantité de livres, dont on change même à chaque instant qui contribue à nourrir en nous [...] [la piété]. Un petit nombre bien choisi, auquel on revient sans cesse, dans lequel on fait des lectures suivies, réfléchies, méditées, en s'appliquant à soi-même chaque vérité importante, est bien plus propre à produire cet effet et à nous rendre meilleurs, que des lectures bien variées, faites à la hâte, sans attention, sans suite, et sans objet déterminé[3]. » D'autre part la lecture doit viser en priorité à l'utilité. Pour ce faire, Formey propose deux méthodes : l'une inspirée de l'*Encyclopédie* entend remonter jusqu'au principe de chaque science et procéder ensuite aux corré-

1. Le tome VI du *Comte de Valmont* s'intitule en effet : « La théorie du bonheur ou l'art de se rendre heureux », an 2 : or toute une partie de l'ouvrage est un plan détaillé de lectures. Il manifeste une hantise de la programmation.

2. Formey, *Conseils pour former une bibliothèque..., op. cit.*, p. 154.

3. Abbé Gérard, *Le Comte de Valmont..., op. cit.*, t. VI, « Seconde lettre à la même sur le choix des lectures », p. 438.

lations nécessaires. La théologie mène ainsi à l'histoire ecclésiastique, tandis que la médecine conduit à la botanique. Des interrelations surgissent, car, en retour, l'étude des plantes fournit un nouvel objet à la médecine, tandis que la chimie profitant des leçons précédentes lui prépare des remèdes. La seconde méthode, qu'il pratique lui-même d'abondance, consiste à étudier une seule science en parant au plus pressé. En ce cas, le vulgarisateur se contente d'effleurer la discipline en question tout en exposant au lecteur ses règles essentielles.

Si l'on examine maintenant le choix des lectures proposées dans les Bibliothèques des apologistes, on peut observer des différences sensibles. Lorsqu'ils évoquent celles réservées aux enfants et aux adolescents, les plus sévères, comme l'abbé Gérard, se limitent aux histoires édifiantes, souvent écrites par d'autres apologistes, à la littérature enfantine de Berquin, de Mme de Genlis et de Mme Leprince de Beaumont. L'appel aux larmes et aux émotions, si elles demeurent contrôlées et qu'elles ne basculent pas dans le registre paroxystique, demeure une ressource possible pour l'éducateur. Pour former le jugement et le goût, on trouvera les grands classiques du XVIIe siècle et des traités d'esthétique souvent ardus comme ceux du père André sur la nature du beau, la *Grammaire raisonnée* de Beauzée et l'inévitable *Traité des Études* de Rollin. Certains apologistes se montrent beaucoup plus tolérants lorsqu'ils traitent des lectures réservées aux adultes. L'abbé Chaudon ouvre généreusement sa *Bibliothèque d'un homme de goût* (1772) aux romanciers du siècle. Si les romancières bien pensantes comme Mme de Graffigny et Mme Riccoboni sont, évidemment, l'objet de grands éloges, l'on pourra s'étonner de constater la présence d'écrivains plus audacieux comme Marivaux, voire sulfureux comme Crébillon fils. Celui-ci fait bien l'objet de sévères critiques, mais on lui reconnaît néanmoins l'art de « développer habilement un caractère[1] ». Même les contes de Voltaire ne sont pas entièrement rejetés. Certes, l'abbé Chaudon sanctionne sévèrement *Candide*, mais il rend hommage aux qualités littéraires de *Zadig*, de *Memnon* et du *Monde comme il va*[2]. Formey, quant à lui, porte ouvertement au

1. Abbé Chaudon, *Bibliothèque d'un homme de goût* (1772), t. II, p. 252.

2. Dans la *Bibliothèque d'un homme de goût, op. cit.* Chaudon fait un grand éloge du *Paysan parvenu* de Marivaux et admire aussi *La Vie de Marianne* du même auteur, parce que

crédit du siècle d'avoir produit des « Romans écrits avec un art infini ». Émanant de ce protestant sévère, la remarque est révélatrice d'une évolution[1]. Pour certains apologistes, épris de littérature, le roman appartient, malgré les préventions dont il fait l'objet, au patrimoine culturel du XVIIIe siècle. C'est à ce titre que Formey cite *La Princesse de Clèves*, mais aussi les romans de Mme de Tencin, ceux de Prévost, de Marivaux, de Richardson et de Crébillon. Quant aux *Lettres persanes* de Montesquieu, pourtant si décriées par une large partie de la critique antiphilosophique, elles franchissent, à leur tour, le seuil des ouvrages licites !

La crainte d'erreurs éventuelles sur le choix des ouvrages qui accéderont à la postérité, anime les auteurs de Bibliothèques. Classer, trier, rectifier ou abolir la liste établie par des prédécesseurs indignes ou maladroits devient l'obsession majeure de ces compilateurs. Or l'objectif n'est pas tant d'interdire ou de censurer les ouvrages philosophiques que d'isoler et de récupérer une partie de leur leçon. Dès la fin du XVIIe siècle, Charles Sorel proclame dans *La Bibliothèque française* ce désir de désigner les écrivains dignes de passer à la postérité[2]. L'optique est certes radicalement différente. L'historiographe de France entendait faire l'éloge de la monarchie et encenser les écrivains qui honorent la nation. Pourtant, on trouve déjà ce désir d'effacer les conditions de production des textes, pour retenir exclusivement ce qui, en eux, peut nourrir une lecture féconde : « Il n'importe aux Lecteurs pour qui, ou comment un livre a esté fait pourvu que leur temps soit bien employé à sa lecture[3]. »

---

le personnage intéresse jusqu'aux larmes (t. II, p. 251). Il commente ainsi les contes de Voltaire : « La variété des incidens, une certaine gaieté d'imagination, la chaleur, la rapidité du récit, la simplicité, la noblesse et l'heureuse négligence du style caractérisent les premiers romans de M. de Voltaire, *Zadig*, *Memnon*, *Le Monde comme il va.* » En revanche, lorsque Voltaire écrit *Candide*, il devient : « un polisson de mauvaise compagnie… qui puise ses railleries dans l'ordure » (*op. cit.*, t. II, p. 254). On notera encore que Chaudon rend hommage à plusieurs ouvrages historiques de Voltaire : « Nous n'avons d'excellent sur l'histoire de la Suède que ce que cet auteur nous a donné sur l'histoire de Charles XII. C'est son chef-d'œuvre dans le genre historique. Cette production est lue et goûtée de tout le monde dit l'Abbé des Fontaines, soit pour les faits qu'elle contient, soit pour la manière agréable dont ils sont racontés » (*ibid.*, t. II, p. 202).

1. Formey, *Conseils pour former une bibliothèque…*, *op. cit.*, art. « Romans », I, p. 52.

2. Charles Sorel, *La Bibliothèque française ou se trouve l'examen et le choix des meilleurs et des principaux livres français, qui traitent de la pureté des mots, de Discours, de l'Éloquence, de la philosophie, de la Dévotion et de la conduite des Mœurs*, Paris, 2e éd., 1667.

3. *Ibid.*, p. V.

Dans cette perspective, les défenseurs de la religion prétendent isoler les idées de leur condition d'énonciation et les arracher même aux auteurs qui les ont écrites. Formey revendique hautement l'art de la compilation et même le droit au pillage. Le *Traité des études* de Rollin provoque son enthousiasme, parce que l'auteur « avoue de bonne foi qu'il ne se fait point un scrupule, ni une honte de piller par tout, souvent même sans citer les Auteurs qu'il copie, parce que quelquefois il se donne la liberté d'y faire quelque changement[1] ». Un tel aveu peut surprendre et faire sourire. Il témoigne pourtant d'une inquiétude qui n'a rien de frivole ni de superficiel. Le désir de compilation qui hante bon nombre de polygraphes, mais aussi d'écrivains talentueux, révèle un immense désir de sauvegarde des biens culturels et paradoxalement un intense désir de vérité. Si les textes ne sont pas considérés comme la propriété de leurs auteurs, c'est qu'ils sont animés d'une vie propre. Les extraire de la gangue qui les enchâssait, c'est les doter d'un pouvoir de signification qui sommeillait en eux, c'est leur conférer une nouvelle sacralité.

Le désir de classement, la volonté de réécriture et de récupération, répétons-le, sont loin d'appartenir exclusivement aux défenseurs de la religion. Le sentiment d'une table rase provoquée par les systèmes de pensée inquiète plus ou moins tous les esprits de cette fin de siècle et même ceux des années antérieures. Diderot ne manifeste-t-il pas une préoccupation semblable dès l'*Encyclopédie* ? Comment classer les connaissances pour transmettre à la postérité les travaux des hommes et éviter que ceux-ci ne demeurent pas inutiles en sombrant dans l'oubli ? La quête d'une « chaîne » reliant les systèmes de pensée à un fondement primitif, privilège d'un temps où les mots et les choses n'étaient pas séparés, où tous les hommes parlaient la même langue, hante les immenses sommes philosophiques de Court de Gébelin et de Delisles de Sales. Le recours aux origines et le fantasme unitaire tentent de conjurer l'inquiétude provoquée par le spectacle du chaos et par le sentiment

1. Formey, *Conseils pour former une bibliothèque…*, *op. cit*, pp. 132-133. Chaudon se risque à souhaiter, avec quelque prudence, qu'on fit un esprit de Diderot « comme on a fait celui de Rousseau », car cet écrivain si sulfureux qu'on n'ose même citer ses œuvres métaphysiques, pour ne pas induire en tentation le commun des lecteurs, est tout de même crédité, d'exprimer avec feu de fortes pensées (voir Chaudon, *Bibliothèque d'un homme de goût*, 1772, t. II, partie VIII, p. 358).

d'une perte insupportable du sens. Dans l'article « Encyclopédie », Diderot s'inquiétait, lui aussi, de la difficulté à trouver un classement susceptible de fixer des connaissances en continuel renouvellement. Il manifestait également la crainte de devoir recourir à une terminologie toujours menacée de caducité[1]. Les adversaires des Philosophes, hantés par le sentiment d'une décadence religieuse et morale, révèlent, à leur manière, les inquiétudes et les tensions du siècle : expurger, mais aussi relier entre elles des œuvres apparemment dissemblables ; recueillir dans un même ouvrage, fragment (Esprit) ou somme (roman, bibliothèque), l'essentiel ou la totalité d'une pensée devient l'objet d'un travail obstiné. Dans tous les cas de figure, l'on perçoit l'obsession du dictionnaire : représentation fantasmée d'un savoir répertorié et organisé, venant contrebalancer les incertitudes de la lecture hédoniste, et, dans la clarté pédagogique, œuvrer pour la postérité. L'œuvre doit satisfaire un désir de solidité doctrinale et de certitude qui relierait entre eux les hommes des générations antérieures et s'opposerait à la fuite en avant et aux errances de la pensée individuelle. À cet égard, les manuels pédagogiques qui triomphent dans les années postrévolutionnaires témoignent de la volonté d'un reclassement des œuvres « philosophiques » antérieures. Il s'agit moins de procéder à une entreprise historique, en situant les penseurs dans leur contexte, que de leur faire servir un projet édifiant, qui en impose par sa puissance globale et uniforme.

---

1. L'article « Encyclopédie » révèle bien, à cet égard, les préoccupations mais aussi les doutes et les inquiétudes de Diderot : « ... Le but d'une encyclopédie est de rassembler les connaissances éparses sur la surface de la terre ; d'en exposer le système général aux hommes avec qui nous vivons et de les transmettre aux hommes qui viendront après nous ; afin que les travaux des siècles passés n'aient pas été des travaux inutiles pour les siècles qui succéderont ; que nos neveux, devenant plus instruits, deviennent en même temps plus vertueux et plus heureux, et que nous ne mourions pas sans avoir bien mérité du genre humain » (Diderot, *Œuvres, op. cit.*, t. I, p. 363). Dans cet admirable passage, l'encyclopédiste évoque les grands thèmes fondateurs et complémentaires de la mémoire, de sa transmission et de la chaîne qui relie entre elles les générations. Un peu plus loin, il laisse transparaître une inquiétude taxinomique : le mode de classement fondé sur une logique combinatoire ne risque-t-il pas de rendre caduques les définitions données à mesure que de nouvelles découvertes viendront bouleverser la belle ordonnance du tout ?

3.

Interférences et marges culturelles dans les trente dernières années de l'Ancien Régime

La hantise de la décadence et le désir de mémoire n'appartiennent pas seulement à l'antiphilosophie. Certes, plusieurs adversaires dévots des Philosophes accusent ceux-ci d'être les principaux responsables de la dégradation des mœurs contemporaines. Avant même que Barruel ne développe sa fameuse thèse d'un complot des Philosophes et des francs-maçons contre la société, certains pointent le doigt vers les fauteurs de tous les troubles : les Philosophes, encore et toujours. Dès lors le salut résiderait nécessairement dans le retour aux fondements mêmes d'une religion, elle aussi, contaminée par l'esprit du siècle. Dans l'ordre politique, la monarchie devrait également se ressaisir en proclamant haut et fort les principes incontestables de sa légitimité et de son autorité. La désinvolture des propos, l'accoutumance à un usage blasphématoire du discours, l'irrespect généralisé pour ce qui constitue le principe de toute loi atteindraient des couches de plus en plus larges de la population. Le spectacle d'une société oisive et outrageusement dispendieuse, côtoyant, dans les années 1780, l'extrême misère alimente également un discours très conservateur. Il faut pourtant nuancer cette analyse. D'abord, les positions extrêmes n'appartiennent qu'à une frange radicale de l'antiphilosophie. Ensuite, la hantise de la décadence affecte, nous l'avons vu, des courants de pensée très divers. Les références à Montesquieu surgissent aussi sous la plume des défenseurs de la religion pour rappeler que l'auteur de l'*Esprit des lois* a montré comment les Romains s'étaient engagés sur la voie du déclin[1]. Ses *Considérations sur les causes de la grandeur des Romains et de leur décadence* n'ont jamais été si présentes à tous les esprits. De plus, les antiphilosophes n'adoptent pas, sur le plan politique, des positions nécessairement conservatrices. Dans les années qui précèdent la Révolution, Barruel met tous ses espoirs en Necker. Il partage ses vues réformistes et se méfie des parlements qui pourraient bien empêcher un train de réformes indispensables[2]. Il faut également prendre en compte le désir commun de conquérir l'espace culturel : la volonté et la nécessité de séduire, à tout prix, un public devenu rebelle aux modes traditionnels de publication invitent les adversaires à adopter les mêmes systèmes de médiation et les mêmes formes éditoriales. Les nécessités mercantiles venant s'ajouter à la liste des impératifs, surgissent alors des zones d'interférence plus ou moins étendues, comme si les positions des uns et des autres étaient écornées et que la pensée pure et dure avait ses ailes rognées.

DES SCÉNARIOS MULTIPLES

Les polygraphes et les érudits se situent à un carrefour de choix éditoriaux, d'options formelles et pédagogiques, de systèmes d'allégeance ayant valeur de repères et de publicité. Il convient d'exa-

1. Les références aux *Considérations sur les causes de la grandeur des Romains et de leur décadence* de Montesquieu se multiplieront sous la Révolution et le Consulat et l'Empire. René Binet, *Histoire de la décadence des mœurs chez les Romains et de ses effets dans les derniers tems de la République*, Paris, an III ; J.-P. de Sales, *Discours sur la question suivante, proposée en 1807 et 1808, par l'Académie des Jeux floraux de Toulouse : Quels ont été les effets de la décadence des mœurs sur la littérature française*, Paris, 1808. Le thème est susceptible d'être récupéré par des écrivains d'obédience différente. Certains, qui, comme Binet, écrivent sous la Convention thermidorienne, imputent la Terreur à la décadence des mœurs. Cet ancien recteur de l'Université de Paris et professeur émérite de rhétorique a été nommé professeur de langues anciennes des écoles centrales du département de Paris. Sur la décadence des lettres, voir aussi l'article liminaire de Geoffroi, intitulé « Tableau des Révolutions de la littérature française », art. cité, t. I, p. 26.

2. La démission ou l'entrée de M. Necker au Conseil tiennent ici tout le monde en suspens. On *espère cependant qu'il ne sera pas sacrifié* à la haine que son mémoire sur les administrations provinciales, furtivement imprimé, lui a attirée de la part des parlements, il faut convenir qu'en proposant ses vues il aurait dû ménager un peu les cours. Mais il ne s'attendait pas que son mémoire pût devenir public (voir lettre du 17 mai 1781, citée par Riquet, *Augustin de Barruel, op. cit.*, p. 41).

miner attentivement cette diversité et de montrer la mise en place et l'imbrication des réseaux de production culturelle.

Chez certains, la visée éditoriale l'emporte sur toutes les autres. Formey, Yvon et Mallet croisent un moment l'aventure encyclopédique, sans partager nécessairement les idées des pères fondateurs de l'entreprise[1]. C'est en protestant animé par une éthique du

1. En 1743, Formey caresse le projet d'un dictionnaire philosophique adapté de Chambers, avant que cette mission soit confiée à Diderot. Il s'adresse à l'éditeur Briasson qui accepte de financer l'entreprise. Mais voici que durant l'année 1745 Briasson s'associe à Le Breton et change de politique éditoriale ; il confie à l'abbé Gua de Malves le soin de rendre française la *Cyclopédia* de Chambers. Lorsque Diderot et d'Alembert prennent, à leur tour, l'affaire en main, Formey qui a écrit de nombreux articles se trouve gêné par les prises de position philosophiques des deux nouveaux responsables, mais surtout échaudé par une entreprise qui présente désormais trop de risques. Il décide d'abandonner le projet et réclame ses manuscrits aux éditeurs, sans d'ailleurs réussir à les obtenir. Voir François Moureau, « L'Encyclopédie d'après les correspondants de Formey », *Recherches sur Diderot et sur l'Encyclopédie,* n° 3, octobre 1987, pp. 125-147 ; Didier Masseau, « Pouvoir culturel et vulgarisation en Europe : Algarotti et Formey », *Lez Valenciennes*, n° 18, 1995, pp. 27-41 ; Jean Haechler, *L'Encyclopédie : le combat et les hommes*, Paris, Les Belles Lettres, 1998, pp. 44-45. Quant à l'abbé Yvon, ses articles pour l'*Encyclopédie* représentent son premier travail publié. Comme Formey, il se lance dans de multiples travaux savants. Mêlé aux mouvements philosophiques, il est conduit à corriger les épreuves du *Discours sur l'origine de l'Inégalité* de Rousseau et à aider Pierre Rousseau pour la rédaction du *Journal encyclopédique*. Placé dans une position infiniment plus fragile que Formey, il considère la compilation, le travail de seconde main et la recherche savante comme une nécessité qui l'emporte sur les considérations idéologiques. Par ailleurs, Yvon, nous l'avons vu, représente de manière exemplaire ces Lumières chrétiennes, ouvertes aux nouveautés philosophiques, essayant de concilier la foi et la raison, mais qui refusent d'admettre l'athéisme. Cet encyclopédiste se considère lui-même comme un fervent catholique, mais il accepte, comme les Philosophes, la coexistence dans une même nation de religions différentes. À cet égard son ouvrage *Liberté de conscience resserrée dans des bornes légitimes* (1751-1755) est mis à l'Index, et deux ans plus tard le *Droit naturel civil, politique et public réduit à un seul principe* dans lequel il couvre d'éloges Montesquieu et soutient d'Alembert dans sa critique des jansénistes provoque évidemment la fureur des *Nouvelles ecclésiastiques* du 15 mai 1757. En 1762, il revient en France, après dix années d'exil que lui avait valu son soutien réel ou prétendu à la thèse de l'abbé de Prades et il prend alors quelques distances à l'égard des Philosophes. Dans ses *Lettres à M. Rousseau* (1763), il approuve la condamnation d'*Émile* par l'archevêque de Paris, Christophe de Beaumont. Néanmoins, il poursuit son œuvre de conciliation entre la philosophie et la religion catholique dans un *Abrégé de l'histoire de l'Église depuis son origine jusqu'à nos jours* et dans une *Histoire de la religion* (1785). À la différence des deux précédents cas, Edme Mallet (1713-1755) offre apparemment tous les gages d'orthodoxie chrétienne. On a même prétendu que ce modeste théologien de province aurait eu pour mission de subvertir ou du moins de surveiller de l'intérieur l'entreprise encyclopédique. N'aurait-il pas compensé aussi par ses articles l'audace philosophique de certains rédacteurs. Pour récompense de ses services, l'évêque de Mirepoix lui aurait attribué le poste prestigieux de professeur de théologie au collège Louis-de-Navarre, avant

travail éditorial et en savant désireux de toucher un nouveau public par le biais d'un dictionnaire que Formey se trouve un moment entraînés dans l'aventure encyclopédique. Son désir éperdu d'adaptation l'emporte de loin sur les visées idéologiques et militantes des Lumières conquérantes[1]. On peut légitimement estimer que l'obscur Yvon conçoit sa participation à l'*Encyclopédie* comme une stratégie d'émergence qui ne remet nullement en cause ses convictions chrétiennes. C'est également par le biais éditorial que l'abbé Mallet entre en contact avec les encyclopédistes. Un des éditeurs du grand dictionnaire, Laurent Durand, avait publié ses *Principes pour la lecture des poètes* (1765). Une telle situation favorise évidemment son engagement dans l'entreprise encyclopédique. Ses relations avec Diderot reposent, en partie, sur l'échange de bons procédés éditoriaux. L'éditeur de l'*Encyclopédie* joue le rôle de caution et d'intermédiaire quand Mallet négocie le contrat pour un livre chez l'éditeur Laurent-François Prault, tandis que l'abbé devient, à son tour, un des grands diffuseurs du livre d'histoire, de littérature et de religion. Quant à Formey, ses fonctions d'intermédiaire et de diffuseur européen font de lui un spécialiste de la communication culturelle[2]. Les relations qu'il cultive habilement avec les membres de l'intelligentsia sont fondées sur l'échange des services rendus. La promotion d'un écrit dans le monde savant, l'information donnée à un correspondant se soldent par une audience accrue et un gain de reconnaissance. Formey se charge

---

qu'il n'obtienne, en 1751, la chaire de théologie de l'Université de Paris. Mallet fut un collaborateur très actif de l'*Encyclopédie*. Il a rédigé plus de 2 000 articles ou parties d'articles, dont 550 traitent de religion, mais il est aussi responsable d'articles de littérature, d'histoire politique et sociale, et de commerce. Voir Walter Rex, « "Arche de Noé" and others Religions Articles by abbé Mallet in the *Encyclopédie* », *Eigteenth-Century Studies*, vol. 9, n° 2, hiver 1975-1976 ; F. Kafker, « The Encyclopedists as Individuals », *Studies on Voltaire*, 257.

1. Formey témoigne, en effet, de l'indignation que lui inspirent les *Pensées philosophiques* de Diderot dans lesquelles celui-ci proclamait le plus franc athéisme. Entre-temps, l'académicien avait expédié à Gua de Malves 81 articles. Formey est donc le premier des rédacteurs de l'*Encyclopédie*. Le fait a son importance, si l'on admet, avec Jean Haechler, que le travail de ce protestant, académicien de Berlin, aurait été utilisé ensuite dans au moins 110 articles du fameux dictionnaire. Voir François Moureau, « L'Encyclopédie d'après les correspondants de Formey », art. cité, pp. 125-1, 17, et Jean Haechler, *L'Encyclopédie : le combat et les hommes*, *op. cit.*, pp. 44-45.

2. Didier Masseau, « Pouvoir culturel et vulgarisation en Europe : Algarotti et Formey », art. cité, pp. 27-41.

également de tester l'accueil des ouvrages nouveaux ou des écrits circulant sous forme manuscrite avant publication.

Les scénarios s'établissent aussi en fonction d'une conjoncture qui détermine parfois évolutions et changements de cap. Formey adopte, à plusieurs reprises, une attitude franchement apologétique bien que certains de ses articles soient publiés dans l'*Encyclopédie.* Yvon prend ses distances à l'égard de Rousseau, lors de la condamnation d'*Émile*, mais il poursuit, par ailleurs, une œuvre conciliatrice, sans pour autant être approuvé par les tenants purs et durs de l'apologétique chrétienne. Se mettent ainsi en place des réseaux capillaires instables, hors des lignes de clivage rigides qu'une tradition critique a tenté de tracer *a posteriori.*

N'oublions pas non plus le poids des allégeances sociales et culturelles. Bien que de petite noblesse provinciale, l'abbé de Prades se retrouve lié à l'aristocratie parisienne grâce au jeu des alliances contractées par plusieurs membres de sa famille. C'est sans doute par l'intermédiaire de son oncle qu'il entre en contact avec d'Alembert. Dans la thèse qui provoqua le scandale que l'on sait, le bon abbé ne nourrissait certainement aucune intention perfide à l'égard de l'Église. Se sentant protégé par le poids de ses relations sociales, il figurait plutôt comme un voltigeur de l'avant-garde religieuse libérale et, à ce titre, pouvait servir d'éclaireur aux encyclopédistes. L'abbé Bergier illustre la situation inverse. Recruté comme un champion de la lutte antiphilosophique par l'archevêque de Paris, Mgr de Beaumont en 1770, il retrouve dans la capitale son frère François très lié avec le milieu Suard, représentant exemplaire de ces « Lumières » assagies et conciliatrices, visant surtout à occuper les lieux de pouvoir intellectuel. Élargissant le cercle de ses relations, il en vient alors à fréquenter les milieux philosophiques les plus radicaux, comme la société du Grandval, le fief de Diderot et de d'Holbach. On a l'impression qu'un système de relations occultes demeure en dépit des positions déclarées, comme si les belligérants pouvaient, à l'occasion, en tirer des avantages réciproques[1]. Il convient certes de ne pas être dupe de la manœuvre de

1. « Vous connaissez apparemment l'abbé Bergier ; le grand réformateur des Celses modernes. Eh bien ! Je vis d'amitié avec lui... Si je n'écris point de religion, j'en parle aussi peu, à moins que je n'y sois entraîné par des docteurs de Sorbonne, par des personnages instruits avec lesquels je puis m'expliquer sans conséquence ; et lorsque cela m'arrive, c'est toujours avec gaieté, sans fiel, sans amertume, sans injure, avec le ton de bienséance qui

Diderot qui a intérêt à décrire sous un jour favorable les relations qu'il entretient avec Bergier pour mieux flétrir l'intransigeance que manifeste à son égard un frère enfermé dans un jansénisme sans concession. Il n'en demeure pas moins que les propos de l'encyclopédiste témoignent aussi d'une relation de bonne conduite entre certains adversaires doctrinaux qui entendent se conserver une estime réciproque et se rendre, dans l'adversité, de mutuels services, car Bergier n'a rien à voir, rappelons-le, avec l'aile radicale des apologistes jansénistes que Diderot et d'Alembert accablent de leurs sarcasmes.

BERGIER ET L'*ENCYCLOPÉDIE MÉTHODIQUE*

La participation de l'abbé Bergier à l'immense encyclopédie dite « méthodique », projet commandité par l'éditeur Panckoucke, n'a guère intéressé la critique. La question, pourtant, ne manque pas de piquant : un des apologistes les plus ardents et les plus prestigieux, confesseur de Monsieur frère du Roi et chanoine de Notre-Dame de Paris, s'engageant dans une entreprise résolument inscrite sous la bannière de d'Alembert et de Diderot !

En décembre 1781, Panckoucke diffuse un prospectus dans lequel il appelle les lecteurs à souscrire à un projet éditorial destiné à dépasser l'ancienne *Encyclopédie* par le nombre des volumes, l'ambition scientifique et la réactualisation du savoir. L'entreprise, comme l'a montré Robert Darnton, vise, de toute évidence, à accroître les revenus déjà confortables d'un magnat de la presse[1]. La dette exprimée envers les pères fondateurs n'exclut pas les corrections, ni même les désaccords. Le prospectus rappelle que Voltaire avait qualifié la grande *Encyclopédie* de « succès malgré ses défauts ». Ce constat autorise des modifications sensibles : l'œuvre de Diderot combinait le classement alphabétique avec un ordre général du savoir organisé comme un tout organique. Les disci-

convient entre d'honnêtes gens qui ne sont pas du même avis. Aussi ne me suis-je jamais séparé d'aucun d'eux, sans être plus chéri, plus aimé, plus estimé, et tendrement embrassé. J'ai eu quelquefois des grâces à demander à notre archevêque et je les (ai) obtenues » (Diderot, *Correspondance, op. cit.*, Lettre du 24 mai 1770, t. V, p. 1014). L'archevêque désigné est l'archevêque de Beaumont.

1. Robert Darnton, *L'Aventure encyclopédique*, Paris, Perrin, 1982, ch. VIII.

plines reliées entre elles par des liens fonctionnels n'existaient qu'à travers le dessein global qui leur donnait sens. Tout en souscrivant à l'idée d'une cohérence naturelle de la raison érigée en principe organisationnel, Panckoucke souligne la difficulté de concilier classement alphabétique et ordre raisonné. Il décide alors d'abandonner celui-ci au profit de dictionnaires séparés couvrant respectivement chaque discipline « On s'est attaché à réduire ces Dictionnaires au plus petit nombre possible, en grouppant *(sic)* les objets qui ont entre eux une analogie sensible et qui peuvent s'éclairer, se soutenir et s'expliquer par leur rapprochement[1]. » Classement difficile pour certaines disciplines naissantes, comme l'économie, perçue encore comme une partie de l'économie politique, et pour les savoirs scientifiques, en pleine mutation, objets de nouvelles délimitations. Comment éviter les inévitables empiétements, les redites et les énoncés contradictoires, lorsque des collaborateurs traitent de sujets voisins ou identiques ? La place respective que chaque dictionnaire spécialisé accorde à une discipline coïncide-t-elle avec l'importance objective que revêt cette science, au moment même où l'on en fait mention ? Tout auteur de dictionnaire, objectera-t-on, se heurte à ce type de difficulté lorsqu'il fait état d'un présent par essence changeant et problématique, mais l'on admettra que la difficulté s'accroît sensiblement lorsque le rédacteur décide de procéder à un découpage des savoirs relevant chacun d'un dictionnaire distinct[2]. Comment concilier la part d'autonomie dont dispose inévitablement chaque responsable spécia-

---

1. *Encyclopédie méthodique par ordre de matières, par une société de gens de lettres, de savans et d'artistes*, Liège, éd. Plomteux, 1782, p. 5.

2. « Par contraste, il limite à trois volumes le dictionnaire de chimie, science dont le développement est spectaculaire à l'époque et le dictionnaire de physique à deux. Ainsi la Méthodique confirme la thèse de Daniel Mornet selon laquelle les lecteurs du XVIIIe siècle se passionnent pour les sciences qui les rapprochent de la nature, pas la nature des forces mathématiques abstraites mais celle du règne animal, végétal et minéral. L'*Encyclopédie* de Panckoucke montre également que les savants de l'époque s'efforcent de mettre la science au service de l'industrie et des transports. Panckoucke accorde presque autant d'importance aux arts libéraux qu'aux humanités. Bien qu'il n'attribue que trois volumes à la littérature et à la grammaire, il fait une large place à l'histoire de la philosophie, aux beaux-arts et aux classiques. Dans l'ensemble, les sciences l'emportent sur toutes les autres disciplines dans la *Méthodique* dont elles composent près de la moitié, alors que la proportion des humanités ne s'élève qu'à 25 % et celle des sciences sociales à 13 %. Le reste est occupé par des sujets divers tels que les arts académiques (duel, danse, équitation, natation) » (Robert Darnton, *L'Aventure encyclopédique, op. cit.*, p. 335).

lisé et la relation au tout ? L'échelonnement dans le temps de la publication ajoute encore aux difficultés, car Panckoucke se heurte à un savoir proliférant, en constante évolution méthodologique, appelant de nouvelles rubriques. Si le prospectus de 1781 annonce une vingtaine de dictionnaires (dont certains comportent plusieurs volumes répartis en sous-sections), une version de 1791 fait état de trente-neuf ouvrages. La physique, l'anatomie, la chirurgie, la chimie côtoient l'histoire des antiquités, la métaphysique et le dictionnaire de la philosophie ancienne et moderne. Dans l'annonce de 1791, l'histoire naturelle et la botanique sont nettement majorées, afin de satisfaire un public de plus en plus intéressé par les sciences de la vie.

Bergier, quant à lui, est chargé du *Dictionnaire de théologie* qui paraît en 1788-1790. Lorsqu'on sait que l'histoire de la philosophie ancienne et moderne est confiée à Naigeon, qui radicalisera en 1791 l'athéisme, le matérialisme et l'anticléricalisme de son maître Diderot, la situation peut sembler insolite ! Fausse question, objectera-t-on, puisque le responsable de l'histoire de la philosophie publie son propre dictionnaire en pleine Révolution. Reste tout de même que le nom de Naigeon suit immédiatement celui de Bergier dans le prospectus de décembre 1781 annonçant la publication imminente de l'édition in-4°de l'*Encyclopédie méthodique* ! Si l'on se fonde sur le nombre de volumes, le *Dictionnaire de théologie* ne constitue certes pas la discipline la plus importante : 3 volumes pour 9 consacrés à l'histoire naturelle en 1791, 8 pour la médecine et 5 pour la botanique, mais il demeure tout de même en bonne place lorsqu'on note que 2 volumes seulement sont consacrés respectivement à la physique et aux beaux-arts. Notons encore une réédition quasi immédiate du dictionnaire de Bergier, preuve d'un succès certain auprès des souscripteurs.

Essayons d'y voir plus clair en examinant l'identité des autres collaborateurs. La plupart exercent un rôle institutionnel : membre d'une académie provinciale (Gueneau de Montbeillard, de l'académie de Dijon, responsable du *Dictionnaire universel et raisonné de métaphysique, logique et morale*), de l'Académie royale des sciences : l'abbé Bossut pour les mathématiques, La Lande pour l'astronomie, Monge pour la physique, Daubenton pour l'histoire naturelle, La Mark pour la botanique. Le célèbre Vicq d'Azir à qui est confié l'anatomie et la physiologie est secrétaire perpétuel de l'Académie royale de médecine, et Louis auquel revient la chirurgie est également secrétaire de l'Académie du même nom. Plusieurs sont membres de l'Académie française : Gaillard, responsable du *Dictionnaire historique*, l'abbé Arnaud, qui dirige le *Dictionnaire des beaux-arts*. D'autres sont avocats au parlement ou gravitent dans l'entourage de la Cour. De toute évidence, les collaborateurs de la nouvelle *Encyclopédie* possèdent tous un savoir garanti par une appartenance institutionnelle. En présentant, dans un bref discours liminaire du prospectus, leur propre dictionnaire, les responsables mettent tous l'accent sur leur professionnalisme. Certains comme Monge ou La Lande sont effectivement des savants éminents dont Panckoucke ne cesse de vanter les mérites, en les distinguant de certains compilateurs médiocres ayant réussi à s'infiltrer dans la première *Encyclopédie*. Compétence, spécialisation, bienséance garantie par une caution institutionnelle ou la fréquentation des milieux proches de la Cour orientent le choix des collaborateurs et l'on peut déjà interpréter le recours à Bergier comme une garantie supplémentaire d'orthodoxie. La stratégie se révèle efficace, puisque contrairement à Diderot et, d'Alembert, qui avaient eu maille à partir avec le pouvoir d'État, Panckoucke obtient le privilège royal pour son dictionnaire.

Bergier, comme les autres intervenants, entend remettre à jour une discipline parfois mal maîtrisée par des compilateurs incompétents : « L'on a omis un grand nombre d'articles, qui sont non-seulement essentiels à la Théologie, mais absolument nécessaires pour prévenir et corriger les erreurs dont cet ouvrage est rempli[1]. » C'est en savant épris d'exactitude qu'il sanctionne les abus de langage, les entrées étrangères à la science théologique et les doublons figurant dans l'*Encyclopédie* de Diderot[2]. Pour se plier aux règles communes, il établit un lien avec les autres sections : la répartition ordonnée des articles permet à la théologie de délimiter clairement un secteur sans exclure d'autres modes d'approche revenant de droit à la philosophie, ce qui légitime une ouverture à la

1. Abbé Bergier, *Dictionnaire de théologie*, *op. cit.*, p. 49.

2. « Il y a des doubles emplois. On a fait deux articles de plusieurs termes, qui ne diffèrent que par la prononciation, ou qui sont évidemment synonymes, comme Dénombrement et Énumération, Métempsycose et transmigration des âmes, etc. Il y en a de trop longs, dans lesquels on a placé des discussions inutiles, ou qui seroient mieux placées sous d'autres articles : Bible, Communion fréquente, sont dans ce cas » (*ibid.*, p. 49).

critique rationaliste tout en maintenant l'exigence de la révélation : « Parmi les objets du Dogme, il en est qui font partie de la Métaphysique ou de la Théologie naturelle ; le Philosophe les présente tels qu'ils sont connus par la raison, le Théologien doit les montrer tels qu'ils sont enseignés par la Révélation[1]. » On saisit ici, en filigrane, un désir de coexistence et même de complémentarité entre la tradition religieuse et la métaphysique, lorsque celle-ci ne vise pas à faire obstacle à la démarche théologique.

Ces concessions faites au projet collectif, Bergier ne manque pas de dénoncer les erreurs doctrinales et l'hétérodoxie révoltante de plusieurs articles de l'ancienne *Encyclopédie* : « Un défaut encore plus répréhensible est de prendre dans les Auteurs hétérodoxes la notion des Dogmes, des Loix, des Usages de l'Église catholique : de copier leurs déclamations contre les Théologiens et les Pères de l'Église, de disculper les Hérésiarques et les Incrédules, d'aggraver les torts vrais ou prétendus des Pasteurs et des Écrivains ecclésiastiques. Les articles Jésus-Christ, Immatérialisme, Pères de l'Église etc. sont dans ce cas. Dans plusieurs autres on étale les objets[2]. »

Comment interpréter la participation de Bergier au projet collectif de l'*Encyclopédie méthodique* ? De quelle part d'autonomie les responsables des dictionnaires séparés disposent-ils ? Il faudrait mesurer aussi la distance éventuelle qui sépare les intentions et les actes, les infléchissements imposés par l'échelonnement dans le temps de la publication. À cet égard, les changements du contexte historique représentent une autre variante. Les trois volumes du *Dictionnaire de théologie* de Bergier (1788-1790) et du *Dictionnaire d'économie politique* (1784-1788) confiée à Jean-Nicolas Démeunier et Guillaume Grivel souffrent néanmoins la comparaison. L'Avertissement de ce dernier révèle une extrême prudence idéologique. Les Lumières sont présentées comme un modèle universellement respecté, érigé contre des « abus » et indiquant des remèdes si évidents que Démeunier évite de préciser leur nature ! Elles valent surtout pour les réformes qu'elles ont suscitées. Suit un vibrant hommage aux écrivains toujours enclins à bousculer des adminis-

1. *Ibid.*, p. 49. Il est à noter que Bergier ajoute, dans la plus pure tradition apologétique, que l'*Encyclopédie* est un tissu de contradictions, mais il s'empresse de disculper les articles rédigés par les théologiens et en particulier ceux de l'abbé Mallet. Notons que ce gage d'orthodoxie confirme nos analyses propres.

2. *Ibid.*, p. 50.

trateurs timorés qui ne poussent jamais assez loin le projet réformiste, mais, si la conduite des « intellectuels » radicaux est présentée comme un élan nécessaire, comme une fermentation bénéfique pour la société, les projets qu'ils proposent passent, en revanche, pour des chimères et des « romans politiques[1] ». Cette dialectique associant, dans le même mouvement de la phrase, la nécessité du radicalisme politique et son impossible réalisation témoigne d'une position idéologique singulièrement ambiguë : évitant tout esprit de système, elle rend possibles des conciliations à venir. Les articles du même dictionnaire montrent que le réformisme s'allie à un prudent conservatisme : « Abolir une loi que les circonstances rendent inutile ou désavantageuse, c'est protéger l'État, c'est faire le bien général qui est toujours la loi suprême, et devant laquelle les autres doivent se taire. La puissance qui fait les loix peut sans doute les abolir ; mais elle n'usera que modérément de cette faculté : elle y apportera tous les égards, tous les ménagemens, toutes les précautions, toute la solemnité qu'exige la Sainteté des Loix. Elle n'annulera point d'anciennes loix, à moins qu'elles ne soient manifestement préjudiciables. L'abolition des loix et des coutumes consacrées par le temps est un remède violent qui ne peut être autorisé que par l'excès de mal auquel on veut remédier. Ne vaut-il pas mieux laisser subsister une loi, lorsqu'elle est ancienne et qu'elle est bonne à quelques égards, que de l'abolir pour lui en substituer une meilleure[2] ? » Sur le plan législatif, toute concession

1. « Les Lumières sont aujourd'hui universelles ; chacun connoît les abus, chacun en indique les remèdes, et cette fermentation du bien public a déjà produit un grand nombre de réformes ; quelque-unes si importantes, qu'on ne les espéroit pas au commencement du siècle. Sans doute les administrateurs s'arrêteront trop tôt ; trop frappés par la corruption des peuples, trop effrayés des dangers qu'entraînent les innovations, ils laisseront subsister des abus crians ; mais le zèle des écrivains ne doit pas se ralentir ; ils doivent montrer une constance proportionnée à de si grands intérêts ; et, si de foibles succès couronnoient leurs efforts, ils auroient du moins la satisfaction de présenter aux souverains et aux sujets l'image de l'ordre et du bonheur que comportent les Sociétés. Les projets les plus chimériques sur la législation et les gouvernemens offrent ordinairement des vues utiles ; on aime d'ailleurs à voir le tableau d'un état heureux, dans lequel on ne se trouvera jamais. Les divers romans politiques, publiés jusqu'à présent, auront chacun leur article dans ce Dictionnaire » (J.-N. Démeunier et G. Grivel, *Dictionnaire d'Économie politique*, Paris, Panckoucke, 1784-1788, Avertissement, p. V).

2. *Ibid.*, t. I, p. 11, article « Abolition ». Voir J.-J. Tatin-Gourier, « 1788 : savoirs politiques de l'*Encyclopédie Méthodique* », *Bulletin de la Bibliothèque de France*, Paris, t. XXXIV, n° 2-3, 1989.

à l'esprit de réforme est suivie d'une mise en garde et d'un recul. Des métaphores organiques décrivent les États comme des corps menacés par des maladies chroniques. Le progrès historique, lieu commun du discours philosophique, est présenté comme une image trompeuse, dissimulant des effets pervers et masquant l'inévitable dégradation des sociétés humaines. Conformément à une acception ancienne, les « révolutions » sont décrites comme des bouleversements cycliques, provoquant des crises mortelles : « Les États, ainsi que les corps humains, portent en eux les germes de leur destruction : comme eux, ils jouissent d'une force plus ou moins durable ; comme eux, ils sont sujets à des crises qui les enlèvent brusquement qui les minent peu à peu, en attaquant les principes de la vie. Ainsi les sociétés comme les malades, éprouvent des transports, des délires, des révolutions : un embonpoint trompeur couvre souvent leurs maladies internes ; la mort elle-même suit de près la santé la plus robuste[1]. »

Cette conception pessimiste de l'histoire nourrit les discours politiques. Dans le *Dictionnaire d'économie politique*, le modèle américain possède une vertu d'exemple. Prenant acte des textes consacrés à l'indépendance de l'État fédéral, la *Méthodique* proclame son admiration pour cette démocratie naissante, objet de tous les espoirs, mais c'est pour marquer immédiatement ses distances avec le régime républicain : « S'il est difficile de montrer dans l'histoire une seule monarchie où le principe n'est pas abusé de l'autorité suprême, on ne cite aucune république où le peuple n'ait pas abusé de sa liberté, où la multitude ignorante n'ait pas souvent pris des résolutions contraires à ses intérêts, décidé de la paix et de la guerre de manière directement opposée à la saine politique, aux lois fondamentales de l'État[2]. » Resurgit, en filigrane, l'idée voltairienne d'une méfiance à l'égard de la canaille, multitude dangereuse agissant au gré de ses caprices et de ses passions, incapable de percevoir son intérêt propre

La pensée de Montesquieu est également omniprésente, lorsqu'il est question de classer les régimes politiques, de repérer leur instabilité potentielle et d'analyser leurs dérives. Quand on traite

1. J.-N. Démeunier et G. Grivel, *Dictionnaire d'Économie politique, op. cit.*, t. II, article « Politique » ; et encore : « toute maladie d'état s'annonçant par quelque symptôme, il ne faut pas attendre qu'elle soit formée pour y apporter du remède » (*ibid.*, t. II, p. 632).

2. *Ibid.*, t. I, p. 24, article « Abus ».

de la vertu, ressort de la démocratie ou du despotisme, l'*Esprit des lois* est cité avec la plus grande déférence. L'image bien connue du despote oriental, ombrageux, confiné dans son sérail et entouré de ses vils eunuques, représente une critique à peine voilée de la monarchie française, ou plutôt une mise en garde contre la tentation du pouvoir absolu : celle de confondre souverain et souveraineté, roi et nation. Le régime despotique est présenté comme une atteinte permanente aux « Lumières », parce que le despote, jaloux de son pouvoir, prive son successeur d'une éducation, susceptible d'éveiller en lui l'esprit critique. L'idée d'un équilibre nécessaire entre les pouvoirs, directement inspirée de Montesquieu, se double d'un appel des plus traditionnels à la moralité publique : on dénonce les sirènes du favoritisme et de la corruption auxquelles les grands commis de l'État risquent de succomber, les dangers que représentent aussi pour le monarque les flatteries des conseillers et des courtisans. Mais ce discours est lui-même travaillé par l'actualité : Montesquieu est à son tour critiqué parce qu'il se montre trop favorable à la noblesse. « M. de Montesquieu en traitant ces sortes de questions, a presque toujours mêlé des erreurs à de grandes vérités [...]. On voit que ce génie admirable avoit encore des préjugés, et qu'il écrivit dans un temps où l'on ne connoissait pas bien les vrais principes de l'économie politique[1]. »

Comment replacer dans cet ensemble les trois gros volumes du dictionnaire théologique de Bergier ? S'agit-il d'une orthodoxie de façade, à seule fin de s'assurer la bienveillance des autorités, ou d'un compromis idéologique, à la mesure de cet esprit de modération que l'on retrouve dans de nombreux articles parus dans les années 1788 ?

Notons d'abord que l'abbé Bergier renoue dans ce dictionnaire avec la plus pure tradition apologétique : dépassant le champ propre de la théologie, il traite des disciplines essentielles en insistant particulièrement sur leurs fondements : Histoire religieuse, métaphysique, politique, institutions, droit, éducation, tous les thèmes débattus par les Philosophes sont balisés, examinés et discutés. Avec une obstination et un savoir quasi universel, l'abbé colmate des brèches, dame le pion à tel philosophe, rectifie telle

1. Passage cité par J.-J. Tatin, « 1788 : savoirs politiques de l'*Encyclopédie Méthodique* », art. cit., p. 146.

interprétation de l'Écriture sainte. Dans l'article « Métaphysique », il montre qu'on ne peut séparer totalement la théologie de la métaphysique : « Quoique cet article nous soit étranger, nous sommes obligés de répondre à un reproche que l'on a souvent fait aux Théologiens, d'en faire voir l'inconséquence et l'absurdité. On demande pourquoi mêler des discussions métaphysiques à la Théologie, qui doit être uniquement fondée sur la révélation ? Parce que dès l'origine du Christianisme, les Philosophes, auteurs des hérésies, se sont servis de la métaphysique pour attaquer les dogmes révélés[1]. » À partir de ces prémisses, il est facile de retrouver tous les thèmes ressassés et chers à la pensée apologétique : le doute en matière de religion ne peut durer que par mauvaise foi, par légèreté ou par dissipation ; il n'est pas de morale laïque ; la philosophie moderne mène au libertinage ; l'autorité politique vient de Dieu : « Saint Paul a posé que toute puissance vient de Dieu, sans distinguer si elle est juste ou injuste, oppressive ou modérée, acquise par justice ou par force, parce que, quel que dur que puisse être un gouvernement, c'est encore un moindre mal que l'anarchie. Les Philosophes, qui font à notre religion un crime de cette morale, sont des aveugles qui ne voient pas les conséquences affreuses du principe contraire, ni les absurdités de leur système[2]. » Ces principes fondent une représentation des institutions, des mœurs et de la société civile : est proclamée haut et fort la nécessité d'une éducation religieuse et sont simultanément sanctionnés les projets politiques et pédagogiques des beaux esprits contemporains, isolés dans leurs cabinets, ces idéalistes impénitents qui n'ont jamais réussi à mettre en œuvre leurs projets chimériques. Un très long article traite de la tolérance, alors même que le gouvernement vient d'accorder en 1787 les droits civiques aux protestants. Bergier se montre résolument hostile à la tolérance civile et politique[3]. Il admet qu'elle peut être plus ou moins étendue

1. Abbé Bergier, *Dictionnaire de théologie, op. cit.*, art. « Métaphysique ».

2. *Ibid.*, p. 110, article : « Gouvernement ».

3. On a longtemps attribué à l'abbé Bergier deux mémoires, l'un de 1785, l'autre de 1787, qui montraient la nécessité de donner un état civil aux protestants. L'article d'un érudit, un certain Lods, paru dans le *Bulletin de l'histoire du protestantisme français* (n°41, 1892), a récusé cette paternité, en révélant que Malesherbes était l'auteur de ces deux dissertations intitulées : *Mémoire sur le mariage des Protestants*, 1785, in-8°, et *Second Mémoire sur le mariage des Protestants*, Londres, 1787, in-8°. Ces écrits sont effectivement en contra-

selon les circonstances, suivant qu'elle paraît plus ou moins compatible avec l'ordre public, la tranquillité, le repos, la prospérité de l'État et l'intérêt général des sujets, mais c'est pour s'opposer ensuite résolument à l'idée que les deux confessions puissent jouir d'un statut identique. Toute nation policée appelle une religion dominante, fondement de la société et garantie du lien social. L'apologiste se révèle plus souple en matière de tolérance ecclésiastique ou théologique ; la charité universelle et l'« humanité » doivent s'exercer en faveur de tous les chrétiens. Il s'agit même là d'une conduite rigoureusement commandée aux fidèles, mais il ne s'ensuit pas que les autorités civiles et ecclésiastiques, dont la mission est le maintien de l'ordre, de la tranquillité publique et de la subordination légitime, doivent prêcher publiquement la tolérance. Dans l'esprit des incrédules, celle-ci équivaut en une indifférence générale en matière religieuse, et Bergier d'ajouter que les principes généraux, comme la croyance en Dieu, la providence, ou la vertu, ne sauraient remplacer l'appartenance à une Église et à une religion, les seuls piliers de la société, les seuls remparts contre l'athéisme. Une telle position ne brille guère, on l'admettra, par sa nouveauté. Présentée ainsi, elle désigne plutôt, en 1788, une reprise en main conservatrice, un rempart dressé contre les dangers de toutes les aventures intellectuelles.

À comparer la contribution de Bergier aux autres dictionnaires de l'*Encyclopédie méthodique*, traitant durant les mêmes années de sujets voisins, force est d'admettre des oppositions, voire des contradictions. On peut être également frappé par la forte autonomie du *Dictionnaire de théologie*, et l'on peut percevoir en lui une unité formelle et thématique, qu'indiquent des axes de lecture, embrassant tous les domaines qui touchent de près ou de loin à la religion et plus généralement à l'esprit du christianisme, dans sa

---

diction avec les idées soutenues par Bergier dans le *Dictionnaire de théologie* et dans sa lettre à Barret, curé de Darney, reproduite dans le tome VIII des *Œuvres complètes,* éd. Migne, 1855, p. 1543. Bergier y dénonçait la proposition de l'évêque de Langres en faveur d'un édit de tolérance. Lods cite également trois lettres anti-protestantes publiées dans la correspondance avec l'abbé Trouillet. Cet érudit révèle, de manière convaincante, la source de l'erreur commise par l'abbé Migne. Le mémoire dont Bergier est l'auteur, et que Migne a confondu avec celui de Malesherbes, a pour sous-titre : « Observations sur la consultation d'un avocat célèbre, touchant la validité du mariage protestant ». Bergier y réfute, point par point, le célèbre avocat Target qui visait à démontrer la validité des mariages protestants contractés au Désert.

version catholique. Mais la présence de Bergier, aux côtés d'adversaires des chrétiens comme Naigeon, déconcerte certains représentants de la religion. L'abbé Barruel dans le *Journal ecclésiastique* s'en inquiète : « Une théologie de M. l'abbé Bergier, au milieu d'une collection informe et désastreuse, décorée du nom d'encyclopédie. [...] J'avoue même que j'ai encore été tenté de le dire, en voyant annoncé par le même titre, et comme suspendu aux portiques du temple, les portraits de Diderot et de d'Alembert[1]. » Mais cette inquiétude est tout de même dissipée par la segmentation en dictionnaires spécialisés, par la volonté affichée par Bergier de corriger les erreurs religieuses de la première *Encyclopédie* et par les articles jugés intéressants contre les protestants et les Philosophes. Néanmoins le projet de Panckoucke dans son ensemble continue à susciter la méfiance, et l'auteur du *Journal ecclésiastique* regrette d'être contraint de souscrire à l'*Encyclopédie* tout entière, alors qu'il aurait souhaité se procurer exclusivement l'ouvrage de Bergier !

Pourtant, à y regarder de plus près, les trois tomes du *Dictionnaire de théologie* montrent que la volonté systématique de refondation épouse les grandes problématiques du siècle. Une table analytique propose un plan de lecture qui contredit l'éclatement du classement alphabétique. Sans suivre l'arbre de l'*Encyclopédie* de Diderot, ce plan reflète tout de même une volonté rationaliste d'organisation des connaissances. La théologie générale se subdivise en lieux théologiques et droits généraux qui font la part belle aux notions centrales de droit naturel et de droit des gens. La rubrique : « Société civile » se subdivise en « Pacte social », « Contrat social » et « Inégalité des hommes ». La partie proprement théologique n'est donc jamais isolée des questions d'actualité et d'une réflexion fondamentale sur l'origine des sociétés politiques. Ce n'est que dans un deuxième temps que le problème de Dieu (divinité et essence de Dieu) est véritablement abordé, de sorte que l'étude des dogmes et les preuves traditionnelles de la religion chrétienne ne sont jamais isolées d'une réflexion métaphysique et que les mystères (Articles de foi, Trinité) ne sont traités qu'après avoir répondu au questionnement philosophique du siècle. Ce type de confrontation, de corps à corps avec les adversaires, appelle des

1. *Journal ecclésiastique*, septembre 1788, pp. 3-4.

accommodements : « Les Philosophes ont été assez éclairés pour connaître Dieu par l'inspection des ouvrages de la nature ; mais ils ont défiguré les attributs divins, en supposant contre toute évidence que Dieu ne se mêle pas des choses de ce monde[1]. »

Si l'on confronte maintenant le *Dictionnaire de théologie* aux ouvrages écrits par les autres collaborateurs, on constate que des analogies surgissent, au-delà des évidentes disparités. Relevons d'abord de nombreux doublons avec le *Dictionnaire d'économie politique* de Démeunier et Grivel ; certes, Bergier justifie leur présence en arguant du fait que chaque spécialiste peut légitimement traiter de la même question sous l'angle spécifique de sa discipline. Il en va ainsi d'« Autorité », de « Gouvernement », de « Droit naturel », d'« Éducation » et de bien d'autres. Le phénomène invite à plusieurs interprétations. Il peut constituer une preuve de l'éclatement de l'*Encyclopédie méthodique* en une mosaïque de textes, et de l'absence de coordination entre les collaborateurs. Mais une lecture attentive montre que les contradictions s'allient à des convergences, intentionnelles ou involontaires. Dans l'article « Autorité », Bergier s'oppose à l'idée défendue, entre autres, par Diderot, qu'aucun homme n'a reçu le droit de commander aux autres, en rappelant que chacun est destiné, par la nature, c'est-à-dire par la volonté du Créateur, à vivre en société et qu'aucune société ne peut subsister sans subordination à Dieu[2]. Dans le *Dictionnaire d'économie politique*, l'article de même nom fait mention des différentes façons de légitimer l'autorité politique, en mentionnant « la domination naturelle, ou acquise ou reconnue », mais il privilégie ensuite la première d'entre elles, en substituant la raison au pouvoir divin : « Cette autorité primitive à laquelle l'homme isolé même ne peut se soustraire, c'est la raison, c'est l'autorité des choses qui fut dès-lors la souveraineté[3]. » Grivel, l'auteur de l'article, substitue donc la nature à Dieu, écartant par là même les théories contractuelles : « L'autorité a donc son essence et sa base dans la nature ; elle est avouée dans son influence dans l'espé-

1. Abbé Bergier, *Dictionnaire de théologie, op. cit.*, art. « Philosophes ».

2. « Dieu n'a pas plus attendu le consentement de l'homme pour le soumettre à l'autorité que pour le destiner à la société » (*ibid.*, art. « Autorité »).

3. J.-N. Démeunier et G. Grivel, *Dictionnaire d'Économie politique, op. cit.*, art. « Autorité ».

rance que nous mettons en elle, et reconnue dans ses attributs qui remplissent cet espoir[1]. » Bergier, quant à lui, justifie la monarchie de droit divin, en majorant le point de vue anti-rousseauiste : le consentement des sujets ne saurait, à lui seul, fonder et légitimer l'autorité du souverain, parce qu'un contrat librement consenti ne suffit pas à obliger les consciences. L'auteur du *Dictionnaire de théologie* use d'un argument moral, fondé sur l'idée chrétienne de l'homme pécheur et faillible : déjà trop inconstant pour se gouverner lui-même, comment pourrait-il conférer l'autorité à un autre homme et, *a fortiori*, se soumettre à lui : « Quand il auroit promis cent fois de lui obéir, qui l'obligera de tenir sa parole, s'il n'y pas une loi antérieure et éternelle qui lui enjoint de tenir sa promesse[2] ? » En dépit de tonalités différentes – le premier a recours à un vocabulaire plus philosophique et s'abstient de toute allusion au christianisme –, les deux auteurs marquent une commune référence au pouvoir monarchique et privilégient toute autorité reposant sur un fondement naturel. Un article « Gouvernement » que l'on retrouve dans les deux dictionnaires témoigne du même jeu d'interférences. Le *Dictionnaire d'économie politique* commence par une série de définitions : « Le gouvernement est un corps intermédiaire entre la loi fondamentale de l'État et la nation. » Est reprise ensuite la distinction, lieu commun du discours politique, entre le régime démocratique, réservé aux petits États, le régime aristocratique aux États moyens et le monarchique aux plus étendus. Le gouvernement est toutefois présenté comme la force publique du corps de la nation et n'existe qu'en vertu d'un pacte social. S'il lui arrive, « en vertu de quelque acte absolu et indépendant », de se porter au-delà du pouvoir que la Constitution lui a conféré, l'union primitive se dissout et prend une autre forme. Le *Dictionnaire d'économie politique* montre donc son attachement résolu à un gouvernement respectueux d'une Constitution, elle-

1. *Ibid.*

2. Abbé Bergier, *Dictionnaire de théologie*, t. I, p. 171, art. « Autorité ». Bergier ajoute : « Appeler cette réciprocité (devoir naturel de toute société de conserver et protéger toute créature humaine née en son sein, chaque individu étant à son tour tenu dès sa naissance, de se soumettre aux lois de la société dans laquelle il reçoit le jour) un contrat social ou présumé, un pacte social, c'est abuser du terme et brouiller toutes les notions ; il n'y a ici de liberté ni de part ni d'autre : Dieu, père et bienfaiteur de l'humanité, a tout réglé et tout prescrit d'avance, et il auroit été absurde de laisser à chaque particulier une liberté destructive de la société » (*ibid.*, p. 171).

même en accord avec les lois fondamentales du pays. Les excès d'autorité du pouvoir monarchique sont donc clairement dénoncés comme une atteinte exercée au pouvoir de la nation. Dans une optique très proche de celle de Montesquieu, la puissance législative est présentée comme une instance décisive, entretenant avec le pouvoir exécutif des relations instables. Lorsque, dans le gouvernement monarchique, « la puissance exécutive ne dépend pas assez de la législative, c'est-à-dire quand il y a plus de rapport du prince à la nation que de la nation au prince, il faut remédier à ce défaut de proportion, en divisant le gouvernement[1] ». L'article « Droit naturel » du dictionnaire de Bergier s'accorde dans l'ensemble avec celui de Démeunier. Des différences apparaissent tout de même : le premier rappelle que l'instinct de sociabilité, principe premier du droit naturel, trouve en Dieu son origine et son légitime fondement. Le second s'abstient, comme à l'accoutumée, d'évoquer, dans un premier temps, tout principe transcendant : « C'est le droit accordé à tout homme par la nature aux choses propres à sa jouissance et à son bonheur, ou la juste prétention qu'il a, en vertu des loix constitutives, de son essence, aux choses qui lui sont nécessaires[2]. » Dans un esprit assez proche de Voltaire, le *Dictionnaire d'économie politique* met l'accent sur les principes fondamentaux qui découlent du droit à l'existence. Doivent être absolument préservés le droit au bien-être, à la sûreté et à la propriété de la personne. Néanmoins, le même article écarte sans ménagement toute théorie, faisant état du droit naturel pour étayer des aspirations égalitaires et, plus encore, pour renverser les rapports sociaux. On a le sentiment qu'après avoir sacrifié au vocabulaire philosophique, l'auteur entend revenir à un plus grand pragmatisme et se laver de tout soupçon d'extrémisme : « Quoique les droits à la conservation et au bien-être soient communs à tous les hommes, il ne suit pas de là que tous doivent en jouir dans une égale proportion ; ces droits se modifient suivant l'état et la situation de chaque individu, et surtout, suivant ses rapports sociaux ; et l'on ne sauroit en avoir une idée complette, qu'après en avoir connu toute la liaison et la correspondance[3]. » La méfiance à l'égard des abstractions justifiant un

1. J.-N. Démeunier et G. Grivel, *Dictionnaire d'Économie politique, op. cit.*, art. « Gouvernement. »

2. *Ibid.*, t. II, art. « Droit naturel ».

3. *Ibid.*, p. 147.

extrémisme théorique et faisant fi des évolutions historiques rapproche Bergier de Démeunier. Bien que les éclairages soient différents, les deux dictionnaires optent pour le même relativisme prudent et manifestent une commune méfiance pour les querelles philosophiques sur le droit naturel (Bergier se montrant plus virulent à l'égard des Philosophes radicaux, déistes et athées). Après avoir chacun reconnu le droit à l'existence et au bonheur, les deux collaborateurs mettent en valeur les devoirs qu'entraînent cette reconnaissance. Ils se retrouvent également dans des positions très proches à propos de la notion de loi naturelle. Si Bergier lui donne évidemment une caution divine, Démeunier évoque le terme à la mode d'« Être suprême » en accord sur ce point avec la pensée physiocratique. Dans un temps où la science économique est encore balbutiante, les lois « qui fixent l'ordre de la nature et du travail des hommes » passent pour présider, en même temps à « l'ordre des sociétés[1] ». À chaque moment la nature, toujours plus ou moins reliée au divin, lorsqu'elle n'est pas Dieu elle-même, vient donc empêcher les hommes de succomber au vertige de la théorie : prescriptive et incitative, elle représente aussi une protection et un garde-fou contre les philosophes irresponsables, qui construisent, dans l'abstrait, des systèmes dangereux pour la paix sociale. L'article « Clergé » confirme cette complémentarité entre les deux dictionnaires. Bergier reprend le refrain dirigé contre les Philosophes déclamant contre l'éducation chrétienne, tandis que le *Dictionnaire d'économie politique* critique, comme le premier, l'existence de projets contradictoires et déplore l'importance excessive attribuée aux mathématiques, cette science à la mode, au détriment des disciplines traditionnelles comme le latin et l'histoire qui donnent « à chaque génération l'expérience qui lui manque[2] ». Cette critique de l'éducation moderne et la défense conjointe des humanités tranchent sur le dessein scientifique de l'*Encyclopédie méthodique*. Elles traduisent la hantise d'une perte de la mémoire

1. Physiocratie.

2. « Les établissements publics… doivent être sous la main d'une administration éclairée qui veille de près sur les prêtres avant tout, et sur l'ordre des études. L'objet de l'instruction [que l'auteur distingue de l'éducation ou institution] doit être l'étude de la religion, des langues anciennes trop négligées, et sans lesquelles cependant nous retomberions bientôt dans la barbarie du IXe siècle » (*ibid.*, p. 216, art. « Éducation »). Il est à noter que l'actuelle société des agrégés pourrait fort bien tenir un tel discours.

culturelle et la crainte d'une éclipse du spirituel que l'étude des langues anciennes et de la religion pourraient seules réveiller. Pessimiste, le *Dictionnaire d'économie politique* se tourne vers l'amont pour se ressourcer : « Ce n'est que dans le souvenir du passé qu'il faut rechercher la perfectibilité de l'homme, car le présent ne fait que l'étonner sans rien lui apprendre. S'il lui arrive d'étendre ses regards sur l'avenir, il s'égare en vaines conjectures[1]. » De tels propos ne contredisent nullement ceux que tient l'abbé Bergier dans son propre article. Il se contente d'insister davantage sur les mérites de l'éducation publique chrétienne qui développe à la fois les vertus sociales et religieuses, tout en ouvrant les élèves aux « Lumières », alors que la plupart des Grands qui ont pratiqué l'éducation solitaire ne connaissent que l'ignorance, la faiblesse et le stupide orgueil.

Le *Dictionnaire de théologie* entretient donc avec celui d'*économie politique* des rapports complexes. On ne peut, faute d'une étude plus approfondie, étendre avec certitude l'analyse de cette relation à l'ensemble des tomes de l'*Encyclopédie méthodique* publiés à la veille de la Révolution, mais tout porte à croire que les résultats ne seraient pas sensiblement différents. L'œuvre de Bergier contredit souvent l'ouvrage de Démeunier et infléchit la signification d'ensemble dans un sens traditionaliste, apologétique et polémique. Alors que le confesseur de Monsieur demeure hostile à l'édit de tolérance, plusieurs articles du dictionnaire de Démeunier et Grivel insistent, au contraire, sur les avantages de la tolérance en étudiant de près les pratiques en vigueur aux Pays-Bas ; mais l'on a tout de même l'impression d'assister à un phénomène conscient ou inconscient de contamination, comme si, à la faveur d'une lecture louvoyante entre les dictionnaires, s'installait une part de sens tolérable, située entre deux limites : les théories matérialistes, le déterminisme, l'anticléricalisme militant à la Voltaire, l'égalitarisme sont résolument écartés, tandis que les formes extrêmes de l'autorité, constituent l'autre frontière à ne jamais franchir. Au-delà de la mosaïque de textes que constituent l'*Encyclopédie méthodique*, le dictionnaire de Bergier rappelle que religion et société représentent deux réalités inséparables et que l'égalité théorique entre les hommes ne doit pas faire oublier l'ab-

1. *Ibid.*, p. 216.

solue nécessité de la subordination. Tous les dictionnaires parus dans les années 1788-1790 partagent l'idée que la société repose sur un ensemble de liens renforcés par l'histoire, et que ceux-ci sont toujours menacés par le désordre politique et le chaos social.

INTERFÉRENCES ET CONVERGENCES : ROUSSEAU ET L'ANTIPHILOSOPHIE

Il est facile de relever des interférences entre l'antiphilosophie et la pensée de tel ou tel Philosophe. Pour faire pièce aux athées, l'abbé Chaudon use parfois d'un vocabulaire voltairien, notamment quand il présente Dieu comme un grand horloger. Dans l'entrée « Persécution » de son *Dictionnaire antiphilosophique*, il fait même l'éloge de l'article « Athéisme » que l'abbé Yvon a écrit pour l'*Encyclopédie*, parce qu'on y trouve une critique sévère du matérialisme. On pourrait montrer aussi combien la pensée esthétique de Diderot doit aux principes du père André, éminent cartésien et chrétien orthodoxe. En tant que théoricien du beau, le Philosophe laïcise l'idée d'un ordre naturel voulu par Dieu, présenté comme la mise en place de rapports immuables. Mais c'est évidemment du côté de Rousseau qu'il faut se tourner si l'on veut repérer des convergences multiples avec l'antiphilosophie.

De la *Lettre à d'Alembert sur les spectacles* à *La Profession de foi du Vicaire savoyard* en passant par la sixième partie de *La Nouvelle Héloïse*, l'œuvre offre des aveux implicites ou des déclarations solennelles que des apologistes auraient pu fort bien signer, et d'abord cette volonté de ne pas séparer la morale de la religion. Ce n'est pas seulement par vertu, ou par respect des bonnes mœurs, que les Genevois doivent éviter de se rendre au théâtre, mais aussi par respect de l'interdit religieux[1]. Une telle condamnation ne peut qu'enchanter les apologistes les plus radicaux, qu'ils soient protestants ou catholiques. En sanctionnant les effets nocifs des spectacles, parce qu'ils visent au paraître et au mensonge, Rousseau

1. « Si quelques personne s'abstiennent à Paris d'aller au spectacle, c'est uniquement par un principe de Religion qui surement ne sera pas moins fort parmi nous, et nous aurons de plus les motifs de mœurs, de vertu, de patriotisme, qui retiendront encore ceux que la Religion ne retiendroit pas » (J.-J. Rousseau, *Lettre à d'Alembert*, in *Œuvres complètes*, *op. cit.*, t. V, p. 89).

s'inscrit dans le droit fil de la critique chrétienne. La mise en cause des lieux de mondanité et d'ostentation, comme la salle de spectacle qui transforme les spectateurs en acteurs, exhibant au regard de l'autre les marques de leur appartenance sociale et de leur richesse et se livrant, à distance, à tous les jeux de la séduction, coïncide également avec la critique de l'Église. On trouve la même convergence de vues lorsque Rousseau critique les pratiques de sociabilité en vigueur dans les nations modernes : l'art de la conversation faisant triompher le bel esprit aux dépens de la vérité, cette théâtralité du discours, cette mise en scène du moi, dans laquelle chacun cherche à parader, ces joutes oratoires destinées à foudroyer un adversaire, au lieu d'établir un dialogue avec un partenaire ! Il existe bien sûr des différences entre la dénonciation chrétienne et la critique rousseauiste. La pensée religieuse met l'accent sur l'oubli des vertus cardinales, le nécessaire respect du prochain, la charité chrétienne, alors que Rousseau dénonce la disparition de la loi naturelle : l'abandon des exigences nécessaires pour authentifier les relations humaines et donner accès à la vérité. Mais les deux critiques se rejoignent lorsqu'elles déplorent la disparition des valeurs indispensables à l'harmonie sociale.

D'autres interférences surgissent chez Rousseau. Dans *La Nouvelle Héloïse*, Julie, la belle prêcheuse devenue Mme de Wolmar, sermonne Saint-Preux dans des discours conformes à la plus pure tradition apologétique : « Vous avez de la Religion ; mais j'ai peur que vous n'en tiriez pas tout l'avantage qu'elle offre dans la conduite de la vie, et que la hauteur philosophique ne dédaigne la simplicité du Chrétien[1]. » Vigilante, et précautionneuse, en partie transformée par sa nouvelle position, Julie de Wolmar a pris de la hauteur. C'est alors qu'elle se transforme en directeur de conscience et en guide spirituel. On peut, certes, percevoir dans ce regard féminin qui sonde les cœurs et lit dans les consciences un fantasme rousseauiste des plus hétérodoxes, mais il est aussi permis d'interpréter cette évocation comme la marque d'une attitude profondément chrétienne, et plus précisément, protestante. C'est tout le déisme des Philosophes que Julie entend récuser pour ramener Saint-Preux à une attitude plus humble et plus conforme à l'idéal chrétien d'un Dieu miséricordieux et proche des hommes.

1. J.-J. Rousseau, *La Nouvelle Héloïse*, in *Œuvres complètes*, *op. cit.*, t. II, p. 672.

L'idée d'un grand Être, réglant par les lois générales le destin du monde sans se soucier de chaque individu pris isolément, est imputée à l'orgueil humain qui prête au divin un souci d'efficacité rationnelle, alors que celui-ci appartient exclusivement au domaine humain ; ou encore l'idée, d'origine leibnizienne, d'une économie du divin, choisissant, parmi plusieurs voies possibles, celle du moindre effort pour régler la perfection du tout, apparaît comme un dangereux pis-aller destiné à dispenser les hommes du devoir de prière[1]. En accord, sur ce point, avec l'apologétique la plus radicale, Rousseau, par l'intermédiaire de Julie, en appelle à une voix supérieure, qui doit parfois supplanter l'esprit de libre examen et faire taire en nous la raison individuelle : « Apprenez donc à ne pas prendre toujours conseil de vous seul dans les occasions difficiles, mais de celui qui joint le pouvoir à la prudence, et sait faire le meilleur parti qu'il nous fait préférer. Le grand défaut de la sagesse humaine, même de celle qui n'a que la vertu pour objet, est un excès de confiance qui nous fait juger de l'avenir par le présent, et par un moment de la vie entière[2]. » Il est un humanisme très répandu au XVIIIe siècle que Julie récuse au nom de l'inconstance fondamentale de l'homme. Comment ériger une morale purement humaine, alors que nos jugements dépendent d'un changement de lieu ou de l'état de nos « humeurs » ? Comment trouver une règle stable, en bâtissant sur les sables mouvants d'une humanité éminemment fragile ? Comment satisfaire un désir légitime d'éternité, alors que nous sommes, par essence, soumis au temps destructeur ? « Quelque parti que vous prenez, vous ne voulez que ce qui est bon et honnête ; je le sais bien : Mais ce n'est pas assés encore ; il faut vouloir ce qui le sera toujours ; et ni vous ni moi n'en sommes les juges[3]. »

1. « Prenez garde, mon ami, qu'aux idées sublimes que vous vous faites du grand Être, l'orgueil humain ne mêle des idées basses qui se rapportent à l'homme, comme si les moyens qui soulagent notre faiblesse convenaient à la puissance divine et qu'elle eût besoin d'art comme nous pour généraliser les choses, afin de les traitter plus facilement. Il semble, à vous entendre, que ce soit un embarras pour elle de veiller sur chaque individu ; vous craignez qu'une attention partagée et continuelle ne la fatigue, et vous trouvez bien plus beau qu'elle fasse tout par des loix générales, sans doute parce qu'elles lui coûtent moins de soin. Ô grands Philosophes, que Dieu vous est obligé de lui fournir ainsi des méthodes commodes, et de lui abréger le travail » (*ibid.*, p. 672).

2. *Ibid.*, p. 673.

3. *Ibid.*, pp. 673-674.

Il n'est pas nécessaire de revenir sur tout ce qui oppose Rousseau aux acteurs de la lutte philosophique[1]. Rappelons seulement qu'il essaye d'adopter une stratégie de rupture avec les pratiques en vigueur dans la République des lettres philosophiques. Alors que d'Alembert ne cesse de vouloir relever le prestige du Philosophe, ce détenteur de la vérité, Rousseau dénonce les querelles internes, l'arrivisme impénitent, le désir de se distinguer, nous dirions le snobisme intellectuel, des soi-disant princes de la pensée. À la fin d'un *Fragment biographique* datant de 1755-1756, il condamnait déjà les Philosophes : « Tout est bien pourvu qu'on dise autrement que les autres et l'on trouve toujours des raisons pour soutenir ce qui est nouveau préférablement à ce qui est vrai[2]. » Il récuse aussi leur conception de la lutte collective fondée sur le militantisme, leurs compromissions avec les milieux aristocratiques et financiers, leur acceptation du mécénat et du clientélisme, évidente entrave à l'autonomie intellectuelle. On comprend alors pourquoi il devient l'ennemi par excellence des encyclopédistes, et de Voltaire en particulier qui le considère comme un traître à la cause. De plus Rousseau n'a cessé depuis le *Discours sur les sciences et les arts* de dénoncer, haut et fort, l'intolérance des Philosophes. Dans *Émile*, il déclare que « leur scepticisme apparent est cent fois plus affirmatif et plus dogmatique que le ton décidé de leurs adversaires[3] ». Quant aux critiques portant sur telle œuvre des Philosophes, elles sont souvent identiques à celles des antiphilosophes. Comme le jésuite Nonnotte, Rousseau souligne la mauvaise foi de Voltaire qui, dans le *Dictionnaire philosophique* (1764), cite des passages tronqués de l'Écriture et manifeste un grand mépris pour les sentiments les plus respectables[4]. Comme de nombreux apolo-

1. Voir en particulier l'excellent ouvrage de B. Mély, *J.-J. Rousseau : un intellectuel en rupture*, Paris, Minerve, 1985.

2. J.-J. Rousseau, *Œuvres complètes, op. cit.*, t. I, p. 1013, n. 1. Voir aussi *Émile*, livre IV, ce passage cité dans la même note : « Quand les Philosophes (c'est le Vicaire qui parle) seroient en état de découvrir la vérité, qui d'entre eux prendroit intérêt à elle ? Chacun sait bien que son système n'est pas mieux fondé que les autres, mais il le soutient parce qu'il est à lui. Il n'y en a pas un seul qui, venant à connoître le vrai et le faux, ne préférât le mensonge qu'il a trouvé à la vérité découverte par un autre. Où est le Philosophe, qui, pour sa gloire, ne tromperoit pas volontiers le genre humain ? Où est celui qui dans le secret de son cœur se propose un autre objet que de se distinguer ? »

3. *Ibid.*, t. I, p. 1785.

4. Voir la lettre du 4 novembre 1764 à Du Peyrou, éd. Leigh, n° 3620.

gistes, encore, il accuse les Philosophes de détruire les liens sociaux et de se moquer ouvertement de la patrie. Les adversaires de la philosophie, nous l'avons vu, ont souvent tiré un profit polémique de ce conflit majeur. Fréron, Chaudon, l'abbé Gérard, Sabatier de Castres dans *Les Trois Siècles de la littérature française* (1772) ont dénoncé l'intransigeance et la partialité de ceux qui s'acharnent contre un intellectuel qui n'est pas de leur secte[1].

Le rousseauisme accroît les interférences entre Rousseau et l'antiphilosophie, en même temps qu'il contribue à abolir, réellement ou symboliquement, les frontières entre des courants divers, sous la bannière vague de la bienfaisance, de l'humanité et, surtout, de l'attendrissement sentimental qui envahit comme une lame de fond les mœurs, les pratiques culturelles et les discours de la deuxième moitié du siècle. Il existe, bien sûr, une récupération intéressée du rousseauisme à la mode, mais certains ecclésiastiques s'appuient aussi sur le théisme de Rousseau comme s'il appartenait à l'air du temps, comme s'il constituait un élément indépassable du sentiment religieux. Cette situation s'amplifie surtout à la mort de l'écrivain. À Genève, certains pasteurs ne craignent pas de citer dans leurs sermons l'auteur du *Discours sur l'origine et les fondements de l'inégalité* et d'*Émile* comme une autorité incontestable[2]. Quant à l'apologétique catholique, elle évolue sensiblement sous l'effet du rousseauisme, se situant même chez certains prêtres à la limite de l'orthodoxie. Dans son *Sermon sur la vérité*, le père Boulogne exalte cette « lumière intérieure » présentée comme un fragment de « la lumière increée ». Quoique très proche de la métaphore bien connue des « Lumières », l'image désigne ici l'ordre immuable de la vérité divine qui se dérobe à ceux que leurs passions et leur volonté

1. Dans *Trois Siècles de la littérature française* (1772), Sabatier de Castres s'écrie : « Rien de plus contraire à la dignité des lettres que tout ce qu'on débite contre lui », avant de louer ses immenses talents littéraires qui font de lui la gloire de son temps : « Malgré ses singularités, ses paradoxes, ses erreurs, on ne peut lui disputer la gloire de l'éloquence et d'être l'écrivain le plus mâle, le plus profond et le plus sublime de ce siècle » (t. III, pp. 221 et 210, cité par B. Mély, *J.-J. Rousseau…, op. cit*, p. 263). L'abbé Gérard témoigne, avec des réserves, de la même admiration : « Malgré ses contradictions, ses paradoxes, ses images quelquefois trop peu chastes, ses écrits dangereux, Rousseau mérite encore à tout prendre moins de reproches que Voltaire » (*ibid.*, p. 263).

2. G. Laget, *Sermons sur divers sujets importants*, Genève, 1779. Bien qu'adepte de la religion naturelle, Rousseau sait faire admirer, dans l'Évangile, le fidèle dépôt de toutes les lois de la nature.

malade ont rendus aveugles, sans qu'il soit fait mention de la Révélation[1].

Il est d'autres interférences, tant la pensée de Rousseau s'ouvre à un jeu croisé d'interprétations diffuses et paradoxales à la veille de la Révolution. Il convient d'abord, nous venons de le voir, de distinguer le rousseauisme sentimental qui échappe en partie à Rousseau lui-même, encore qu'il ait, par ailleurs, contribué à sa diffusion. Ce mouvement atteint de nouvelles catégories de lecteurs peu cultivés qui découvrent la littérature à travers *La Nouvelle Héloïse*. Ceux que Daniel Roche a appelés les primitifs du rousseauisme[2] perçoivent dans le grand maître dispensateur des secrètes jouissances de la lecture un confident sincère, les révélant à eux-mêmes, en épousant leurs tourments. Ce n'est donc pas le « Philosophe » qu'ils considèrent en lui, mais l'homme sensible, inventeur sublime d'une nouvelle relation, plus intime et par là même perçue comme plus authentique, avec le lecteur. Cette situation nouvelle bouleverse encore les clivages entre les mouvements philosophiques et leurs adversaires, car de nouveaux intervenants, totalement étrangers aux pratiques de la République des lettres, prennent le relais pour défendre le grand homme injustement calomnié par les « intellectuels » insincères et partiaux. Un nouveau discours oppose les puissants, les membres de l'intelligentsia parisienne qui ont confisqué la culture, aux esprits humbles, mais sensibles, dépositaires des vérités du cœur, gardiens vigilants des valeurs bafouées par de beaux esprits exclusivement préoccupés de maintenir leur emprise sur le monde des lettres. Il convient de bien saisir ce moment capital de la vie culturelle : des discours, au départ bien distincts, se contaminent pour créer un nouveau socle massif de représentations. Rousseau, que certains apologistes radicaux présentaient comme « l'homme à paradoxes », écartelé entre l'affectation de simplicité et le désir inavoué de publicité, entre une

---

1. Abbé Boulogne, *Sermon sur la vérité*, 1783, t. IV, pp. 159-160. Voir aussi abbé de Beauvais, *Sermons* (1790), Paris, 1830, 4 vol., in-12 ; Élisée, *Sermons sur le respect humain, Sermons*, Paris, 1785, 4 vol., in-12°. Déjà, en 1764, le père Fidèle publiait *Le Chrétien par le sentiment*, où il vantait les mérites d'une religion sensible au cœur.

2. D. Roche, « Les primitifs du rousseauisme », *Annales E.S.C.*, janv.-fév. 1971, pp. 151-172 ; Cl. Labrosse, *Lire au XVIIIe siècle. La Nouvelle Héloïse et ses lecteurs*, Presses universitaires de Lyon, éd. du C.N.R.S., 1985 ; R. Darnton, « Le lecteur rousseauiste et le lecteur ordinaire », in *Pratiques de la lecture*, Paris, Rivages, 1985, pp. 125-156.

apparente religiosité et la volonté de détruire toute forme de gouvernement dans le *Contrat social,* fait aussi l'objet d'un discours défensif qui souligne sa bonne foi et sa sincérité, contre ceux-là mêmes que signalent un athéisme agressif et un manque de générosité. Parmi les nouveaux zélateurs, certains appartiennent aux milieux aristocratiques, comme Mme Alissan de La Tour, devenue Mme La Tour de Franqueville ou le comte de Barruel-Beauvert qui publie une *Vie de Jean-Jacques Rousseau précédée de quelques lettres relatives au même sujet*[1]. L'autre catégorie est représentée par les besogneux totalement inconnus à la mort de Rousseau. Ceux-ci tentent de s'immiscer dans le réseau d'écrits journalistiques qui visent le public le moins cultivé. Pour ce faire, ils exploitent à leur profit toute approche sentimentale de *La Nouvelle Héloïse.*

Par-delà les différences de tous ordres qui les séparent, les thuriféraires se rejoignent dans un discours hagiographique, prolongement naturel du roman de Rousseau interprété comme une confession déguisée : témoignages, anecdotes, recueil de citations en chaîne s'offrent comme les traces irréfutables de l'excellence d'une conduite révélée dans la parfaite transparence. En deçà de toute glose et de toute réflexion inscrite dans un réseau de pratiques instituées, surgit une réaction impulsive, privilégiant l'immédiateté d'une parole. Or cette nouvelle défense de Rousseau interfère avec le discours apologétique et antiphilosophique. Barruel-Beauvert souligne le succès remporté par l'ouvrage de Sabatier de Castres, *Les Trois Siècles de la littérature française* et renvoie ses lecteurs au portrait que cet adversaire des Philosophes brosse de Rousseau, pour dissiper les calomnies de la critique mondaine et philosophique. Mme de La Tour de Franqueville mène également campagne contre les détracteurs du grand homme, à savoir d'Alembert et les milieux encyclopédistes qu'elle tourne en dérision.

C'est sur cet ensemble de textes que se greffe un discours apologétique, violemment hostile à Voltaire et aux encyclopédistes, à la

1. Barruel-Beauvert se repentit par la suite d'avoir été « la dupe des pièges que la Philosophie tend, avec adresse, à la sensibilité ; pièges que la candeur, ayant une vie et des sentiments expansifs n'aperçoit pas dans les écrits de tout personnage qui affecte de pleurer avec abondance sur les bords d'une écriture magique » dit l'article de la *Biographie Michaud* qui lui est consacré. La naïveté de cet aveu se retrouve chez bon nombre des lecteurs enthousiasmés par la lecture de *La Nouvelle Héloïse.* Plusieurs d'entre eux ont fait des études médiocres et leur approche du grand œuvre rousseauiste repose sur un émerveillement purement émotionnel.

veille de la Révolution. Des couples antithétiques se sont forgés pour récuser les ambitions des Philosophes modernes : richesse/pauvreté ; puissant système d'alliances/autonomie absolue de l'homme-Rousseau ; histrionisme de l'écrivain à l'affût des honneurs/refus inconditionnel des compromissions. Dans un écrit d'une grande violence, l'abbé François Chas pourfend la « cohorte philosophique », subversive et corruptrice des nations, mais jouissant paisiblement de son héritage, des éloges et des honneurs publics, « tandis que des supplices affreux auraient dû purger la société de pareils monstres[1] » (!). Or dans une perspective royaliste et en accord prétendu avec l'orthodoxie chrétienne, le même auteur en vient à justifier le *Discours sur les sciences et les arts* comme la dénonciation légitime de la société contemporaine, aux mœurs corrompues par l'essor des sciences ! Quant au *Discours sur l'origine et les fondements de l'inégalité*, si critiqué à sa parution par les récusateurs chrétiens, il aurait le mérite, selon Chas, de montrer l'homme nu, sorti des mains du Créateur, et de peindre « avec énergie les crimes qui infectent les sociétés ». L'*Émile* lui-même trouve grâce aux yeux de l'auteur : « La voix douce de la nature pénètre dans tous les cœurs, on admire son pouvoir et ses merveilles... », et Chas de glisser rapidement sur le principe philosophique de l'éducation négative, honnie des apologistes, pour célébrer le réformateur, qui a transformé le précepteur en éducateur bienveillant, conseillé aux mères d'allaiter leurs enfants et a proscrit, pour le nourrisson, l'usage du maillot[2]. Quant au *Contrat social*, il est interprété dans un sens à la fois moral et réformiste. Rousseau est crédité d'avoir formé un projet vraiment digne d'un grand homme : « Il voulut restreindre dans de justes bornes ce droit inconstitutionnel, qui prive les concitoyens de leur liberté sans consulter le code de la loi ; droit cependant qui exercé par un ministre vertueux, prévient la honte des familles, empêche la chute des grandes maisons, et annonce la clémence du souverain ; mais ce même droit, exercé par un homme faible ou méchant, outrage la

1. Fr. Chas, *J.-J. Rousseau justifié ou Réponse à M. Servan...*, *op. cit.*, p. 11.

2. *Ibid.*, p. 187. Parmi les ouvrages favorables à l'ordre absolutiste qui allèguent fréquemment Rousseau, on trouve aussi : Pierre-Charles Lévesque, *L'Homme moral, ou l'Homme considéré tant dans l'état de pure nature que dans la société*, 1775 ; Pierre-Louis Claude Gin, *Les Vrais Principes du gouvernement français démontrés par la raison et par les faits*, Genève, 1777, in-8°.

nature, viole la propriété et devient un acte d'oppression et de tyrannie[1]. »

Cette lecture d'un Rousseau chrétien, moraliste et bienfaiteur de l'humanité, crédité, en dépit de quelques réserves doctrinales, de venir remettre dans le droit chemin les fidèles égarés, peut être interprétée de plusieurs façons. Elle révèle d'abord que le rousseauisme est devenu l'objet d'un discours envahissant et concurrentiel pour l'Église de France, mais qu'il est susceptible aussi d'être récupéré par les apologistes contre l'athéisme et le déisme des Philosophes, en vertu d'un saisissant jeu de bascule et d'une vertigineuse réinterprétation théorique. Il montre aussi que les grands textes philosophiques du siècle font l'objet de lectures contradictoires marquant des chevauchements idéologiques, car ce même Rousseau, défenseur des humbles contre les puissants, représente aussi un modèle exemplaire pour des gens de lettres comme Sébastien Mercier ou des journalistes comme Garat qui se situent aux antipodes du courant apologiste et seront, plus tard, engagés dans le mouvement révolutionnaire. Un écrivain qui a fait sécession et a rompu avec les institutions en vigueur apparaît comme un nouveau modèle d'homme de lettres, plus authentique et plus vertueux, porte-parole d'une égalité que la société contemporaine ne peut satisfaire. La marginalité devient ainsi une valeur que revendiquent des polygraphes, eux-mêmes écartés des pratiques nobles de la République des lettres, tout en aspirant à de nouvelles formes de reconnaissance. Mais il est encore d'autres lectures de Rousseau à la veille de la Révolution : négligeant les clivages idéologiques, des cœurs sensibles souscrivent à la mise en scène d'un moi sincère et authentique, sans la moindre connaissance de l'œuvre philosophique de Rousseau et sans afficher de prise de position religieuse ni politique. Telle est peut-être la zone instable où se croisent le plus d'interférences possibles.

LUMIÈRES, ANTI-LUMIÈRES ET ANTIPHILOSOPHIE

Le déplacement continuel des fronts d'opposition et des alliances tactiques, l'irrésistible montée du rousseauisme, présen-

1. Fr. Chas, *J.-J. Rousseau justifié ou Réponse à M. Servan…, op. cit.*, pp. 193-194.

tant simultanément un versant critique et un point de vue conservateur, mais aussi le triomphe, dans les années 1770, de ceux que Robert Darnton a appelés « les Philosophes de l'establishment », pour désigner des arrivistes de la culture, gérant une position de domination, finissent par brouiller la notion même de « Lumières ». Est-ce à dire que le concept est plus pertinent lorsqu'il qualifie l'étape la plus active et la plus militante des mouvements philosophiques ? Ne s'agit-il pas, de fait, d'une construction *a posteriori* renvoyant surtout à l'idéologie de l'historien ou du commentateur qui l'élabore ? La notion se nourrit et se consolide donc au sein d'une approche rétrospective, qui isole une partie du temps, qu'elle fige en monument exemplaire de l'aventure humaine. Sont valorisées des attitudes : indépendance d'esprit dans la quête de la vérité, recherche de l'universel, culte de la raison, bienfaisance, sociabilité, et des conquêtes intellectuelles : progrès du savoir et de l'humanité, au moment où ces représentations font l'objet d'un large consensus chez ceux-là mêmes qui, dans les années 1750, partaient en guerre contre les Philosophes.

Quant aux couples antithétiques rationalisme/irrationalisme, optimisme historique/pessimisme, mouvement/fixité, temps/ Éternité, immanence/transcendance, forgés par toute une partie de la critique du XXe siècle pour opposer les « Lumières » aux anti-Lumières, ils simplifient une réalité complexe, pour la figer en doxa explicative. À la fin du XVIIIe siècle, nombreux sont les antiphilosophes qui critiquent la montée des tendances irrationnelles. Des apologistes dénoncent l'illuminisme, les manœuvres des charlatans comme Cagliostro. Ils soulignent la faiblesse morale de ces nouvelles philosophies et un ésotérisme de façade masquant une pensée vide. L'Église tente évidemment d'empêcher la multiplication des systèmes concurrents, au moment même où les repères institutionnels et spirituels n'exercent plus leur rôle. Mais l'on simplifierait la situation en l'évaluant uniquement en termes de pouvoir et de concurrence. Existe aussi, nous l'avons vu, la présence forte d'un rationalisme chrétien. Or celui-ci critique, au nom des mêmes principes, certains fondements irrationnels de la religion de Rousseau et les preuves alléguées par les matérialistes pour faire naître la vie de la matière brute.

L'opposition traditionnelle entre l'optimisme historique de Voltaire qui triompherait, en dépit de quelques inquiétudes sur la résurgence toujours possible de la barbarie, et le pessimisme des antiphilosophes, refusant d'admettre que l'homme puisse, par ses propres forces, améliorer sa condition et que l'histoire fasse surgir un progrès quelconque, n'est pas aussi claire qu'on le pense habituellement. Rappelons d'abord qu'il existe chez Voltaire lui-même plusieurs traces d'inquiétude religieuse. Dans les admirables *Dialogues d'Évhémère* (1777), le patriarche défend avec ardeur le déisme contre l'athéisme de d'Holbach en particulier. À l'heure des bilans, Voltaire reprend les sempiternelles questions de la liberté et du mal, sans revenir à l'optimisme des écrits antérieurs au désastre de Lisbonne. Le penseur refuse de s'installer dans des certitudes faciles et semble parfois remettre en cause l'euphorie de la connaissance et la représentation de l'homme de sciences érigé en démiurge et en maître à penser[1]. À l'exception de Condorcet, on trouverait chez la plupart des Philosophes des traces de pessimisme historique. Avant la période qui nous occupe, elles existaient déjà, de toute évidence, chez Montesquieu : outre sa réflexion sur la décadence des sociétés humaines, déjà citée, les *Lettres persanes* sont entièrement bâties sur un principe de dégradation venant dangereusement contrebalancer l'évolution positive d'Usbek. Si les Persans quittent leur pays d'origine en ne croyant pas que « la lumière orientale dût seule [les] éclairer », et vont légitimement « chercher laborieusement la sagesse[2] », leur aventure intellectuelle se solde par l'effondrement du sérail, sous l'emprise des plus violentes passions. L'ouverture légitime à la culture de l'autre, cet ordre métaphysique qui se construit tant bien que mal au contact de l'Occident, est contrebalancée par un désordre croissant du pays d'origine ; le principe même de la rationalité en œuvre est comme miné par une sourde et inévitable entropie. Cette mise en scène de

1. Voir *Inventaire Voltaire, op. cit.*, pp. 407-408, article de Stéphane Pujol. Voir aussi : le *Dialogue entre un brahmane et un jésuite sur la nécessité et l'enchaînement des causes.* L'admiration quasi mystique que manifeste Voltaire dans l'article « Amour de Dieu » des *Questions sur l'Encyclopédie* est, comme le souligne Eugène Schwarzbach, dépourvu de toute ironie ; « C'est (par analogies)à peu près la seule manière dont nous puissions expliquer notre profonde admiration et les élans de notre cœur envers l'éternel architecte du monde. Nous voyons l'ouvrage avec un étonnement de respect, d'anéantissement ; et notre cœur s'élève autant qu'il peut vers l'ouvrier » (passage cité par Bertram Eugene Schwarzbach, « Coincé entre Pluche et Lucrèce : Voltaire et la théologie naturelle », *Studies on Voltaire*, *Transactions of the firth international congress on the Enlightment*, Oxford, 1980, p. 1080.

2. *Lettres persanes*, Lettre 1.

la narration, sur laquelle la préface de 1754 met l'accent de manière saisissante, en dit long sur une vision du monde qui reste problématique[1]. Quant à la conquête exaltante des connaissances qui anime l'ambition encyclopédique, elle comporte aussi son envers et sa part d'ombre. Dans l'article « Encyclopédie », Diderot exprime une inquiétude taxinomique largement partagée par les intellectuels de tous les bords, condamnée même à s'amplifier dans les dernières années de l'Ancien Régime. L'histoire en marche ne va-t-elle pas rendre caduques des définitions qui coïncident avec un moment, par définition fragile et transitoire, de la recherche ? L'anxiété du Philosophe repose sur le constat d'une actualité menacée par les effets pervers de sa richesse. L'inévitable vieillissement des découvertes est la rançon de cet immense projet, le ver qui se logerait dans le fruit pour le pourrir ! L'ambition de collecter la totalité du savoir pour le léguer aux générations futures est le signe d'un bel élan optimiste, mais n'oublions pas qu'il s'accompagne d'un doute pathétique, car, pour n'être pas vaincu par le temps, il faut toujours anticiper sur lui, dans un combat qui peut être épuisant : « Dans un vocabulaire, dans un dictionnaire universel et raisonné, dans tout ouvrage destiné à l'instruction générale des hommes, il faut donc commencer par envisager son objet sous les faces les plus étendues, connaître l'esprit de sa nation, en pressentir la pente, le gagner de vitesse, en sorte qu'il ne laisse pas votre travail en arrière ; mais qu'au contraire il le rencontre en avant[2]. »

Reste que, dans la deuxième moitié du siècle, l'histoire est perçue par plusieurs Philosophes comme une donnée quantitative et cumulative que rien ne peut plus désormais arrêter, en dépit de régressions momentanées toujours possibles. Cette représentation

---

1. « Les divers personnages sont placés dans une chaîne qui les lie. À mesure qu'ils font un plus long séjour en Europe, les mœurs de cette partie du Monde prennent dans leur tête un air moins merveilleux, et moins bizarre, et ils sont plus ou moins frappés de ce bizarre et de ce merveilleux, suivant la différence de leurs caractères. *D'un autre côté, le désordre croît dans le sérail d'Asie à proportion de la longueur de l'absence d'Usbek, c'est-à-dire à mesure que la fureur augmente, et que l'amour diminue*» (*Quelques Réflexions sur les Lettres persanes*, Paris, Pléiade, 1949, p. 129). Voir sur ce point : D. Masseau, « Usbek ou la déchirure culturelle », in *Cahiers d'histoire culturelle*, Université de Tours, n° 4, 1997, « Dialogisme culturel au XVIIIe siècle », pp. 31-36. Sur les Lumières et l'histoire, voir les travaux de K. Pomian et J.-M. Goulemot, *Le Règne de l'histoire*, Albin Michel, 1996.

2. Diderot, *Œuvres complètes*, Encyclopédie, Paris, Hermann, 1976, t. VII, art. « Encyclopédie », p. 186.

doit tout de même être nuancée. L'*Encyclopédie méthodique*, qui succède en 1788 à la grande *Encyclopédie*, se montre sur ce point pessimiste. Si le progrès historique apparaît possible dans le Nouveau Monde, comme l'atteste la naissance de cette nouvelle république que sont les États-Unis d'Amérique, l'avenir de l'Europe apparaît, en revanche, plus menacé. L'article « Politique » (t. III) met l'accent sur la dégradation des sociétés et les périls qui guettent les réformes trop brutale[1]. » À la veille de la Révolution, l'*Encyclopédie méthodique* offre un discours réformateur d'inspiration voltairienne, en appelant à un prince arbitre modéré et conseillé par l'élite philosophique, mais resurgit une vision catastrophique de l'histoire chez ceux-là mêmes qui reprennent le flambeau de Diderot.

La représentation du temps, prise dans un sens plus large, oppose-t-elle les partisans du « progrès » à ceux qui souscrivent à un ordre immuable et fixe ? Les Philosophes découvriraient l'historicité des phénomènes humains et plus généralement l'Histoire, celle du Monde, des espèces, des sociétés, comme l'a montré Michel Foucault dans *Les Mots et les Choses*. Il appartiendrait à l'homme d'en saisir les lois, sans prendre en compte les notions de bien et de mal. Ce postulat qui fonde, on le sait, toute la démarche de Montesquieu dans l'*Esprit des lois* ouvre des possibilités infinies à l'esprit humain. Le monde s'offre à lui comme un ensemble à déchiffrer. Derrière l'apparent désordre des phénomènes se cache un ordre signifiant, et derrière le hasard des événements se dissimule une logique que l'on peut tenter d'examiner à l'aide de moyens purement humains. Inversement, les anti-Lumières dénonceraient l'ambition prométhéenne de ce postulat, tout en posant l'existence d'une loi fixe et intangible, que l'histoire ne saurait altérer et que l'homme ne pourrait remettre en cause, ni jamais totalement embrasser à l'aide de sa seule raison. Jean Deprun l'a souligné dans un article essentiel, l'anti-lumière n'est pas le refus de la lumière, « c'est le refus de la lumière conçue comme travail, tâtonnement, progrès, développement temporel illustré par [l'image] de "l'aube" et de "l'aurore"[2] ». Au lieu de concevoir

1. J.-J. Tatin-Gourier, « 1788 : savoirs politiques de l'*Encyclopédie Méthodique* », art. cit.

2. J. Deprun, « Les anti-Lumières », art. cit., p. 717. Rappelons aussi que le mot Lumière renvoie primitivement à la grâce divine qui illumine l'esprit. Saint Augustin s'écrie : « Qu'elle sera éclatante cette lumière, lorsque nous la verrons telle qu'elle est. »

l'homme comme responsable de la conscience individuelle et origine de la réflexion critique, les anti-Lumières partiraient du Tout qui l'englobe et le contraint. Il s'agirait, ensuite, de procéder à une réintégration en remontant vers l'origine de toute chose, au lieu de se projeter dans un avenir par essence incertain. Il semble pourtant que l'opposition précédente ne nous soit pas aussi rigide. D'abord, l'idée d'une loi fixe et transcendante, échappant à l'emprise humaine appartient surtout à la pensée illuministe et à la frange la plus radicale de l'antiphilosophie. Pour d'autres, cette représentation surgit davantage comme une hantise que comme une croyance réelle. De plus, cette conviction, lorsqu'elle existe, est également partagée par des penseurs, étrangers aux mouvements antiphilosophiques comme Delisles de Sales ou Court de Gébelin. Il faut rappeler aussi qu'il existe un fixisme des Lumières et une hostilité à ce qui pourrait évoquer le mouvement ou le changement : l'idée voltairienne d'une nature à la fois origine, forme et norme est largement partagée par les Philosophes du siècle, Diderot et les matérialistes mis à part. Or le postulat voltairien d'un ordre du monde fixé par un dieu géomètre est l'objet d'un credo qui rend impossibles, pour lui, les sciences de la nature. Cette attitude ne revient-elle pas à poser l'existence d'un principe transcendant devant lequel l'homme ne peut que s'incliner[1] ?

D'autre part, nous l'avons vu, une partie des Lumières chrétiennes finit par accepter les conquêtes de la science moderne, croit aux bienfaits de la technique, adhère au principe d'une sociabilité naturelle et adopte même, parfois, un point de vue utilitariste. Mais elle revendique l'idée d'un inconnaissable, non pas comme un frein au désir de connaissance, mais comme un point limite et indépassable. Le principe d'une transcendance n'est plus pensé comme un fait qui entrave l'aventure intellectuelle des individus et des sociétés, mais plutôt comme un absolu que les travaux des hommes ne pourront jamais atteindre en ce monde. La présence du Dieu chrétien continue également à servir de fondement essentiel à la morale individuelle et sociale, même si, d'un autre côté, les vertus laïques ne sont pas entièrement rejetées. Ces positions, notons-le, sont le fruit d'une évolution d'une partie de l'antiphilosophie, comme si le fossé, au départ immense entre les positions, avait

1. Voir *Inventaire Voltaire*, *op. cit ;* art. de D. Masseau, « Nature », p. 963.

progressivement diminué. Cela ne signifie évidemment pas que des différences très sensibles ne demeurent sur le plan religieux. La croyance en un Dieu appréhendé dans le for intérieur, sans la médiation des Églises, existait déjà chez une fraction importante des élites, avant même que Voltaire ne répande ses convictions déistes[1]. On peut estimer qu'une telle attitude s'est poursuivie dans la deuxième moitié du siècle. Elle s'oppose autant à l'athéisme des d'Holbach et des Naigeon qu'aux apologistes qui revendiquent, avec force, la nécessité d'appartenir à une Église.

Sur le plan politique, les antiphilosophes sont souvent conservateurs. Ils expriment le désir de préserver les institutions existantes, parce qu'elles entretiennent des liens avec un ordre nécessairement immuable. Les Philosophes sont accusés d'introduire le loup dans la bergerie en généralisant l'esprit de contestation. Mais il faut distinguer les discours et les pratiques et surtout prendre en compte les aléas d'une situation qui conduit parfois les belligérants à adopter des cheminements convergents : par exemple, alors que tout les oppose sur les autres plans, comme l'a brillamment montré Monique Cottret dans un ouvrage récent[2], certains jansénistes se retrouvent parfois alliés aux Philosophes contre les jésuites qu'ils diabolisent. Ils combattent ensemble le parlement Maupeou, et réclament, avec eux, la tolérance civile. Même si ces rencontres sont de circonstance, elles infléchissent les positions, contribuent à faire évoluer les discours et les représentations dans l'espace public, car les convergences ne sont pas purement stratégiques. Pour contester la légitimité du parlement Maupeou, directement nommé par Louis XV pour mettre fin à la fronde parlementaire, se répand un discours qui oppose les droits de la nation au pouvoir du souverain. Des avocats comme Élie de Beaumont ou Target, des parlementaires jansénistes comme Lepaige, des réformistes comme Malesherbes et des Philosophes en viennent à user d'un vocabulaire politique qui se déploie dans le même espace de contestation[3].

1. Ce qu'a bien montré René Pomeau dans *La Religion de Voltaire*.

2. Monique Cottret, *Jansénismes et Lumières*, *op. cit.* En s'en prenant à Caradeuc de La Chalotais, le père Griffet, jésuite et anti-philosophe notoire, tente de poursuivre sa croisade anti-encyclopédique, parce que le parlementaire breton est de sensibilité janséniste, tout en étant l'ami de d'Alembert.

3. Comme l'indique justement Monique Cottret, *ibid.*, p. 159. Rappelons que Voltaire, opposé sur ce point aux autres Philosophes, approuve la création du parlement Maupeou.

On doit même remonter dans le temps pour repérer chez les jansénistes un discours égalitaire et légaliste, susceptible, à terme, de s'opposer à l'idée de monarchie absolue. Dès l'origine, le jansénisme d'inspiration richériste proclame que le pape et les évêques ne peuvent l'emporter sur le corps de l'Église qui représente la véritable autorité. Or cette conception du pouvoir religieux se projette aussi dans la sphère politique. Certes, la situation est paradoxale, puisque les mouvements jansénistes d'inspiration gallicane prétendent défendre l'autorité même du souverain, contre les forces susceptibles d'entraver sa bonne marche (les jésuites inféodés au pape), mais certains d'entre eux affirment aussi que le monarque doit se soumettre aux lois et que son pouvoir est fondé, à l'origine, sur le consentement des sujets[1]. Allant plus loin encore, l'abbé Barral en vient à prétendre que la divinité a transmis au peuple un pouvoir indirect : « Ce sont les Peuples qui par ordre de Dieu, les ont fait tout ce qu'ils sont ; c'est à eux à n'être ce qu'ils sont que pour les Peuples. Oui, Sire, c'est le choix de la Nation, qui mit d'abord le Sceptre dans les mains de vos ancêtres ; c'est elle qui les éleva sur le bouclier militaire et le proclama Souverain. Le Royaume devint ensuite l'héritage de leurs successeurs ; mais ils le durent originairement au consentement libre des Sujets[2]. » Quant aux antiphilosophes jésuites, ils ne sont pas non plus systématiquement hostiles aux réformes. Dans les dernières années de l'Ancien Régime, avant d'écrire son très violent réquisitoire contre les Philosophes, Barruel soutient, un moment, la politique réformiste de Necker en espérant que le mémoire du ministre sur les administrations provinciales ne lui attirera pas l'hostilité des parlements. L'audace contestatrice de certains parlementaires jansénistes, dès les années 1750, s'oppose au pragmatisme politique d'un Voltaire et à l'attachement qu'il a toujours revendiqué pour la monarchie. Il

1. Après l'exil des parlements à Pontoise en 1753, l'abbé Barral écrit : « La liberté, Sire, que les Princes doivent à leurs Peuples, c'est la liberté des loix. Vous êtes le maître de la vie et de la fortune de vos Sujets ; mais vous ne pouvez en disposer que selon les loix : vous ne connaissez que Dieu seul au-dessus de vous, il est vrai ; mais les loix doivent avoir plus d'autorité que vous-même : vous ne commandez pas à des Esclaves, vous commandez à une Nation libre et belliqueuse, aussi jalouse de sa liberté que de sa fidélité… ce n'est donc pas le souverain, c'est la loi, Sire, qui doit régner sur les Peuples. Vous n'en êtes que le ministre et la premier dépositaire : c'est elle qui doit régler l'usage de son autorité » (Barral, *Maximes et devoirs des Rois et le bon usage de leur autorité*, 1754, pp. 22-23).

2. *Ibid.*, p. 29.

serait donc totalement illusoire de plaquer nos concepts modernes pour attribuer à l'un des camps en présence le label d'un hypothétique et vague « progressisme ».

Reste la relation au sacré. N'est-ce pas ici que se situerait la frontière décisive entre les mouvements philosophiques et leurs adversaires ? N'est-ce pas le critère qui permettrait de distinguer réellement les Lumières des anti-Lumières ? Voltaire s'oppose farouchement au catholicisme, parce que son affaiblissement est, selon lui, une condition indispensable à toute politique de réforme. Plus encore, il souhaite faire triompher le règne d'une raison, susceptible de provoquer des adhésions politiques, débarrassées des croyances religieuses. Les Lumières se définiraient alors comme le passage d'une mythique de la religion à une société d'hommes sans mythes. Pour Alphonse Dupront, elles désigneraient les courants de pensée, mais aussi, dans un sens plus large, les représentations collectives que ceux-ci ont nourries[1]. C'est en ce sens que les Lumières auraient leur part dans l'émergence de la société moderne. Il convient pourtant, là encore, de s'interroger. L'ouvrage de Necker, *De l'importance des opinions religieuses*, publié un an avant la Révolution, représente une tentative pour maintenir un profond sentiment du sacré, seul moyen de contenir les dangers de débordement social. Or la position du ministre témoigne aussi d'un souci d'efficacité rationnelle qu'on attribue traditionnellement aux « Lumières » : partisan de la tolérance civile, hostile au « despotisme », il côtoie dans le salon de sa femme toute l'élite philosophique. Plusieurs lettres de Diderot font état de l'admiration qu'il porte au traité, *Sur la législation et le commerce des grains* (1775), que Necker a publié pour faire pièce aux théories physiocratiques[2]. Néanmoins, c'est ce même Necker qui sacrifie à l'apologétique dogmatique, en prouvant, comme l'abbé Pluche, l'existence de

1. Alphonse Dupront, *Qu'est-ce que les Lumières ?*, Paris, Gallimard, 1996.

2. Fondée par François Quesnay, l'école physiocratique remettait en cause le mercantilisme en estimant que l'agriculture était seule pourvoyeuse de revenus. Cette doctrine s'accompagnait d'une théorie libérale, elle-même étayée par des arguments métaphysiques et religieux : l'Ordre naturel voulu par Dieu représente l'unique richesse et il ne faut opposer aucune entrave à la libre circulation des grains. Bien qu'il ait gardé ses distances à l'égard des Physiocrates, Turgot avait pris des mesures libérales en accédant au poste de surintendant des finances, en 1774. Cette politique avait provoqué une montée du prix du pain, suscitant les troubles populaires de « la guerre des farines ». Voir la lettre de Diderot à Necker du 10 juin 1775 (Diderot, *Correspondance, op. cit.*, t. V, p. 1261).

Dieu par les causes finales et en fulminant contre le déterminisme ! *De l'importance des opinions religieuses* offre, à cet égard, un saupoudrage d'arguments pour étayer un déisme raisonnable, que ne rejetteraient ni l'abbé Bergier ni Mme de Genlis et qui relève pourtant, aussi, d'une tradition voltairienne et rousseauiste[1]. Vaguement leibnizien, sans avoir lu Leibniz, Necker s'appuie sur un ordre naturel et même cosmique pour légitimer l'ordre des sociétés humaines[2]. Voulant empêcher les gaspillages d'un état prodigue, il entend restreindre le rôle des fermiers généraux et limiter les pensions des courtisans. Sa position de ministre étranger et protestant explique aussi une marginalité incitant à la prudence idéologique : ce partisan de la tolérance civile ne soutient guère l'édit de 1787 qui accorde plusieurs droits civiques aux protestants, mais défend dans une optique au fond traditionnelle la nécessité d'un catholicisme d'État. La remise en question du sacré ne constitue donc pas, à la fin de l'Ancien Régime, une marque clairement lisible d'appartenance aux Lumières.

Quand bien même cette rupture existerait, elle ne peut se manifester sans résistance ni nostalgie. Le sentiment d'une perte du sens, la plongée brutale et obsessionnelle dans un passé lointain pour trouver des repères, la résurgence d'une réflexion sur les origines ou, à l'inverse, les constructions inquiètes des utopies nous montrent aussi que les mythes ne disparaissent pas si facilement que le laisse entendre Alphonse Dupront. Les antiphilosophes comme leurs adversaires partagent, dans les années 1780, l'idée, certes décisive, des dangers que recèle une rupture avec des traditions millénaires, mais cette conviction ne débouche pas nécessairement sur des certitudes tranquilles. On assiste à des transferts de sacralité : le grand homme, le grand écrivain deviennent, on le sait, ces nouveaux dieux offerts à la foule des fidèles et destinés à survivre dans la mémoire des hommes, comme le faisaient autrefois

1. « Il est une impossibilité évidente, à ses yeux, « avec tous ces atomes épars dans l'immensité de l'espace, de composer l'univers, ce chef-d'œuvre d'harmonie, ce parfait assemblage de toutes les beautés et de toutes les diversités » (Necker, *De l'importance des opinions religieuses*, *op. cit.*, ch. XII, p. 285. Passage cité par Henri Grange, *Les Idées de Necker*, Paris, Klincksieck, 1974, p. 591).

2. William-Henry Barber, *Leibniz in France, from Arnauld to Voltaire, a study in French reactions to leibnizianism, 1670-1760*, Oxford, Clarendon Press, 1955 ; Laurent Loty, *La Genèse de l'optimisme et du pessimisme…*, thèse citée.

les saints du calendrier, comme s'il fallait à tout prix réinvestir le sacré dans d'autres domaines[1].

Les antiphilosophes refuseraient-ils, enfin, le rapport au livre que les Lumières n'ont cessé de promouvoir ? L'idée d'une émancipation de l'individu par le livre représente sans doute une des représentations majeures du XVIIIe siècle. Des textes théoriques sur la lecture, mais aussi des images d'adolescents studieux, ayant très momentanément abandonné leurs livres d'étude pour s'adonner au jeu, en témoignent abondamment. Dans l'esprit des « Lumières », le livre triomphant confère à l'individu sa pleine autonomie intellectuelle et fait de lui un auteur potentiel : à côté de l'ouvrage délaissé figure déjà dans l'*Enfant au toton* de Chardin une page vierge appelant l'écriture. Les antiphilosophes se méfient, nous l'avons vu, d'un excès de livres et surtout des ouvrages qui ne seraient pas contrôlés par une autorité. La bibliothèque de chacun doit se limiter à des livres essentiels et choisis, même si par ailleurs les guides dévots autorisent certaines lectures frivoles. Pourtant cette position n'est pas propre aux anti-Lumières. Les Philosophes rêvent, eux aussi, d'une lecture dirigée. À la fin du siècle, Louis-Sébastien Mercier manifeste sa hantise des mauvais livres. Dans *L'An 2440*, la bibliothèque du roi est réduite à un petit cabinet. La difficile gestion des connaissances, les dangers de l'imitation servile et ceux de la décadence sont réglés par un incendie volontaire des livres inutiles ! La table rase met fin aux demi-mesures, supprime les controverses inutiles et satisfait un inquiétant rêve de pureté, qui ressemble fort, en dépit des précautions rhétoriques, à un monstrueux autodafé[2]. Surgit également le fantasme du livre unique,

---

1. Voir Paul Bénichou, *Le Sacre de l'écrivain*, Paris, José Corti, 1973, et les travaux de Jean-Claude Bonnet, en particulier *La Naissance du Panthéon*, Paris, Fayard, 1998.

2. « D'un consentement unanime, nous avons rassemblé dans une vaste plaine tous les livres que nous avons jugés ou frivoles ou inutiles ou dangereux : nous avons formé une pyramide qui ressemblait en hauteur et en grosseur à une tour énorme : c'était assurément une nouvelle tour de Babel. Les journaux couronnaient ce bizarre édifice, et il était flanqué de toutes parts de mandements d'évêques, de remontrances de parlements, de réquisitoires et d'oraisons funèbres. il était composé de cinq ou six cent mille dictionnaires, de cent mille volumes de jurisprudence, de cent mille poèmes, de seize cent mille voyages et d'un milliard de romans » (Louis-Sébastien Mercier, *L'An 2440*, France Adel, 1977, pp. 158-159). Un penseur du bord opposé, comme Bonald, proclamera lui aussi, en 1806, la nécessité de réduire les livres des bibliothèques : « Ainsi, quand un peuple a d'immenses bibliothèques, il faut, pour lui en faciliter l'usage, les réduire en petits livres ; et il est vrai aussi, sous un

éliminant les scories de l'Histoire et réduisant le savoir aux principes essentiels dignes de figurer dans la mémoire des hommes. S'ils ne procèdent pas à la même sélection, les antiphilosophes revendiquent, eux aussi, l'idée d'une réduction drastique des ouvrages tolérés. Ils partagent encore avec leurs adversaires l'idée de la toute-puissance de l'imprimé. La peur d'une propagation des écrits philosophiques dans les campagnes témoigne de cette inquiétude. Sous la Révolution, Barruel soupçonne les colporteurs de se transformer en « agents du philosophisme auprès du bon peuple[1] ».

Antiphilosophie et espace public

Les Philosophes s'opposeraient surtout à leurs adversaires par leur inscription dans l'espace public et par les pratiques que cette situation génère en profondeur. Depuis l'ouvrage fondateur d'Habermas, nous savons que les « Lumières » se répandent à la faveur d'un discours qui vante la libre circulation des idées et qui s'appuie concrètement sur la multiplication des canaux de diffusion de l'information et de la culture[2]. Joignant la théorie à la pratique, les Philosophes entendent s'adresser à cette partie des élites de plus en plus désireuse d'être la partenaire complice et privilégiée d'une intense communication culturelle : journaux, libelles, nouvelles à la main, correspondances semi-privées, écrits clandestins, mais aussi traités évoquant tous les problèmes de société. La notion d'opinion publique fait problème : la représentation qu'en donnent les Philosophes ne coïncide pas nécessairement avec la réalité, car elle

rapport plus moral, qu'il faut peu de livres à un peuple qui lit beaucoup ; c'est-à-dire qu'il ne faut que de bons livres, partout où la lecture est un besoin de première nécessité » (*Mélanges littéraires*, in *Œuvres complètes*, t. X, rééd. Genève, Slatkine, 1982, p. 149). L'utilité et l'usage que l'on doit faire des immenses bibliothèques laissent souvent perplexes les adversaires des Philosophes : voir Bonald, *Sur la multiplicité des livres* (24 mars 1811), *ibid.*, t. XI, p. 365. Voir aussi les discours prononcés par certains émigrés qui effrayaient le sage Jacobi, en janvier 1793 : « Quel bonheur ce serait, si toutes les bibliothèques avaient été détruites par le feu ! » (cité par Baldensperger, *Le Mouvement des idées dans l'émigration française*, Paris, Plon, 1924, t. II, p. 35).

1. Voir Anne Kupiec, *Le Livre sauveur : la question du livre sous la Révolution*, Paris, Kimé, 1998, pp. 114-115.

2. Jürgen Habermas, *L'Espace public. Archéologie de la publicité comme dimension constitutive de la société bourgeoise*, trad. française, Paris, Payot, 1978.

ne représente pas encore une force d'intervention décisive. Néanmoins la cible est claire : il s'agit, estime Condorcet, de façonner un public unifié, en s'éloignant de ces deux extrêmes que représentent le peuple ignorant et les milieux enfermés dans la spécialisation savante. Entendons-nous : l'idée même d'espace public qui se construit progressivement se légitime par la représentation d'une raison universelle, par le rôle nouveau attribué à l'imprimerie, et par la construction concomitante d'une opinion nécessairement éclairée. Hors des disciplines spécialisées, sans recourir au latin, et en usant de toutes les séductions pédagogiques, surgit un discours qui s'adresse aux « gens sages, honnêtes et éclairés », comme le dit Voltaire dans *L'Ingénu* (1767), en conférant le même sens à ces trois adjectifs. Quant à l'imprimerie, elle est représentée comme une merveilleuse invention qui a pour vocation de fixer, de clarifier et de simplifier les questions douteuses, en établissant un socle de certitudes destinées à être immédiatement reconnues par la communauté intellectuelle. Tous les esprits qui contribuent à forger ce nouvel espace public ne sont certes pas pour la levée complète de toutes les censures. Lorsqu'il est directeur de la Librairie (1750-1763), Malesherbes, souvent complice des encyclopédistes, tente de s'opposer aux écrits fortement licencieux ou violemment athées, mais, dans ses fameuses *Remontrances* (1775), il estime que la transparence du politique, la levée des secrets d'État et la libre circulation des idées représentent des contre-pouvoirs garantissant un indispensable espace de liberté.

Les Philosophes, nous l'avons vu, investissent avec habileté des réseaux de communication. Voltaire s'y entend mieux que personne pour placer des satellites dans les grandes académies européennes, établir des systèmes de relais par le biais de correspondants dévoués, favorables ou simplement complaisants. Le recours systématique à des correspondances semi-privées représente une nouvelle manière de tester l'opinion, mais aussi de faire pression sur elle, en préparant la réception d'un ouvrage. Il leur arrive aussi d'essayer d'infléchir, dans un sens philosophique, l'attitude d'un représentant du pouvoir religieux et civil. En 1757 dans l'article « Genève » du tome VII de l'*Encyclopédie*, d'Alembert, on le sait, présente certains pasteurs genevois comme des sociniens, autrement dit comme des Philosophes déistes, au grand dam des intéressés !

L'ensemble de ces pratiques et l'imaginaire qu'elles produisent inquiètent les adversaires des Philosophes. Une contre-offensive dénonce cette construction d'un espace public, qui tente d'effacer indûment les positions des adversaires doctrinaux, en noyant leurs contours et en multipliant les amalgames. Dans la *Lettre à d'Alembert sur les spectacles* (1758), Rousseau récuse les manœuvres de l'encyclopédiste. Or l'introduction de la *Lettre* rejoint les positions de l'antiphilosophie, quand celle-ci critique l'occupation par les Philosophes de l'espace public. Si les pasteurs, affirme Rousseau, ont réellement confié à d'Alembert qu'ils s'étaient convertis au socinianisme, il va de soi qu'un tel secret n'est pas publiable. Un authentique Philosophe (entendons le Philosophe ancienne manière) se garderait de rendre public ce qui a été dit « dans l'honnête et libre épanchement d'un commerce philosophique[1] ». Une réflexion sur le prétendu socinianisme des pasteurs genevois ne peut donc être que le fait d'un auteur, qui n'est pas dépositaire des secrets d'un ami. Surgit en filigrane une moralisation des pratiques scripturaires, refusant de confondre discours confidentiel et acte public d'écriture. Est ici récusé l'appel à l'opinion conçue comme une caisse de résonance, même si, en outre, Rousseau n'est pas loin d'admettre que les pasteurs pourraient bien être effectivement sociniens. L'auteur de la *Lettre à d'Alembert sur les spectacles* récuse les pressions exercées sur cette intelligentsia, organe privilégié d'une prétendue vérité.

Dans la même perspective, il est tout un usage de l'espace public que dénoncent les *Nouvelles ecclésiastiques*. Si Montesquieu est violemment pris à partie par le périodique janséniste, c'est que l'auteur de l'*Esprit des lois* use d'une pratique publicitaire, avec la complicité d'agents culturels passés maîtres dans l'art insidieux de la propagande. Aux éloges dithyrambiques du *Mercure de France* succèdent ceux de d'Alembert. Les *Nouvelles ecclésiastiques* récusent alors les fausses légitimations qui masquent l'hétérodoxie des principes. L'immense travail des Philosophes et la prétendue universalité de leur discours dissimulent des positions orientées et tendent à occulter les conditions mêmes de l'énonciation, car la parole publique, du fait même qu'elle se répand dans plusieurs

1. Rousseau, *Lettre à d'Alembert sur les spectacles*, in *Œuvres complètes*, t. V, p. 10.

cercles, et qu'elle atteint des lieux de pouvoir institutionnel, puise dans cette reconnaissance les preuves tacites de sa véracité.

Comment contenir un discours qui construit simultanément l'espace nouveau de sa diffusion, et qui regroupe, derrière des mots abstraits de « Lumières » et de « raison », des mouvements d'inspiration très diverse, mais qui tendent tous à généraliser l'esprit critique ? On a vu qu'après avoir vainement tenté d'imposer la loi du silence, au plus fort de la querelle parlementaire, dans les années 1753-1754, le pouvoir monarchique fait appel à l'avocat Jacob-Nicolas Moreau pour qu'il défende l'autorité royale gravement menacée par les frondeurs parlementaires, en investissant, à son tour, l'espace public des Lumières. En somme, Moreau tente d'occuper un site, pour persuader une partie de l'opinion que la monarchie elle-même peut se légitimer par des textes fondateurs, susceptibles d'être examinés à l'aune de cette raison critique devenue le seul critère du jugement politique. Dans une perspective voisine, le même Moreau, nous l'avons vu, s'en prend également aux encyclopédistes, en retournant contre eux leurs propres armes : les *Cacouacs* (1757) tentent d'alerter l'opinion contre l'impérialisme culturel des Philosophes. Le moment est inaugural dans la lutte antiphilosophique, car ceux-là mêmes qui contestent les stratégies manipulatoires que dissimulerait le masque de la Raison universelle doivent recourir aux mêmes moyens pour être entendus. Dans un pamphlet d'une grande violence, Linguet tente de dénoncer cette politique de conquête, en montrant que le désir de reconnaissance, chez les Philosophes, serait le premier mobile de leurs interventions bruyantes[1]. Certes, nous l'avons vu, certains apologistes et antiphilosophes refusent le moindre compromis. Ils continuent à refuser, à grands cris, le jeu trouble des conciliateurs, qui usent des mêmes méthodes et des mêmes voies que l'adversaire déiste ou athée pour se faire entendre sur la scène publique. Tel est le cas des *Nouvelles ecclésiastiques*. Loin des coteries à la mode, des institu-

1. « Je me demande, quel est le Philosophe qu'on a jamais guéri de la fureur de publier ses opinions ? Quel est celui qui a sçu préférer une obscurité silencieuse à une réputation bruyante ? Où en trouver un dont le premier vœu ne soit pas d'être regardé comme un homme extraordinaire, en supposant que le second soit de passer pour un homme judicieux ? Tous décorent leurs productions de ces mots sonores de bien de la patrie : c'est pour se faire considérer qu'ils recommandent avec emphase d'aimer l'humanité » (Linguet, *Le Fanatisme des Philosophes*, 1764, p. 9).

tions académiques, des journaux européens et de la nouvelle littérature, les ardents défenseurs d'un christianisme intransigeant camperont sur des positions intangibles jusque dans les années révolutionnaires. Ils s'opposent, avec la même ardeur, aux autres mouvements religieux, jansénistes moins radicaux et jésuites, qui ont décidé de se convertir aux modes du jour pour regagner le terrain perdu.

Si les « Lumières » finissent par s'imposer dans les dix années qui précèdent la Révolution, c'est que l'espace public est finalement occupé, comme l'a bien vu Tocqueville, par un discours dominant possédant une force exclusive de ralliement. Le vocabulaire dont use un bon nombre de ceux qui partent en guerre contre les tenants de l'« impiété moderne » est lui-même contaminé par celui de leurs adversaires. Cette contamination peut être stratégique, doctrinale, ou les deux à la fois. Elle s'explique, de toute façon, par les normes qu'impose l'espace de communication. Des mots-étendards comme « raison », « vertu », « sensibilité » ou « bienfaisance » ouvrent la voie à des interférences superficielles ou profondes, et rendent possible tout un jeu stratégique qui accroît encore les ambiguïtés. Il est révélateur que, pour se démarquer nettement du discours « philosophique », certains adversaires des Philosophes tentent, dans les dernières années de l'Ancien Régime, de forger de nouveaux vocables. Le terme « philosophisme » étant fortement déprécié dans le contexte de la Révolution naissante, l'abbé Capmartin de Chaupy invente en 1789 le mot « Misosophie » pour définir la philosophie voltairienne[1]. Ces surenchères verbales révèlent bien les difficultés auxquelles se heurte l'antiphilosophie, durant cette période, dans l'espace triomphant des Lumières. On pourrait aussi soutenir qu'à la limite les antiphilosophes révèlent paradoxalement le triomphe de leurs adversaires littéraires, et l'on peut se demander si les anodines satires théâtrales

1. Abbé Capmartin de Chaupy, *Philosophie des lettres qui auroit pu tout sauver. Misosophie voltairienne qui n'a pu que tout perdre*, Paris, 1789-1790. L'auteur définit ainsi le mot « misosophie » : « Nom qui veut dire haine de la sagesse : et qui peut-être défini l'ignorance des choses divines et la confusion des choses humaines. » Ce pot-pourri écrit en 1789, au moment de la convocation des États-généraux, rend Voltaire responsable de la Révolution. L'effet de la misosophie serait de plonger la nation dans une triple barbarie, car elle est désormais « sans religion, sans gouvernement, et sans lettres » (p. XXII).

contribuent réellement à ternir l'image des figures triomphantes de la philosophie. Les précautions rhétoriques et les effets de distanciation (les personnages du *Bureau d'esprit* de Rutlidge brûlent la pièce qu'ils sont en train d'écrire) signalent le malaise auquel sont en proie ces pourfendeurs des intellectuels à la mode. Il faudra attendre les années thermidoriennes et surtout l'après-Révolution pour qu'un discours violemment critique puisse reprendre des marques plus visibles en rendant, cette fois, les Philosophes responsables de la tourmente révolutionnaire, avec tout l'éclat possible. En réalité, c'est l'ouverture même du discours philosophique ou encore l'élargissement des critères permettant d'accéder à l'élite intellectuelle qui nuisent à terme aux adversaires des Philosophes, car ceux-ci sont ou rejetés ou absorbés par des pratiques sociales et culturelles qui envahissent le devant de la scène et constituent l'objet d'un unique discours. Le rituel mondain, la désinvolture élégante, plus que des idées clairement affichées, deviennent les référents uniques d'une mode culturelle, envahissante et exclusive. Or celle-ci s'énonce en même temps qu'elle devient le seul modèle ayant valeur de publicité.

4.
Antiphilosophie et Révolution

Dès 1789 la Révolution en marche et *a fortiori* l'exécution du roi en 1793 redonnent une nouvelle vigueur aux adversaires des Philosophes. Les Voltaire et les Rousseau ne seraient-ils pas les principaux responsables de cet événement monstrueux, de cette rupture radicale de l'Histoire, de cet effondrement de toute une société fondée sur l'autorité légitime ? En un sens, pour les contre-révolutionnaires, défenseurs radicaux de l'autorité monarchique et de l'orthodoxie religieuse, la Révolution vérifierait le bien-fondé des mises en garde qu'ils n'ont cessé d'adresser, sous l'Ancien Régime, aux autorités civiles et ecclésiastiques et à la société tout entière, contre la propagation des écrits antireligieux et la généralisation de l'esprit critique. La tragédie révolutionnaire serait la preuve éclatante de la nocivité que peut recéler l'imprimé, puisque l'écrit philosophique est parvenu à contaminer la société, pour en saper les fondements et la plonger dans un chaos politique et social. L'inscription de l'antiphilosophie dans le discours contre-révolutionnaire pose des questions multiples, et d'abord celle de l'héritage et de la nouveauté[1]. Faut-il repérer, dans les écrits des théoriciens postrévolutionnaires, la résurgence de lieux communs, désormais bien éculés, sur les dangers de l'athéisme et les errances de la raison individuelle, lorsqu'elle s'isole d'une tradition millénaire, ou bien le traumatisme de la Révolution fait-il surgir un nouveau discours ?

1. Il n'est évidemment pas question d'étudier dans le cadre de ce chapitre l'ensemble des idées contre-révolutionnaires. Pour une vue générale sur la question, voir G. Gengembre, *La Contre-Révolution ou l'histoire désespérante*, Paris, Imago, 1989.

Problème complexe qui doit être posé à partir du bouleversement initial que provoque la Révolution chez les penseurs les plus attachés à la royauté. Plusieurs des contre-révolutionnaires sont profondément marqués par le spectacle des violences révolutionnaires et *a fortiori* par l'exécution du roi. Nous ne referons pas l'histoire de ce traumatisme, de cet acte inouï, qui représente, à leurs yeux, un parricide. Notons seulement que l'événement est, dans un premier temps, irréductible aux catégories conceptuelles de l'antiphilosophie et de la contre-révolution. Pour Joseph de Maistre, cette violence consentie et exhibée est d'abord inexplicable, impensable et apparemment irrationnelle : comment des êtres malfaisants, les plus coupables de l'univers, peuvent-ils triompher de l'univers et trouver des alliés jusque sur les trônes de l'Europe[1] ? Mais un retournement dialectique représente, ensuite, la Révolution comme un événement entièrement explicable et même nécessaire, puisqu'il est la preuve la plus palpable de la providence. L'irréductibilité de l'événement et son extraordinaire démesure prouvent qu'il échappe à ses acteurs mêmes. La Révolution est alors perçue comme une force extra-humaine faisant irruption dans l'histoire pour punir les hommes coupables et avilis, en vertu d'une conception religieuse du devenir humain. Pour qui s'élève au-dessus du présent et du contingent, le mystère se dissipe, et l'événement devient même entièrement lisible. En un sens, le tragique de l'Histoire resurgit pour détruire cruellement les erreurs du siècle : la croyance béate au progrès, la quête du bonheur qui fondaient l'optimisme philosophique sont non seulement démenties, mais bafouées et sanctionnées par l'événement sacrificiel qui rappelle vertement aux hommes l'existence du mal.

Notre propos n'est pas de procéder à un panorama des idées contre-révolutionnaires, mais d'examiner comment la Révolution fait irruption dans le discours antiphilosophique et suscite une réin-

1. Joseph de Maistre, *Considérations sur la France*, Imprimerie nationale, 1994, p. 39. Des mémorialistes attachés à l'Ancien Régime, mais qui ne sont pas nécessairement maistriens, commencent rituellement par présenter la Révolution comme un fait inexplicable, avant d'en étudier les causes : « Comment la plume de l'homme pourra-t-elle décrire des événemens au-dessus des conceptions humaines ; événemens que la politique la plus prévoyante ne pouvoit calculer ; dont on ne trouve ni traces, ni vestiges, ni aperçu dans les annales du monde, depuis sa création » (abbé Georgel, *Mémoires pour servir à l'histoire des événemens de la fin du dix-huitième siècle depuis 1760 jusqu'en 1806-1810*, Paris, Emery, 1817, t. II, p. 221).

terprétation du passé. À ce propos, les positions des uns et des autres (Burke, Maistre, Bonald) héritent d'un outillage conceptuel qui a tôt fait d'être revitalisé par l'histoire récente : la mise en cause de l'intellectuel, le thème de la décadence, l'évolution de la critique du contrat social théorisé par Rousseau, et plus largement la rupture du lien, qui devait être insécable, entre le politique et le religieux prennent un nouveau relief à travers la mise en cause des droits de l'homme, de la démocratie et de la laïcité triomphante. Le surplomb donné par la connaissance de la Révolution permet au discours antiphilosophique de se conforter, parfois de se figer en doctrine ou en idéologie. L'événement révolutionnaire radicalise la critique de la philosophie, et contribue par là même à renforcer le champ d'étude des « Lumières » pour en contester, simultanément, les principes corrupteurs. Cette entreprise totalisante et unifiante, nous l'avons dit, était déjà en œuvre dans les années qui précédent la Révolution et même dans un passé plus lointain. De plus, le refus d'une histoire en marche, laïcisée, libre de tout lien avec une transcendance, n'exprime pas le seul désir d'un retour au passé. G. Gengembre l'a bien montré : la critique de la philosophie s'inscrit également et paradoxalement dans une problématique issue de ce qu'il est convenu d'appeler les « Lumières ». Pour critiquer celles-ci, il faut postuler, en effet, une lisibilité totale du passé, se livrer à une interprétation dans laquelle tout fait sens, rendre de plus en plus autonome le champ de l'histoire et tenir pour acquise une représentation de la société, qui permet, chez des penseurs comme Bonald, de fonder une véritable science du social. Pour réfuter la législation révolutionnaire, on se réfère aussi, dans un sillon tracé par Montesquieu, aux lois fixes de la société ; on ne cesse de relever des lois, en se livrant à tout un travail de la raison critique[1]. Tel est aussi le paradoxe et peut-être l'impasse de la pensée « réactionnaire » : elle récuse en bloc une rationalité critique, dont elle dénonce le pouvoir délétère, mais elle use elle-même d'un outillage conceptuel, en grande partie forgé par l'adversaire ! D'autre part le refus maistrien de l'histoire laïcisée, l'impossibilité proclamée pour les hommes de

1. La contre-révolution ne peut dégager des lois en s'en rapportant exclusivement aux faits. Utilisant l'Histoire comme aire d'enquête et comme réservoir de preuves, elle la place sous le regard de la loi divine, mais effectue un perpétuel va-et-vient de la description à la prescription. Réunissant paradoxalement Montesquieu et le droit naturel, elle combine ce qui doit être avec ce qui est » (G. Gengembre, *La Contre-Révolution, op. cit.*, p. 173).

dominer leur destin frappent d'une étrange faiblesse toute intervention dans l'actualité politique.

La théorie du complot

Plusieurs adeptes de la contre-révolution radicale ont attribué la Révolution à un complot ourdi de longue date par les Philosophes, alliés aux francs-maçons et parfois aux jansénistes ou aux protestants pour renverser la monarchie. Il s'agirait d'une véritable secte responsable de toutes les atrocités commises durant la Terreur. Du même coup, l'exécution de Louis XVI trouve une explication simple et exclusive. Le traumatisme demeure, mais la clarté lumineuse de l'explication rassure l'imaginaire en jetant comme un baume sur la douleur de l'irréparable ; terme ultime d'un processus de déstabilisation soigneusement préparé, l'événement renvoie à une implacable nécessité qui se substitue aux faux hasards de l'Histoire : « Dans cette révolution française, tout, jusqu'à ses forfaits les plus épouvantables, tout a été prévu, médité, combiné, résolu, statué », s'écrie Barruel, le principal théoricien du complot[1].

L'idée ne naît pas brusquement dans l'esprit de cet ex-jésuite qui choisit l'exil en 1792. *L'Année littéraire*, le célèbre journal de Fréron, avait déjà évoqué en 1773 « une confédération de soi-disant philosophes et beaux-esprits qui très faibles par eux-mêmes, sont devenus très forts par le nœud qui les lie[2] ». Sans parler explicitement de complot, les adversaires des Philosophes, et de l'*Encyclopédie* en particulier, évoquaient, eux aussi, une collusion entre les diffuseurs de l'impiété moderne. L'édit de tolérance de 1787 accordant les droits civils aux protestants avait déjà nourri le soupçon d'une intelligence secrète entre les Philosophes et les réformés pour ébranler un pouvoir faible et contaminé par les idées nouvelles. Ennemis de toute autorité, les calvinistes annonceraient, depuis le XVIe siècle, l'esprit rebelle des Philosophes. Imprégnés d'idées républicaines, ils tenteraient d'installer un gouvernement

1. Barruel, *Abrégé des Mémoires pour servir à l'histoire du jacobinisme*, Paris, 1817, p. XVI.

2. Cité par Baldensperger, *Le Mouvement des idées dans l'émigration française…*, *op. cit.*, t. II, p 15.

populaire ! À l'appui de sa thèse, l'abbé Bonnaud cite Montesquieu et use d'un vocabulaire voltairien pour flétrir les « convulsions » auxquelles se livrent, dans les Cévennes et le Vivarais, les fanatiques protestants[1]. À la veille de la Révolution, la présence accrue de sociétés secrètes, de cercles plus ou moins occultes, la montée du mesmérisme et de l'illuminisme créent un climat de mystère propice aux rumeurs et alimentent un discours dénonçant un pouvoir de l'ombre, dirigé contre les institutions. Les Illuminés de Bavière, cette secte fondée par Weishaupt et qui proclame les hommes libres et égaux, inquiètent les défenseurs de l'orthodoxie religieuse et des pouvoirs publics[2]. Mais ce sont surtout les idées nées de l'émigration qui alimentent la thèse du complot. Il convient de prendre en compte la situation matérielle et morale des émigrés pour analyser cette position intellectuelle. Le brusque éloignement du lieu d'origine, du cadre de vie et souvent du mode d'existence incite à la réflexion critique tout autant qu'aux débordements romanesques. En 1792, l'assassinat maçonnique du roi de Suède Gustave III, alors qu'il s'apprêtait à intervenir contre la Révolution française, renforce l'idée du complot. Certains, déjà acquis aux théories conservatrices, radicalisent leur interprétation et recher-

---

1. J.-J. Bonnaud, *Discours à lire au conseil en présence du Roi par un ministre patriote*, Paris, 1787 : « Je l'ai dit, Sire, la seule politique sage et bonne alors, était celle du Parlement. Il ne systématisait pas sur les notions les plus simples ; il raisonnait d'après l'expérience, et les conceptions communes du bon sens. Il croyait que la liberté de penser prétendue par les Calvinistes, ne pouvait pas être la liberté de saccager, de brûler, et de massacrer ; que ménager une secte aussi redoutable, en ne l'empêchant pas de se répandre, c'étoit la favoriser » (p. 21) ; « Le Gouvernement, Sire, a fait une grande faute, en abandonnant, nous ne dirons pas la sublime politique de Louis XIV [la hauteur de ses vues n'est plus au niveau des idées d'une nation respectée par le philosophisme], mais le système de Louis XIV, qui par des voies purement réprimantes, et plus analogues à la modération de son caractère, avait contenu pendant quelque temps les Religionnaires » (p. 16). Bonnaud dénonce le mémoire de Turgot sur la tolérance et celui de l'avocat Target, « sorti des ateliers de la philosophie », qui justifie le mariage des Protestants, car l'attribution des droits civils entraînera inévitablement la reconnaissance religieuse. Or les Philosophes en voulant atténuer les forfaits des religionnaires promeuvent une impiété qui contribuera à terme à nuire à la patrie. N'a-t-on pas saisi sur les côtes de Gênes « les armes et l'argent que la Hollande et l'Angleterre leur envoient » (p. 83).

2. Il est d'autres écrits qui invoquent l'hypothèse de la conspiration : Luchet, *Essai sur la secte des Illuminés*, 1790 ; l'abbé Lefranc, supérieur des Eudistes de Caen, *Le Voile levé pour les curieux ou Secret de la révolution révélé à l'aide de la franc-maçonnerie*, 1791, et *Conjuration contre la religion catholique et les souverains dont le projet conçu en France doit s'exécuter dans l'univers entier*, Paris, 1791 (en réalité 1792).

chent avidement dans le passé récent les causes des malheurs actuels. Dès 1789, dans le *Patriote véridique*, Barruel rend les Philosophes responsables des troubles révolutionnaires, mais c'est dans les *Mémoires pour servir à l'histoire du jacobinisme* (1797-1799) qu'il confère une importance sans précédent à la thèse du complot[1].

L'analyste s'appuie sur le présent qu'il considère comme le mal absolu, pour remonter ensuite la longue chaîne des causalités, responsable de cette situation. La dégradation totale de la société civile apparaît comme l'ultime conséquence de déchirures partielles et progressives fomentées par des discours sacrilèges et pervers. De toutes les sectes qui fleurissent dans les dernières années de l'Ancien Régime, l'une d'entre elles prend le pouvoir sous la Révolution : « Sous le nom désastreux de Jacobins, une secte a paru dans les premiers jours de la Révolution française, enseignant que les hommes sont tous libres et égaux ; au nom de cette égalité, de cette liberté désorganisatrice, foulant aux pieds les autels et les trônes ; au nom de cette même égalité, de cette même liberté appelant tous les peuples aux désastres de la rébellion et aux horreurs de l'anarchie[2]. » S'il s'enracine dans le passé, le projet de désorganisation de la société française ne s'arrête pas dans le présent révolutionnaire ; sa nature même le conduit à se propager dans les autres pays. Or l'idée fondamentale de Barruel et d'autres penseurs de la contre-révolution est que les théories critiques, ordonnées en systèmes clos et diffusées par des hommes déterminés, contrôlant parfaitement les circuits d'information, constituent un ferment radical de subversion, irréversible et impossible à maîtriser. C'est sur ce socle fondateur que se greffe la représentation du complot. Trois instances ont partie liée : les Philosophes qui conspirèrent contre le christianisme, les francs-maçons en rébellion contre les trônes des rois et les Illuminés. Chacun de ses groupes procède lui-même à un système d'alliances et à une subtile répartition des rôles. À considérer les Philosophes, on constate que le chef

1. Barruel, *Mémoires pour servir à l'histoire du jacobinisme*, 1797-1799, 5 vol. Paraissent plusieurs traductions, un complément en 1800 et un Abrégé en 1817. Avant de s'exiler en Angleterre, Barruel avait dirigé de 1788 à 1792 *Le Journal ecclésiastique*. Il avait utilisé ce périodique pour continuer sa polémique avec les Philosophes et les rendre responsables de la Révolution en marche.

2. Barruel, *Abrégé des Mémoires pour servir à l'histoire du jacobinisme*, Paris, 1817, p. V.

d'orchestre et grand manipulateur est représenté par Voltaire qui, de sa retraite de Ferney, véritable quartier général de l'impiété, envoie ses mots d'ordre à la meute entraînée et dévouée des satellites et des propagateurs. Dès lors la machine de guerre est lancée. D'Alembert, un médiocre écrivain mais qui bénéficie d'une réputation de géomètre, soigneusement entretenue, a décidé de se faire l'égal et l'émule du patriarche, par simple haine du christianisme. Pendant que le chef de la secte arme ses troupes à Ferney, d'Alembert, aidé de Diderot, discrédite la religion dans les lieux à la mode. Dans les cafés, « ils amenaient adroitement la conversation sur quelque matière de religion. Diderot attaquait, d'Alembert faisait semblant de défendre[1] ». Plus généralement Diderot, « une tête emphatique, un enthousiasme, un désordre dans ses idées[2] » exprime ouvertement tout ce que d'Alembert, prisonnier d'une image de respectabilité laborieusement construite, ne peut avouer publiquement ! La stratégie repose ainsi sur l'existence de deux discours complémentaires ; l'un exprime fougueusement un programme athée et virulent contre le pouvoir en place, pendant que l'autre revêt un masque pour distiller plus sournoisement les mêmes idées.

Barruel accumule les preuves du complot : les archives, les correspondances publiées après la mort de Voltaire confirment l'idée d'une connivence secrète entre des acteurs tramant dans l'ombre leur plan machiavélique. Les surnoms que Voltaire donne familièrement et plaisamment à ses multiples correspondants deviennent les signes irréfutables de ces manœuvres. Frédéric II, protecteur indigne, qui met son pouvoir au service du Philosophe félon, ne s'appelle-t-il pas Saint-Luc ? Protagoras ou Bertrand, ne sont-ils pas des mots de passe qui désignent d'Alembert ? Sous la plume de Voltaire, certaines formules étranges comme « Ecrlinf » (« Écrasez l'Infâme ») ne constituent-elles pas les signes irréfutables d'un ralliement fondé sur le mode des rites d'initiation en vigueur dans les société secrètes[3] ? Parmi les moyens employés par les

1. *Ibid.*, p. 7.

2. *Ibid.*, p. 12.

3. À partir de la lettre du 30 octobre 1760, adressée à d'Alembert, Voltaire avait pris, en effet, l'habitude de placer l'expression « Écrasez l'infâme » et, à partir du 23 mai 1763, sa forme abrégée « Ecrlinf », au bas des lettres adressées aux frères de combat, Damilaville, Diderot, Thiriot et Helvétius. Voir *Inventaire Voltaire*, *op. cit.*, art. « Ecrlinf », p. 456. Pour

conjurés, l'*Encyclopédie* joue un rôle fondamental. Le grand œuvre dissimule, sous une façade d'orthodoxie, la somme éclatée de tous les sophismes de l'impiété moderne, car pour Barruel la diversité des participants ne représente aucunement une éventuelle objection à la thèse du complot. À l'inverse, la somme des acteurs et des sujets traités transforme le dictionnaire en un réceptacle de toutes les doctrines subversives, anciennes ou modernes, car tous les intervenants, à l'exception de Jaucourt, auraient été gagnés par le « philosophisme ». La thèse du janséniste Chaumeix, énoncée dès la parution des premiers volumes de l'*Encyclopédie*, est donc reprise pour être radicalisée et finalisée[1]. S'approfondit aussi l'idée d'une ruse éditoriale multipliant les stratégies de dissimulation. La plus grande entreprise de librairie devient ainsi une extraordinaire machination destinée à duper les lecteurs crédules, car ici tout fait sens pour étayer le principe posé au départ par le théoricien : l'orthodoxie apparente, surtout celle des premiers volumes, surgit comme un leurre pour mettre le public en confiance. La ruse est telle que les yeux les mieux exercés risquent de s'y laisser prendre et, bien sûr, Barruel en vient à l'argument fameux des renvois qui permettraient, par le biais d'une entrée anodine, de glisser des traits d'irréligion[2]. L'image du « poison » retrouve alors une nouvelle vigueur en désignant une influence d'autant plus nocive que les victimes n'ont pas conscience d'être contaminées. Le second moyen est la destruction de l'ordre des jésuites. Ici la collusion se renforce puisqu'elle trouve des complices parmi les plus hauts représentants du pouvoir. Choiseul et Mme de Pompadour, en tant que protecteurs des Philosophes, auraient été dans le secret des conjurés. Quant aux parlementaires jansénistes, ils auraient fait l'objet d'une manipulation des « sophistes ». Poursuivant leurs menées antichrétiennes, les

---

Barruel, la formule signifie « Écrasez Jésus-Christ », suprême sacrilège qui doit provoquer l'indignation des hommes sincérement chrétiens.

1. Voir notre chapitre II. Pour Barruel, l'*Encyclopédie* devient un « Assemblage monstrueux de tous les sophismes et de tous les systèmes soit anciens, soit modernes, les plus opposés à la religion », *Abrégé des Mémoires, op. cit.*, p. 28.

2. Les commentateurs favorables ou défavorables à l'*Encyclopédie* ont accepté comme un fait établi les stratégies de dissimulation et en particulier celles des renvois. Certains critiques contemporains ont mis en doute cette doxa de la critique diderotienne. Voir l'article de Hans-Wolfgang Schneiders dans *L'Encyclopédie et Diderot,* édité par Edgar Mass et Peter-Eckhard Knabe, Cologne, D. M. E., 1985, et Jean-Marie Goulemot, « De l'*Encyclopédie* de Diderot et d'Alembert à l'*Encyclopédie méthodique*... », art. cit., pp. 41-49.

Philosophes s'en prennent ensuite aux congrégations religieuses et obtiennent des pouvoirs publics des réformes iniques, comme les édits retardant à vingt et un ans l'âge des vœux et supprimant les monastères qui n'auraient pas dix religieuses dans les villages et vingt dans les villes. Cette politique antireligieuse annonçait évidemment les persécutions qui éclateront sous la Révolution. Pour étendre leur domination et parfaire leur œuvre, les Philosophes prennent d'assaut l'Académie française, avec pour chef d'orchestre le grand intrigant d'Alembert. Pour asseoir cette politique de conquête et de contamination de l'opinion publique, il ne reste plus qu'à répandre jusque dans les chaumières des livres antichrétiens, afin que les hommes de toutes conditions et de tous âges se livrent, ensuite, à une monstrueuse apostasie !

Poussant son raisonnement jusqu'au bout, Barruel en vient, contre tout bon sens, à affirmer que l'impiété de Voltaire fait naître en lui la haine du pouvoir monarchique ! Quant à Rousseau, il tirerait les conséquences ultimes de la théorie émise par Montesquieu sur la séparation des pouvoirs en proclamant l'existence d'une liberté naturelle et en attribuant au peuple la puissance législative.

Dans les années 1800, la théorie du complot constitue d'abord une étonnante approche rétrospective du XVIIIe siècle français. Les théoriciens ne manquent pas de revendiquer un héritage intellectuel, de repérer parmi les figures de la tradition apologétique des précurseurs et des phares qui jalonnent une histoire depuis longtemps menacée. C'est, nous dit Barruel, l'abbé de Beauregard dévoilant, treize ans avant la Révolution « les projets de la philosophie moderne, sur le ton des prophètes[1] ». À la faveur de cette vue brusquement dominante, de multiples complots semblent s'être tramés dans un passé plus ou moins proche. Quand le pouvoir est défaillant et que les élites chargées de faire respecter le vrai et le bien manquent à leur mission légitime, se forgent des alliances insolites (un aristocrate, une favorite et un Philosophe) pour accomplir de noirs desseins. C'est tout un romanesque noir qui fournit une grille interprétative à l'historien[2]. Pour l'abbé Barruel, qui tient ces

---

1. Barruel, *Abrégé des Mémoires, op. cit.*, p. 150.

2. Pour l'abbé Proyart, la Pompadour commet l'erreur indigne d'inviter Voltaire à la Cour et d'obtenir pour lui un brevet d'historiographe du roi. Dès lors, l'homme de lettres s'allie avec Richelieu, ce débauché, « compagnon de Bastille ». Un infâme triumvirat constitué de la célèbre marquise, de Richelieu et de Choiseul persécute la religion, avec

informations des notes et des récits de M. de Cassini, Choiseul, l'ami de Voltaire, le cynique et irréligieux ministre, n'aurait pas hésité à faire empoisonner le Dauphin, fils de Louis XV, parce que ce prince voulait sauvegarder l'esprit authentique de la royauté et s'opposer à ses desseins anti-jésuites ! La fréquentation des grands aristocrates émigrés, la circulation des rumeurs de toute nature, les confidences qui vont bon train, la mise à jour de correspondances privées fournissent la matière à une réinterprétation qui surévalue les intrigues, pour minimiser le rôle, par essence traumatisant, de la grande histoire. La Révolution perd alors une partie de sa grandeur mystérieuse et tragique[1].

Mais la position de Barruel et des autres théoriciens du complot n'est pas seulement romanesque. La fantasmatique rejoint un « surrationalisme » qui s'inscrit en partie dans le sillage d'un certain esprit « philosophique ». À partir d'une hypothèse posée d'emblée comme une certitude, l'interprète remonte le fil du temps, en amoncelant des preuves cumulatives qui se renforcent mutuellement pour constituer une unique chaîne causale. L'interprétation univoque gomme les aspérités du réel et les accidents de l'histoire, pour attribuer une cause exclusive et repérable à la situation présente, en satisfaisant un désir d'absolue clarification. Notons combien, sur de justes constats, l'antiphilosophie radicale succombe au délire interprétatif. Si Voltaire, nous l'avons vu, tisse, de toute évidence, un réseau d'alliances européennes, il ne s'ensuit aucunement qu'il poursuive un dessein de déstabilisation politique ! Si les milieux encyclopédistes, par l'entremise essentielle de d'Alembert, entendent conquérir cette tribune que représente l'Académie française, ils ne songent pas un seul instant à renverser le pouvoir monarchique ! Est-il besoin de rappeler qu'une secrète entente entre tous les acteurs de la lutte philosophique ne présente pas le moindre fondement et que les divisions stratégiques et

---

l'appui des Philosophes, soutient les Calvinistes et tolère la franc-maçonnerie (voir abbé Proyart, *Louis XVI détrôné avant d'être roi ou tableau des causes nécessitantes de la Révolution française et de l'ébranlement de tous les trônes*, Londres, 1800). D'autres ouvrages parus sous la Restauration cherchent également les causes de la Révolution dans le « foible règne de Louis XV » : abbé Georgel, *Mémoires pour servir à l'histoire des événemens de la fin du dix-huitième siècle…*, *op. cit.*, t. II, p. 226.

1. Il est à noter que ce romanesque noir se retrouve aussi chez les gens de lettres du camp opposé. C'est seulement l'identité des bourreaux et des victimes qui est inversée.

doctrinales l'emportent fortement sur les points d'accord. Il n'empêche que le fantasme unitaire qui nourrit l'idée du complot a sans doute laissé des traces dans notre représentation imaginaire d'un XVIIIe siècle réduit à l'action des Philosophes. Il entretient aussi des interférences avec la vulgate marxiste lorsque celle-ci postule la présence d'un agissement collectif de l'intelligentsia, et qu'elle montre les conséquences globales d'un mouvement finalisé, fondé sur des alliances objectives, même si elle adopte évidemment une position idéologique opposée à celle de Barruel[1].

LA CRITIQUE DE L'INTELLECTUEL MODERNE

En rendant les Philosophes responsables de la Révolution, les antiphilosophes radicalisent les critiques émises par leurs devanciers. Ils essayent aussi de récuser ou, du moins, de tempérer le culte sans précédent que l'on a voué aux Philosophes dans les années 1780 et pendant la Révolution. N'oublions pas les hommages dithyrambiques rendus à Voltaire le 30 mars 1778, lors de la représentation d'*Irène* à la Comédie-Française, deux mois avant sa mort. On acclame l'« Homère français », mais aussi « le sauveur de Calas » et « l'homme universel ». Le buste de l'auteur, couronné sur la scène, sous le regard de Voltaire lui-même, consacre aussi un nouveau pouvoir de l'homme de lettres. La Révolution achève une consécration, encore entravée par les interdits religieux. Le 31 mars 1791, une escorte du roi ramené à Paris accompagne les cendres du grand homme pour le mener au Panthéon. La fête est grandiose. On fait halte sur l'emplacement de la Bastille ; sur le catafalque, trois inscriptions : « Il vengea Calas, La Barre, Sirven et Monbailli » – « Poète, philosophe, historien, il a fait prendre un grand essor à l'esprit humain, et nous a préparés à être libres » – « Il combattit les athées et les fanatiques. Il inspira la tolérance. Il réclama les droits de l'homme contre la servitude de la féodalité[2] ». La légende rousseauiste a aussi accueilli à Ermenonville, dans le parc du marquis de Girardin, des pèlerins de tout milieu, appartenant à tous les bords politiques. Sous la

1. Voir « La recherche aujourd'hui », *Dix-huitième Siècle*, 1998, n° 30.
2. *Inventaire Voltaire*, *op. cit.*, art. « Panthéon », p. 1006.

Révolution, Jean-Jacques est le héros de fêtes révolutionnaires. Le 14 juillet 1790, on promène son buste devant les ruines de la Bastille. Le 12 février 1792, la Société fraternelle des patriotes des deux sexes présente le *Contrat social* comme le texte inspirateur des Droits de l'homme. À toutes les étapes de la Révolution, on se réclame de lui et les adversaires de tout bord, monarchistes et révolutionnaires, puis Girondins et Montagnards, se disputent sa mémoire. La Convention thermidorienne accueille ses cendres au Panthéon en octobre 1794.

Chaque étape de la Révolution infléchit un discours qui tente de lutter contre cet encensement. Dans le *Journal ecclésiastique* de 1789, Barruel rend les Philosophes responsables de tous les maux actuels. La crise financière, la faillite économique sont imputées à l'erreur qui nous a conduits « sur les bords du précipice[1] ». L'*Année littéraire*, quoique plus modérée, n'est pas loin, pourtant, de partager le même avis : « Il est vrai que des questions très importantes ont été ajoutées dans notre Siècle. Mais comment les a-t-on traitées ? On a beaucoup déraisonné sur la Religion, sur la Morale, sur l'Éducation. Si l'on rappelle aujourd'hui avec beaucoup de force d'excellens principes politiques très connus des véritables philosophes dans les siècles précédens, ce n'est pas le progrès de la philosophie et des Lumières ; c'est l'horrible Prédation des Finances, ce sont les affreux ravages de la cupidité ; c'est en un mot, l'excès du désordre qui a produit une pareille crise[2]. » Le même périodique s'insurge contre l'ouvrage de Manuel, *L'Année française, ou Vie des hommes qui ont honoré la France par leurs talens ou par leurs services et surtout par leur vertu tous les jours de l'année* (1789). Après avoir conspué « le métier peu glorieux de compilateur », le journaliste de l'*Année littéraire* dénonce « les Tartuffes politiques, Philosophes, Littérateurs et sentimentaux » qui « ont succédé aux Tartuffes de Religion[3] ». Il reproche aux bâtisseurs de ce panthéon la partialité de leur choix. Pourquoi Manuel a-t-il omis les écrivains, comme Rapin, Brumoi ou Bougeant qui ont honoré les jésuites ? Le périodique se livre à son tour à une réévaluation attentive des plus illustres représentants de la philosophie des

1. *Journal ecclésiastique*, janvier 1789, p. 27.
2. *Année littéraire*, 1789, t. II, lettre X, p. 296.
3. *Ibid.*, t. I, lettre II, p. 50.

Lumières. Il reconnaît leurs mérites littéraires, mais refuse de les ériger en « oracles du monde », comme tentent de le faire les auteurs d'éloges à l'Académie française. Les raffinements et les grâces incontestables de leur style sont présentés comme les preuves même de la faiblesse de leur pensée[1]. En 1789, l'*Année littéraire* reprend les mêmes griefs contre l'*Encyclopédie* : une compilation mal exécutée par de demi-savants, mais il ajoute de nouveaux reproches ; le grand œuvre du siècle est présenté comme « une opération de librairie, comme une spéculation de Commerce, plutôt que comme un monument vraiment littéraire[2] ». Quant à Diderot, il apparaît comme un esprit inquiet, entreprenant, infatigable, mais incapable de donner une unité à sa réflexion, de rassembler ses pensées sous « une chaîne commune ». Si on lui reconnaît le don de communiquer l'enthousiasme à ses lecteurs, on lui reproche son style souvent incorrect et l'« obscénité » de plusieurs évocations. Mais il faut noter que les antiphilosophes ne détiennent pas le monopole de ces critiques contre Diderot, elles sont souvent partagées, en 1789, par les académiciens de l'establishment philosophique.

Un an plus tard, la presse antiphilosophique accuse, cette fois, les Philosophes d'encourager la constitution civile du clergé, avec le soutien indigne des « abbés philosophes » et celui des protestants, comme l'ex-ministre calviniste, Rabaut de Saint-Étienne[3]. Dans les sociétés, dans les clubs, le « philosophisme » triomphe et

1. « Voltaire a l'esprit, l'enjouement et les grâces ; J.-J. Rousseau a une imagination vive et brûlante, une excessive sensibilité ; Buffon est plus célèbre par l'élégance et la richesse de son élocution, que par la profondeur et la solidité de ses vues. Montesquieu lui-même sacrifie trop souvent l'exactitude et la vérité, à une tournure piquante et originale, à un tour épigrammatique » (*Année littéraire*, 1789, t. II, p. 296).

2. *Ibid.*, t. I, pp. 297-298. En revanche, le journaliste vante les mérites du discours préliminaire de d'Alembert : « morceau très estimable ; c'est le meilleur ouvrage de M. d'Alembert et son seul titre de gloire » (*ibid*, p. 298).

3. Barruel fait également rebondir, à l'occasion de la constitution civile du clergé, la lutte antijanséniste. Ses récriminations portent autant sur les Philosophes que sur les erreurs commises autrefois par Richer. Celui-ci ne prétendait-il pas que toute communauté parfaite et toute société civile a droit de se gouverner elle-même ? N'invoquait-il pas aussi le droit naturel « contre lequel ni la multitude des armées, ni les privilèges des lieux, ni la dignité des personnes ne pourroient jamais prescrire » ? (*Journal ecclésiastique*, novembre 1790, p. 242). En février 1791, le même périodique s'écrie encore : « En est-il un seul qui ne nous donne cette constitution, au moins comme la preuve d'un grand pas que la nation a fait vers ce qu'il leur a plu d'appeler la lumière » (*ibid.*, p. 62).

justifie, dans des motions et des écrits, cette constitution qu'il appelle la « lumière ». Dans le *Journal ecclésiastique* de janvier 1791, Barruel montre certains chrétiens sincères finissant par accepter de prêter serment, sous l'effet d'une manipulation ou d'une terreur constante.

La tourmente révolutionnaire passée et le Consulat installé, le culte du grand homme « Philosophe », fiévreusement entretenu par les révolutionnaires, devient, aux yeux de leurs adversaires, la preuve même du rôle pervers exercé par les « intellectuels ». Les penseurs contre-révolutionnaires risquent cette analyse, en profitant du changement de régime et de la modification des rapports de forces politiques. Pour Joseph de Maistre, comme pour Louis de Bonald, les Philosophes ont accru démesurément leur fonction dans la société d'Ancien Régime, en se substituant indûment aux autorités légitimes que sont les prélats, les nobles et les grands officiers de l'État, seuls et uniques dépositaires des vérités religieuses, institutionnelles et politiques, seuls habilités à éclairer les masses sur leurs devoirs sociaux[1]. L'effet le plus nocif de cette nouvelle cléricature serait de généraliser l'esprit critique. En vaticinant à tout va, elle multiplierait les émules. Cette mise en cause de l'intellectuel, n'est pas neuve, mais la référence à la Révolution, marquée par un triomphe et une sacralisation de l'éloquence, lui donne un nouvel infléchissement. On récuse, certes, la prétention des Philosophes à légitimer leur prise de parole, par leurs seuls talents, mais on leur reproche aussi d'inciter, par cette conduite, une foule de prosélytes incompétents et d'une moralité douteuse à se produire, à leur tour, sur la scène publique. La multiplication des discours critiques créerait proprement une situation anarchique, tout en bouleversant les repères moraux qui assurent la cohésion sociale. Critique éculée, dira-t-on, lieu commun de tous les conservatismes ? La situation est à examiner de plus près. P. Bénichou constate que l'on trouve « une hostilité et une défiance semblables chez des hommes étrangers à la contre-révolution proprement dite, et pour qui le bilan philosophique du XVIIIe siècle n'est pas entière-

1. Joseph de Maistre, *Soirées de Saint-Pétersbourg*, 8e entretien, in *Œuvres complètes,* Lyon, 1884-1886, t. VI, pp. 107-108 ; Louis de Bonald, *Mélanges littéraires*, in *Œuvres complètes,* Genève, 1982, Reprint Slatkine, t. X, p. 7. Voir P. Bénichou, *Le Sacre de l'écrivain*, *op. cit.* ; J.-C. Bonnet, *La Naissance du Panthéon*, *op. cit.*

ment négatif[1] ». En 1808, Guizot interprète comme un trait de décadence sociale l'influence excessive des gens de lettres du siècle précédent[2].

En fait, la crainte d'un abus des pouvoirs intellectuels existe aussi chez des écrivains plutôt liés aux camps philosophiques. Il ne s'agit plus cette fois de défendre les autorités traditionnelles, mais de réserver les interventions critiques à une oligarchie de la culture. On dénoncera, alors, l'immense cohorte des écrivaillons misérables, ces démagogues aux dents longues, prêts à embrasser n'importe quelle cause, pour peu qu'elle leur assure pitance et réputation. Une telle critique ne date pas, loin s'en faut, des années postrévolutionnaires. Il faut remonter loin en amont pour en repérer les prémisses. Dès les années 1730, des voix dénoncent l'existence d'une plèbe littéraire, incompétente et besogneuse, à laquelle de vils commerçants éditoriaux confient des travaux intellectuels d'intérêt général[3]. Dans les années 1760, certains mettent en garde les jeunes gens d'origine obscure contre les mirages de la gloire littéraire. Dans une optique proche de l'antiphilosophie, Linguet dénonce les dangers auxquels s'exposent des jeunes gens avides de faire carrière par les lettres. La critique est double : les instances perverties de la République des lettres, les impératifs du marché, les organes de censure et le nombre croissant d'aspirants au statut glorieux d'hommes de lettres multiplient les échecs et provoquent l'aigreur chez les candidats malchanceux, voués ensuite à des tâches subalternes. Quant à la gloire littéraire elle-même, deuxième critique, elle ne repose que « sur des superfluités brillantes[4] ». À cette récrimination sous-jacente de Linguet contre une République des lettres confisquée par les aristocrates de la culture, répondent les adversaires Philosophes qui entendent s'attribuer le monopole de l'accès à la vérité et celui de sa diffusion. Le

---

1. Paul Bénichou, *Le Sacre de l'écrivain*, *op. cit.*, p. 118.

2. « Il faut des maîtres au public ; ceux que leur rang désignait pour l'être n'en avaient plus la force ; il en trouva parmi les auteurs ; et comme il a la manie de vanter et d'encenser ceux qui le dirigent, il fit de l'état d'homme de lettres le premier état de l'ordre social » (Guizot, « Tableau philosophique et littéraire de l'an 1807 », dans *Archives littéraires de l'Europe*, t. XVII, 1808, pp. 247-248). Voir aussi P. Bénichou, *Le Sacre de l'écrivain*, *op. cit.*, pp. 118-119.

3. Boyer d'Argens, *Lettres juives*, 1736, t. II, p. 181.

4. Linguet, *L'Aveu sincère ou Lettre à une mère sur les dangers que court la jeunesse en se livrant à un goût trop vif pour la littérature*, Londres, 1768, p. 12.

roi Voltaire justifiait son statut d'« intellectuel » par la liberté de manœuvre que lui conférait une richesse acquise hors des circuits de commercialisation du livre. La sécurité matérielle assurerait une indépendance d'esprit aux véritables Philosophes, alors que l'ascension d'une vile piétaille littéraire, esclaves des puissances d'argent, ferait obstacle au combat mené pour le triomphe de la vérité. L'image d'une fièvre révolutionnaire que des intellectuels d'origine obscure ont contribué à entretenir par leurs discours incendiaires nourrit cette critique chez des esprits plutôt proches des Philosophes de l'Ancien Régime[1]. L'inquiétude provoquée par l'existence d'un pouvoir des intellectuels est telle que, dans un article du très conservateur *Journal des débats*, Féletz ne craint pas d'affirmer : « Tel est l'excès du mal qu'au lieu de chercher à multiplier les écrivains, il serait peut-être plus utile de ne plus écrire pendant un espace donné, cinquante ans par exemple, sauf à prolonger ce terme s'il y avait lieu[2] ! »

Mais l'existence de cette oligarchie elle-même fait apparemment problème pour les membres de l'Institut qui lancent comme sujet de concours le 29 juin 1805 : l'indépendance de l'homme de lettres. Plusieurs concurrents commencent par récuser le sacre de l'écrivain, venant se substituer de manière scandaleuse, dans la France issue de la Révolution, au rôle qu'une tradition millénaire réserve au prêtre. Le culte rendu désormais à la littérature conçue comme un sacerdoce supprimerait paradoxalement tout esprit critique, puisque la foule médusée des disciples ne saurait plus qu'encenser ses idoles. On dénonce alors une mise en scène envahissante des postures et des rôles du « Philosophe », accablé d'hommages académiques, multipliant les discours sentencieux, et transformant le théâtre en école de morale ! La critique n'est pas neuve[3], mais Bonald recentre le débat sur les devoirs des gens de lettres et l'illégitimité d'une indépendance statutaire et intellectuelle : « Le mot

1. La multiplication des intellectuels formerait « une classe pensante, mais obscure et misérable, la plus à plaindre, la plus inutile, la plus corrompue, la plus corruptrice... » (L. G. Petitan, « Quelques vues sur ce qu'on appelle la propagation des Lumières », n° 5 des *Mémoires d'économie publique, de morale et de politique*, publiées par Roederer, cité par P. Bénichou, *Le Sacre de l'écrivain*, *op. cit.*, p. 120). Voir aussi D. Masseau, *L'Invention de l'intellectuel dans l'Europe du XVIIIe siècle*, Paris, P.U.F., 1994, « La République des lettres en péril », pp. 113-133.

2. *Journal des Débats*, 20-21 septembre 1803.

3. Voir chap. I de la Ire partie.

d'indépendance, employé d'une manière absolue, n'exprime une idée vraie que lorsqu'on l'applique à une société qui a en elle-même et dans ses propres forces la raison de son existence. Le mot indépendance appliqué à tout autre objet, ne peut être pris que relativement, et le sens doit en être limité et déterminé par des modifications exprimées, ou tellement convenues, qu'il soit permis de les sous-entendre. La raison est évidente : c'est que tout, dans la société, est et doit être dépendant des lois de la société : la société seule est indépendante, sauf sa dépendance de l'auteur de toutes choses et de l'ordonnateur suprême de toute société[1]. » Il n'est donc pas d'instance raisonnante, isolée et autonome qui puisse s'abstraire d'une société qui dicte ses devoirs à chaque individu.

Parmi les penseurs de la contre-révolution, Bonald est l'un des plus subtils et des plus lucides. Contrairement à Barruel, il se garde de faire des Philosophes des partisans virtuels de la Révolution : « Il faut bien se garder de penser que Voltaire, que J.-J. Rousseau, que d'Alembert, Helvétius, et les autres écrivains de la même époque eussent approuvé une révolution politique qu'ils auroient au contraire détestée, et dont ils auroient été tôt ou tard les victimes[2]. » Il cite à l'appui le discours de Raynal à l'Assemblée constituante, refusant de légitimer la Révolution par la philosophie, mais c'est pour souligner aussitôt que vouloir, comme le prétend Raynal, dissocier les discours et les actes relève d'une incroyable naïveté ou d'un cynisme insupportable. C'est ainsi que le fameux « engagement des intellectuels » commence à être pensé, dans une perspective à rebours. Bonald accuse ceux qui n'assument pas jusqu'au bout leur responsabilité et il compare les intellectuels à des enfants qui « dans leurs jeux imprudents, tranquilles sur les dangers qu'ils ne soupçonnent même pas, s'amusent à tirer des feux d'artifice dans un magasin de poudre[3] ». Se situant encore une fois dans le sillage de Montesquieu, Bonald accuse Voltaire d'avoir préparé la

1. Louis de Bonald, « Réflexions sur les questions de l'indépendance des gens de lettres, et de l'influence du théâtre sur les mœurs et le goût, proposées pour sujet de prix par l'Institut National, à sa séance du 29 juin 1805 » (*Mélanges littéraires*, I, Genève, rééd. Slatkine, t. X, pp. 54-55).

2. Bonald, « De la philosophie morale et politique au XVIIIe siècle (6 octobre 1805) » (*ibid.*, p. 161).

3. *Ibid.*, p. 162.

Révolution, en cultivant l'irrespect et le bouleversement des mœurs, car leur déclin engendre infailliblement celui des lois[1].

Le débat se double d'une réflexion sur l'origine du nouveau statut de l'homme de lettres. Pour Bonald, celui-ci prend forme durant la prétendue Renaissance. Au Moyen Âge, les gens de lettres, dans une étroite symbiose avec les instances seigneuriales, servaient unanimement les intérêts du christianisme. Au XVIe siècle, la noblesse perd une partie de sa compétence et de son énergie, tandis que les gens de lettres, devenus « humanistes », abandonnent les cours princières au profit de l'université et représentent pour la première fois une force de contestation autonome visant à saper les bases de la société. À la fin du règne de Louis XIV, se produit une nouvelle sécession : les pensions diminuant, durant une période moins fastueuse, les écrivains se détachent profondément de la Cour, et trouvent un dédommagement dans une coalition avec les « capitalistes », autrement dit les puissances d'argent, assoiffées de profit et de jouissances matérielles[2]. C'est au siècle suivant que cette intelligentsia parvient à contrôler l'opinion et à propager son « fanatisme » antireligieux. Cette stratégie est désormais attribuée aux passions fortes qui doublent un incontestable talent, chez Voltaire en particulier. Celui-ci est en outre accusé de préparer avec habileté sa panthéonisation, par une gestion publicitaire de ses moindres écrits : « Cet homme célèbre qui n'a perdu un seul des vers qu'il a faits [...] ne cessa de près ou de loin, d'alimenter la curiosité insatiable de ses partisans, tantôt par de grands ouvrages, tantôt par de petites brochures. Mais aussi on lui tint compte de

1. « Dans ce siècle, à jamais célèbre, qui a commencé en France par une révolution dans les mœurs et a fini par une révolution dans les lois, Voltaire, contemporain de toutes les deux, a prolongé l'une et préparé l'autre, et les a, pour ainsi dire, liées ensemble, par la révolution qu'il a faite dans la littérature, et la direction qu'il a donnée aux lettres ; aux lettres qui, après avoir éprouvé l'influence de la révolution des mœurs, ont, à leur tour, si puissamment influé sur la révolution des lois et le bouleversement de la société. Ce fut donc, à juste titre, que la révolution, à sa naissance, salua Voltaire comme son chef, lorsque, sous ses traits, la philosophie fut promenée sur un char de triomphe dans les rues de la capitale aux applaudissements d'une multitude insensée » (Bonald, *ibid.,* p. 23).

2. L'idée d'une entente entre les Philosophes et les « capitalistes » se trouve aussi chez Burke : « Dans le même dessein qui les faisait intriguer avec les princes, ils cultivoient d'une manière distinguée les capitalistes de la France » (*Réflexions sur la Révolution de France*, trad. de l'anglais sur la 3e édition, Paris, Laurent fils, in-8°, VIII, 536 p., p. 237).

tout, et rien ne fut perdu pour sa gloire[1]. » Émerge ainsi, à la faveur de cette critique radicale, une approche socio-historique des gens de lettres, une archéologie de la figure de l'intellectuel, étudiée dans son rapport à l'espace public et au pouvoir d'État, ainsi qu'une analyse visant à relier très étroitement les mouvements sociaux et les phénomènes culturels. Devançant Tocqueville et les exégètes modernes, Burke et Bonald montrent comment les Philosophes établissent, de toutes pièces, ce qu'on a ensuite appelé une sphère de sociabilité littéraire, pour s'assurer un pouvoir de contrôle

La décadence, encore et toujours

L'émergence de cette figure isolée, parlant en son nom propre pour le bien de tous, évoquant des valeurs universelles et de prétendues vérités, représente, pour les penseurs de la contre-révolution, l'un des symptômes les plus visibles de la décadence. Dans les vingt dernières années de l'Ancien Régime, nous l'avons dit, l'idée de décadence traduit une sourde inquiétude : celle du chaos et d'une perte du sens, dans un monde déshumanisé, incapable de gérer le savoir accumulé[2]. La pensée apologétique et antiphilosophique vit, à sa manière, ce moment incertain : hésitation et doute des conciliateurs chrétiens, sentiment d'une perte irréversible du sacré et des valeurs transcendantes chez les plus radicaux, crainte des sectes d'illuminés, venant concurrencer l'Église officielle. Ces hantises et ces discours se présentent comme un butoir incontournable, mais aussi comme un tremplin, permettant à la réflexion de s'approfondir, par la rétrospection. La Révolution perçue comme un raz de marée confirme d'abord tragiquement l'image annoncée de la décadence. Terme ultime d'un processus de décomposition de l'histoire, elle invite aussi à la recherche fiévreuse des causes, en remontant dans un lointain passé. Perçue par Joseph de Maistre comme le tragique affrontement du « philosophisme » et du christianisme, elle confirme l'idée des méfaits de l'esprit corrupteur. Or celui-ci n'a pu s'exercer qu'avec la complicité de certains représentants de l'autorité. Pour les esprits demeurés fidèles à une conception reli-

1. Bonald, *op. cit.*, p. 6. Burke montre également comment les Philosophes s'imposent par le contrôle des pratiques et des institutions qui mènent à la gloire littéraire (*Réflexions sur la Révolution de France*, *op. cit.*, p. 235).

2. Voir le chapitre 2 de la IIIe partie.

gieuse de l'histoire, il suffit que l'ordre éternel ne soit plus respecté à la lettre, pour qu'un processus de dégradation s'introduise dans les rouages de l'État et de la société. À cet égard, les souverains eux-mêmes détiennent une grande part de responsabilité. Pour l'abbé Proyart, la crainte qu'éprouvait Louis XIV de confier le trône au Régent, Philippe d'Orléans, prince débauché, présage de calamités, était fondée[1]. Louis XV hérite d'une Cour dépravée et, erreur insigne pour ce jésuite, livre le conseil de conscience aux jansénistes, en attribuant la présidence de cette institution au cardinal de Noailles. Iniquités et erreurs s'accumulent à la cour de France vers le milieu du siècle : Voltaire, avec la complicité de la Pompadour est nommé historiographe du roi, tandis que le philosophisme s'empare des institutions. C'est alors que Dieu punit le royaume en rappelant auprès de lui le jeune Dauphin, défenseur des jésuites, seul capable de faire respecter les lois fixes de la religion et, donc, d'assurer la pérennité du régime. Une chaîne invisible et insécable nous relie à une vérité originelle et sacrée : un maillon manque, et les repères disparaissent, et le chaos s'installe. La mort du Dauphin, héros mythique de l'orthodoxie, représente « le premier anneau de cette chaîne fatale qui, avant la fin du siècle, aura entraîné dans un abîme commun et le Monarque des Français et la Monarchie même[2] ». Ainsi le malheureux Louis XVI est déjà virtuellement détrôné quand il succède à Louis XV, et la Révolution ne fait que consacrer, sur un mode tragique, un délabrement qui a déjà eu lieu.

Bonald, quant à lui, introduit l'idée de décadence, en faisant l'économie de la providence. L'histoire est naturalisée, et les erreurs des politiques provoqueraient directement des désordres sociaux. Dans une analyse pré-tocquevillienne, il dénonce la fusion quasi égalitaire entre la noblesse et l'intelligentsia durant le

1. Abbé Proyart, *Louis XVI détrôné avant d'être roi ou tableau des causes nécessitantes de la Révolution française et de l'ébranlement de tous les trônes*, Londres, 1800.

2. *Ibid.*, p. 21. La décadence conçue par les penseurs providentialistes de la contre-révolution doit être distinguée de celle que théorise Montesquieu et qu'admettent aussi certains chrétiens. L'abbé Proyart s'insurge contre l'idée selon laquelle « les Corps politiques portent en eux-mêmes comme les Corps physiques les principes de leur dissolution ». « Vain et futile adage de l'ignorance qui voudroit s'absoudre par la doctrine du fatalisme, des coups inopinés qui bouleversent les états. Quel rapport de comparaison entre les êtres physiques, suite inévitable des lois nécessaires, et celle des Corps moraux, toujours imputable à l'influence de nos volontés libres ? L'Ordre éternel violé : voilà la cause première et le moteur déterminant des révolutions et de l'instabilité, des Empires » (*ibid.*, p. 7).

XVIIIe siècle. Il condamne également le passage d'une économie agricole à un « capitalisme » financier, orienté exclusivement vers le profit. Le Grand Siècle marque déjà une étape décisive de la décadence : la sécularisation progressive du clergé, l'appauvrissement de l'aristocratie et l'urbanisation massive déshumanisent la société, retirent leur fonction aux autorités légitimes. L'intérêt de cette analyse est de relier, en profondeur, mœurs, morale et politique, sans succomber à un sociologisme réducteur, ni reprendre une conception de l'histoire héritée de Bossuet. Sa grande faiblesse est, évidemment, d'être acculée à situer toujours plus loin dans le temps les causes du mal présent, aboutissant finalement à un système désespérant, puisque tout converge, au moins depuis la prétendue Renaissance, vers un néant politique et social[1].

Une période de l'histoire est alors présentée comme un modèle et une lumière authentique pour les hommes meurtris et divisés du présent : le Moyen Âge. À l'extrême opposé des « Lumières » consacrant le triomphe d'une raison desséchante, omnipotente et mutilante, l'époque féodale figurerait le temps béni de la grandeur et des sentiments héroïques. À la division de l'individu tiraillé entre des aspirations contraires, à cet essor sans précédent du pouvoir négateur de la pensée, répond la nostalgie de l'Homme total, vivant à l'unisson des forces vives du pouvoir. À l'origine, le genre troubadour est une rêverie sur l'âge d'or, une image du bon vieux temps et l'évocation d'une naïveté originelle, que la corruption des modernes a totalement effacée[2]. Bien avant la Révolution, les recherches érudites de La Curne de Sainte-Palaye sur l'ancienne chevalerie avaient remis au goût du jour la connaissance du Moyen Âge[3].

---

1. Il faut toutefois noter que la Révolution est présentée par Bonald comme une maladie, comme une crise violente destinée à disparaître, car la nature reprendra ses droits dans la société politique et religieuse enfin régénérée.

2. Voir Fernand Baldensperger, « Le Genre Troubadour », *Études d'histoire littéraire*, première série, 1907 ; Henri Jacoubet, *Le Comte de Tressan et les origines du genre troubadour*, 1923 ; *Le Genre troubadour et les origines du romantisme français*, 1929 ; *Comment le XVIIIe siècle lisait les romans de chevalerie*, Grenoble, 1932 ; G. Lanson, *Le Goût du Moyen Âge en France au XVIIIe siècle*, 1926 ; G. Gengembre, « Le genre troubadour : permanence ou mutation ? », in *Moyen Âge et XIXe siècle, le mirage des origines*, 1988, colloque des universités de Paris-III et Paris-X, Centre de recherches du département de français de Paris-X Nanterre, 1990 ; *La Contre-Révolution, op. cit.*, pp. 234-238.

3. Voir L. Gossman, *Medievalism and the Ideology of Enlightenment. The World of Lacurne de Sainte-Palaye*, Baltimore, 1968 ; R. Mortier, « Aspects du rêve chevaleresque de La Curne à Mme de Staël », in *Le Cœur et la Raison*, Oxford, 1990.

S'inscrivant dans cette tradition, des « antiquaires » et « connaisseurs », comme le comte de Caylus, avaient repris, remanié ou confectionné de toutes pièces des contes médiévaux. Il n'est pas indifférent pour notre propos de constater que ces conteurs se situaient souvent en marge des mouvements philosophiques, quand ils ne s'opposaient pas nettement à eux. Or c'est cet idéal mythique de grandeur et d'énergie conquérante qui est travaillé par l'Histoire. Une idéologie récusant les « Lumières » s'associe au rêve des origines, pour dénoncer un présent qui a renié les valeurs ancestrales. Pour Burke, l'idéal chevaleresque représente l'union de la galanterie et de la fidélité : fidélité amoureuse, volonté de se surpasser pour plaire à la dame et obéir au suzerain, sans qu'un contrat artificiel soit nécessaire pour garantir le lien social. Le serment inviolable fait la grandeur du chevalier, donne sens à son action et le relie à Dieu, par un lien invisible. Burke peut alors entonner le chant de la nostalgie : « Le siècle de la chevalerie est passé. Celui des sophistes, des économistes et des calculateurs lui a succédé ; et la gloire de l'Europe est à jamais éteinte. Jamais, non jamais, nous ne reverrons plus cette loyauté envers le rang et envers le sexe, cette soumission fière, cette obéissance dignifiée[1]... » C'est le politique lui-même qui se trouve bouleversé, car l'idéal médiéval postulait un respect de l'autorité fondé sur le sentiment d'une adhésion passionnée, alors que les modernes ont besoin d'une acceptation réfléchie et étayée par des théories fragiles[2] ! Cette nostalgie d'un passé fondateur, dans lequel les mœurs, la morale, la politique et même les arts coexistent dans une parfaite harmonie, alimentera, jusqu'au XXe siècle, les discours de la nostalgie. Il a partie liée avec l'expérience vécue par les émigrés, pour lesquels le présent est signe de médiocrité, d'uniformité et de vulgarité. On peut repérer ici un fantasme d'unité régressive et fixiste, car cet homme total, toujours en phase avec des instances naturelles – passions et énergie fécondes –, sans que des lois extérieures ni des discours viennent légitimer son rapport à la société, offre quelque

1. Burke, *Réflexions sur la Révolution de France*, *op. cit.*, p. 156.

2. « Mais maintenant, tout va changer, toutes les illusions séduisantes qui rendoient le pouvoir aimable et l'obéissance libérale, qui donnoient de l'harmonie aux différentes ombres de la vie, et qui par une assimilation pleine de douceur faisoient tourner au profit de la politique tous les sentimens qui embellissent et adoucissent la vie privée, toutes allèrent s'évanouir devant cet empire irrésistible de la lumière et de la raison » (*ibid.*, p. 158).

chose de puéril, comme si ces esprits aspiraient à un monde sans loi, sans politique, sans devenir et, paradoxalement, sans mal. Répondant exactement à tout ce que la nature humaine possède de plus généreux, la société entièrement naturalisée n'aurait plus besoin de constitution écrite ni de conventions, ces artifices toujours précaires, ces hochets offerts par une prétendue métaphysique, ces sources de malentendus et de divisions !

DEUX ENNEMIS À COMBATTRE : L'INDIVIDU ET LA RAISON INDIVIDUELLE

À l'opposé de cet homme total, l'individu singulier, séparé, construit comme une entité, fermement appuyé sur les prétendus pouvoirs d'une raison souveraine, isolée de tout ce qui constitue le puissant lien d'une tradition, plus forte que tout discours, immémoriale, maternelle, salvatrice. Ici, peut-être, se manifeste dans le rejet global d'une attitude intellectuelle, symbolisant une époque entière, ce qu'on peut appeler les anti-Lumières. L'homme des Lumières apparaît comme une abstraction. Que signifie cet être sans héritage, sans lien avec les autres, fruit d'un raisonnement puisant en lui-même son principe de rationalité ? Les adversaires de la Philosophie n'ignorent certes pas, que les Philosophes n'ont cessé de replacer l'individu dans un environnement social et qu'ils ont même érigé le devoir de sociabilité en impératif catégorique, mais c'est pour constater que, chez eux, la réflexion théorique s'appuie toujours sur l'individu dont on définit préalablement les droits. De plus l'opération intellectuelle de la « philosophie des Lumières » est une attitude dévoyée, puisqu'elle commence par défaire ce qui par nature est indissoluble. Champ de mine, entreprise de déconstruction du tissu naturel et souple des relations humaines. Une telle scission, une telle mutilation de l'être apparaît comme proprement scandaleuse. Pour Burke l'héritage s'impose comme une donnée naturelle, par-delà toute réflexion. La monarchie en représente un modèle exemplaire : « Nous avons une Couronne héréditaire, une pairie héréditaire, et une Chambre des Communes et un Peuple, qui tiennent par l'héritage d'une longue suite d'ancêtres, leurs privilèges, leurs franchises et leur liberté. Cette politique me paroît être d'une profonde réflexion, ou plutôt l'heureux effet de cette imitation de la nature, qui, bien au-dessus de la réflexion, est la sagesse par essence. L'esprit d'innovation est en général le résultat combiné de vues intéressées et de vues bornées. Ceux qui ne tiennent aucun compte de leurs ancêtres, en tiendront bien peu de leur postérité[1]. » L'individu n'existe que comme élément d'un tout enraciné dans un passé ancestral et relié à une descendance virtuelle. Une sagesse merveilleuse, accessible à tous, nous montre la race humaine ainsi fixée dans une constance invincible, se perpétuant « au milieu des dépérissements, des chutes, des renouvellements et des progressions continuelles », tandis que le temps s'inscrit dans une immobilité impressionnante, et que l'homme ne se construit, ni ne dépérit, dans la fixité d'un régime en conformité avec la nature[2].

Les contre-révolutionnaires récusent alors le droit naturel issu de Hobbes et de Locke. Ceux-ci posent, en effet, une liberté et une sociabilité naturelle de l'homme que la société se doit ensuite de réaliser. Ces théoriciens anglais du XVIIe siècle avaient tenté, chacun à sa manière, de penser les fondements du droit, en se situant en dehors des impératifs religieux et en posant l'existence d'une nature humaine, avant de traiter de l'insertion concrète de l'homme dans la société. C'est cette antériorité que les contre-révolutionnaires refusent en réaffirmant le principe divin comme lien fondamental des sociétés humaines. On notera une radicalisation de la pensée par rapport au courant des Lumières chrétiennes dont on a signalé l'importance grandissante dans les années qui précèdent la Révolution. Parce qu'ils prétendent concilier les exigences du christianisme et le désir de bonheur, sans requérir une caution transcendante, les conciliateurs chrétiens sont soumis au même opprobre que les athées et les déistes. Quant aux apologistes malebranchiens, appelant au réveil de l'intériorité pour faire pièce aux discours philosophiques, ils sont également écartés, parce qu'ils

1. *Ibid.*, pp. 62-63.

2. « ... Un corps où par la disposition d'une sagesse merveilleuse, cette grande et mystérieuse incorporation de la race humaine est moulée toute ensemble de sorte que le tout-à-la-fois n'est jamais vieux, n'est jamais jeune, jamais entre deux âges, mais dans la situation d'une constance inchangeable, en sorte que l'existence de ce corps se perpétue le même au milieu des dépérissements, des chûtes, des renouvellements et des progressions continuelles. Ainsi, en imitant cette marche de la nature dans la conduite de l'État, nous ne sommes jamais totalement neufs dans ce que nous acquérons ; jamais totalement vieux dans ce que nous conservons » (*ibid.*, p. 64).

construisent eux aussi un individu singulier et privé, en l'isolant d'une communauté sans laquelle l'homme ne peut réaliser sa nature ! Avant d'être un sujet de droit, l'être humain appartient à une famille, à une collectivité, à une patrie – on dira bientôt une nation. Ses droits ne peuvent être pensés que par rapport aux êtres que la révélation divine lui a donné la possibilité de concevoir : droit de fonder une famille, droit d'avoir des enfants.

C'est au nom des mêmes principes que Burke condamne les Droits de l'homme et du citoyen. L'être humain a d'abord des devoirs envers la société, dans laquelle il s'insère naturellement. Être de désir et de passion, et par là même de soumission, il a besoin d'une autorité qui ne peut en aucun cas émaner de lui-même : « La société n'exige pas seulement que les passions des individus soient réduites ; mais même que collectivement et en masse, aussi bien que séparément, les incitations des hommes soient souvent barrées, leur volonté contrôlée, et leurs passions soumises à la contrainte. Cela ne peut certainement s'opérer que par un Pouvoir qui soit hors d'eux-mêmes et qui ne soit pas, dans l'exercice de ces fonctions, soumis à cette même volonté et à ces mêmes passions, que son devoir est de dompter et de soumettre. Dans ce sens, la contrainte est, aussi bien que la liberté, au nombre des Droits de l'homme[1]. » Joseph de Maistre insiste encore davantage, sur la nécessité d'un pouvoir répressif, capable de châtier le sujet faible et coupable. L'efficacité d'un gouvernement se reconnaît même à l'exercice de cette fonction autoritaire, qui sanctionne les sujets défaillants au nom du souverain Dieu, régénérant ainsi l'ensemble du corps social. Comment, alors, évoquer de prétendus Droits de l'homme ? L'État a besoin de recrues pour ses forces, de remèdes pour ses maux, mais non d'individus protégés et représentés hors de toute finalité collective ; Burke ajoute un argument : quelle instance pourrait légitimement définir ces droits ? Quelle figure serait assez prestigieuse, assez sûre d'elle-même pour proposer des droits abstraits renversant l'édifice qui « pendant des siècles a rempli d'une manière supportable, toutes les fins générales de la société[2] » ? Resurgit le débat sur les intellectuels et plus largement sur les métaphysiciens, définissant dans l'abstrait des prin-

---

1. *Ibid.*, p. 121.
2. *Ibid.*, pp. 123-124.

cipes universels, alors que l'utilité sociale nécessite des hommes d'expérience, œuvrant dans la prudence pour réaliser des tâches circonscrites, limitées et pratiques[1]. Les Droits de l'homme, enfin, postulent une simplicité primitive qui n'est plus ou n'a jamais été. Ici encore la raison individuelle construit un modèle situé hors de l'histoire concrète des hommes, ou le projette dans un passé mythique auquel elle attribue une vertu fondatrice ; démarche hypothético-déductive, dans laquelle les Philosophes des Lumières sont passés maîtres, mais qui perd toute pertinence quand on l'applique aux sociétés complexes des Temps modernes[2].

---

1. Cette méfiance à l'égard des intellectuels, érigeant de prétendus principes universels, donnant des leçons à l'humanité, alors que les hommes dotés d'un savoir spécialisé offrent seuls une réelle utilité sociale, alimentera nombre de discours conservateurs et de théories d'extrême droite jusque dans la France du XXe siècle.

2. « En vérité, dans cette masse énorme et compliquée des passions et des intérêts humains, les droits de l'homme sont réfractés et réfléchis dans un si grand nombre de directions croisées et différentes, qu'il est absurde d'en parler encore comme s'il restoit quelque ressemblance avec leur simplicité primitive. La nature de l'homme est embrouillée, les objets de la société sont aussi complexes qu'il soit possible de l'être ; c'est pourquoi un pouvoir simple dans sa disposition ou dans sa direction ne peut plus convenir ni à la nature de l'homme ni à la qualité de ses affaires » (*ibid.*, p. 124). Il faut noter toutefois que si la pensée contre-révolutionnaire a eu l'initiative du reproche, elle n'est pas la seule à critiquer l'« abstraction » de la déclaration des Droits de l'homme. Sous la Révolution, certains révolutionnaires, favorables aux mesures prises par l'Assemblée constituante, mais craignant que les principes énoncés dans la Déclaration ne servent à justifier l'abolition de la propriété privée, s'en prennent eux aussi à la théorie jugée trop abstraite du droit naturel, J.-J. Tatin, *Le Contrat social en question*, *op. cit.*, p. 130. La conception d'une loi stable, préalable et d'essence divine, rejette d'emblée toute idée d'un contrat destiné à fonder la société politique. À l'origine proclame Bonald ce sont des mœurs primitives qui rendent possibles la formation de l'État. On notera toutefois que le *Contrat social* de Rousseau demeure, depuis la publication en 1762, un texte ouvert et problématique, objet de lectures diverses et contradictoires, avant, pendant et après la Révolution. Après les premières réfutations dévotes, l'œuvre était devenue l'enjeu d'une lutte liée à la querelle des parlements. Pour certains apologistes, comme l'abbé Arnavon, qui soutenaient l'opposition parlementaire, ce traité de philosophie politique servait exclusivement les intérêts du « despotisme » et du « philosophisme », parce qu'il soumettait le pouvoir religieux à l'autorité civile (*Discours apologétique de la religion chrétienne au sujet de cette fausse assertion de Jean-Jacques Rousseau : « la loi chrétienne est au fond plus nuisible qu'utile à la forte constitution des États »*, 1773). Pour l'abbé François, janséniste et de ce fait partisan convaincu du primat du pouvoir politique sur l'institution religieuse, le *Contrat social* présentait un aspect subversif, parce qu'il mettait cette fois en doute la souveraineté du monarque.

Conclusion

Si la Révolution radicalise les positions et donne un nouveau souffle à l'antiphilosophie, qu'on appellera plutôt désormais la pensée contre-révolutionnaire, évitons de succomber à tout finalisme. Même si elle possède des traits permanents, l'antiphilosophie ne saurait être présentée comme un mouvement figé dans une attitude univoque et menant vers une fin unique. Certes, objectera-t-on, le discours apologétique vise bien toujours, par définition, à la défense de la religion et de l'autorité monarchique menacées par les mouvements philosophiques. Pourtant, ici encore, nous espérons l'avoir montré, tout un système d'alliances stratégiques, mais aussi l'existence de contaminations réciproques et, plus profondément, la présence d'un socle de représentations régissant des discours apparemment divergents ouvrent l'apologie aux grandes questions débattues par les Philosophes, notamment dans les années 1770. Pour comprendre les luttes doctrinales que mènent ces jouteurs impénitents que sont les esprits du XVIIIe siècle, il faut veiller au moment de la diffusion des textes. Telle critique du *Contrat social* de Rousseau lancée au moment de sa parution, telle autre parue durant la fronde parlementaire ou dans les années qui précèdent la Révolution prennent des significations différentes, voire opposées. Les grandes œuvres philosophiques du siècle font l'objet de gauchissements, de dévoiements et parfois même d'annexions, en fonction des aléas d'une histoire tumultueuse et conflictuelle. Ces « lectures » faites à chaud ou avec le recul du temps ne doivent pas seulement être perçues comme des manœuvres stratégiques, pour imposer, à terme, une doxa religieuse et politique, libre de toute complicité avec les audaces critiques des Philosophes modernes. Elles témoignent aussi de nouvelles grilles interprétatives, d'une nouvelle approche de la « philosophie ». Il en va ainsi de ces recueils de mélanges intitulés « Esprits », auxquels tiennent tant les adversaires modérés des Philosophes. Leur succès démontre que se propage largement dans l'opinion une vision singulièrement édulcorée de la « philosophie », mêlant des principes chrétiens à l'esprit d'examen et aux formes modernes de bienfaisance. Faire état de la médiocrité de ces écrits pour en sous-estimer l'importance, c'est mutiler l'histoire culturelle en la réduisant aux ouvrages canoniques, sans tenir compte des habitudes de lecture des contemporains.

L'autre leçon est que l'histoire culturelle de la deuxième moitié du siècle est faite de chevauchements, d'interférences, de tensions et même de contradictions entre les courants de pensée. Celle de Rousseau interfère fréquemment avec toute une frange de l'apologétique, tandis que de nombreux apologistes aiment parfois à faire cause commune avec les déistes. Les interprètes chrétiens et antivoltairiens de la pensée de Rousseau n'hésitent pas, dans les années 1780, à procéder à un extraordinaire et périlleux saut de voltige rhétorique pour défendre le *Discours sur l'origine et les fondements de l'inégalité* et le *Contrat social* contre les voltairiens responsables de tous les maux du siècle. Cette sacralisation des textes fondateurs, érigés en boutefeux pour en discréditer d'autres, est une des marques essentielles du siècle. Elle manifeste la croyance en la toute-puissance de l'imprimé et du discours orchestré, diffusé, relayé, au cours d'un processus toujours inachevé d'appropriation, d'affadissement ou d'enrichissement, de radicalisation, ou au contraire de rejet et d'anathème, car l'autre trait de cette période est que les discours portent sur des discours, déterminant ainsi d'étonnants effets de brouillage, d'évolution paradoxale ou de blocage. Dans les années qui précèdent la Révolution, il est tout un vocabulaire « philosophique » de plus en plus valorisé dans l'espace public en cours de constitution, barrière que les adversaires de la « philosophie » tentent de contourner en lançant de nouveaux concepts péjoratifs, comme « tolérantisme » ou « philosophisme », mais il s'agit là d'un combat d'arrière-garde, incapable d'effacer le sens positif que le terme à la mode a revêtu au sein d'une grande partie de l'opinion. Il est vrai aussi qu'il existe, à la fin de l'Ancien

Régime, un noyau dur, récusant en bloc le réformisme à la mode, religieux et politique. Ce courant représenté, entre autres, par une partie du clergé et notamment de l'épiscopat, s'en prend surtout aux ecclésiastiques acquis aux idées nouvelles, et aux évêques « administrateurs » qui, comme Loménie de Brienne, l'archevêque de Toulouse, estiment que l'on peut réformer le gouvernement et améliorer la condition des hommes en appliquant à la lettre un programme dicté par des Philosophes, des savants et des techniciens. C'est cette insertion dans le « siècle » que dénoncent, avec virulence, les évêques qui privilégient leur rôle pastoral et leur mission divine. Au lieu de séparer le clergé et la société civile, la frontière entre philosophie et antiphilosophie se situe bien plutôt à l'intérieur de l'Église et au sein même des élites qui détiennent le pouvoir politique. La partie de l'épiscopat, la plus engagée dans le combat antiphilosophique, est à étudier comme symptôme, car, au-delà de ses fantasmes et de ses aveuglements, elle manifeste la conscience aiguë d'une transformation profonde des pratiques et des mentalités : la quête personnelle de la vérité et par conséquent la diminution du rôle exercé, dans ce domaine, par l'Église, l'hédonisme érigé en principe incontournable par les représentants mêmes de Dieu marquent effectivement une rupture profonde et irréversible de la tradition, chez ceux là mêmes qui avaient pour mission de la sauvegarder. Mais la frange la plus traditionaliste de l'Église, bien qu'importante, ne représente finalement qu'une faible partie du clergé de France. Il faut s'empresser d'ajouter que les religieux, totalement acquis aux idées philosophiques, ne constituent pas non plus un groupe dominant. C'est donc la partie intermédiaire qui forme le gros des troupes.

La période révolutionnaire et surtout l'après-Révolution provoquent un extraordinaire redéploiement des positions et une radicalisation de l'antiphilosophie. C'est alors que des esprits s'élèvent pour condamner les Lumières, auxquelles sont annexés les apologistes conciliateurs, coupables d'avoir contribué à la décadence générale en cédant sur presque tous les fronts. C'est bien alors que se fixe une philosophie de l'ordre religieux et politique pour condamner les Philosophes responsables d'avoir sapé toute autorité en érigeant des droits prétendument universels et en défendant les libertés individuelles, menant ainsi tout droit au chaos social et politique. Mais ce discours réactionnaire, dans lequel puiseront, à des degrés divers, les intégrismes et l'extrême droite des XIXe et XXe siècles, n'est pas le produit d'un mouvement unifié, dont on pourrait repérer les prémices clairement affichées et la montée inexorable. L'antiphilosophie, comme la philosophie, s'élabore au XVIIIe siècle, dans la discontinuité historique. Les Lumières sont peut-être cet état de tension entre l'universel proclamé et l'affirmation des droits des peuples, entre la défense de l'individu et celle de la collectivité conçue comme une entité à préserver, entre un désir de laïcisation des institutions et la quête de sacralités compensatoires. Nous pensons, bien sûr, au culte du grand homme, à celui de l'écrivain se substituant à Dieu pour éclairer les peuples. C'est dans cet état de tension que l'idée moderne de tolérance (religieuse et civile) finit par l'emporter et que la séparation totale du religieux et du pouvoir d'État est en passe de s'imposer. Les anti-Lumières offrent, elles aussi, des visages divers : dans les années 1750, de nombreux esprits se figent dans une défense de la tradition religieuse menacée par les mouvements philosophiques. Des apologistes tentent de sauvegarder une interprétation littérale de l'Écriture sainte. À la fin de l'Ancien Régime, les anti-Lumières peuvent représenter la volonté d'un ordre immuable, le désir de situer l'homme dans un Tout, religieux, politique et social, dont il n'aurait jamais dû s'abstraire. Mais entre ces deux pôles extrêmes, que de conduites diverses, louvoyantes et ambivalentes, qui ont contribué à façonner l'opinion et qui doivent être mises au compte du travail de l'Histoire !

Signalons enfin un remarquable phénomène de continuité. Les grands noms de l'antiphilosophie et de l'apologétique du XVIIIe siècle connaissent un immense succès durant la Restauration, la monarchie de Juillet et même au-delà. Les écrits des figures de proue du mouvement apologiste accèdent à une nouvelle vie. Des préfaciers assurent le lien, avec le XVIIIe siècle, disséqué, analysé pour être souvent voué aux gémonies. Les immenses dictionnaires retraçant l'histoire de l'humanité dans une perspective conforme à l'orthodoxie catholique ne cessent d'être réédités et augmentés par de nouveaux polygraphes, venus se joindre à la troupe des initiateurs. Celui de l'abbé Chaudon connaît un succès constant. Certains apologistes acquièrent même une gloire posthume : les *Lettres de quelques juifs portugais, allemands et polonais* de l'abbé Guénée alimentent la politique anti-voltairienne de la Restauration.

Des notices exaltent la mémoire du pourfendeur hardi des Philosophes, des notes viennent compléter un texte qui passe déjà pour un monument d'érudition. L'ouvrage connaît quatorze éditions jusqu'en 1831 et parfois plusieurs tirages la même année. *Les Erreurs de Voltaire* du jésuite Nonnotte font également l'objet d'un toilettage. Parue anonymement en 1762, l'œuvre est ensuite constamment rééditée jusqu'en 1823. Paraissent également des traductions allemandes, espagnoles et italiennes. Ce phénomène éditorial témoigne des luttes idéologiques du XIXe siècle qui appelleraient un autre ouvrage.

Bibliographie

Sources anciennes

ABBADIE, Jacques, *Traité de la vérité de la religion chrétienne*, Paris, 1826, 4 vol., in-12 (1re éd., 1684).

Abbé C., *Anti-Émile ou précis simple d'une éducation solide*, Lyon, éd. Delaroche, 1762, in-8°.

ALEMBERT (Jean Le Rond, dit D') (anonyme), *Sur la destruction des jésuites en France*, 1767 (1re éd., 1765).

ANDRÉ (abbé), *Réfutation du nouvel ouvrage de J.-J. Rousseau intitulé « Émile ou de l'éducation »*, Paris, Desaillant, 1762.

ARNAVON, Jean-Joseph (abbé), *Discours apologétique de la religion chrétienne au sujet de cette fausse assertion de Jean-Jacques Rousseau : « La loi chrétienne est au fond plus nuisible qu'utile à la forte constitution des États »*, Paris, L. Jorry, 1773, in-8°.

Avertissement du clergé de France assemblé à Paris par permission du roi aux fidèles du Royaume sur les dangers de l'incrédulité, Paris, Desprez, 1770 (in-4°, 76 p., et in-12, 76 p.), réed. 1771 (publié sous les noms de « évêques La Roche Aymon et Brienne »). (A. Jobert dans *Un théologien au siècle des Lumières*, attribue cet ouvrage à Bergier.)

BARRAL, Pierre, *Maximes sur le devoir des Rois et le bon usage de leur autorité*, 1754, 2 parties en 2 vol., in-12.

BARRUEL, Augustin, *Les Heviennes ou Lettres provinciales philosophiques*, 1781.

– *Mémoires pour servir à l'histoire du Jacobinisme*, 1797-1799, 5 vol.

– *Abrégé des Mémoires pour servir à l'histoire du Jacobinisme*, 1817.

BARRUEL-BEAUVERT, Antoine-Joseph, comte de, *Vie de Jean-Jacques Rousseau,* précédée de quelques lettres relatives au même sujet, Londres et Paris, 1789, in-8°.

BAUDISSON (abbé), *Essai sur l'union du christianisme avec la philosophie*, Paris, Berton, 1787, in-12.

BEAUMONT, Christophe DE, *Mandement de Mgr l'Archevêque de Paris portant condamnation d'une thèse soutenue en Sorbonne le 18 novembre 1751 par Jean-Martin de Prades, prêtre du diocèse de Montauban, bachelier en théologie de Faculté de Paris*, Paris, 1752.

– *Mandement de Mgr l'Archevêque de Paris, par lequel il adresse aux Fidèles de son diocèse la Rétractation faite par le sieur Jean-Martin de Prades, prêtre du Diocèse de Montauban, de la thèse soutenue par lui en Sorbonne le 18 novembre 1751*, Paris, C. F. Simon, 1754.

– *Mandement de l'Archevêque de Paris portant condamnation d'un livre qui a pour titre de l'Esprit,* Paris, C. F. Simon, 1758.

– *Lettre pastorale de Mgr l'Archevêque de Paris aux Fidèles de son diocèse*, Paris, C. F. Simon, 1758.

– *Mandement de Christophe de Beaumont, archevêque de Paris, portant condamnation d'un livre qui a pour titre : l'Émile*, rédigé par Jacob-Nicolas Moreau, d'après une note manuscrite, 1762. (éd. moderne : Paris, Classiques Garnier, *Du contrat social et autres œuvres politiques*, 1975).

– *Mandement de Mgr l'Archevêque de Paris portant condamnation d'un livre qui a pour titre Bélisaire par M. de Marmontel, de l'Académie française*, Paris, Merlin, 1767.

– *Mandement de Mgr l'Archevêque de Paris pour le Jubilé*, 1770.

– *Lettre pastorale de l'Archevêque de Paris aux fidèles de son diocèse*, Paris, 1775.

– *Instruction pastorale sur la prétendue philosophie des incrédules modernes*, *Œuvres complètes*, éd. Migne, 1855, t. 1, p. 73 (1re éd. 1764).

BEAUVAIS (abbé DE), *Sermons*, Paris, 1807, 4 vol., in-12 (1re éd. 1790).

BELLET (abbé), *Les Droits de la religion chrétienne et catholique sur le cœur de l'homme*, Montauban, 1764.

BERGIER, Nicolas Sylvestre (abbé), *Le Déisme réfuté par lui-même*, Paris, 1765.

– *La Certitude des preuves du christianisme, ou Réfutation de l'« Examen critique des apologistes de la religion chrétienne »*, Paris, Humblot, 1767, 2 vol., in-12.

– *Encyclopédie méthodique. Théologie*, Paris, Panckoucke, Liège, Plomteux, 1788-1790.

– *Dictionnaire de Théologie. Extrait de l'Encyclopédie méthodique,* éd. augm. de tous les articles renvoyés aux autres parties de l'*Encyclopédie*, Liège, Société typographique, 1789-1792, 8 vol., in-8°.

– *Œuvres complètes*, Paris, éd. Migne, 1855, 8 vol., in-8°.

BERTHIER, Guillaume François, *Observations sur un livre intitulé « De l'Esprit des Lois »*, Paris, 1757-1758, 3 vol. in-8°.
– *Tablettes historiques et chronologiques, où l'on voit d'un coup d'œil l'époque de la naissance et de la mort de tous les hommes célèbres en tous genres que la France a produits...*, Amsterdam, Paris, éd. Les Nouveautés, 1779, in-16.
BINET, René, *Histoire de la décadence des mœurs chez les Romains et de ses effets dans les derniers temps de la République*, Paris, An III.
BLONDE, André, *Lettre à M. Bergier, Docteur en théologie et Principal du Collège de Besançon, sur son ouvrage intitulé : « Le Déisme réfuté par lui-même »,* 1770, in-12.
BOISMONT (abbé DE), *Sermon pour l'Assemblée extraordinaire de la charité qui s'est tenue à Paris, à l'occasion d'une Maison royale de santé, en faveur des Ecclésiastiques et des militaires malades, le 13 mars 1782*, Paris, Imp. royale, 1782, in-4°.
BONALD, Louis DE, *Mélanges littéraires, politiques et philosophiques*, in *Œuvres complètes*, t. 10, Genève, reprint Slatkine, 1982.
– *Réflexions sur les questions de l'indépendance des gens de lettres, et de l'influence du théâtre sur les mœurs et le goût, proposées pour sujet de prix par l'Institut national, à sa séance du 29 juin 1805*, *ibid.*, pp. 54-55.
– *De la philosophie morale et politique au* XVIIIe *siècle (6 octobre 1805)*, *ibid.*, t. 10, p. 161.
BONHOMME, *Réflexions d'un franciscain avec une lettre préliminaire adressée à M...* (Diderot), 1752 (d'après Barbier).
– *Réflexions d'un franciscain sur les trois volumes de l'*Encyclopédie, Berlin, 1754 (suite du précédent ouvrage).
– *L'Éloge de l'*Encyclopédie *et des Encyclopédistes*, La Haye, 1759 (rééd. sous un autre titre de l'ouvrage précédent).
BONNAIRE, *Discours à lire au conseil en présence du Roi par un ministre patriote*, Paris, 1787.
BONNAUD, Jacques-Jules, *Le Tartuffe démasqué ou épître très-familière à M. le marquis Caraccioli, colonel (in partibus), éditeur et comme qui diroit Auteur des Lettres attribuées au pape Clément XIV* (Ganganelli), Liège, 1777.
BOUDIER DE VILLERMET (ou VILLEMAIRE), Pierre Joseph, *L'Irréligion dévoilée ou la Philosophie de l'honnête homme*, 1772.
BOULLIER, *Apologie de la métaphysique à l'occasion du Discours préliminaire de l'*Encyclopédie*, avec les Sentiments de M*** sur la Critique des* Pensées *de Pascal par M. de Voltaire. Suivis de trois lettres relatives à la philosophie de ce poète*, Amsterdam, 1753.
– *Lettres critiques sur les lettres philosophiques de M. de Voltaire, par rapport à notre âme, à sa spiritualité et à son immortalité avec la Défense*

des Pensées *de Pascal contre la critique du même M. de Voltaire par* ***, Paris, Duchêne, 1753 (1re éd., Bibliothèque française, 1735, rééd. 1754).
– *Critique de l'Histoire universelle de M. de Voltaire au sujet de Mahomet et du mahométisme*, 1755.
BOULOGNE, Étienne-Antoine (évêque de Troyes), « Sermon sur la vérité », in *Sermons et Discours inédits, précédé d'une notice historique sur ce prélat*, Paris, Le Clère, 1830, 4 vol., t. IV.
BORDIER-DELPUITS (abbé), *Observations sur le « contrat social » de J.-J. Rousseau*, Paris, Mérigot le jeune, 1789.
BURKE, Edward, *Réflexions sur la Révolution de France*, Paris et Londres, Laurent fils, 1790.
CAILLEAU, *Les Philosophes manqués*, comédie nouvelle en un acte, à Critomanie chez le Satyre, 1760.
– *Les Originaux ou les fourbes punis*, Nancy, 1760.
CAPMARTIN DE CHAUPY, Bertrand (abbé), *Philosophie des lettres qui auroit pu tout sauver. Misosophie voltairienne qui n'a pu que tout perdre*, Paris, 1789-1790.
CARACCIOLI, Louis Antoine, *La Conversation avec soi-même*, Liège, 1760.
– *De la gaieté*, 1762.
– *Le Langage de la Raison*, 1763.
– *Le Cri de la vérité*, 1765.
– *Le Chrétien du temps confondu par les premiers* chrétiens, Paris, 1766.
– *Lettres récréatives et morales sur les mœurs de ce temps*, 1767.
– *Voyage de la Raison en Europe*, 1772.
– *L'Europe française*, 1776.
CHAS, François, *J.-J. Rousseau justifié ou Réponse à M. Servan*, Neuchâtel, 1784.
CHAUDON (Dom Louis Mayeul dit), *Dictionnaire anti-philosophique pour servir de commentaire et de correctif au Dictionnaire philosophique et aux autres livres qui ont paru de nos jours contre le christianisme...*, Avignon, 1767, in-8°, rééd. 1769.
– *Bibliothèque d'un homme de goût*, 1772.
– *Nouveau Dictionnaire historique-portatif ou Histoire abrégée de tous les hommes qui se sont fait un Nom par des talens, des vertus, des forfaits... depuis le commencement du Monde jusqu'à nos jours*, Paris, Le Jay, 1772, 6 vol., in-8°.
– *L'Homme du monde éclairé*, Paris, 1774.
– *Nouvelle Bibliothèque d'un homme de goût*, 1777.
CHAUMEIX, Abraham DE, *Préjugés légitimes contre l'*Encyclopédie *et Essai de réfutation de ce dictionnaire, avec un Examen critique du livre de l'Esprit*, Bruxelles éd. Hérissant, 1758, 8 vol., in-12.

– *Les Philosophes aux abois ou lettres de Monsieur de Chaumeix à Messieurs les Encyclopédistes*, Bruxelles et Paris, Veuve Lamesle, 1760, in-8°.

– *La Petite Encyclopédie ou dictionnaire des Philosophes*, Anvers, 1771.

CHOISY, François-Timoléon (DE), et Dangeau, Louis (DE COURCILLON DE), *Quatre Dialogues.* 1) Sur l'immortalité de l'âme, Paris, Sébastien Marbre Cramoisy, 1684.

COSTE, Louis, *Le Philosophe ami de tout le monde*, À Sophopolis, 1760.

COURT DE GEBELIN, Antoine, *Monde primitif analysé et comparé avec le monde moderne*, Paris, 1773-1782, 9 vol., in-4°.

CRASSET (abbé), *La Foy victorieuse de l'infidélité et du libertinage*, Paris, P. de Launay, 1693, 2 vol., in-12.

DEFORIS, *Préservatif pour les fidèles contre les sophistes et les impiétés des incrédules... suivi d'une Réponse à la lettre de J. J. Rousseau à M. de Beaumont*, Paris, Desaint, 1764.

DELISLE DE SALES, *Histoire universelle de tous les peuples du monde*, Paris, 1779-1785, 41 t., in-8°.

DORAT, Claude Joseph, *Les Prôneurs ou Le Tartuffe littéraire*, Hollande et Paris, éd. Delalin, 1777.

DU BOS, A., R*emarques sur un livre intitulé : Dictionnaire philosophique portatif, par un membre de l'illustre Société d'Angleterre pour l'avancement et la propagation de la doctrine chrétienne*, Lausanne, 1765.

DUHAMEL (abbé), *Lettres d'un philosophe à un docteur de Sorbonne sur les explications de M. de Buffon*, Strasbourg, 1751 (rééd. 1754).

DUPORT DU TERTRE, François-Joachim, *Projet utile pour le progrès de la littérature*, 1757.

DURANTHON, Antoine, *Collection des procès verbaux des assemblées générales du clergé de France, depuis l'année 1560 jusqu'à présent*, Paris, 1767-1778, 8 t., en 9 vol., in-fol. (voir le tome 8).

ÉLISÉE, Jean-François, « Sermon sur le respect humain » (1785), in *Sermons*, *Collection des Orateurs sacrés*, éd. Migne, 1844, t. 59, p. 1579.

Encyclopédie méthodique par ordre de matières, par une société de gens de lettres, de savans et d'artistes, Paris, Hôtel de Thou, Liège, éd. Plomteux, 1782, in-4°. (Prospectus de l'Encyclopédie méthodique.)

ESCHERNY D', *Les Lacunes de la philosophie*, Amsterdam, 1783.

Esprit de Raymond Lulle, 1666.

(L') Esprit des esprits ou Pensées choisies pour servir de suite aux « Maximes » de La Rochefoucault (sic), Londres-Paris, Dorez, 1777.

FELLER, François Xavier (anagramme : Flexier de Réval), *Catéchisme philosophique ou recueil d'observations propres à défendre la religion chrétienne contre ses ennemis*, Paris, 1777 (1re éd., 1773).

– *Dictionnaire historique ou histoire abrégée de tous les hommes qui se sont fait un nom par le génie, les talens, les vertus, les mœurs,* etc.,

Augsbourg, M. Rieger fils, 1781-1783. (Reprise du dictionnaire de Chaudon.)

FÉNELON, *Traité de l'existence de Dieu*, texte établi par Jean-Louis Dumas (1re éd., 1713), Paris, Éditions universitaires, 1990.

FIDEL (père), *Le Chrétien par le sentiment*, Paris, Gogué, 1764, 3 vol., in-12.

FILLEAU DE LA CHAISE, « Discours sur les preuves des livres de Moyse in *Discours sur les Pensées de Pascal* », 1680.

FONTENAY, Louis Abel DE BONNAFOUS (abbé DE), *Esprit des livres défendus ou Antilogies philosophiques*, Amsterdam et Paris, 1777, 4 vol. in-12. (Contrairement à Barbier, Quérard attribue cet ouvrage à Sabatier de Castres et à Antoine de Verteuil, pseudonyme de l'abbé Jacques Donzié).

FORMEY, Jean Henri, *Le Philosophe chrétien*, 1751.

– *Pensées raisonnables opposées aux Pensées philosophique, avec un essai critique sur le livre intitulé* Les Mœurs, *et la lettre de Gervaise Holmes à l'auteur de celle sur les aveugles*, 1756.

– *Conseils pour former une bibliothèque peu nombreuse mais choisie*, Berlin, 1756.

– *Les Pensées de Jean-Jacques Rousseau citoyen de Genève*, Amsterdam, 1763.

– *Émile chrétien consacré à l'utilité publique*, 1764.

FREY DE NEUVILLE, Anne-Joseph-Claude, *Sermon sur le scandale*, éd. Migne, 1854, t. 57 (1re éd., 1777).

FUMEL, Jean-Félix DE, *Mandement et Instruction pastorale de Mgr. l'évêque de Lodève touchant plusieurs livres ou écrits modernes,* Montpellier, Rochard, 1759.

Instruction pastorale de Mgr l'évêque de Lodève sur les sources de l'Incrédulité du siècle, Paris, 1765.

GAUCHAT, Gabriel, *Lettres critiques ou Analyse et Réfutation de divers écrits modernes contre la religion*, Paris, Hérissant, 1755-1763, 19 vol., rééd. Genève, Slatkine, 1973.

GAULTIER Jean-Baptiste, *Le poème de Pope intitulé* Essai sur l'homme, *convaincu d'impiété. Lettres pour prémunir les fidèles contre l'irréligion*, La Haye, 1746.

– *Les Lettres persanes convaincues d'impiété*, 1751.

– *Réfutation du Celse moderne ou Objections contre le christianisme avec des réponses*, Lunéville et Paris, 1752.

GENLIS Mme DE, *La Religion considérée comme l'unique base du bonheur et de la véritable philosophie,* 1787.

– *Nouvelle méthode d'enseignement pour la première enfance*, Paris, Maradan, 1801.

GÉRARD, Philippe Louis (abbé), *Le Comte de Valmont ou les Égarements de la raison*, Paris, Moutard, 1774, 5 vol., in-12.

GERDIL, Hyacinthe-Sigismond, cardinal, *Recueil de dissertations sur quelques principes de philosophie et de religion*, Paris, 1760.

– *Réflexions sur la théorie et la pratique de l'éducation contre les principes de M. Rousseau par le P. G. B.*, Turin, in-8°, 1763, rééd., sous le titre d'*Anti-Émile*.

GILBERT Nicolas, « Le Dix-huitième siècle », 1775, reproduit dans Mettra, *Correspondance secrète politique et littéraire*, 1777, t. 2., p. 84.

GIN Louis-Claude, *Les Vrais Principes du gouvernement français démontrés par la raison et par les faits*, 1777.

GIRY DE SAINT-CYR (abbé), *Catéchisme et décisions de cas de conscience à l'usage des Cacouacs avec un discours du patriarche des Cacouacs pour la réception d'un nouveau disciple*, Cacopolis, 1758.

GRIFFET, *Mémoires pour servir à l'histoire du Dauphin de France, avec un Traité de la connaissance humaine fait par ses ordres en 1758*, 1777.

GROS DE BESPLAS (abbé), *Le Rituel des esprits forts ou le voyage d'outre-monde*, 1759.

GUÉNARD, Antoine, *Discours sur les bornes de l'esprit philosophique*, prix d'éloquence à l'Académie française en 1755, Paris, Guibert, 1843 (rééd. Migne, t. 12).

GUENÉE (abbé), *Les Quakers à leur frère V***, Lettres plus que philosophiques *** sur sa religion et ses livres, etc.*, 1768.

– *Lettres de quelques Juifs portugais, allemands et polonais à M. de Voltaire, avec des réflexions critiques etc. et un petit commentaire extrait d'un plus grand*, Paris, Moutard, 1769 (de nombreuses rééd. : 1771, 1772, 1776).

GUIDI (abbé), *Entretiens sur la religion entre un jeune incrédule et un catholique*, 1769.

*Lettres d'un théologien à M*** où l'on examine la doctrine de quelques écrivains modernes contre les incrédules*, 1776, in-12. (Barbier attribue l'ouvrage à l'abbé Pelvert.)

GUYON, Cl. Marie (abbé), *L'Oracle des nouveaux philosophes pour servir de suite et d'éclaircissement aux œuvres de M de Voltaire*, Berne, 1759.

– *Suite de l'Oracle des nouveaux philosophes pour servir de suite et d'éclaircissement aux œuvres de M. de Voltaire*, Berne, 1760.

HAYER, *L'Utilité temporelle de la religion chrétienne*, Paris, 1774.

HELVÉTIUS, Claude-Adrien, *Correspondance générale*, 1757-1760, t. 2, Oxford Foundation, Paris, Touzot, 1984.

HOUTTEVILLE, Alexandre (abbé), *La Religion prouvée par les faits, avec un discours historique et critique sur la Méthode des principaux auteurs qui ont écrit pour et contre le christianisme depuis son origine*, Paris, 1722, in-4°.

– *Essai philosophique sur la Providence*, 1728.

JOLY DE FLEURY, *Réquisitoire au sujet de deux libelles : le Dictionnaire philosophique portatif et les Lettres écrites de la Montagne*, 1765.

JURIEU, *L'Esprit de M. Arnaud, tiré de sa conduite et de ses écrits de lui et de ses disciples, particulièrement de l'Apologie pour les catholiques*, Deventer, 1684, 2 vol., in-12.

LAGET, *Sermons sur divers sujets importants*, Genève, 1779.

LA LUZERNE, évêque-duc de Langres, pair de France, *Instruction pastorale sur l'excellence de la religion*, Paris, Desprez, 1786 (dans Migne, *Démonstra-tion évangélique*, t. 13, col. 1095-1082) (plusieurs rééd. jusqu'en 1818).

LAMOURETTE, *Pensées sur la philosophie de l'incrédulité ou Réflexions sur l'esprit et le dessein des philosophes irréligieux de ce siècle*, Paris, 1786, in-8°.

– *Les Délices de la religion ou le Pouvoir de l'Évangile pour nous rendre heureux,* Paris, Mérigot, 1788, in-12.

LARCHER, Pierre Henri, *Supplément à la Philosophie de l'histoire de feu M. l'abbé Bazin, nécessaire à ceux qui veulent lire cet ouvrage avec fruit*, 1767.

LA VAUGUYON, duc DE, *Portrait de feu Monseigneur de Dauphin*, Paris, 1766.

LE CLERC, Jean, *De l'Incrédulité*, Amsterdam, 1696.

LECLERC DE JUIGNE, Antoine Eléonor, *Lettre pastorale de Mgr l'Archevêque de Paris*, Paris, 1782.

– *Mandement de Mgr. l'Archevêque de Paris pour le saint temps du Carême*, Paris, 1785.

LECLERC DE MONTLINOT, Charles Antoine Joseph, *Justification de plusieurs articles du Dictionnaire encyclopédique ou Préjugés légitimes contre A-J de Chaumeix*, Bruxelles et Paris, 1760.

LEFRANC, François (abbé), *Le Voile levé pour les curieux ou Secret de la Révolution révélée à l'aide de la franc-maçonnerie*, Veuve Valade, 1791.

LEFRANC DE POMPIGNAN, Jean-Georges, *Questions diverses sur l'incrédulité*, 1751 (1re éd., 1753, *Œuvres complètes*, 1865, t. I, p. 318).

– *La Dévotion réconciliée avec l'esprit*, Montauban, 1754.

– *L'Incrédulité convaincue par les prophéties*, Paris, 1759, 3 vol., in-12.

– *Œuvres complètes*, Migne, 1855, 2 vol. En particulier : *Instruction pastorale sur la prétendue philosophie des incrédules modernes* (1re éd., 1764, Migne, *Œuvres complètes*, 1865, t. I, p. 28).

LEIBNIZ, *Essais de Théodicée sur la bonté de Dieu, la liberté de l'homme, et l'origine du mal*, 1710.

LELARGE DE LIGNAC, Joseph-Adrien, *Lettres à un Américain sur l'Histoire naturelle générale et particulière de M. Buffon*, Hambourg, 1751, 3 vol.

– *Éléments de métaphysique tirés de l'expérience ou Lettre à un matérialiste sur la nature de l'âme*, Paris, 1753, in-12.
– *Examen sérieux et comique des Discours sur l'Esprit*, Amsterdam, 1759.
– *Le Témoignage du sens intime et de l'expérience opposé à la foi profane et ridicule des fatalistes modernes*, Auxerre, 1760.
– *Présence corporelle de l'homme en plusieurs lieux prouvée possible par les principes de la bonne philosophie*, Paris, 1764, ouvr. posthume.

LE MASSON DES GRANGES, *Le Philosophe moderne ou l'Incrédule condamné au tribunal de sa raison*, Paris, Despilly, 1759, in-12.

LEPRINCE DE BEAUMONT, *Les Américaines ou les preuves de la Religion chrétienne par les lumières naturelles*, Lyon, 1770.
– *Le Magasin des enfants ou Dialogues d'une sage gouvernante avec ses élèves de la première distinction,* La Haye, 1768 (1re éd. Lyon, 1758.)
– *La Dévotion éclairée ou magasin des Dévotes*, Lyon, 1779.

LESSER, F. C., *Théologie des Insectes ou Démonstration des perfections de Dieu dans tout ce qui concerne les insectes*, La Haye, 1742, 2 vol., in-8°.

Lettres secrettes sur l'état actuel de la religion et du clergé de France, cité par Mettra, *Correspondance secrète*, 1787, t. 13, p. 366.

Lettre pastorale au clergé séculier et régulier (contre les Philosophes, l'*Encyclopédie* et la proscription des jésuites), 1764, in-4°.

LÉVESQUE, Pierre-Charles, *L'Homme moral ou l'Homme considéré tant dans l'état de pure nature que dans la société*, 1775.

LINGUET, Nicolas, *Le Fanatisme des Philosophes*, 1764.
– *L'Aveu sincère ou Lettre à une mère sur les dangers que court la jeunesse en se livrant à un goût trop vif pour la littérature*, Londres et Paris, 1768.

LUCHET, Jean-Pierre, *Essai sur la secte des Illuminés*, Paris, 1789 (édition moderne : Nîmes, C. Lacour, 1997).

LUYNES, Paul Albert DE, *Instruction pastorale de S. E. Mgr le Cardinal de Luynes, archevêque de Sens ... contre la doctrine des incrédules, et portant condamnation du Livre intitulé : « Système de la nature »*, Sens et Paris, 1771.

LUZAC, Élie, *L'Homme plus que machine*, 1755.

MAISTRE, Joseph DE, *Soirées de Saint-Pétersbourg*, *Œuvres complètes*, Lyon, 1884-1886, t. 6.

Considérations sur la France, rééd., Imprimerie nationale, 1994.

MALEBRANCHE, *De la Recherche de la Vérité*, Paris, André Pralard, 1674. (éd. moderne : *Œuvres complètes*, Paris, Vrin, 1964.) Éd. utilisée : Paris, Ernest Flammarion, 2 vol., 466 p. et 488 p., s. d.

MALVIN DE MONTAZET, Antoine DE, *Instruction pastorale de Mgr l'archevêque de Lyon sur les sources de l'incrédulité et les fondemens de la religion*, Lyon et Paris, 1776.

MASSILLON, Jean-Baptiste, *Discours inédit sur le danger des mauvais livres*, suivi de plusieurs pièces intéressantes, in *Œuvres*, Paris, nouvelle édition, 1817, t. 4.

MISTELET, *De la sensibilité par rapport aux Drames, aux Romans et à l'Éducation*, 1777.

MOREAU, Jacob-Nicolas, *Lettre du chevalier de *** à Monsieur*** Conseiller au Parlement ou réflexions sur l'arrêt du Parlement du 18 mars 1755*, Paris, 1755.

– *Premier mémoire sur les Cacouacs* inséré dans *Le Mercure de France*, 1er vol., du mois d'octobre sous le titre « Avis utile réimprimé à la suite des *Nouveaux Mémoires pour servir à l'histoire des Cacouacs* », Paris, 1757.

MORELLET, *Petit écrit sur une matière intéressante* (pastiche de la prose de Novi de Caveirac), Toulouse, 1756 in-8° (publié anonymement).

– *Conseil de lanternes ou la Véritable Vision de Charles Palissot, pour servir de post-scriptum à la comédie des Filosofes*, Aux remparts, 1760, in-12.

– *Mémoires*, Paris, Mercure de France, éd. Jean-Pierre Guiccardi, 1988.

NECKER, *De l'importance des opinions religieuses*, Londres, 1788.

NONNOTTE, Claude-François, *Examen critique ou réfutation du Livre des mœurs (Essai sur les mœurs)*, Paris, 1757, in-12.

– *Les Erreurs de Voltaire*, Avignon, Fez, 1762 (plusieurs rééd.).

– *Lettre d'un ami à un ami sur les honnêtetés littéraires ou Supplément aux Erreurs de Voltaire*, Avignon, 1767, in-8°.

NOVI DE CAVEIRAC, Jean, *Apologie de Louis XIV et de son Conseil sur la Révocation de l'Édit de Nantes*, 1758.

– *L'Accord de la religion et de l'humanité sur l'intolérance*, 1762.

PALISSOT DE MONTENOY, Charles, *Le Cercle ou les Originaux*, 1755.

– *Les Philosophes*, 1760, comédie en trois actes en vers.

– *L'Homme dangereux*, *Œuvres*, 1777, t. 2.

– *Petites Lettres sur des grands philosophes*, in *Œuvres*, 1777, t. 2.

PAPILLON DU RIVET, « Sur la fausse philosophie des Incrédules », Sermon VIII, *Collection des Orateurs sacrés*, éd. Migne, n° 59, 1844, pp. 1308-1330.

PARA DU PHANJAS, *Les Principes de la saine philosophie conciliés avec ceux de la religion ou philosophie de la religion*, 1774.

PARTZ DE PRESSY, François Joseph de, *Instructions pastorales et dissertations théologiques de Mgr. évêque de Boulogne sur l'accord de la foi et de la raison dans les mystères considérés en général, pour les justifier et les venger des calomnies de Bayle, de J.-J. Rousseau et d'autres philosophes impies qui osent les accuser d'être incroyables, inintelligibles,*

contradictoires et absurdes, Boulogne, éd. Dolet, 1786 (rééd. Migne, t. 9, 1842).
– *Sur l'accord de la Foi et de la Raison dans le Mystère de la distribution des dons inégaux de la Grâce et des moyens insuffisans du salut*, 1786.

PAULIAN, Aimé Henri, *Dictionnaire philosopho-théologique portatif contenant l'accord de la vérité philosophique avec la sainte théologie*, 1770.
– *Le Véritable Système de la Nature*, 1788.

PETITAN, L. G., « Quelques vues sur ce qu'on appelle la propagation des Lumières », *Mémoires d'économie publique, de morale et de politique*, n°5, publiées par Roederer.

PEY, *Le Philosophe catéchiste ou Entretiens sur la religion entre le Comte de *** et le chevalier de ****, Paris, 1779.

La Tolérance chrétienne opposée au tolérantisme philosophique, Fribourg, 1785.

PICHON (abbé), *La Raison triomphante des nouveautés ou Essai sur les mœurs et l'incrédulité par M. l'abbé P*** D. en T.*, Paris, Garnier, 1756.

PLUCHE, Noël Antoine (abbé), *Le Spectacle de la Nature*, 1741, 8e éd. (la 1e éd. est de 1732-1742, 9 vol.).
– *Histoire du ciel considéré selon les idées des poètes, des philosophes et de Moïse*, 1739, 2 vol. (rééd. 1740, 1742, 1748, 1757).

PLUQUET (abbé), *Mémoires pour servir à l'histoire des égarements de l'esprit humain*, 1762, 2 vol.
– *De la sociabilité*, 2 t., Paris, 1767.
– *Traité philosophique et politique sur le luxe*, Paris, 1786, 2 vol.

POINSINET, Antoine, *Le Petit Philosophe*, comédie en un acte en vers libres Paris, Prault, 1760.

PROYART (abbé), *L'Éducation publique et des moyens d'en réaliser la réforme projetée dans la dernière assemblée générale du clergé de France*, Paris, 1785.
– *Vie du Dauphin ; père de Louis XVI*, Lyon, 1788 (5e éd.).
– *Louis XVI détrôné avant d'être Roi ou tableau des causes nécessitantes de la Révolution française et de l'ébranlement de tous les trônes*, Londres, 1800.

REYRE (abbé), *L'École des jeunes demoiselles ou Lettres d'une mère vertueuse à sa fille, avec les réponses de la fille à la mère*, 1788.
– *Les Leçons de l'histoire ou Lettres d'un père à son fils sur les faits intéressans de l'histoire universelle*, 1788 (1re éd., 1786, 2 vol.).

RIGOLEY DE JUVIGNY, *Décadence des lettres et des mœurs depuis les Grecs et les Romains jusqu'à nos jours*, Paris, éd. Mérigot, 2e éd., 1787.

ROCHE, Antoine-Martin, *Traité de la nature de l'âme et de l'origine des connaissances*, 1759.

ROUSSEAU, *Lettre à d'Alembert sur les spectacles*, *Œuvres complètes*, Paris, Gallimard, Bibl. de la Pléiade, 1995.

ROZOIR, Charles DU, *Le Dauphin, fils de Louis XV et père de Louis XVI*, Paris, 1815.

RUTLIDGE, Jean-Jacques, *Le Bureau d'esprit*, Liège, 1776, in-12.

ROMANCE DE MESMON, *De la lecture des romans*, 1776.

SAAS (abbé), *Lettres sur l'Encyclopédie pour servir de Supplément aux 7 volumes de ce dictionnaire*, 1764.

SABATIER DE CASTRES, Antoine, *Les Trois Siècles de la littérature ou Tableau de l'esprit de nos écrivains depuis François Ier jusqu'en 1772*, 1781 (1re éd., 1772).

SENNEMAUD (abbé), *Pensées philosophiques d'un citoyen de Montmartre*, Paris, 1756.

SOANEN, « Sermon sur les scandales du siècle », in *Sermons sur différents sujets prêchés devant le Roi*, Lyon, 1757.

SOREL, Charles, *La Bibliothèque française*, 2e éd., 1667.

SPANHEIM, *L'Athée convaincu en quatre sermons*, Leyde, 1676.

THOMAS, Antoine Léonard, *Réflexions philosophiques et littéraires sur le poème « La Religion naturelle »*, Paris, 1756.

– *Éloge du Dauphin*, in *Œuvres complètes*, Lyon, 1771.

VALOIS (abbé DE), *Entretiens sur les vérités fondamentales de la religion*, 1751.

– *La Religion dans les académies littéraires*, Nantes, 1756.

– *Recueil de dissertations littéraires*, Nantes, Veuve Marie, 1766.

VERNES, Jacob, *Lettres sur le christianisme de M. Jean-Jacques Rousseau*, Genève, 1763.

– *Lettre à Monsieur Rousseau pour servir de réponse à sa lettre contre le mandement de M. l'archevêque de Paris,* 1763.

VILLARET, Claude, *Histoire du cœur humain ou Mémoires du marquis de****, 1743.

– *La Belle Allemande*, 1745.

– *Considérations sur l'art du théâtre*, 1758.

– *Esprit de M. de Voltaire*, 1759.

VOLNEY, Constantin François, *Les Ruines ou Méditations sur les révolutions des empires*, Genève, 1791.

YVON, Claude (abbé), *La Liberté de conscience resserrée dans des bornes légitimes*, Londres, 1754-1755.

– *Lettres à M. Rousseau, pour servir de réponse à sa lettre contre le mandement de M. l'archevêque de Paris*, Amsterdam, Rey, 1763, in-8°.

– *Les Principes de la saine philosophie conciliés avec ceux de la religion ou philosophie de la religion*, 1774.

– *Accord de la philosophie avec la religion ou Histoire de la religion divisée en XII périodes*, 1782 (1re éd., 1776).

VERTHAMON DE CHAVAGNAC, Michel DE, *Mandement de Monseigneur l'évêque de Montauban portant condamnation d'une thèse soutenue en Sorbonne, le 18 novembre 1751, par Jean Martin de Prades, prêtre du diocèse*, Montauban et Paris, 1752.

JOURNAUX ANTIPHILOSOPHIQUES DU XVIIIe SIÈCLE

Année littéraire (1754-1790). Journal dirigé et rédigé en grande partie par Élie Fréron, puis repris par son fils Stanislas, Genève, Slatkine reprints, 1966, 37 vol.

Censeur hebdomadaire (Le) (1759-1762). Fondateur : Pierre-Louis d'Aquin et Abraham Chaumeix. Après huit livraisons, d'Aquin reste le seul rédacteur.

Journal chrétien dédié à la Reine (1758-1764). Directeur : l'abbé Joannet.

Journal de Monsieur (1776-1783), dédié à Monsieur, frère du Roi. Directeurs successifs : Jacques Gautier d'Agoty, la présidente Charlotte d'Ormoy, Julien-Louis Geoffroy et Thomas Royou.

Journal de politique et de littérature (1774-1778), dit aussi Journal de Bruxelles, Paris, éd. Panckoucke. Rédacteur : S. N. H. Linguet, remplacé par La Harpe en 1776.

Journal de Trévoux ou Mémoires pour servir à l'histoire des sciences et des arts (1701-1767), Genève, Slatkine reprints, 1968-1969, 67 vol. (périodique des jésuites).

Journal ecclésiastique (1760-1792). Fondateur abbé Joseph Antoine Dinouart. Barruel est rédacteur entre 1788 et 1792.

Nouvelles ecclésiastiques (1728-1803). Rédacteurs : Fontaine de la Roche, Guénin de Saint-Marc, Louis Guidi. (périodique janséniste.)

Religion vengée (La) (1757-1763). Rédacteurs : Hubert Hayer puis Jean Soret.

NOUVELLES À LA MAIN DU XVIIIe SIÈCLE ET MÉMOIRES DU XIXe SIÈCLE

ARGENSON D', *Mémoires*, Paris, P. Janet, Bibliothèque elzévirienne, 1858.

BACHAUMONT, *Mémoires secrets pour servir à l'Histoire de la République des Lettres en France depuis 1772 jusqu'à nos jours*, Londres, John Adamson, 1780-1789, 18 vol.

BARBIER, E. J. F., *Journal historique et anecdotique du règne de Louis XV*, Paris, éd. Renouard, 1856.

BESENVAL, baron DE, *Mémoires sur la cour de France*, Paris, Mercure de France, 1987.

COLLÉ, Charles, *Journal et Mémoires*, Genève, Slatkine reprints, 1967.
CRÉQUY, marquise de, *Souvenirs de 1710 à 1802*, Paris, Fournier, 1834.
DUFORT DE CHEVERNY, *Mémoires*, Paris, Perrin, éd. J.-P. Guiccardi, 1990.
FRÉNILLY, baron DE, *Souvenirs*, publiés par Albert Chuquet, Paris, Plon, 1908.
GENLIS, Félicité DE, *Mémoires*, Paris, Firmin-Didot, 1857.
GEORGEL (abbé), *Mémoires pour servir à l'histoire des événemens de la fin du dix-huitième siècle depuis 1760 jusqu'en 1806-1810*, Paris, Emery, 1817.
GRIMM, DIDEROT, RAYNAL, MEISTER, *Correspondance littéraire, philosophique et critique (1747-1793)*, rééd. Mendeln, Liechtenstein, Kraus reprint, 1968, 16 vol.
LA HARPE, *Mémoires et anecdotes pour servir à l'histoire de Voltaire,* Au Temple de la gloire, 1780, 2 t. en 1 vol., in-12.
LÉVIS, Gaston de, *Souvenirs-Portraits*, Paris, Mercure de France, 1993.
Marie-Antoinette, *Correspondance secrète entre Marie-Thérèse et le comte Mercy-Argenteau*, Paris, Firmin-Didot, 1874.
METTRA, *Correspondance secrète, politique et littéraire ou Mémoires pour servir à l'histoire des Cours, des Sociétés et de la Littérature en France depuis la mort de Louis XV*, Londres, John Adamson, 1787-1790, 18 vol.
MOREAU Jacob-Nicolas, *Mes Souvenirs*, Paris, Plon, 1899-1901.
OBERKIRCH, baronne D', *Mémoires sur la cour de Louis XVI et la société française avant 1789*, Paris, Mercure de France, 1979.
SAINT-CHAMANS, Antoine Marie Hippolyte DE, *Mémoires* (1730-1793), Tulle, 1899.
SÉGUR, comte DE, *Mémoires, Souvenirs et Anecdotes*, Paris, Firmin-Didot, 1859.
SÉGUR, marquis DE, *Le Royaume de la rue Saint-Honoré, Madame Geoffrin et sa fille*, Paris, Calmann-Lévy, 1897.

CRITIQUES POSTÉRIEURES À 1800

Abréviations : *RDE* : *Recherches sur Diderot et sur l'Encyclopédie*, Revue semestrielle, Paris, Aux Amateurs de Livres.
– *RHLS*, *Revue d'Histoire littéraire de la France*
– *SVEC, SVEC*, Oxford, The Voltaire Foundation.
ALBERT-BUISSON, François, *Les Quarante au temps des Lumières*, Paris, Librairie Arthème-Fayard, 1960.
ALBERTAN-COPPOLA, Sylviane, « Les réfutations catholiques du *Dictionnaire philosophique* », in *Voltaire et ses combats* (Actes du Congrès inter-

national, Oxford-Paris, 1994), dir. Ulla Kölving et Christiane Mervaud, Oxford, Voltaire Foundation, 1997, t. 2, pp. 785-797.
– « Pensée apologétique et Pensée des Lumières », *Transactions of the Seventh International Congress on the Enlightenment*, Budapest, 1987, *SVEC*.
– « L'apologétique catholique française à l'époque des Lumières », *Revue de l'Histoire des religions*, avril-juin 1988, pp. 151-180.
– « La faute à Diderot », *RDE*, avril 1990, n° 8, pp. 29-49.
– « Apologistes et clandestins au siècle des Lumières », *Tendances actuelles dans la recherche sur les clandestins à l'âge classique*, Actes de la journée d'étude de Créteil du 12 avril 1996, textes réunis et publiés par Geneviève Artigas-Menant et Antony Mac Kenna, dans *La Lettre clandestine*, n° 5, Presses de l'Université de Paris-Sorbonne, 1996, pp. 267-278.
– « Les préjugés légitimes de Chaumeix ou l'*Encyclopédie* sous la loupe d'un apologiste ». *RDE*, avril 1996, n°20, pp. 149-158.
– *Des Monts-Jura à Versailles, le parcours d'un apologiste du XVIIIe siècle : l'abbé Nicolas-Sylvestre Bergier*, Université de Rouen, oct. 1997, à paraître aux éd. Oxford Foundation.

L'Apologétique (1670-1740) : sauvetage et naufrage de la théologie, Université de Genève, Institut d'histoire de la Réformation, juin 1990, Genève (actes parus à Genève en 1991).

« Apologétique », *Dictionnaire européen des Lumières*, Paris, P. U. F., 1997.

APPOLIS, Émile, *Entre jansénistes et « zelanti » . Le tiers parti catholique au XVIIIe siècle*, Paris, Picard et Cie, 1960.

ARMOGATHE, Jean-Robert, « Les apologistes chrétiens dans la Correspondance littéraire de Grimm et de Meister (1754-1813) », *Actes du colloque de Sarrebruck*, Paris, Klincksieck, 1976.
– « Émile et la Sorbonne », in *Jean-Jacques Rousseau et la crise contemporaine de la conscience*, Actes du colloque international du bicentenaire de la mort de J.-J. Rousseau (Chantilly, 5-8 septembre 1978), Paris, Beauchesne, 1980.
– « Exégèse et apologétique : la science biblique de l'abbé Bergier », in *Être matérialiste à l'âge des Lumières*, mélange offert à Roland Desné, Paris, P.U.F., 1999, pp. 27-36.

ARNAUD, Raoul, *Journaliste, sans-culotte et thermidorien. Le fils de Fréron (1754-1802)*, Paris, Perrin, 1909.

AYOUB, Josiane, « Nature, raison, expérience..., les enjeux idéologiques de la *Réfutation du matérialisme* dans l'apologétique chrétienne des Lumières », *Dialogues* XXXI, 1992, pp. 19-32.

BAKER, K. M., *Au tribunal de l'opinion, Essais sur l'imaginaire politique au XVIIIe siècle*, traduit de l'anglais, éd. Payot, 1993.

BALCOU, Jean, *Fréron contre les philosophes*, Genève, Droz, 1975.
– *Le Dossier Fréron*, correspondances et documents, Genève, Droz, 1975.

BALDENSPERGER, Fernand, « Le Genre Troubadour », *Études d'histoire littéraire*, 1re série, 1907.
– *Le Mouvement des idées dans l'Émigration française*, 1789-1815, Paris, Plon, 1924.

BARBER, William Henry, *Leibniz en France, from Arnaud to Voltaire, a study in French reactions to leibnizianism*, 1670-1760, Oxford, Clarendon Press, 1955.

BARLING, T. J., Introduction à l'édition critique des *Philosophes* de Palissot, Exeter, 1975.

BARNY, Roger, *Prélude idéologique à la Révolution française : le rousseauisme avant 1789*, Paris, Les Belles Lettres, 1985.
– « L'éclatement révolutionnaire du rousseauisme », *Annales littéraires de l'Université de Besançon*, n°340, 1988.
– « Les contradictions de l'idéologie révolutionnaire des droits de l'homme (1789-1796) », *Annales littéraires de l'Université de Besançon*, n° 493, 1993.

BARUCH, Daniel, *Linguet ou l'Irrécupérable*, Paris, Éditions François Bourrin, 1991.

BÉLAVAL, Yvon et BOUREL, Dominique, *Le Siècle des Lumières et la Bible*, Paris, Beauchesne, 1986.

BÉNICHOU, Paul, *Le Sacre de l'écrivain*, 1750-1830, Paris, José Corti, 1973.

BERNARD, A., *Le Sermon au XVIIIe siècle*, Paris, 1903.

BESSE, Guy, « Philosophie, Apologétique, Utilitarisme », *Dix-huitième siècle*, n°2, pp. 137-141.
– « Une lettre du chanoine Bergier (1774) », *Dix-huitième siècle*, 1996, n° 28, p. 259-266.

BINGHAM, Alfred J., « The abbé Bergier : an Eighteenth-Century Catholic Apologist », *The Modern Language Review*, 1959, LIV, pp. 327-350.
– « Voltaire and the abbé Bergier : a polite controversy », *The Modern Language Review*, 1964, LIX, pp. 31-39.
– « The earliest criticism of Voltaire's *Dictionnaire philosophique* », *SVEC*, XLVII, 1966, pp. 15-37.
– « Voltaire anti-chrétien réfuté par l'abbé Bergier », *Revue de l'Université de Laval*, vol. XX, n° 9, mai 1966, pp. 853-871.

BLUCHE, François, *Les Magistrats du Parlement de Paris au XVIIIe siècle* (1715-1771), Paris, Économica, 1986.

BONNET, Jean-Claude, *Naissance du Panthéon*, Paris, Fayard, 1998.

BOUILLIER, *Histoire de la philosophie cartésienne*, 1868, rééd., Genève, Slatkine, 1970.

BOUVIER, Claude (abbé), *Une carrière d'apologiste au XVIIIe siècle : Jean-Georges Le Franc de Pompignan, évêque du Puy, archevêque de Vienne*, 1715-1790, Lyon, E. Vitte, 1903.

BRAUN, Théodore, E. D., *Le Franc de Pompignan, sa vie, ses œuvres, ses rapports avec Voltaire*, Paris, Minard, 1972.

BRÉMOND, Henri, *Histoire littéraire du sentiment religieux en France depuis la fin des guerres de religion jusqu'à nos jours*, Paris, Bloud et Gay, 1929-1936, 12 vol., rééd. 1967.

BROGLIE, Gabriel DE, *Madame de Genlis*, Paris, Perrin, 1985.

BRUNEL, Lucien, *Les Philosophes et l'Académie française au XVIIIe siècle*, Paris, Hachette, 1884, rééd. Slatkine, 1967.

CHARBONNEL, Paulette, « 1770-1771. Bruit et fureur autour d'un livre abominable : le *Système de la Nature* », dans *Aspects du discours matérialiste en France autour de 1770*, Université de Caen, 1981, pp. 73-250.

CHARTIER, Roger, *Lectures et lecteurs dans la France d'Ancien Régime*, Paris, Seuil, 1987.

– « Figures du lire. Du livre au lire », in *Pratiques de la lecture*, Paris, Rivages, 1985.

– *Les Origines culturelles de la Révolution française*, Paris, Seuil, 1990.

– et ROCHE Daniel, « Les pratiques de l'imprimé », *Histoire de l'édition française*, Paris, Promodis, 1984, t. 2.

CHAUNU, Pierre, *La Civilisation de l'Europe des Lumières,* Paris, Arthaud, 1993.

CHAUNU, Pierre, FOISIL Madeleine, NOIRFONTAINE Françoise DE, *Le Basculement religieux de Paris au XVIIIe siècle*, Paris, Fayard, 1998.

CHÉREL, Albert, *Fénelon au XVIIIe siècle en France*, Paris, Hachette, 1917.

CLÉMENT, Pierre, LEMOINE, Alfred, *M. de Silhouette, Bouret, les derniers fermiers généraux, études sur les financiers du XVIIIe siècle*, Paris, Didier, 1872.

COLLOMBET, F. Z., *Histoire de la sainte Église de Vienne*, 1847, t. 3 (sur Jean-Georges Lefranc de Pompignan).

COTONI, Marie Hélène, *L'Exégèse du Nouveau Testament dans la philosophie française du dix-huitième siècle*, Oxford, Voltaire Foundation, *SVEC*, n° 220, 1984.

COTTRET, Monique, « Aux origines du républicanisme janséniste », *Revue d'histoire moderne et contemporaine*, t. XXXI, janv.-mars 1984, pp. 99-115.

– « Aux origines du républicanisme janséniste », in *Jansénisme et Révolution*, Actes du colloque de Versailles tenu au Palais des Congrès les 13 et 14 octobre 1989, Paris, numéro spécial des *Chroniques de Port-Royal*, n° 39.

– *Jansénismes et Lumières*, Paris, Albin Michel, 1998.

CROCKER, I. G., *An Age of Crisis. Man and World in Eighteenth Century French Thought,* Baltimore et Londres, Johns Hopkins Press, 1959.

CRUPPI, Jean, *Un avocat journaliste au* XVIIIe *siècle : Linguet*, Paris, Hachette, 1895.

DAGEN, Jean, *L'Histoire de l'esprit humain dans la pensée française de Fontenelle à Condorcet*, Paris, Klincksieck, 1977.

DARNTON, Robert, *L'Aventure encyclopédique*, Paris, Perrin, 1982.

– *La Fin des Lumières,* Paris, Perrin, 1984 (trad. française).

– « Le lecteur rousseauiste et un lecteur ordinaire », in *Pratiques de la lecture*, Paris, Rivages, 1985.

DECHÊNE, Abel, *Le Dauphin fils de Louis XV*, Paris, 1931.

DELAFARGE, Daniel, *La Vie et l'œuvre de Palissot*, Paris, Hachette, 1912.

DELFORGE, F., *La Bible en France et dans la francophonie : histoire, traduction, diffusion*, Paris, 1991.

DELON, Michel, *L'Idée d'énergie au tournant des Lumières*, Paris, P.U.F., 1988.

DELUMEAU, Jean, *Le Catholicisme entre Luther et Voltaire*, Paris, P.U.F., Nouvelle Clio, 1971.

DEPRUN, Jean, « Sade et l'abbé Bergier », in *Lumières et Anti-Lumières, Raison présente*, Nouvelles Éditions Rationalistes, 1998, n° 67, pp. 5-11.

– « Les Anti-Lumières », in *Histoire de la philosophie*, t. II, Paris, Gallimard, Bibl. de la Pléiade, 1973.

– *La Philosophie de l'inquiétude au* XVIIIe *siècle*, Paris, Vrin, 1979.

– *De Descartes au romantisme*, Paris, Vrin, 1987.

DESAUTELS, Alfred R., *Les Mémoires de Trévoux et le mouvement des idées au* XVIIIe *siècle 1701-1734*, Rome, Institutum historicum, 1956.

DHOTEL, Jean-Claude, *Les Origines du catéchisme moderne d'après les premiers manuels imprimés en France*, Paris, Aubier-Montaigne, 1967.

DINAUX, *Les Sociétés badines*, Paris, Librairie Bachelier, 1867.

DOMENECH, Jacques, *L'Éthique des Lumières*, Paris, Vrin, 1989, pp. 192-208.

– « Sade contre les Lumières », *Actes du Séminaire « Lumières et Révolution française »*, 16-25/II/89. Le Caire, Centre d'études françaises, 1990.

– « *La Nouvelle Héloïse*, parangon des romans épistolaires anti-philosophique », *Études Jean-Jacques Rousseau*, n° 5, *La Nouvelle Héloïse aujourd'hui*, 1992.

– « Anti-Lumières », *Dictionnaire des Lumières européennes*, Paris, P.U.F., 1997.

DUCKWORTH, Colin, « L'Écossaise et les philosophes », *SVEC*, n° 87 1972.

DUFFO, François-Albert (abbé), *Jean-Jacques Lefranc, marquis de Pompignan, poète et magistrat*, Paris, Picard, 1916.

DUFOUR, Édouard, *Jacob Vernes, 1728-1791, Essai sur sa vie et controverse apologétique avec J.-J. Rousseau*, Genève, Imprimerie de W. Kündig et fils, 1898.

DUMAS, Jean-Louis, « Un "vengeur de la Bible" contre la philosophie du XVIIIe siècle : Nicolas Bergier », *Mémoires de l'Académie nationale des sciences, arts et belles-lettres de Caen*, t. XXXI, 1993, pp. 107-124.

DUPRAT, Catherine, *Pour l'amour de l'humanité « le temps des philanthropes »*, Paris, Éd. du CTHS, Mémoires et documents / Commission d'histoire de la Révolution française, 1993.

Ennemis de Diderot (Les), actes du colloque organisé par la société Diderot, sous la dir. d'Anne-Marie Chouillet, Paris, Klincksieck, 1993.

ESTRÉE, Paul D', *La Vieillesse de Richelieu*, Paris, Émile-Paul, 1921.

EVERDELL, William. R., *Christian Apologetics in France, 1730-1790*, Lewiston / Queenston, The Edwin Mellen Press, 1987.

FAVRE, Robert, *La Mort dans la littérature française au siècle des Lumières*, Lyon, Presses Universitaires de Lyon, 1978.

– En collab. avec C. Labrosse et P. Rétat, « Bilan et perspectives de recherche sur les Mémoires de Trévoux », *Dix-huitième Siècle*, n° 8, 1976.

FERRET, Olivier, « Les paradoxes d'un anti-philosophe. L'éloge historique de monseigneur le duc de Bourgogne, par J.-J. Lefranc de Pompignan », *Dix-Huitième Siècle*, n° 31, 1999, pp. 429-449.

FEUILLET DE CONCHES, *Les Salons de conversation au XVIIIe siècle*, Paris, Librairie académique Didier Perrin, 1891.

FREUD, H. H., « Palissot and les philosophes », *Diderot Studies*, X, 1967.

FURET François et OZOUF Jacques, *Lire et écrire. L'alphabétisation des français de Calvin à Jules Ferry*, Paris, Minuit, 1977.

GARGETT Graham, *Jacob Vernet,* « Geneva and the *philosophes* », *SVEC*, n° 321, Oxford, Voltaire Foundation, 1994.

GAUCHET, Marcel, *Le Désenchantement du monde*, Paris, Gallimard, 1985.

GAY LEVY DARLINE, *The Ideas and Careers of Simon-Henri-Nicolas Linguet*, Chicago, Urbana, III, 1980.

GAZIER, Augustin, *Histoire générale du mouvement janséniste depuis ses origines jusqu'à nos jours,* Paris, Champion, 1922, 2 vol., in-8°.

GEMBICKI, Dieter, *Histoire et politique à la fin de l'Ancien Régime. Jacob-Nicolas Moreau 1717-1803*, Paris, Nizet, 1979.

GENGEMBRE, Gérard, *La Contre-Révolution ou l'histoire désespérante*, Paris, Imago, 1989.

– « Le genre troubadour : permanence ou mutation ? », in *Moyen Âge et XIXe siècle, le mirage des origines*, 1988, colloque des universités de Paris III et Paris X-Nanterre, 1990.

GOBIN, Pierre, « Rutlidge praticien et théoricien du théâtre », *S.V.E.C.*, n° 304, 1992.

GODARD, Philippe, *La Querelle des refus de sacrements, 1730-1765*, Paris, F. Loviton, 1937.

GOLDZINK, Jean, « À propos des trois dictionnaires anti-philosophiques », *Les Cahiers de Fontenay*, « Lumières et Religions », n°71-72, sept. 1993.

GOSSMAN, Lionel, *Medievalism and the Ideology Enlightenment : the World of La Curne de Sainte-Palaye*, Baltimore, Johns Hopkins Press, 1968.

GOULEMOT, J., « De la lecture comme production du sens », in *Pratiques de la lecture*, Paris, Rivages, 1985.

– *Ces livres qu'on ne lit que d'une main*, Paris, Minerve, 1994.

– en collab. avec Magnan André, Masseau Didier, *Inventaire Voltaire*, Paris, Gallimard, coll. Quarto, 1995.

GRANGE, Henri, *Les Idées de Necker*, Paris, Klincksieck, 1974.

GRELL, Chantal, et LAPLANCHE François (dir.), *La République des Lettres et l'histoire du judaïsme antique*, Presses de l'Université de Paris Sorbonne, 1992.

GROSCLAUDE, Pierre, *Malesherbes témoin et interprète de son temps*, Paris, Librairie Fischbacher, 1961.

GUÉNOT, Henri, « Palissot de Montenoy, un "ennemi" de Diderot et des philosophes », *Recherches sur Diderot et sur l'Encyclopédie*, I, oct. 1986, pp. 59-70.

GUSDORF, Georges, *Les Sciences humaines et la pensée occidentale. Dieu, la nature, l'homme au siècle des Lumières*, Paris, Payot, 1972, t. VII : « Naissance de la conscience romantique », Paris, Payot, 1976.

HABERMAS, Jürgen, *L'Espace public, archéologie de la publicité comme dimension constitutive de la société bourgeoise*, Paris, Payot, 1978.

HAECHLER, Jean, *L'Encyclopédie : le combat et les hommes*, Paris, Les Belles Lettres, 1998.

HAVINGA, Jan, *Les « Nouvelles ecclésiastiques » dans leur lutte contre l'esprit philosophique*, S. W. Melchior, 1925.

HAZARD, Paul, *La Pensée européenne au XVIIIe siècle*, Paris, Hachette, 1995, chap. IV, « L'Apologétique ».

HILDESHEIMER, Françoise, *Le Jansénisme en France aux XVIIe et XVIIIe siècles*, Marseille, Publisud, 1992.

Homo religiosus, autour de Jean Delumeau, Paris, Fayard, 1997.

HOURS, B., « Entre tradition et Lumières, l'infortune historiographique d'un prince chrétien : le dauphin fils de Louis XV », in *Homo religiosus*, autour de Jean Delumeau, Paris, 1997.

JACOUBET, Henri, *Le Comte de Tressan et les origines du genre troubadour*, Paris, 1923.

– *Comment le* XVIIIe *siècle lisait les romans de chevalerie*, Grenoble, 1932.

JACQUART, Jean (abbé), *Un témoin de la vie littéraire et mondaine au* XVIIIe *siècle, l'abbé Trublet, critique et moraliste, d'après sa correspondance inédite, 1697-1770*, Paris, Picard, 1926.

JOLY, Agnès, « Les livres du Dauphin, fils de Louis XV », *Mélanges Julien Cain*, vol. II, Paris, 1968, pp. 69-79.

JOBERT, Ambroise, *Un théologien au siècle des Lumières : Bergier, Correspondance avec l'abbé Trouillet* : 1770-1790. Lyon, Centre André Latreille, 1987.

KAFKER, Frank, *The Encyclopedists as individuals : a biographical dictionary of the authors of the Encyclopedie*, Voltaire Foundation, Oxford, 1988. (*SVEC*, n° 257.)

– *The Encyclopedists and the French Revolution*, Columbia University, Ann Arbor, Michigan, 1992.

KEIM, Albert, *Helvétius, sa vie et son œuvre d'après ses ouvrages, des écrits divers et des documents inédits,* Paris, Alcan, 1907 rééd. Genève Slatkine, 1970.

KORS, Alan Charles, *Atheism in France, 1650-1729*, Princeton University Press, 1990.

KRIEGEL, Blandine, *L'Histoire à l'âge classique*, Paris, P.U.F., « Quadriges », 1996, t. 1 (Jacob-Nicolas Moreau).

KUPIEC, Anne, *Le Livre sauveur : la question du livre sous la Révolution*, Paris, Kimé, 1998.

LABROSSE, Claude, *Lire au* XVIIIe *siècle.* La Nouvelle Héloïse *et ses lecteurs*, Presses Universitaires de Lyon, C. N. R. S., 1985.

LAGRAVE, Henri, « Les réactions d'un adversaire des Philosophes, Simon Linguet », *RHLF.*, mars-juin, 1979.

LANFREY, Pierre, *L'Église et les philosophes au* XVIIIe *siècle*, 1879, rééd. Genève, Slatkine, 1970.

LAPLANCHE, François, *La Bible en France entre mythe et critique (*XVIe*-*XIXe *siècle)*, Paris, Albin Michel, 1994, chap. V : « L'apologétique du XVIIIe siècle, ancêtre de la science catholique », pp. 87-106.

LAS VERGNAS, Raymond, *Le Chevalier Rutlidge « Gentilhomme anglais », 1742-1794*, Paris, Librairie Honoré Champion, 1932.

LATREILLE, André, *Histoire du catholicisme en France*, Paris, Éditions Spes, 1957-1963, 3 vol.

LEBRUN, François, « Intolérance et tolérance en Europe, de la Réforme aux Lumières », *La Tolérance au risque de l'histoire : de Voltaire à nos jours* (dir. Michel Cornaton, Lyon, Aléas, 1995).

LEFEBVRE, Philippe, *Les Pouvoirs de la parole. L'Église de Rousseau*, Paris, Le Cerf, 1992.

LE GOFF Jacques et RÉMOND René, *Histoire de la vie religieuse*, Paris, Seuil, t. 2, 1988.

LODS, Armand, « L'abbé Bergier et l'édit de tolérance de 1787 », *Bulletin de l'histoire du protestantisme français*, n°41, 1892, pp. 367-342.

LOTY, Laurent, *La Genèse de l'optimisme et du pessimisme (1685-1789)*, thèse de doctorat, Université de Tours, 1995.

LOUGH, John, *Essays on the* Encyclopédie *of Diderot and d'Alembert*, Londres, Oxford University Press, 1968.

– *The* Encyclopédie, London, Longman, 1971 ; Genève, Slatkine reprints, 1989.

– *The contributors to Encyclopedie*, Londres, Grant and Cutler, 1973.

– *The « Philosophes » and post-revolutionary France*, Oxford, University Press, 1982.

LOUPES, Philippe, *La Vie religieuse en France au XVIII*e *siècle*, Paris, SEDES, 1993.

MAC KENNA, Antony, *De Pascal à Voltaire. Le rôle des* Pensées *dans l'histoire des idées entre 1670 et 1734*, *SVEC*, Oxford, Voltaire Foundation, 2 vol., 1990.

MAC MANNERS, John, *Death and the Enlightenment*, Oxford-New York, Oxford University Press, 1985.

MAIRE, Catherine, *De la cause de Dieu à la cause de la Nation, Le Jansénisme au XVIII*e *siècle*, Paris, Gallimard, 1998.

MARTIN, H.-J., « La tradition perpétuée », in *Histoire de l'édition française*, t. 2, *Le livre triomphant (1660-1830)*, Paris, Promodis, 1984, pp. 175-185.

MARTIN, Victor, *Les Origines du gallicanisme*, Paris, Bloud et Gay, 1939.

MARX, Jacques, « Catéchisme philosophique et propagande éclairée au XVIIIe siècle », in *Problèmes d'histoire du Christianisme, Propagande et Contre-propagande religieuses*, Bruxelles, Éd. de l'Université de Bruxelles, n° 17, 1987.

– « Charles Bonnet contre les Lumières, 1738-1850 », *SVEC*, 156-157, Oxford, Voltaire Foundation, Paris (diffusion) Touzot, 1976.

MASSEAU, Didier, en collab. avec J.-M. Goulemot et J. Lecuru, « Angoisse des temps, obsession de la somme et politique des restes à la fin du XVIIIe siècle », *Fins de siècle*, textes recueillis par Pierre Citti, colloque de Tours, 4-6 juin 1985, Presses universitaires de Bordeaux, 1980, pp. 203-214.

– *L'Invention de l'intellectuel dans l'Europe du XVIII*e *siècle*, Paris, P.U.F., 1994.

– « Pouvoir culturel et vulgarisation en Europe : Algarotti et Formey », *Lez Valenciennes*, 1995, n° 18.

MASSON, Frédéric, *L'Académie française, 1629-1793*, Paris, Ollendorf, 1913.

MASSON, Pierre-Maurice, *La Religion de J.-J. Rousseau*, Paris, 1916, 3 vol., rééd. Genève, Slatkine, 1970 (voir le chapitre : « Rousseau et la restauration religieuse »).

MAUZI, Robert, *L'Idée du bonheur dans la littérature et la pensée françaises au XVIIIe siècle*, rééd., Paris, Albin Michel, 1994.

MELY, Benoît, *Jean-Jacques Rousseau un intellectuel en rupture*, Paris, Minerve, 1985.

MENOZZI, Daniele, *Les Interprétations politiques de Jésus de l'Ancien Régime à la Révolution*, trad. de l'italien par Jacqueline Touvier, Paris, Le Cerf, 1983.

– « "Philosophes" e "chrétiens éclairés": politica e religione nella collaborazione di G. H. Mirabeau A. Lamourette, 1774-1794 », Brescia, Paideia, 1976.

MERVAUD, Christiane, Voltaire, *Dictionnaire philosophique,* éd. critique, Oxford, Voltaire Foundation, 1994, 2 vol. (sur la réception du *Dictionnaire philosophique* : pp. 182-227).

MINOIS, Georges, *L'Église et la science*, Paris, Fayard, 1991, t. 2, « De Galilée à Jean-Paul II ».

MONOD, Albert, *De Pascal à Chateaubriand. Les défenseurs français du christianisme de 1670 à 1802*, Paris, Alcan, 1916 ; rééd. Slatkine, 1970.

MONTBAS, Henri DE, « Quelques Encyclopédistes oubliés », *Revue des travaux de l'Académie des sciences morales et politiques*, 1952.

MORE-PONGIBAUD, Charles DE, art. « Apologistes », in *Dictionnaire des lettres françaises. Le XVIIIe siècle*, Paris, Fayard (1re éd. sous la dir. de Mgr. Grente, 1960 ; 2e éd. sous la dir. de François Moureau, 1995).

MORIN, Robert, « Les "Pensées philosophiques" de Diderot devant leurs principaux contradicteurs au XVIIIe siècle », *Annales littéraires de l'Université de Besançon*, Paris, Les Belles Lettres, 1975, chapitre 1.

– « Diderot, l'Encyclopédie et le Dictionnaire de Trévoux », *RDE*, n° 7, oct. 1989, pp. 71-118.

MORNET, Daniel, *Les Origines intellectuelles de la Révolution française, 1715-1787*, Paris, 1934, rééd. Paris, La Manufacture, 1989. 3e partie, chap. 1 : « Les résistances de la tradition religieuse. ».

MORTIER, Roland, *Clartés et Ombres du siècle des Lumières*, Genève, Droz, 1969.

– *Le Cœur et la Raison*, Oxford, Voltaire Foundation, et Paris, Universitas, 1990, « Remise en question du christianisme », pp. 342-348.

– « Les héritiers des "philosophes" devant l'expérience révolutionnaire », *Dix-huitième siècle,* 6, 1974, pp. 45-57.

MOUREAU, F., « L'*Encyclopédie* d'après les correspondants de Formey », *RDE*, n° 3, 1987.

NEGRONI, Barbara DE, *Lectures interdites. Le travail des censeurs au XVIIIe siècle. 1723-1774*, Paris, Albin Michel, 1995.
– *Intolérances*, Paris, Hachette, 1996.

NEVEU, Bruno, *Érudition et Religion aux XVIIe et XVIIIe siècles*, Paris, Albin Michel, 1994.

NIDERST, Alain, « L'Examen critique des Apologistes de la Religion Chrétienne : les frères Lévesque et leur groupe », in *Le Matérialisme du XVIIIe siècle et la littérature clandestine*, dir. Olivier Bloch, Paris, Vrin, 1982, pp. 45-66.

NOEL, D., *Une figure énigmatique parmi les encyclopédistes, l'abbé Jean-Martin de Prades*, Strasbourg, 1973.

NORTHEAST, Catherine M., *The Parisian Jesuits and the Enlightenment (1700-1762)*, Oxford, Voltaire Foundation, 1991.

OZANAM, Didier, *La Disgrâce d'un premier commis : Tercier et l'affaire de l'Esprit (1758-1759)*, Paris, Bibliothèque de l'École des chartes, 1956.

PALMER, Robert Roswell, *Catholics and Unbelievers in Einghteenth Century*, Princeton University Press, 1939.

PAPPAS, J. N., « Berthier's "Journal de Trévoux" and the philosophes », *SVEC*, n°3, 1957.
– « Buffon matérialiste ? Les critiques de Berthier, Feller et les Nouvelles ecclésiastiques », *Être matérialiste à l'âge de Lumières*, hommage offert à Roland Desné, Paris, P.U.F., 1999.

PHOTIADÈS, Constantin, *La Reine des Lanturelus, Marie-Thérèse Geoffrin, marquise de La Ferté-Imbault*, Paris, Plon, 1928.

PICARD, Roger, *Les Salons littéraires et la société française, 1610-1789*, New-York, Brentano's, 1943.

PICOT, Michel-Joseph-Pierre, *Mémoires pour servir à l'histoire ecclésiastique pendant le XVIIIe siècle*, Paris, Le Clerc, 3e éd., 1853-1857, 7 vol.

PLAGNIOL-DIEVAL, Marie-Emmanuelle, « Le Voltaire de Mme de Genlis : combat continu, combat détourné », *Voltaire et ses combats*, Actes du congrès international, dir. Ulla Kölving et Christiane Mervaux, Oxford, 1997, t. 2, pp. 1211-1226.

PLONGERON, Bernard, *Théologie et politique au siècle des Lumières (1770-1820)*, Genève, 1973.
– « Bonheur et "civilisation chrétienne". Une nouvelle apologétique après 1760 », *SVEC*, 1976, n°154, pp. 1637-1655.

POMEAU, René, *La Religion de Voltaire*, Paris, Nizet, 1956.
– (dir.), *Voltaire en son temps*, Oxford, Voltaire Foundation, 5 vol., 1985-1995.

POULOUIN, Claudine, « La connaissance du passé et la vulgarisation du débat sur les chronologies dans l'*Encyclopédie* », *Revue d'Histoire des Sciences*, 1991, XLIV.

PRANDI, Alfonso, *Cristianesimo offeso e difeso. Deismo e apologetica nel secundo Settecento*, Bologne, Il Mulino, 1975.

PRECLIN, Edmond, *Les Jansénistes au* XVIII*e siècle et la constitution civile du clergé*, Paris, Librairie universitaire J. Gambier, 1929.

– et JARRY Émile, *Les Luttes politiques et doctrinales aux* XVII*e et* XVIII*e siècles*, in Fliche A. et Martin V., *Histoire de l'Église depuis les origines jusqu'à nos jours*, Paris, 1955 et 1956, t. XIX.

PUJOL, Stéphane, « Rhétorique et apologétique : le rôle du dialogue chez les défenseurs de la religion », *Les Cahiers de Fontenay*, sept. 1993, n°71-72.

QUENIART, Jean, *Les Hommes, l'Église et Dieu dans la France du* XVIII*e siècle*, Paris, Hachette, 1978.

Raison présente, n° 67, 3e trimestre 1988 : « Lumières et Anti-Lumières ».

REGNAULT, Émile, *Christophe de Beaumont, archevêque de Paris*, Paris, Lecoffre, 1882, 2 vol. in-8°.

REINHARD, M., *Religion, Révolution et Contre-Révolution*, Paris, C.D.U., 1960.

Religion, Révolution, Contre-Révolution dans le Midi : 1789-1799, sous la dir. d'Anne-Marie Duport, Nîmes, J. Chambon, 1990.

RETAT, Pierre, « L'âge des dictionnaire », *Histoire de l'édition française*, Paris, Promodis, 1984, t. 2, pp. 186-194.

REX, E. Walter, « Arche de Noé and others Articles by Abbé Mallet in the *Encyclopédie* », *Eighteenth-Century Studies*, vol. 9, n° 2, 1975-1976.

RIQUET, Michel, *Augustin de Barruel, un Jésuite face aux Jacobins francs-maçons : 1741-1820*, Paris, Beauchesne, 1989.

ROBICHEZ, Guillaume, *J.-J. Le Franc de Pompignan : un humaniste chrétien au siècle des Lumières*, Paris, Sedes, 1987.

ROCHE, Daniel, « Les primitifs du rousseauisme », *Annales E. S. C.*, janv.-fév. 1971.

ROGIER, L.-J., *Nouvelle Histoire de l'Église*, Paris, Seuil, 1963 (t. 4 : *Siècle des Lumières, Révolutions, Restaurations*).

ROGISTER, John, « Le Gouvernement, le Parlement de Paris et l'attaque contre *De L'Esprit* et l'*Encyclopédie* en 1759 », *Dix-huitième siècle*, 1979, n° 11, pp. 321-354.

SALA, Véronique, *La Lecture romanesque au* XVIII*e siècle et ses dangers*, « Le péché de lecture », thèse d'État inédite, Université Stendhal, Grenoble III, juin 1994.

SALA-MOLINS, Louis, *Les Misères des Lumières : sous la raison l'outrage*, Paris, R. Laffont, 1992.

SCHWARZBACH, B. E., *Voltaire's Old Testament Criticism*, Genève, Droz, 1971.

– « Coincé entre Pluche et Lucrèce : Voltaire et la théologienaturelle », *SVEC*, Oxford, 1980.

– « Nicolas-Sylvestre Bergier : historien révisionniste du judaïsme », in F. Laplanche et C. Grell (dir.), *La République des Lettres et l'histoire du judaïsme antique,* XVIe-XVIIIe *siècles*, Presses de l'Université de Paris-Sorbonne, 1992, pp. 163-183.

SEIFERT, Hans-Ulrich, « Banquets de philosophes : Georges-Louis Schmid chez Diderot, d'Holbach, Helvétius et Mably », *Dix-huitième siècle*, 1987, n° 19, pp. 223-244.

SGARD, Jean (avec la collab. de Michel Gilot et Françoise Weil), *Dictionnaire des journalistes : 1600-1789*, Presses universitaires de Grenoble, 1976.

– (dir.) *Dictionnaire des journaux*: 1600-1789, Paris, Universitas, 1991, 2 vol.

– « D'Alembert et Diderot face aux convulsionnaires », in *Du Baroque aux Lumières.* Pages à la mémoire de Jeanne Carrait, Éd. Rougeoie, 1986, pp. 125-126.

– « Diderot vu par les *Nouvelles ecclésiastiques* », *RDE,* n°25, oct. 1998, pp. 9-20.

SONNET, Martine, *L'Éducation des filles au temps des Lumières*, Paris, Le Cerf, 1987.

SPINK, J. S., *Jean-Jacques Rousseau et Genève*, Paris, éd. Boivin, 1934.

– « Un abbé philosophe : l'affaire de J. M. de Prades », XVIIIe *siècle,* 1971, n° 3, pp. 145-180.

TACKETT, T., *La Révolution, l'Église, la France*, Paris, Le Cerf, 1986.

TATIN-GOURIER, Jean-Jacques, *Le Contrat social en question*, Presses universitaires de Lille, 1989.

– « 1788 : savoirs politiques de l'*Encyclopédie méthodique* », *Bulletin de la Bibliothèque de France*, Paris, t. 34, n° 2-3, 1989.

TAVENEAUX, R., *Jansénisme et politique*, Paris, Colin, 1965.

THOMAS, J., *La Querelle de l'*Unigenitus, Paris, 1950.

TIMMERMANS, Claire, « L'abbé Bergier et l'origine des dieux du paganisme : entre érudition et apologétique », *Les Religions du paganisme antique dans l'Europe chrétienne,* XVIe-XVIIIe *siècles*, dir. Ch. Grell et Fr. Laplanche, Paris, Presses de l'Université de Paris-Sorbonne, 1988, pp. 185-201.

TROUSSON, Raymond, « L'abbé F. X. Feller et les philosophes », *Études sur le* XVIIIe *siècle*, n° VI, 1979, p. 103-115.

– « Jean-Jacques Rousseau et les évêques : de Mgr Lamourette à Mgr Dupanloup », *Bulletin de l'Académie royale de langue et de littérature française*, LXI, 1983, pp. 278-303.

– « Madame de Genlis et la propagande antiphilosophique », *Robespierre et Co*, 1989, t. I, pp. 209-243.

– *Défenseurs et adversaires de J.-J. Rousseau. D'Isabelle de Charrière à Charles Maurras*, Paris, Champion, 1995.

– *Images de Diderot en France*, Paris, Champion, 1997.

TRUCHET, Jacques, « Deux imitations des *Femmes savantes* au Siècle des Lumières, ou Molière antiphilosophe et contre-révolutionnaire », in *Approches des Lumières, Mélanges offerts à Jean Fabre*, Paris, Klincksieck, 1974, pp. 470-485.

VAN KLEY, Dale, *The Jansenists and the Expulsion of the Jesuits from France, 1757-1765*, New Haven, Yale University Press, 1975.

– « Du parti janséniste au parti patriote : l'ultime sécularisation d'une tradition religieuse à l'époque du chevalier Maupeou », *Chroniques de Port-Royal*, 1990, pp. 115-130.

– *The Religious Origins of the French Revolution from Calvin to the Civil Constitution*, New Haven et Londres, 1996.

VENARD, Marc (dir.), *Histoire du christianisme*, t. 9, *L'âge de raison*, Paris, Desclée, 1996.

VERNIÈRE, Paul, *Spinoza et la pensée française avant la Révolution*, Genève-Paris, rééd. Slatkine, Champion, 1979, 2 t. en 1 vol.

– *Lumières ou clair-obscur*, Paris, P.U.F., 1987.

VIATTE, A., *Les Sources occultes du romantisme* (1927), rééd. Paris, Champion, 1969, 2 vol.

VIGUERIE, Jean DE, *Christianisme et Révolution*, Paris, Nouvelles éditions latines, 1988.

VISSIÈRE, Jean-Louis, « La Secte des empoisonneurs. Polémiques autour de l'*Encyclopédie* de Diderot et d'Alembert », *Publications de l'Université de Provence*, 1993.

VOVELLE, Michel, *Piété baroque et déchristianisation en Provence au XVIIIe siècle. Les attitudes devant la mort d'après les clauses des testaments*, Paris, 1973.

WACHS, Morris, « Voltaire and Palissot in Paris in 1778 », *SVEC*, 256, 1988.

WALLER, R. E. A., « Louis-Mayeul Chaudon against the *philosophes* », *SVEC*, 228 (1984), pp. 259-65.

WEIL, F., « L'Esprit des lois devant la Sorbonne », *Revue historique de Bordeaux*, t. 1, 1962, pp. 183-191.

– *L'Interdiction du roman et la librairie, 1728-1750*, Paris, Aux amateurs de livres, 1986.

Table

III

LE DISCOURS APOLOGÉTIQUE

IV

ANTIPHILOSOPHIE, PHILOSOPHIE ET ESPACE PUBLIC

Cet ouvrage a été achevé d'imprimer en septembre 2000
dans les ateliers de Normandie Roto Impression s.a
61250 Lonrai

N° d'édition : 19157
Dépôt légal : octobre 2000